南方粮油作物协同创新中心本科人才培养计划系列教材

作物学实验技术

主　编：陈　灿
副主编：刘金灵　李瑞莲　李　林
编　者：张桂莲　官　梅　邓化冰
　　　　周仲华　陈秋红　刘爱玉

CTS 湖南科学技术出版社

图书在版编目（CIP）数据

作物学实验技术 / 陈灿主编. -- 长沙 : 湖南科学技术出版社, 2016.12（2018.8 重印）
ISBN 978-7-5357-8922-8

Ⅰ. ①作… Ⅱ. ①陈… Ⅲ. ①作物－实验技术 Ⅳ. ①S31-33

中国版本图书馆 CIP 数据核字(2016)第 296551 号

作物学实验技术

主　　编：陈　灿
责任编辑：彭少富　李　丹
文　　编：胡捷晖
出版发行：湖南科学技术出版社
社　　址：长沙市湘雅路 276 号
　　　　　http://www.hnstp.com
邮购联系：本社直销科　0731-84375808
印　　刷：湖南众鑫印务有限公司
　　　　（印装质量问题请直接与本厂联系）
厂　　址：长沙县榔梨镇保家工业园
邮　　编：410000
版　　次：2016 年 12 月第 1 版
印　　次：2018 年 8 月第 2 次印刷
开　　本：787mm×1092mm　1/16
印　　张：20.75
字　　数：510000
书　　号：ISBN 978-7-5357-8922-8
定　　价：48.00 元

序 言

2013年，教育部、农业部、国家林业局印发《关于实施卓越农林人才教育培养计划的意见》，正式启动“卓越农林人才教育培养计划”，并将卓越农林人才分为拔尖创新型、复合应用型、实用技能型三类。2013年，湖南省财政厅、教育厅批准湖南农业大学“南方稻田作物多熟制现代化生产协同创新中心”为首批湖南省高等学校创新能力提升计划项目；2014年，湖南农业大学牵头申报的“南方粮油作物协同创新中心”被教育部、财政部认定为第二批区域发展类“2011协同创新中心”（高等学校创新能力提升计划，简称“2011计划”）。自2014年开始，南方粮油作物协同创新中心主动适应现代农业发展需求，有机对接“卓越农林人才教育培养计划”和“2011计划”，设置人才培养计划项目，全方位探索面向现代农业的卓越农业人才培养模式和实施策略。

十年树木，百年树人。人才培养改革是一项复杂的系统工程，涉及教育教学理念、人才培养机制、人才培养模式、课程体系与人才培养方案、教育教学资源建设等诸多领域，必须具有科学的顶层设计和可行的实施策略。根据《南方粮油作物协同创新中心本科人才培养实施细则》的要求，“中心”依托农学专业开办了“隆平创新实验班”，探索拔尖创新型人才培养；依托农村区域发展专业开办了“春耘现代农业实验班”，探索复合应用型农业人才培养。自2014年首次开办实验班以来，构建了特色化的实践教学体系，积极开展人才培养模式改革、人才培养过程改革和质量评价体系改革，积累了一定的经验。

为了适应人才培养改革需要，南方粮油作物协同创新中心面向两个试点专业，组织专家和第一线教师，在总结改革经验和成果的基础上，编写《南方粮油作物协同创新中心本科人才培养计划系列教材》。“系列教材”主要面向新开课程、实践性教学环节等改革核心区，固化本科人才培养计划实验班的教育教学改革成果，同时为成果的推广应用奠定基础。

中国工程院院士：（签名）

2016年9月18日

目 录

第一章　作物形态识别

实验1　水稻形态特征及类型鉴别

一、目的要求

认识水稻的根、茎、叶、花、果实的外部形态特征，掌握籼稻与粳稻以及粘稻、糯稻的主要区别以及稗草与秧苗的区别。

二、内容说明

（一）水稻的植物学特征

1. 根

根可以分为种根（胚根）和不定根。胚根只有一条，种子发芽时，由胚直接长出。不定根由茎基部数个茎节上发出。不定根上长出的枝根叫第一次枝根，第一次枝根上再长出的许多细小的根，叫第二次枝根，或叫细根、毛根（图1–1）。根由表皮、皮层、中柱构成。在幼根中，皮层系多层由内向外，由小至大，呈放射状排列的薄壁细胞所组成。在老根中，由于根的老化，表皮消失，外皮层木栓化，成为保护组织，而皮层中的薄壁细胞的分化，形成裂生通气组织。这个通气组织和茎、叶中类似的组织相联通，是地上部向根输送氧气的途径，故水稻能在有水层的条件下生长（图1–2）。

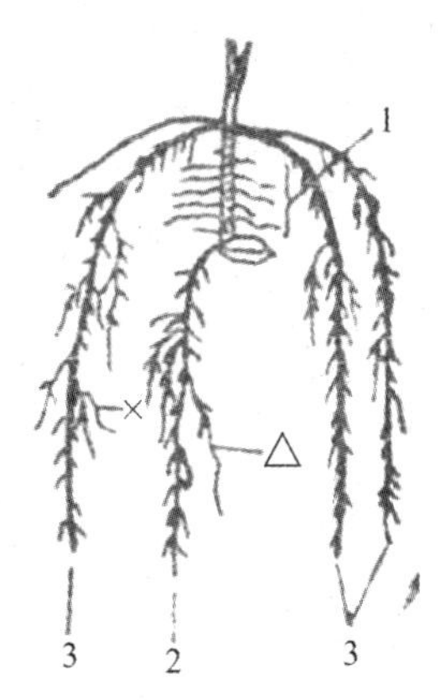

图1–1　水稻根的种类

1. 胚轴根；2.胚根；3.不定根；△一次枝根；×二次枝根

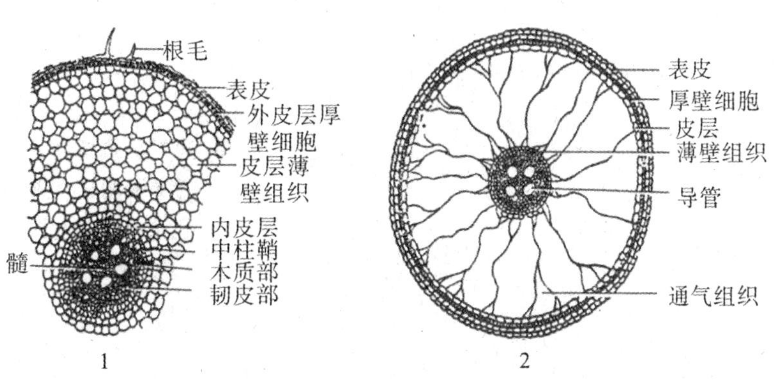

图1–2　水稻根系的横切面

1.幼根；2.老根

2. 茎

茎由节和节间组成，

秆中空，细长，高 60～200cm。每茎有 10～18 节，多集中于茎秆基部，地面伸长的仅 4～6 节。茎高及节数因品种和环境条件而不同。每个节上都有一个腋芽，但通常只有接近地表的茎节腋芽能生成分枝，叫分蘖。茎秆最上位的节叫穗颈节。

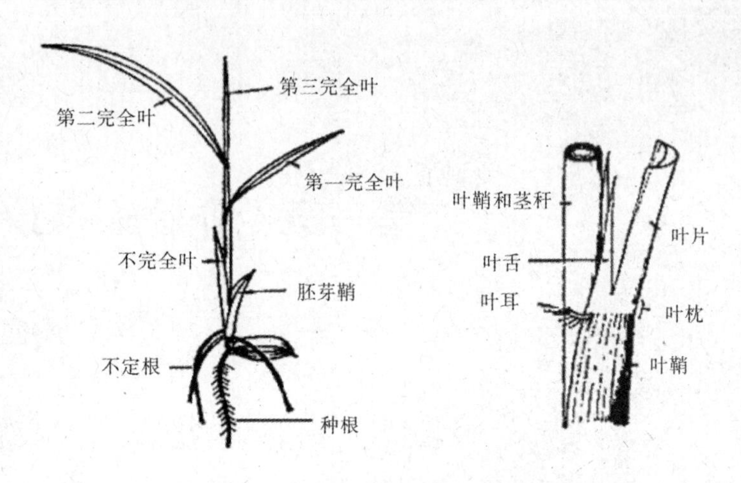

图 1–3 水稻幼苗及叶鞘部示意图

3. 叶

发芽时最先长出的为胚芽鞘，白色无叶绿素；接着出现的为不完全叶，仅 1 片，绿色，仅具叶鞘而无叶片（叶片发育不良）；以后依次长出的为完全叶，含有叶绿素。完全叶由叶鞘、叶身、叶舌、叶耳组成，叶身与叶鞘的交接处称为叶环(叶枕)(图 1–3)。除穗颈节外，每个节上着生 1 片叶，最上的一片叶称为剑叶(顶叶)，剑叶的宽度因品种而异，一般剑叶的叶片组织比下部叶片硬直，叶片较短。水稻的叶互生于茎秆的两侧，叶序为 1/2 互生。在计算叶片数时，是从第一片完全叶算起。

4. 穗

水稻的穗为圆锥花序。穗的中轴叫穗轴，穗轴上有节，称穗轴节，其上着生的枝梗，称第一次枝梗，第一次枝梗上再发生的枝梗，称为第二次枝梗。在第一次枝梗和第二次枝梗上均可分生出小穗(图 1–4)，小穗由护颖和小花组成，着生在小穗梗的顶端。每个小穗有 3 朵小花，但只有上部 1 朵小花发育，下部的 2 朵小花已退化，各剩下 1 枚外稃，护颖极为退化，仅保留 2 个小突起称为副护颖。发育的小花有内、外稃(颖)各 1 枚，雄蕊 6 枚，雌蕊 1 枚和浆片(鳞片)2 枚。雌蕊的柱头分叉，呈羽毛状(图 1–5)。

5. 果实

谷粒内有糙米一粒，称颖果，由果皮、种皮、糊粉层、胚及胚乳等部分组成。着生胚的一面为

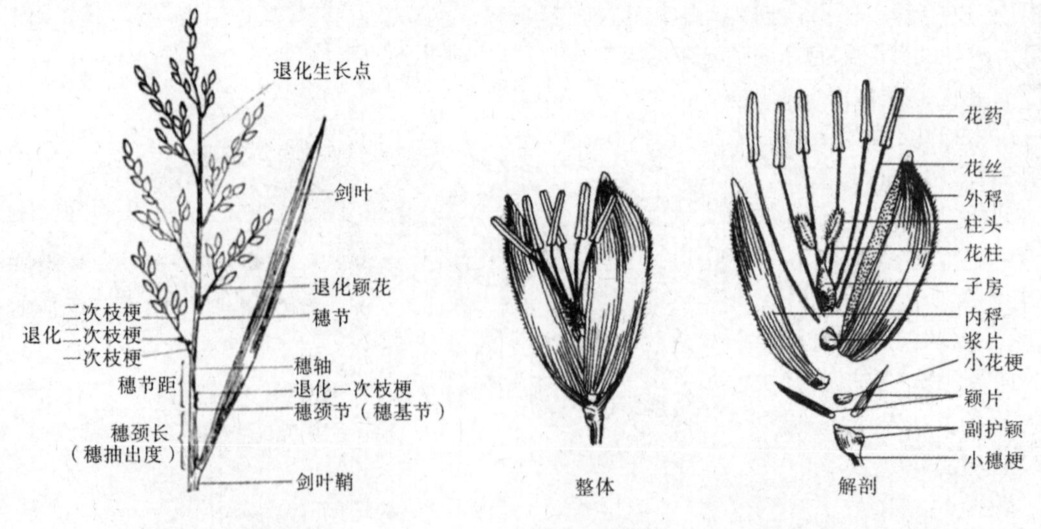

图 1–4 稻穗的形态　　**图 1–5 水稻小穗(颖花)的构造**

腹部,其对面为背部。背部有一条纵沟,称为背沟。米粒腹部、背部和中心可能出现白垩状的粉质胚乳,分别称为腹白、背白和心白,统称垩白。垩白的有无及多少与品种和环境条件有关,垩白多的品种,米质较差。米的颜色有白、红、褐、黑、紫色等(图 1-6)。

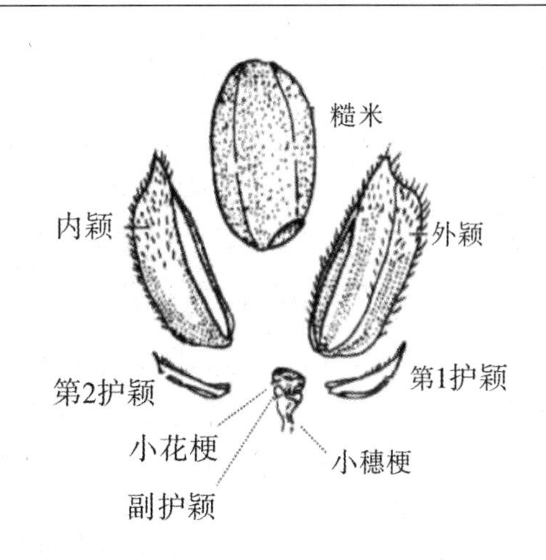

图 1-6　水稻果实(颖果)示意图

(二) 籼稻与粳稻的区别

栽培稻分为两个亚种：籼亚种和粳亚种(地理气候型的分类)。籼、粳亚种,在生理及形态上的主要区别见表 1-1、表 1-2。

(三) 粘稻与糯稻的区别

籼稻与粳稻是由许多变种组成的,其中依胚乳性质不同,可分为糯性(糯稻)和非糯性(粘稻),两者的区别见表 1-3。

(四) 稗草与水稻幼苗的区别

稗草为水稻生产中的大敌。由于稻、稗同属于禾本科,且形态相似,幼苗较难区别,故增加了其防除的难度。水稻幼苗与稗草的区别见表 1-4。

表 1-1　籼稻与粳稻的生理特性比较

生理特性	籼　稻	粳　稻
发芽速度	较快	较慢
抗寒性	较不耐寒，易烂秧	较耐寒，不易烂秧
抗旱性	较弱	较强
分蘖力	较强	较弱
耐肥性	矮秆较耐肥、高秆不耐肥	耐肥
落粒性	一般较易落粒	一般较难落粒
抗病性	一般抗病能力较强	一般抗病能力较弱
米质	出米率低，碎米多，黏性小，胀性大	出米率较高，碎米少，黏性大，胀性小
谷粒对苯酚的反应	易着色（能被染色，且染色较深）	不易着色（不被染色或染色浅）

表 1-2　籼稻与粳稻的形态特征比较

形态特征	籼　稻	粳　稻
叶片形状	较宽	较窄
叶片色泽	淡绿	深绿
顶叶开角	小	大
叶毛	一般叶毛多	叶毛少或无
稃毛	短而稀,散生于稃面上，较硬	长而密，集生在稃棱的稃尖上，柔软
芒	（多）无芒或（间有）短芒，直立	长芒，弯曲
粒形	细而长，稍扁平（断面）	短而宽（米粒短圆），较厚

表 1–3 粘稻与糯稻的区别

项　目	粘　稻	糯　稻
胚乳颜色	白色透明或半透明，有光泽	乳白色不透明（干燥条件下）
胚乳成分	含 70%～80%支链淀粉，20%～30%直链淀粉	只含支链淀粉，不含直链淀粉或极少
饭的黏性	黏性小	黏性大
胚乳淀粉对碘试剂（I–KI 液）的反应	吸碘性大，呈蓝黑色	吸碘性小，呈红褐色

表 1–4 稗草和水稻幼苗的区别

项　目	水稻幼苗	稗　草
叶耳、叶舌	有	无
中脉	不明显，色淡绿	宽而明显，色较白
叶形	短窄厚	长宽薄
叶色	黄绿	浓绿
茸毛	有	无
叶片着生角度	斜直，角度小	斜平，角度大

三、材料用具

1. 材料

籼稻、粳稻幼苗(2～3 叶期)和抽穗的稻株，籼、粳、粘糯各类型若干品种的稻谷和米粒。

2. 用具

放大镜，镊子，单面切刀片，培养皿，载玻片，稻根(新、老根)蜡封片，显微镜，滴瓶，小钢尺或游标卡尺。

3. 药品

1%苯酚溶液：苯酚即石碳酸。将苯酚置于水浴锅中加热溶解，然后配成 1%的溶液。碘－碘化钾溶液：1.3g 碘化钾溶于 10mL 水中，再加 0.3g 结晶碘，溶解后对蒸馏水 100mL 混匀，装入棕色试剂瓶中待用。

四、方法步骤

(1) 取水稻幼苗和抽穗的稻株，观察种(胚)根、不定根、芽鞘、不完全叶、完全叶、剑叶、穗颈等部分。

(2) 观察稻穗、小穗、颖花和稻根的构造。①取 1 个稻穗观察穗颈节、穗轴与穗轴节、第一及第二次枝梗、小穗梗；②取 1 个小穗观察副护颖、护颖、结实小花内外稃和稃尖与稃毛、芒，去壳观察米粒的胚、胚乳、垩白、背沟等；③取即将开放的小花观察花药、花丝、柱头、子房及浆片；④取新根和老根横切面切片，在显微镜下观察通气组织。

(3) 取籼、粳亚种植株，比较观察两者的形态差异，包括根、茎、叶、穗、谷粒等部分。观察谷粒长宽时，随机取种子 10 粒，顺谷长方向首尾挨紧排列，量出其长度；再顺谷宽方向挨紧排列，量出其宽度。重复两次，求其平均值(mm)。再计算长宽比。

(4) 测定籼、粳谷粒对苯酚的着色反应。取籼、粳供试谷粒各约 200 粒，在 30℃温水中浸 6 小时，把水倒出，倒入 1%苯酚溶液中浸泡染色 12 小时。然后倒出苯酚溶液，用清水洗种子，再放置在吸水纸上，过24小时观察染色情况；或直接将谷粒浸泡于装有苯酚溶液的培养皿中，8小时后观察谷壳着色情况。

（5）测定粘、糯稻米的碘－碘化钾染色反应。取10粒籼、粳型粘稻和糯稻种子，剥去稃壳，用刀片切断米粒，观察断面色泽。然后在米粒横断面上滴碘－碘化钾溶液1滴，观察着色情况。

五、作业

1. 绘水稻幼苗图，注明种根、不定根、芽鞘、不完全叶和完全叶。
2. 绘稻穗模式图，注明穗颈节、穗轴、第一和第二次枝梗，以及小穗梗和小穗。
3. 绘一小穗或一小花解剖图，注明护颖、内稃、外稃、花药、花丝、柱头、子房、浆片。
4. 鉴别实验台上各品种（谷粒）所属籼、粳、粘、糯类型，将结果填入下表1–5。

表1–5　籼、粳、粘、糯类型

项目特征＼材料编号	谷粒形状			稃毛	芒	对苯酚反应	所属亚种（籼或粳）	胚乳色泽	淀粉遇碘反应	粘或糯	备注
	长度（mm）	宽度（mm）	长/宽比								
1											
2											

实验2　玉米形态特征及类型识别

一、目的要求

了解玉米的植物学形态特征，识别玉米的主要类型。

二、内容说明

（一）玉米的植物学形态特征

玉米（*Zea mays* L.）是禾本科玉米属植物。有9个主要类型，即硬粒型（*Zea mays* indurate Sturt.）、马齿型（*Zea mays* indentata Sturt.）、糯质型（*Zea mays* ceratina Kulesh.）、甜质型（*Zea mays* saccharata Sturt.）、粉质型（*Zea mays* amylacea Sturt.）、爆裂型（*Zea mays* everta Sturt.）、蜡质型（*Zea mays* semindentata Kulesh.）、甜粉型（*Zea mays* amyleo–saccharata Sturt.）、有稃型（*Zea mays* tunicata Sturt.）。玉米的器官有根、茎、叶、雄穗、雌穗等，玉米各部分的特征如下。

1. 根

玉米的根属须根系。由胚根和不定根（又称节根）组成。节根分地下节根和地上节根，地上节根又叫气生根或支持根。玉米具有发达的须根系，可深入土层140～150cm，向四周发展可达100～120cm，但根系主要分布在地表下30～50cm的土层内。①胚根：在胚中即已具有。种子发芽时首先生出一条初生胚根，继而从下胚轴处再生长3～7条次生胚根。初生胚根与次生胚根组成了玉米的初生根系，这些根系是玉米幼苗期的吸收器官；②地下节根：是在三叶期至拔节期从密集的地下茎节上，由下而上轮生而出的根系。一般为4～7层，多者可达8～9层，但品种间或同一品种会因春、夏播不同而异。它是玉米一生中最重要的吸收器官；③地上节根：是玉米拔节后从地上近地面处茎节上轮生出的根系，一般有 2 ~ 3 层，支持根粗壮坚韧，保护组织发达，表皮角质化。位于土表上的部分能形成叶绿素而呈绿色，有的见光后为紫色。支持根在物质吸收、合成及支撑防倒方面具有重要的作用。

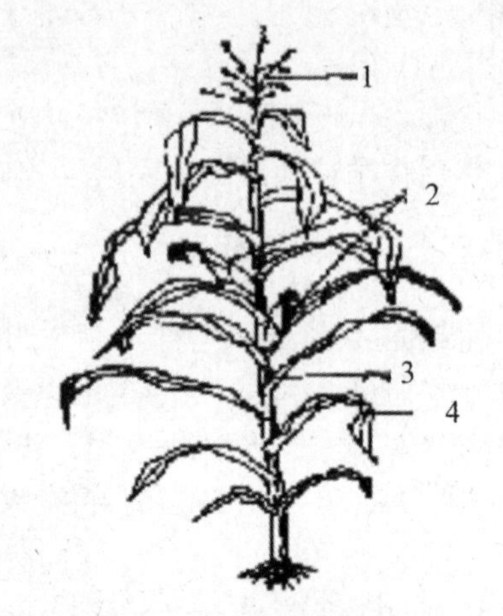

图 2–1　玉米植株形态

1.雄穗；2.雌穗；3.叶鞘（内包茎秆）；4.叶片

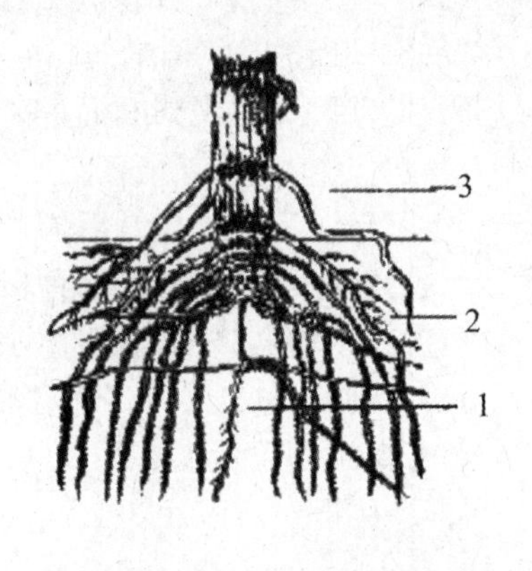

图 2–2　玉米根的种类

1.初生根；2.次生根；3.气生根

2. 茎

茎为圆柱形，直立，一般高 1 ~ 3m。茎中心有髓。各维管束分散排列于其中，靠外周的维管束小而多，排列紧密，靠中央的大而少，排列疏松。玉米通常有 15 ~ 25 节，基部 4 ~ 6 节密集，茎基部节上的腋芽可萌发成为分蘖，并能形成自己的根系。分蘖力因类型和品种而异。一般硬粒型及甜质型的分蘖力强。生长在良好条件下的大多数品种，各节间长度由下而上向顶部增加，而直径逐渐减小。一般情况下，穗颈下的节间最长，其次是穗位的上、下节间较长，各节间长度与环境条件密切相关。

3. 叶

叶片窄长，深绿色，互生。分为叶鞘、叶舌、叶身三部分。叶鞘紧包茎部，有皱纹，这是与其他作物不同之点。在叶鞘顶部着生有加厚的叶片，叶片主脉明显，主脉两侧平行分布着许多侧脉，叶片边缘呈波状皱褶，有防止风害折断叶片的作用。各叶片大小与品种、在茎上的位置及栽培条件有关。由茎基至穗位（着生果穗节位）叶逐渐增大，由穗位叶至顶部叶又逐渐减小。一般穗位或穗位的上、下叶为最大。玉米单株叶面积变化在 0.3 ~ 1.2m²。玉米第一片叶的尖端为椭圆形，其他各叶叶尖均为狭长。玉米下部叶片（约为总叶数的 1/3 左右）表面光滑无茸毛，称之为光叶。

4. 花序

玉米雌雄同株，异花异位。①雄花序：着生于茎顶端，大小、形状、色泽因类型而异。在花序的主轴和分枝上成行地着生许多成对的小穗，两个成对小穗中一为有柄小穗，一为无柄小穗。每一小穗的两个颖片中包被着两朵雄花，每朵雄花由内稃、外稃、浆片、花丝、花药等构成。发育正常的雄花序约有 1000 ~ 1200 个小穗，2000 ~ 2400 朵小花，每一小花中有 3 个花药，每一花药中有花粉粒 2500 粒，故一个雄花药有 1500 万 ~ 2000 万个花粉粒（图 2–3）。②雌花序：玉米的雌花序由腋芽发育而成。一个植株上除上部 4 ~ 6 片叶子外，全部叶腋中都有腋芽，但通常只有 1 ~ 2

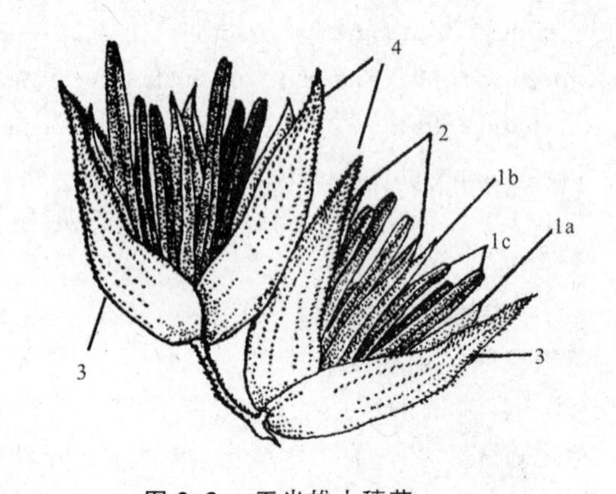

图 2–3　玉米雄小穗花

1a.第一朵小花外稃，1b.第一朵小花内稃，1c.第一朵小花雄蕊；2.第二朵小花；3.第一颖片；4.第二颖片个腋芽能正常发育成果穗。果穗是变态的茎,具有缩短了的节间及变态的叶(苞叶)。果穗的中央部分为穗轴,红色或白色,穗轴上亦成行着生许多成对的无柄小穗，每一个小穗有宽短的2片革质颖片夹包着2朵上下排列的雌花,其中上位花具有内外稃、子房、花丝等部分,能接受花粉受精结实,而下位花退化只残存有内外稃和雌雄蕊,不能结实。果穗为圆柱形或近圆锥形，每穗具有子粒8～24行(图2–4)。

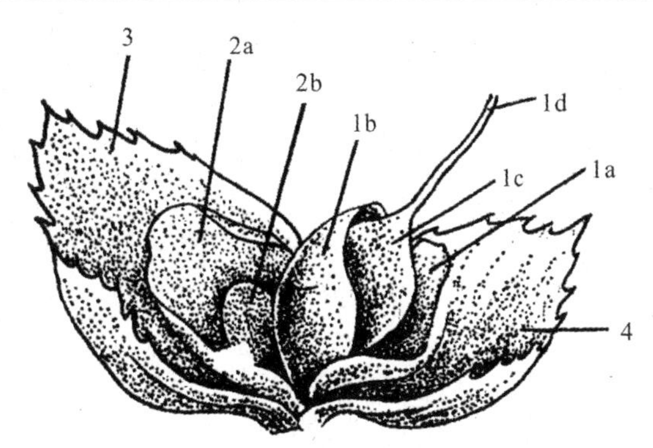

图2–4 玉米雌小穗花

1a.结实花外稃,1b.结实花内稃,1c.子房,1d.柱头(花丝);2a.退化花外稃,2b.退化花内稃;3.第一颖片;4.第二颖片

5.子粒(颖果)

子粒由果皮、种皮、胚和胚乳组成。果皮与种皮紧密连结不易分开。玉米胚有较肥大的特点。胚乳包含糊粉层和淀粉层,一般占子粒粒重的10%～15%。胚乳是贮藏有机营养的地方,根据胚乳细胞中淀粉粒之间有无蛋白质胶体存在,而使胚乳有角质胚乳和粉质胚乳之分,又由于支链淀粉和直链淀粉的含量不同,有蜡质胚乳和非蜡质胚乳之分。子粒的颜色取决于种皮、糊粉层及胚乳颜色的配合。因此,有的是单色的,也有是杂色的,但生产上常见的是黄、白两种。种子的外形有的近于圆形,顶部平滑;有的扁平形,顶部凹陷。种子大小不一,一般千粒重200～300g,最小的只有50多克,最大的达400g以上。每个果穗的种子重占果穗重的百分比(子粒出产率)因品种而异,一般是75%～85%。

(二) 玉米类型特征(按子粒形态及结构分类)

玉米类型特征主要是根据谷壳性状(裸粒或带稃)、子粒的外部形态(子粒的形态及表面特征)、子粒的内部构造(粉质胚乳和角质胚乳)三个方面的性状,将玉米划分为九个类型(亚种)(表2–1)。此外,按玉米用途分类,还可分为甜玉米、糯玉米、笋玉米、爆裂玉米、青贮玉米、高赖氨酸玉米、高油玉米和高淀粉玉米。

表2–1 玉米各类型主要特征

类型名称	子粒外部形态	子粒胚乳结构及分布	栽培价值
硬粒型	方圆型，光滑，硬，有光泽	粒顶及四周角质，中部粉质	较大
马齿型	扁长，顶部下陷似马齿	粒两侧为角质，中部粉质	大
半马齿型	粒形复杂，顶端浅凹	粒顶粉质淀粉	大
爆裂型	粒形小，坚硬有光泽，顶尖	粒心少许粉质，遇热爆裂	较小
蜡质型	粒表有蜡质，暗淡无光	胚乳角质，遇淀粉呈红褐色	较小
粉质型	方圆形，无光泽	粉质，组织松软	较小
甜质型	粒面皱缩，呈半透明状	粉质少	较小
有稃型	长圆，颖壳紧包子粒	不定	小
甜粉型	顶部微尖而皱缩	子粒上半部角质，下半部粉质	小

三、材料用具

玉米的植株,玉米各类型的果穗;解剖刀,镊子,放大镜,剪刀等。

四、方法步骤

(1)取玉米植株,按根、茎、叶、花、穗、果实的顺序,仔细观察各部位的形态特征并进行鉴别,见表2–1。

(2)取玉米各种类型的果穗,仔细观察其子粒的特征。并将子粒纵剖开,观察剖面结构即胚乳中角质淀粉与粉质淀粉的分布情况。

五、作业

(1)按所给玉米果穗的编号,根据不同的特征判断各属何种类型,见表2–2。

表2–2 玉米果穗的类型

编号	1	2	3	4	5	6	7	8	9
类型									

(2)观察各类玉米子粒的剖面结构,并绘剖面图,注明角质与粉质的分布。

(3)绘玉米雌、雄小穗图。

实验3 麦类形态特征识别

一、目的要求

掌握小麦、大麦、黑麦、燕麦的形态特征及其区别;大麦栽培种的形态特征及其亚种的区别。

二、内容说明

(一)小麦的形态特征

小麦属禾本科(*Gramineae*),小麦属(*Triticum*),共5个种,我国栽培的小麦品种,主要属于普通小麦种(*Traestivum* L.)。

1. 根

小麦的根由胚根(或初生根)和不定根(或次生根)组成。胚根3~6条,发芽时从胚轴下部陆续发生,第一真叶出现后即停止发生。不定根在分蘖开始后,从分蘖节上发生。

2. 茎

茎细而直立,圆筒形。主茎一般有13~14节,地上部伸长节4~6个。每个节上都有1个腋芽,但只有基部上的腋芽才能发育成分蘖。

3. 叶

小麦的叶分为盾片、胚芽鞘和真叶。盾片着生于胚的一侧。胚芽鞘为一圆筒形叶鞘,具有两条脉纹,顶端有一小裂缝,真叶由此伸出。胚芽鞘颜色有红、绿两种。真叶由叶鞘、叶片、叶舌、叶耳组成。叶片狭长,左右不对称。第一叶顶端比较坚硬呈钝形,其他各叶尖锐,老叶在距尖端3.5cm处有一收缩的叶束。

4. 穗和小花

小麦为穗状花序，穗轴由多数短节片组成，整个穗轴呈曲折形。小穗无柄，着生在穗轴节片的顶端。每个小穗 3～9 朵花。一般只下部 3～5 朵小花结实。每个小穗基部，相对着生两片护颖。每朵小花的外面有一个外稃和一个内稃，相对着生。外稃呈船形，在内稃的下方，顶端有芒或无芒；内稃呈鞋形，两侧包于外稃之内。外稃内侧有两个无色鳞片。每个小花有雄蕊 3 枚，雌蕊 1 枚（图 3–1）。

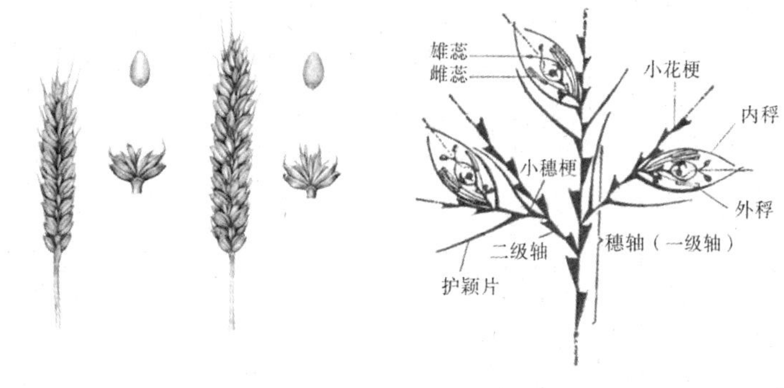

图 3–1　小麦穗的形态和结构

5. 果实和种子

小麦果实为单粒种子的颖果。颜色有红、白两种。形状呈卵圆，背面光滑，腹部具内陷的腹沟。籽粒顶端有短而坚韧的冠毛。胚着生于果实背面基部，为籽粒长的 1/4～1/3，位于腹沟相对的一侧。腹沟两侧叫果颊，一般为圆形隆起状态（图 3–2）。

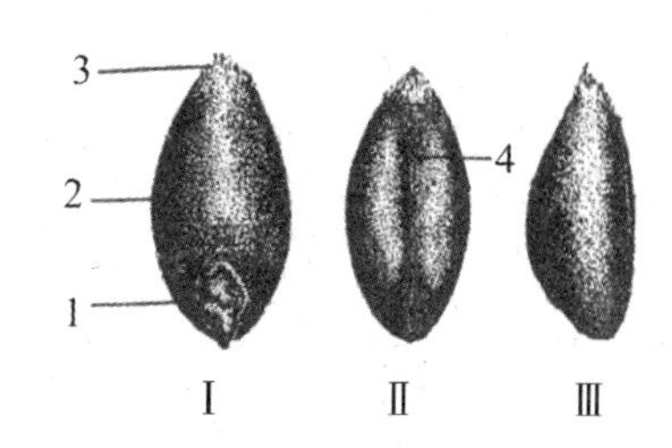

图 3–2　小麦的籽粒形态

Ⅰ. 背面；Ⅱ. 腹面；Ⅲ. 侧面

1. 胚；2. 胚乳；3. 冠毛；4. 腹沟

（二）四种麦类形态特征的区别

四种麦类形态特征的区别见表 3–1。

（三）大麦亚种的识别

大麦属禾本科大麦属（*Hordeum* L.），该属有近 30 个种，但具有经济价值的仅是栽培大麦一种（*H. sativum* Jess）。大麦包括有壳大麦（皮大麦）和裸大麦，通常说的大麦系指有壳大麦。裸大麦又叫裸麦，江浙一带称元麦，青藏等地称青稞。栽培大麦根据小穗发育特性与结实性，可分为 3 个亚种，即多棱大麦、中间型大麦和二棱大麦。

1. 多棱大麦（*H.vulgare*）

每穗轴节上 3 个小穗，均能发育结实。按照侧小穗排列位置和形态特征，又可分为六棱大麦和四棱大麦两个类型（图 3–3）。

（1）六棱大麦（*H.sub–hexastichum*）：穗轴节间短而着粒密，每节片上 3 个小穗与穗轴等距离着生，穗的横断面呈六角形，从穗顶俯视呈 6 条小穗构成的棱，故称六棱大麦。

（2）四棱大麦（*H.sub–tetrastichum* korn）：穗轴节片长而着粒稀，每节片上的中间小穗贴近穗轴，穗两旁的两侧小穗彼此

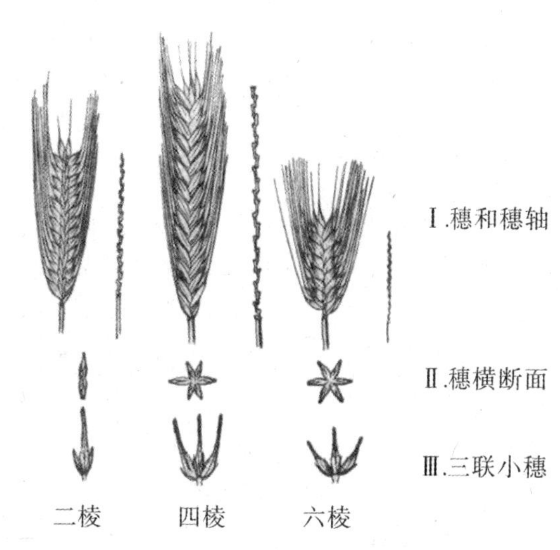

图 3–3　不同类型大麦穗形、小穗在穗节上的排列方式和横断面

表 3-1 四种麦类形态特征的区别

麦类名称	小麦	大麦	黑麦	燕麦
学名	Triticum *aestivum*	Hordeum *sativum Jess*	Secale *cereale*	Avena *sativa* L.
		幼芽的形态特征		
胚根数目	3~6	5~8	4	3
胚芽鞘颜色	绿、紫	淡绿	紫、红绿	淡绿
叶片宽窄	窄	最宽	较窄	较宽
叶片颜色	绿色	黄绿	苗期紫	浅绿
叶鞘茸毛	有短茸毛	无茸毛	长茸毛	无茸毛
叶舌特征	叶舌较短	叶舌宽大	叶舌短	叶舌最短
叶耳特征	叶耳细小有茸毛	叶耳宽大无茸毛	叶耳细小无毛	无叶耳
植株特征	紧凑	肥大	细高	松散
		穗部的形态特征		
花序	穗状	穗状	穗状	圆锥
每穗轴节上着小穗数	1	3	1	小穗梗上着生一小穗
每小穗结实小花数	3~5	1，(0)	2	1
护颖	宽大、多脉有龙骨、顶齿	狭小、无龙骨	狭窄、有明显龙骨	宽大、能包住花部
外稃	光滑、无龙骨	具有明显龙骨	龙骨明显有茸毛	光滑无龙骨
芒着生位置	外稃背部顶端稍下处	外稃顶端	外稃顶端	外稃背部顶端下方 1/3 处
		种子的形态特征		
种子顶端茸毛	有或少	无	有茸毛	有茸毛
子粒表面	光滑	光滑或有皱纹	稍有皱纹	有茸毛易擦去
形状	椭圆、长圆或卵圆	长椭圆两头尖	较圆长，顶端平齐	长圆形，顶端尖
颜色	白、红	黄色	青灰色，黄褐色	黄色

靠近，所以穗的横断面呈四角形，从穗顶俯视呈 4 条棱，故称四棱大麦。穗形比六棱大麦稀疏，子粒大小不均匀，中间子粒大，两侧子粒小。

2. 中间型大麦（*H.intrmedium* L.）

每节片上中间小穗均正常结实，侧小穗有结实的，也有不结实的。

3. 二棱大麦（*H.distichum* L.）

每节片上仅中间小穗结实，侧小穗发育不完全，均不结实，在穗轴上只有 2 行结实小穗，故称二棱大麦。二棱大麦穗形扁平，子粒大而饱满。

三、材料用具

(1) 四种麦类的幼苗、植株、穗及种子，各种大麦的穗。

(2) 放大镜,镊子。

四、方法步骤

(1) 取小麦幼苗,观察胚根、不定根、盾片、胚芽鞘、真叶。
(2) 取麦穗,观察穗轴、小穗、小花和果实。
(3) 取四种麦类的幼苗、植株、穗及种子,观察并区别它们的不同点。
(4) 观察小麦和大麦在小穗结构上的区别。
(5) 观察六棱、四棱、二棱大麦在穗形及小穗结实特性方面的不同点。

五、作业

(1) 绘小麦穗轴、小穗和小花图。
(2) 列表比较小麦和大麦幼苗和小穗的区别。
(3) 比较说明六棱、四棱、二棱大麦穗形及小穗的区别。

实验4　棉花形态特征及四个栽培种识别

一、目的要求

认识棉花的主要植物学形态特征,了解4个栽培棉种的主要区别。

二、内容说明

(一) 陆地棉的主要植物学形态特征

1. 根

棉花的根属直根系(圆锥形根系,图4-1),由主根、侧根、支根、根毛组成。直播棉花的主根上粗下细,主根入土深度因品种、土壤质地、结构、土层厚薄和水分等环境条件不同而差异很大。在适宜的条件下,主根入土深达2m以上,侧根达60~100cm,营养钵育苗移栽的棉花,主根易折断,以侧根、支根为其主要根群;漂浮育苗移栽的棉花主根保存完整。

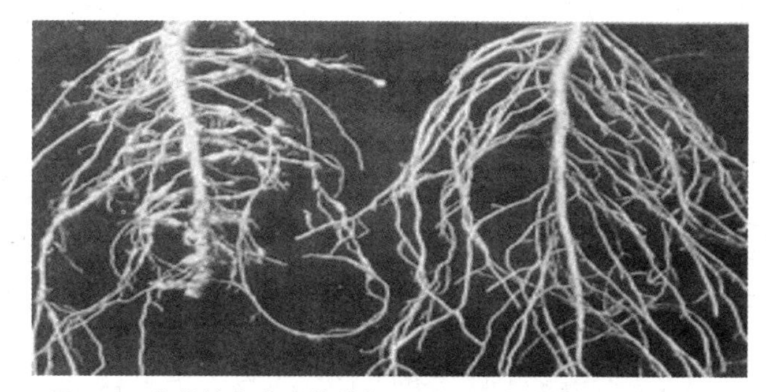

图4-1　营养钵育苗移栽棉根系(左)和直播棉根系(右)

2. 茎和枝

(1) 茎:棉花的主茎由顶芽分化生长而成,茎上有节和节间,主茎直立圆形。每节着生1片真叶。茎上每节都有腋芽可分化长成分枝。棉株高度由胚轴和主茎各节节间伸长的总和来决定。幼茎呈绿色,随着日光照射和植株的成长,较老部位皮层细胞中花青素增加,茎秆逐渐变成上绿下红,直至全部呈紫红色或棕褐色 ,但有的品种茎色一直青绿。陆地棉幼嫩茎、枝上大多着生有茸毛，老熟部位因逐渐脱落而稀疏。不同品种，茸毛的多少有明显差异，通常陆地棉茸毛较多，海岛棉几乎没有茸毛。

（2）分枝：棉花的分枝是由主茎的腋芽分化发育而成，有果枝和叶枝（图 4–2）。果枝和叶枝的主要区别如下：

果枝：①果枝上直接着生花蕾，在同一果枝上花蕾与叶片相对着生；②同一果枝上相邻两果节之间呈左右弯曲形状，称为多轴枝；③果枝与主茎的夹角较大，且近水平方向伸展；④果枝一般着生于主茎中上部各节。

叶枝：①叶枝上的每节不直接着生花蕾，一个节上只有 1 片叶子，叶腋中的腋芽可以长出果枝；②枝条不是左右弯曲状，而是呈平直状，称为单轴枝；③叶枝与主茎的夹角较小，斜直向上伸展；④一般着生于主茎下部的几个节上。

图 4–2　棉花的叶枝（左）和果枝（右）形态

（引自 www.biologie.uni–hamburg.de）

（3）果枝的类型：按照果枝节数的多少，常将棉花的果枝分为两类：①无限果枝：果枝节数多，只要养分等条件适宜，可不断形成果节，生产上大多数品种属于无限果枝；②有限果枝：包括果枝无果节，铃柄直接着生在主茎上和只有 1～2 个果节者。果枝无果节的称为零式果枝；果枝只有 1～2 节者，顶端往往丛生几个棉铃，这种类型的棉铃常有大小不匀的现象（图 4–3）。

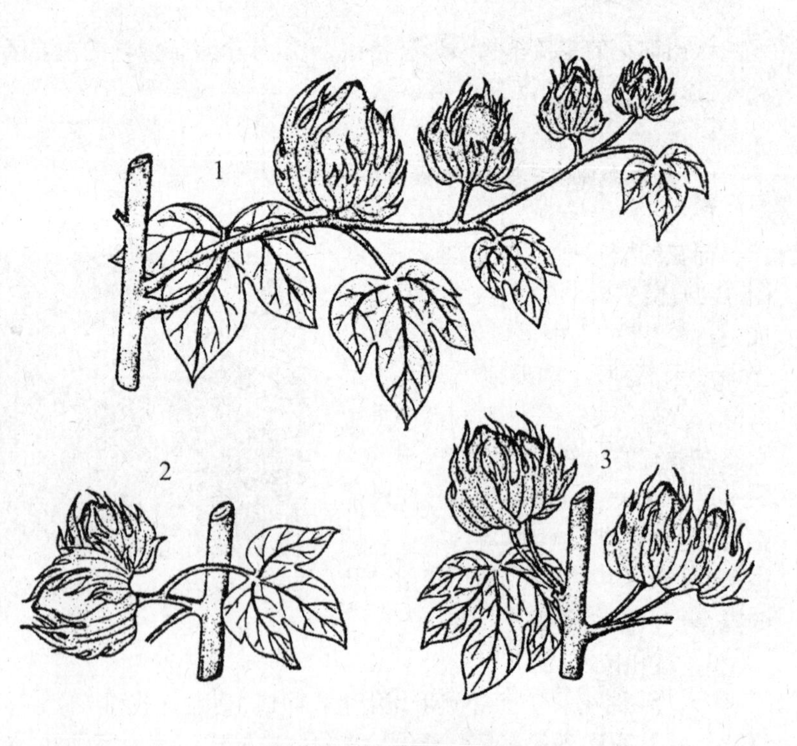

图 4–3　棉花果枝类型

1.无限果枝；2.有限果枝；3.零式果枝

3. 叶

棉花叶有子叶和真叶，真叶中又有完全叶（图 4–4）和不完全叶。陆地棉子叶为肾形或近半圆形，绿色，基部呈红色，一般子叶 2 片，对生，其中 1 片较大，1 片较小。子叶着生的节，称为子叶节。

棉花的真叶大多着生

茸毛，背面叶脉上茸毛更多。棉叶上有棕褐色的多酚色素腺，又称为油点。叶背面中脉上离叶基1/3处有蜜腺1个，有些品种在侧脉上也有蜜腺。真叶中又有完全叶和不完全叶。主茎和果枝节上着生的真叶都是完全叶，具有托叶、叶柄和叶身。叶柄和叶片交接处以及叶柄和茎枝交接处稍膨大的部分称为叶枕，叶枕能调节叶片的旋转。主茎上的叶片，按照3/8的叶序绕茎互生(图4–4)。不完全叶是由主茎或分枝叶腋发生的，每一个分枝上第一节着生的叶片称为先出叶，无叶柄，很小，形如托叶，该叶所在节间也极为缩短，平常先出叶极易脱落，不为人所注意。

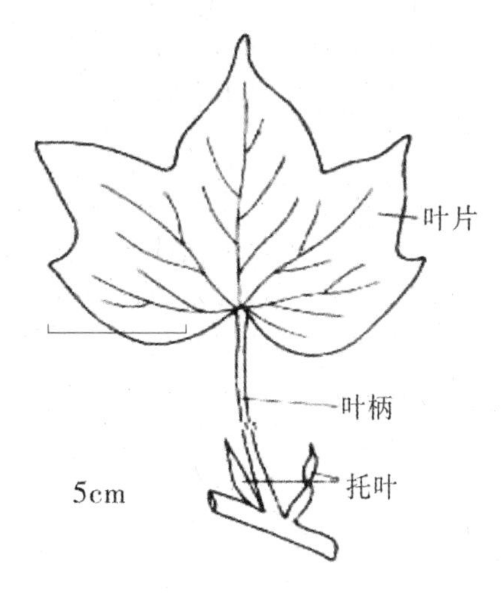

图 4–4　棉花的叶子

4. 花

棉花的花为单生花。花以其花柄的一端着生在果枝节上，花柄的另一端略为膨大，称为花托，支持着花器。花由外向内分为5个部分(图4–4)。

(1) 苞叶：在花的最外层，共3片，陆地棉苞叶基部大多分离，上缘呈锯齿状，裂齿较深而尖长，每一苞叶外侧基部有1个蜜腺，叫苞外蜜腺。

(2) 花萼：5个萼片，联合呈杯形，包围在花冠的基部。在花萼外侧基部两片苞片相交处，各有一浅凹的萼外蜜腺，在花萼内侧有一圈萼内蜜腺。

(3) 花冠：由5个花瓣组成，陆地棉的花瓣一般开花当天为乳白色，开花第二天变为红色，气温高时，开花当天下午即变粉红色，花瓣基部无红心。

(4) 雄蕊：60～100枚。雄蕊由花丝和花药组成。花丝基部联合成一雄蕊管，与花冠基部联合。

(5) 雌蕊：1枚，位于花的中央，为雄蕊管所包围，雌蕊分为柱头、花柱和子房三部分。子房由3～5心皮组成，各心皮以其边缘向内折至中央愈合成中轴，称为中轴胎座。

5. 果实

棉花的果实为蒴果，称棉铃或棉桃，3～5室。陆地棉的棉铃多为卵圆形，表面光滑，油点深藏其内呈暗点状。棉铃的外形常从以下几个部分加以描述，即铃尖的有无和长短，铃肩的有无，铃面的光滑程度，铃基的形状，铃柄的长短，铃向上或向下垂等。每一棉铃多数为4瓣，每瓣有7～11粒种子，由胚珠发育而成。

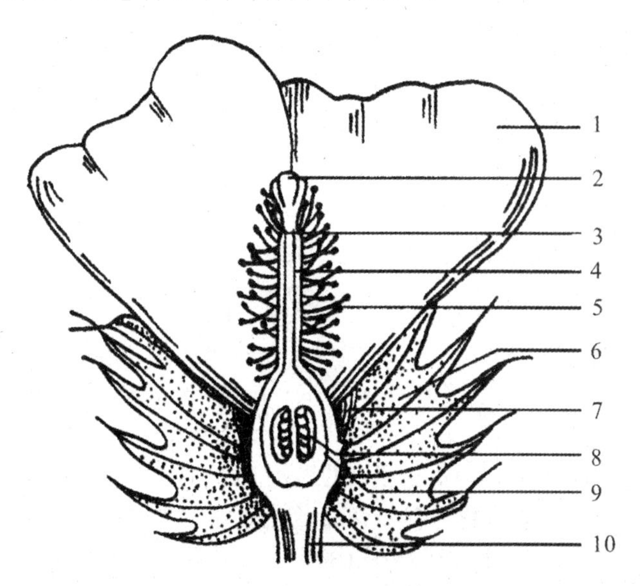

图 4–5　棉花器官的纵剖面

1.花冠；2.柱头；3.花柱；4.雄蕊管；5.雄蕊；6.苞片；7.萼片；8.胚珠；9.子房；10.花柄

6. 种子

从田间采收的籽花是纤维和棉子合在一起的，称为子棉；经轧花机轧出纤维后的棉籽即为种子（图4–5）。种子上附有短绒的称为毛子，毛子的颜色有白、灰、绿、棕等色。种子上无短绒的称为光籽，为黑褐色。

只有端部有短绒的称为端毛子。

棉籽约呈梨形,一头尖一头钝圆。尖端有 1 子柄,也是珠孔遗迹所在的一端,较宽的钝端为合点端,种脊连贯于子柄及合点之间。

成熟的棉籽,其种皮为黑色或棕褐色,壳硬。未成熟的为红棕色或黄色,壳软。

7. 纤维

纤维由胚珠表皮的一部分细胞延伸发育而成,是单细胞,外形上可分三部分。①基部:靠近种子表皮细胞一端的称为基部, 棉纤维的基部由于细胞壁较薄而稍向中腔内凹, 故其直径较小,轧花时纤维通常在基部的稍上部断裂;②中部:中部直径大,成熟纤维的细胞壁较厚,中腔较小,沿着纤维的纵轴有很多扭曲。未成熟纤维的细胞壁较薄,中腔相对较大,扭曲很少甚至完全无扭曲;③顶端:棉纤维的顶端逐渐变细,没有中腔,也没有扭曲。棉纤维的长短、粗细、色泽等因棉种和品种而异。

(二) 4 个栽培棉种

棉花栽培种有陆地棉、海岛棉、中棉和草棉。中棉、草棉:旧世界棉,二倍体,植株纤细,染色体数为 26 条。陆地棉、海岛棉:新世界棉,四倍体,植株高大,染色体数为 52 条。

A. 苞叶基部联合,铃柄下垂,植株纤细,叶、花、铃、种子均较小 ……………… 旧世界棉

B. 苞叶紧围花外,长大于宽,铃面有凹点 ………………………… 亚洲棉(*G.arboreum* L.)

BB. 苞叶向外散开甚大,宽大于长,铃面光滑 …………………… 草棉(*G.herbaceum* L.)

AA. 苞叶基部分离,铃柄向上,植株粗壮,叶、花、铃、种子均较大 …………… 新世界棉

B. 茎有茸毛,叶面无油光,叶基部有红点,花乳白色,铃圆形或椭圆形,铃面光滑…
……………………………………………………………………… 陆地棉(*G.hirsutum* L.)

BB. 茎叶光滑,叶面有油光,叶基部无红点,花金黄色,铃形尖长,铃面有凹点
……………………………………………………………………… 海岛棉(*G.barbadense* L.)

三、材料用具

1. 材料

陆地棉,海岛棉,中棉,草棉的植株,叶、花、铃、种子和纤维标本。

2. 用具

手持放大镜,低倍显微镜,解剖针,载玻片,盖玻片。

四、方法步骤

(1) 观察陆地棉的根、茎、叶、花、果实、种子和纤维,比较棉株叶枝与果枝的区别。

(2) 观察 4 个栽培棉种的植株、叶、花、铃,根据检索表比较其间的异同。

五、作业

(1) 绘制棉花花器官的纵剖面结构图,并注明各部分的名称。

(2) 观察棉株各器官的形态特征,比较叶枝与果枝的差异。

(3) 列表比较 4 个栽培棉种的主要形态差异。

实验 5　麻类作物形态特征观察

一、目的要求

认识并掌握苎麻、亚麻、红麻、黄麻 4 种韧皮纤维麻类作物的形态特征。

二、内容说明

我国栽培的麻类作物主要有苎麻、亚麻、黄麻、红麻等，苎麻、黄麻、红麻多在长江以南种植，亚麻多在北方种植。此外，剑麻在华南分布较广。麻类作物主要是利用茎部韧皮纤维或叶中的纤维，现将主要麻类作物的植物学形态特征简述如下。

(一) 苎麻形态特征的观察

苎麻属荨麻科(Urticaceae)苎麻属(*Boehmeria*)多年生宿根性草本植物。栽培最广泛的有两种，即白叶种苎麻和绿叶种苎麻。苎麻具有强大的根系。植株的地下部可形成真根和地下茎，通称麻蔸。地下茎有许多休眠芽，伸出地面成地上茎 。

1. 根

用种子繁殖的苎麻有主根、侧根和不定根。主根生长缓慢，其上着生侧根。当年播种的苎麻最初半年可以明显地看到主根，以后地下茎发生许多不定根，主根变得不明显。用无性繁殖的苎麻没有主根，而在地下茎或地上茎上生出不定根。不定根有粗根和细根的区别，粗根肥大多汁，具贮藏养分的功能，俗称萝卜根(图 5-1)；它们的次生木质部薄壁细胞中含有大量淀粉等贮藏性物质，故又称贮藏根。根的表面平滑，没有节和芽，尖端逐渐变细。根群大部分 在 30 ~ 50cm 的土层中。苎麻地下部形成许多根和地下茎，俗称麻蔸，由此产生株丛。每年冬季地上部干枯，翌年春季地下茎上的休眠芽又发生新的植株。如此可连续生活多年。

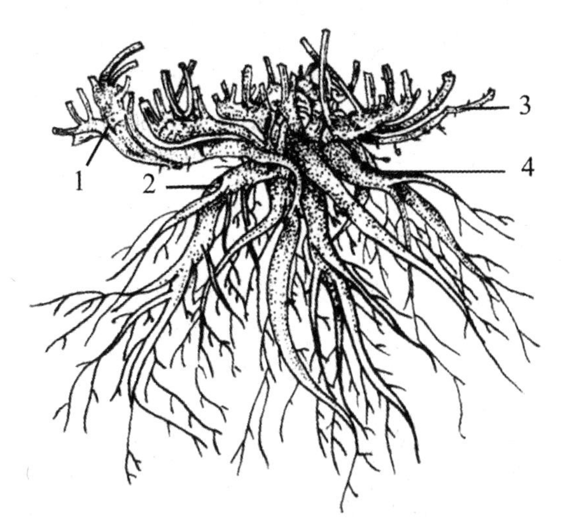

图 5-1　苎麻的根和地下茎

1.龙头根；2.扁担根；3.跑马根；4.萝卜根

2. 茎

分地下茎和地上茎。

(1)地下茎：是茎的一种变态，又称根状茎。是由实生苗根颈部或繁殖用地下茎的腋芽发育而成的吸枝，可以多次分枝，向四周和上方扩展，大部分分布在地表下 5 ~ 15cm，并随年龄增加逐渐变粗。地下茎各处生出不定根，从而形成强大的根蔸。茎上具很多节，节上有退化的鳞片，每节上均可生侧芽并发育成地上茎。吸枝顶端有顶芽，可向上生长发育成为地上茎。但吸枝通常在地下蔓延，其上可产生不定根和新的细吸枝。幼嫩吸枝呈白色，老吸枝因表皮木栓化而呈褐色。吸枝与根的区别在于,吸枝有多数节和芽,各部粗细大致相同;而根表面平滑无节,向尖端渐次变细。吸枝是主要繁殖器官之一,由吸枝各部位所萌发的幼苗生长势不同,顶端发芽快,出苗多;中部出苗少而粗壮。由吸枝上发生的吸枝发芽快,但较细小。吸枝的粗细和多少与品种类型及麻龄有关,一般栽植 5 ~ 6 年后为生长最盛期,因而生产上采用这种吸枝作为繁殖材料较为理想。

苎麻地下茎全茎粗细相近,上面许多细根,每节有退化的鳞叶,其叶腋有腋芽。地下茎的顶端或分枝的顶芽和腋芽伸出地面,就发育成地上茎。地下茎有强大的再生能力,常用来进行无性繁殖,俗称种根。按照不同部位地下茎的形态和生长习性,通常将种根分为三种:①发生不久的直径较小的吸枝,向四周延伸较快,有如跑马,俗称跑马根;②跑马根长粗后,先端丛生许多芽或分枝的部分形如龙头,叫龙头根;③位于地下茎中段,其一端接根蔸,另一端伸出地面成为龙头,本身似扁担横生于地下,俗称扁担根。

(2) 地上茎:丛生直立,高 2 ~ 3 m,依品种和环境条件而异。横截面圆筒形。茎色浅绿到深绿,成熟时由于皮层中产生木栓组织,逐渐变为褐色。茎表面密生茸毛。在密植情况下,通常不生分枝。茎有 30 ~ 50 节,一般晚熟品种节较多。苎麻茎生长很快,每年可收割 2 ~ 3 次(南方)。每蔸麻的株数一般为 10 余株,壮龄的麻蔸可达 50 ~ 60 株。

3. 叶

互生,圆形或椭圆形,顶端渐尖,叶缘有粗锯齿。绿色,正面粗糙,背面密生银白色茸毛。叶柄长,有托叶 2 枚,狭长尖锐,黄绿色或带红色。

4. 花

为复穗状花序,着生于叶腋间,雌雄同株异花。雄花序位于茎上半部的下方,雌花序位于上方,中部雌雄花大都混合着生,也有茎上仅有雄花或雌花的,一般雌花多于雄花。雄花花蕾球形,花萼 4 片,黄绿色。基部联合,雄蕊 4 枚,子房退化。雌花呈淡紫色、黄色等,无花瓣,花萼筒状,外被茸毛,顶端 4 裂。内具子房 1 枚,花柱细长,柱头白色,开花时露出花萼之外,进行异花授粉。受粉后花柱变为褐色(图 5–2)。

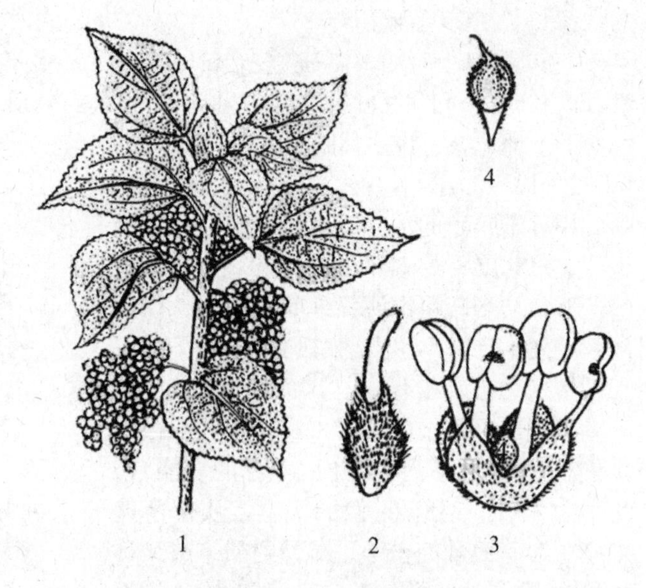

图 5–2 苎麻形态

1.植株上端;2.雌花;3.雄花;4.果实

5. 果实和种子

苎麻果实为蒴果(图 5–2),内含 1 粒种子。成熟的果实茶褐色,呈纺锤形,略扁,顶端残留部分花柱。果皮呈膜质,表皮密布茸毛,生产上用的种子即果实,千粒重 0.06g 左右。

(二) 亚麻形态特征的观察

亚麻(*Linum usitatissimum* L.)属亚麻科(Linaceae)亚麻属一年生草本植物。依形态及用途不同,分为 3 种类型,即纤维用亚麻、油用亚麻(胡麻)和油纤兼用亚麻。

1. 根

直根系。主根略呈波状，侧根纤细而多，整个根系生长柔弱，入土不深，吸收能力不强，因而栽培亚麻要求肥力较高的土壤。油用亚麻根系较为发达，入土较深，吸收能力也强。

2. 茎

绿色，细而圆，表面光滑，附有蜡质。茎高 0.6～1m，粗 1～5mm。茎的粗细直接关系到出麻率和纤维品质，以采收纤维为目的的最适宜粗度为 1～1.5mm，过粗的茎出麻率低，品质差。纤维用亚麻主茎较高，为 1m 左右，仅植株上部出现少量分枝。油用亚麻主茎较矮，为 30～50cm，分枝多，节位低。油纤兼用亚麻介于两者之间。

3. 叶

绿色，全缘，狭披针形或匙形，无叶柄和托叶，在茎上呈螺旋状着生。每株着生叶片为 50～120 枚，茎的上部和下部着生叶片数较中部多，纤维用亚麻的叶片较油用和兼用亚麻的稀。

4. 花

为复伞形花序，着生于分枝顶端。每花具有花萼和花瓣各 5 枚，连成漏斗状、星状、圆碟状不一，花冠颜色有淡蓝、蓝紫、白色等，一般纤维用亚麻多呈淡蓝色。雄蕊 5 枚，花药黄绿色。雌蕊 1 枚，子房球形 5 室，每室生有 1 个假隔膜，分成 2 个半室，各含 1 粒胚珠。亚麻为自花授粉植物，天然杂交率不超过 1%。

5. 果实

球形蒴果，顶部稍尖，成熟时呈黄褐色。每果内含种子 10 粒。纤维用亚麻每株蒴果数甚少，油用亚麻每株蒴果数达 40～100 个或更多。

6. 种子

扁卵形。尖端呈鸟嘴形弯曲。表面光滑，具有光泽，淡黄至红褐色。千粒重 3～5g。纤维用亚麻的种子较油用亚麻的小，种子含油量 35%～45%。

(三)红麻形态特征的观察

红麻(*Hibiscus cannabinus* L.)属于锦葵科(Malvaceae)木槿属一年生草本植物。

1. 根

直根系。主根发达，入土深度可达 1.5m 以上。侧根呈辐射状向四周延伸可达 20～30cm。根群庞大，能有效吸收耕层及土壤深层的养分和水分，故抗旱能力较其他麻类强。遇洪水浸渍，茎可生出不定根，洪水过后，不定根枯死，故红麻又有一定的抗涝能力。

2. 茎

茎高 1.5～4m，粗度和分枝数随品种和栽培密度而异。茎圆形或有棱，有的品种着生单细胞的疏刺。茎色因品种而有青、淡红及紫色等，并随植株生育阶段及环境条件影响而有变化，在生长后期，绿茎品种尤其是向阳部位多变为淡红或红色，而紫色或红色品种受环境影响较小。

3. 叶

一般绿色，单叶，互生，有两种叶形，即掌状裂叶和全缘形。叶柄较长，表面有刺，叶片边缘有锯齿。裂叶品种裂片数目随麻株的不同生长阶段而变化。苗期为心脏形叶，以后可变为 3 裂叶、5 裂叶、7 裂叶，生育后期叶形又由 7 裂叶逆转成 5 裂叶、3 裂叶，生育末期长出披针形叶(图 5-3)。生长中期叶的裂片数多少与品种的生育期长短有关，极早熟品种由心脏形叶发育到 3 裂叶后，就出现披针形叶；中熟品种发育到 5 裂叶即逆转；晚熟品种最多的发展为 7 裂掌状叶。从叶形的这一变化规律，可以判断品种的生育期长短。

4. 花

单生或簇生于叶腋间。柄短。花外有绿色苞叶数枚。花萼 5 片深裂，基部联合，并有蜜腺，

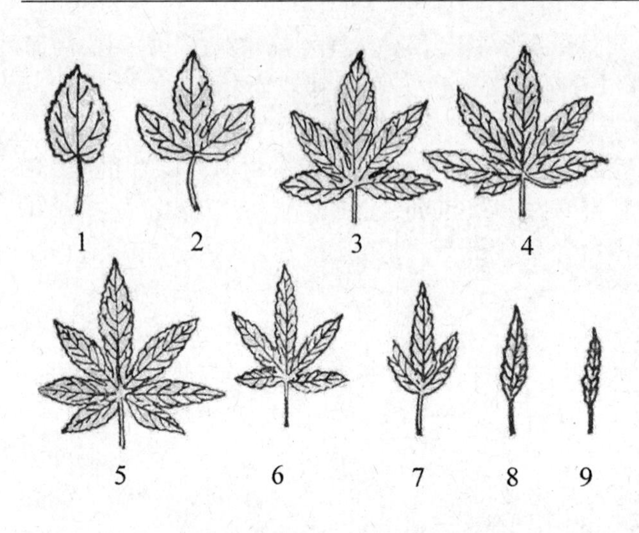

图 5-3 红麻不同生育时期叶片形状的变化

（1～9 从基部至顶部）

萼片上有 3 条明显的脊线，中部有疣状突起，萼上布满银白色的毛。花瓣 5 片，淡黄色，基部紫红色。雄蕊 60～70 枚，排成 5 行，基部联合成雄蕊管，花丝短，基部黄色或褐色。雌蕊子房 5 室，每室胚珠 5 枚，子房表面密生茸毛。花柱长，柱头 5 裂，紫红色，柱头上的密茸毛便于吸附花粉。红麻清晨开花，傍晚萎蔫。从红麻花的结构与开花生理上观察，多数品种在开花前或开花时就已授粉自交，故有人认为，红麻是自花授粉作物。但也有人认为，红麻花有蜜腺，能吸引昆虫，且花粉粒带刺，可以借虫媒实现异花授粉。据观察，红麻的天然杂交率在百分之几到百分之十几，故称为常异交作物。红麻花着生部位高低与成熟性有关，早熟类型的花着生节位低，晚熟的则较高。

5．果实

蒴果，呈圆锥形，成熟时黄褐色。每果 5 室，每室种子 4～5 粒。蒴果表面密生银白色刚毛，有些品种的蒴果成熟后自行开裂，种子散落。

6．种子

淡黑褐色，三棱形，千粒重 25g 左右，含油率 19%左右。种子无休眠期。

（四）黄麻形态特征的观察

黄麻属椴树科（Tiliaceae）黄麻属（*Corchorus* L.），一年生草本植物。根据果实的形状，把黄麻分为两个种，即长果种黄麻（*C. olitorius* L.）和圆果种黄麻（*C. capsularis* L.）。

1．根

直根系。主根深达 0.5～1m。侧根多，细而发达，分布在表土 30cm 范围内。在土壤水分饱和的情况下，往往在茎基部发生不定根而浮露地表。一般长果种的根系较圆果种的深，较为抗旱。

2．茎

茎直立，高 2～4m，基部粗 1～3cm，圆而光滑。茎色有绿、红或紫红等色。圆果种上下粗细差异显著，长果种上下粗细较一致。茎的分枝数目和分枝部位高低因品种和栽培条件而异，密植时只有顶部分枝。分枝点越高，分枝数越少，则麻茎的工艺长度越长，纤维品质越好。

3．叶

完全单叶，在茎上呈螺旋状互生，表面有蜡质。叶长椭圆、卵圆或披针形，先端尖，边缘有锯齿。叶片基部左右两侧的锯齿延伸呈须状，叫叶须，这是黄麻叶片的重要特征。叶柄基部有 2 枚尖而狭长的小托叶，脱落早。叶绿色或淡绿色。长果种和圆果种在叶色、叶形、叶味、叶脉的稀密、叶须的长短、叶缘锯齿的疏密等方面均有区别。一般圆果种叶色发黄，叶片较宽，有苦味，叶脉稀，叶须较短。

4．花

聚伞花序。花小，黄色，有短柄。常 2～3 个簇生在叶腋的对面或向上延伸在节间的中部，很少生于叶腋间。每簇花的数目，圆果种 2～6 朵，以 3 朵较多；长果种 1～3 朵，以 2 朵较多。长果种的花较圆果种的大。每花有花萼、花瓣各5片，雄蕊多数，雌蕊1枚。花柱短，柱头5裂，圆果种子房球形，长果种圆柱形。自花授粉，圆果种天然杂交率3%左右，长果种略高一些。

5. 果实：圆果种的蒴果呈球形，表面有纵沟多条，突起部分有横凹。每果内分成5～8室，每室有种子2行。长果种蒴果呈长角形，长7～10cm，顶端略尖，表面有许多纵沟，一般分为5室，每室有种子1行。黄麻蒴果成熟时变为深褐色，自行开裂并散落种子。

6. 种子

种子很小，呈不整齐的锥状。圆果种的种子比长果种的大，黄褐色，千粒重3g左右。长果种的种子为墨绿色或灰绿色，千粒重2g左右。

三、材料用具

1. 材料

苎麻、亚麻、黄麻圆果种和长果种、红麻的植株或浸制压制标本，苎麻麻蔸。4种麻类的幼苗、叶、花、果实等的浸制或压制标本和种子。

2. 用具

麻类作物的形态挂图；手持放大镜，钢卷尺，解剖镜，解剖针，米尺，刀子，镊子。

四、方法步骤

(1) 观察4种主要麻类作物的根、茎、叶、花、果及种子；了解苎麻麻蔸(根和地下茎)的构造。
(2) 观察比较黄麻圆果种和长果种的形态特点及其区别。
(3) 观察红麻、亚麻的主要形态特征。

五、作业

(1) 将观察到的4种主要麻类作物各部位的形态特点列表说明。
(2) 根据观察列表比较圆果种和长果种黄麻的区别。
(3) 详细观察苎麻麻蔸，区别地下茎和根，并绘一简图说明。

实验6　油菜形态特征及类型识别

一、目的要求

了解油菜的植物学形态特征，掌握识别油菜类型的主要依据。

二、材料用具

1. 材料

油菜三大类型的液浸根系及液浸花序，各种叶形的蜡叶标本，不同类型的果实。三大类型油菜各生育时期的新鲜植株及标本、种子。

2. 用具

解剖镜,手持放大镜,解剖镜。

三、方法步骤

(一) 油菜形态观察

油菜属十字花科(Crucifferae)芸薹属(*Brassica*),一年生或越年生草本植物。各器官主要特征见图 6–1。

1. 根

属直根系,具有主根、支根及细根,主根上粗下细,呈长圆锥形,入土可达 30 ~ 50cm。支根和细根多集中于耕层 20 ~ 30cm 以内, 水平分布可达 40 ~ 50cm。不同类型油菜的根系结构不同,但到开花末期主根都有部分木质化。芥菜型油菜根部木质化早,且木质化程度高;白菜型和甘蓝型油菜的主根为肉质根,柔软多汁,有贮藏营养物质的功能。

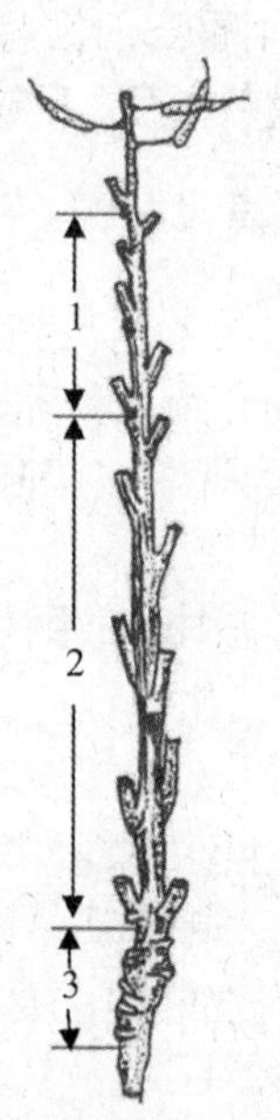

图 6–1 油菜的主茎茎段

1.薹茎段;2.伸长茎段;3.缩茎段

2. 茎

包括主茎和分枝。

(1) 主茎:由子叶以上的幼茎延伸形成。茎色因品种而异,以绿色或淡紫色较多,少数紫红色或深紫色。茎表面有的被有蜡粉,有的较光滑,有的生有稀疏刺毛。主茎高一般 1 ~ 2m。油菜茎段的划分: 冬油菜的主茎苗期不伸长,节间短而密集。翌年春天,主茎伸长抽薹。以甘蓝型为例,各茎段的特点如图 6–1 所示:①缩茎段:在主茎基部,节间短而密集,节上着生长柄叶;②伸长茎段:在主茎中部,节间由下而上逐步增长,棱形渐显著,节上着生短柄叶;③薹茎段:在主茎上部,节间依次缩短,棱形显著,节上着生无柄叶。

(2) 分枝:主茎各节腋芽发育成分枝,为第一次分枝;第一次分枝上的分枝称第二次分枝。有的可以抽出第三、第四次分枝。根据一次分枝的分布,可以分为 3 种分枝型和株形(图 6–2):①下生分枝型:缩茎段腋芽发达,分枝出现最早,分枝伸长速度与主茎相近或稍快,分枝数较多,结果形成发达的下部

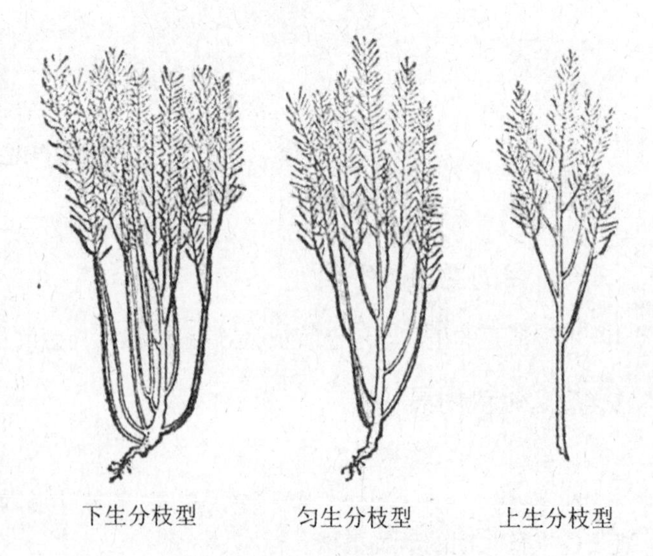

图 6–2 油菜的分枝习性

分枝，株形呈丛生状或筒状；②匀生分枝型：分枝习性介于下生分枝型与上生分枝型之间。分枝多，均匀分布在主茎上，植株筒形或纺锤形；③上生分枝型：缩茎段和伸长茎段的腋芽不能正常发育，植株下部分枝极少或没有，分枝出现较迟，多在上部，株形呈扫帚形。

3．叶

（1）子叶：1 对，很小，形状有心脏形、肾脏形、杈形 3 种。

（2）真叶：为不完全叶。无托叶，有的无叶柄。叶色有黄绿色、淡绿色、深绿色、灰蓝色、淡紫色、深紫色等。叶面有光泽或被蜡粉，表面光滑或着生刺毛。叶片边缘有多种形态，如全缘、锯齿、波状、缺刻、羽状缺刻。叶片中央有明显的主脉，通称肋。真叶的形状因类型和品种而不同。在同一株上，不同部位的叶片也不相同。主茎上 3 组叶片的形态如图 6–3 所示：①长柄叶：着生在缩茎段上，又称缩茎叶或基叶。具有明显的叶柄，叶柄基部两侧无叶翅。叶片较大。有椭圆、长椭圆、卵圆、匙形等形状；②短柄叶：着生在伸长茎段上。叶柄不明显，叶柄两侧直至基部有明显的叶翅。叶片较大，叶形为全缘带状、齿形带状、羽裂状或缺裂状等；③无柄叶：着生在薹茎段上，也叫薹茎叶。无叶柄，基部两侧向下延伸成耳状，全抱茎或半抱茎，叶形为披针形或狭三角形。这 3 组叶片并非截然分开，组间还有过渡类型。

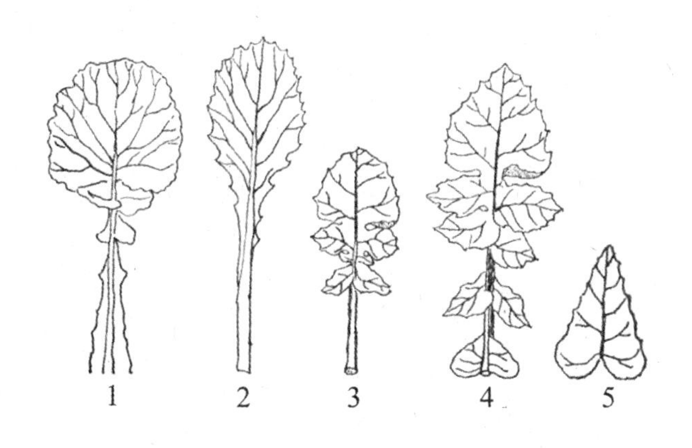

图 6–3　油菜的叶型

2、3.基部长柄叶；1、4.茎生短柄叶；5.分枝与薹生无柄叶

4．花

为总状花序，着生于主茎和分枝的顶端（前者称主花序，简称主序或主轴，后者称分枝花序，简称枝序）。花序中央着生花朵的部分称为序轴（谢花后称果轴）。序轴上着生许多单花，每朵花由花柄（谢花后称果柄）、花萼、花冠、雄蕊和雌蕊等部分组成（图 6–4）。花萼位于最外层，由 4 片完全分离的绿色萼片组成。花冠 4 瓣，呈十字形，有黄、淡黄和乳白等颜色。雄蕊 6 枚，4 长 2 短。每个雄蕊由花丝和花药组成。雌蕊位于中部，由子房、花柱和柱头组成。子房有 2 个心皮，由假隔膜分为 2 室，胚珠着生于 2 个侧膜胎座上。在花朵基部有蜜腺 4 枚，粒状，绿色，分布于 4 个长雄蕊的外侧和 2 个短雄蕊的内侧，开花时能分泌蜜汁，供昆虫采蜜传粉。

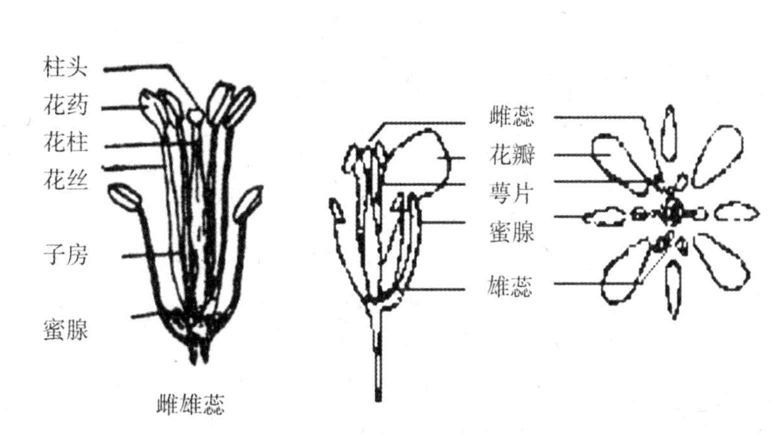

图 6–4　油菜花器构造

5．果实

为角果，由果喙、果身和果柄三部分组成。果喙由不脱落的花柱发育而成，绿色，与果身相联形成角状，故名角果。果柄由花柄发育而成。果身由两种果瓣组成，一为壳状，2 片，狭长似船；

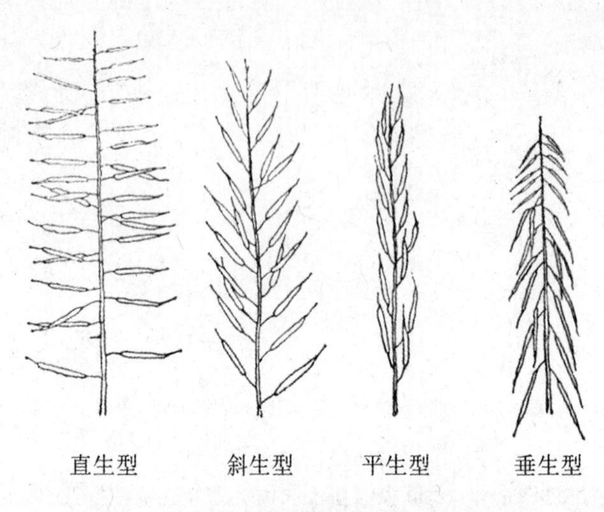

图 6-6 油菜角果的着生状态

种子着生在两片线状果瓣的内侧,一为线状的结实果瓣,2 片,位于壳状果瓣之间,窄细如线状,在结实果瓣之间有薄膜相连,种子着生在两片线状果瓣的内侧(图 6-5);成熟时果柄与果轴所成角度的大小,以及角果在果柄上着生的状态,与品种特性有关。一般分为 4 种类型(图 6-6):①直生型:果柄与果轴所成角度接近 90°。果身与果轴呈垂直状;②斜生型:果柄与果轴所成角度为 40°~60°;③平生型:果柄与果轴所成角度为 20°~30°,果身与果轴接近平行;④垂生型:果柄与果轴所成角度大于 90°,果身下垂。角果的形态和大小因油菜类型和品种而异。一般芥菜型油菜角果细小,长为 3~4cm,白菜型和甘蓝型油菜角果长度差异很大,短小的仅 4cm 左右,中长的 7~9cm,最长的可达 14cm 以上。角果粗度也不同,最细的仅 0.4cm 左右,粗大的可达 1cm。根据角果长度和粗度,可以区分为细短角果、细长角果、粗短角果和粗长角果 4 种。角果成熟时由于果瓣失水收缩,一般能自行开裂,称裂果性。有的品种类型由于果瓣厚而机械组织发达,成熟失水后并不收缩,也不自行开裂,表现抗裂果性强。

6. 种子

球形或近球形,个别呈卵圆形或不规则棱形。种皮有黄、淡黄、淡褐、红褐、暗褐及黑色等。千粒重一般为 2~4g,但也有重达 5g 的。通常甘蓝型约 3.1g,白菜型约 2.8g,芥菜型约 1.8g。

(二) 油菜类型的识别

我国的栽培油菜可以分为三大类型,即芥菜型、白菜型和甘蓝型。试根据实验材料,从以下方面识别其主要形态特征:①根系发育情况;②子叶形状,基叶和基叶的大小、形态、厚薄、附着物(蜡粉、刺毛等的有无和多少),叶柄叶翅的有无;③花的大小和颜色,花瓣皱缩和折叠情况;④角果着生状态,角果的大小和粗细;⑤种子大小和颜色,辛辣味的有无;⑥植株高度,分枝的多少及部位,株型。

四、作业

(1) 列表说明油菜三大类型的(根、茎、叶、花、果实和种子)主要形态特征。

(2) 绘图说明油菜花器、角果的构造。

实验 7　高粱形态特征及类型识别

一、目的要求

认识并掌握高粱的形态特征；了解高粱花序构造的特点。认识高粱的不同类型，掌握其不同类型特点。

二、材料用具

1. 材料

高粱植株标本，不同类型高粱果穗；以及液浸花序标本，高粱穗分化标本。

2. 挂图及用具

高粱花序解剖图，高粱花序类型图，解剖器，放大镜，解剖镜。

三、方法步骤

根据挂图、标本和实物，仔细观察高粱花序及花的解剖结构。

(一) 植株形态观察

高粱[*Sorghum bicolor* (L.) *Moench*]：为禾本科高粱属的一个栽培种。

1. 根

高粱的根为须根系，由初生根、次生根、支持根所组成。①初生根。种子萌发时，首先突破种皮的一条根，即由胚根伸长形成的一条种子根，称为初生根。初生根对幼苗期水分和养分的供应起着重要作用。②次生根。一般幼苗长出 3 ~ 4 片叶时，地下茎节长出第一层次生根，以后随着叶片出现，茎节形成，由下而上陆续环生一层层次生根。主茎 3 片叶以后，每出现 2 片叶，形成一层根，每层根量自下而上逐渐增加。一般 7 ~ 8 叶时，形成 3 层根，拔节时已有 5 层根，一生最多可形成 8 ~ 10 层根。③支持根。拔节后在近地面 1 ~ 3 个茎节上长出几层支持根，又称气生根。支持根较粗壮，入土后形成许多分枝，有吸收养分、支持植株防止倒伏的作用，同时，支持根可直接进行光合作用，合成大量氨基酸，供地上部生长需要。

2. 茎

高粱的茎秆直立，有明显的节与节间，每节一叶。叶鞘围绕茎秆着生处为节，略为隆起。茎的地上部通常有 12 ~ 13 个节和节间，地下部有 5 ~ 8 个密集的节。高粱茎节的伸长从拔节开始，拔节后，茎秆伸长加快，以抽穗时生长最快，一般昼夜生长量可达 6 ~ 10cm，有些品种可达 15cm 以上，开花期茎秆达最大高度。高粱茎节上有一较浅的纵沟，内有一个腋芽，通常处在休眠状态。在水肥条件充足时，生长点受伤后，茎上腋芽也能发育成分枝。这些分蘖和分枝常因消耗养分而需除去。南方生育期长的地区，可利用这一特性进行高粱再生，多收一季。制种工作中，花期不遇或主穗受灾时，也可利用休眠芽萌发抽穗结实。高粱与玉米的根、茎形态大致相似，但高粱根群比玉米更发达，耐旱耐瘠能力比玉米强。

3. 叶

高粱的叶片在茎节上互生，叶由叶鞘、叶片、叶舌组成。叶片中央有一较大主脉，叶片与叶

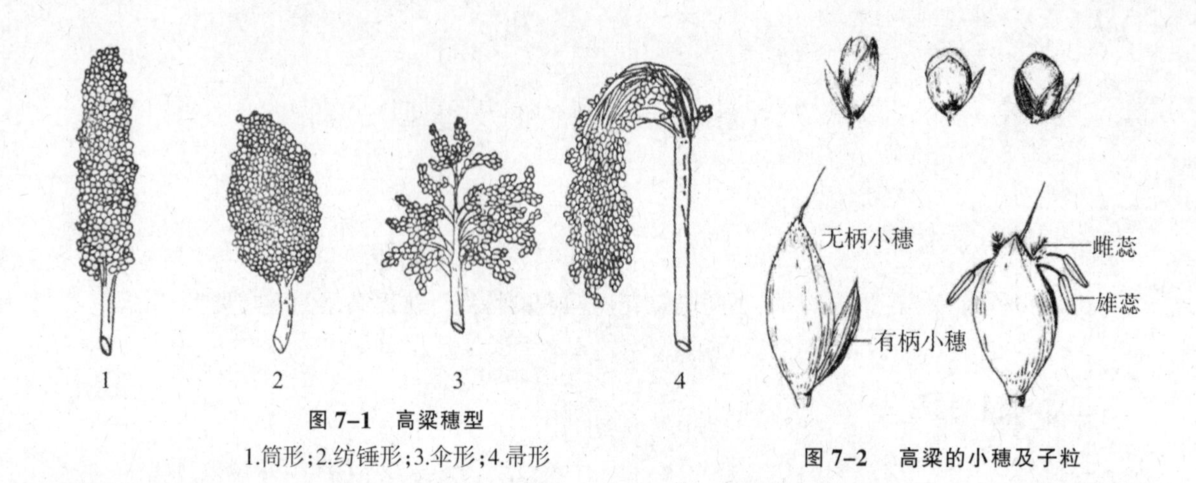

图 7–1　高粱穗型

1.筒形;2.纺锤形;3.伞形;4.帚形

图 7–2　高粱的小穗及子粒

鞘相连,叶鞘包于茎上,叶鞘有保护节间、进行光合作用、贮藏养分的功能。孕穗后,高粱叶鞘中薄壁细胞破坏死亡形成通气的空腔,与根系空腔通气组织相连通,有利于气体交换,增强高粱的耐涝能力。

(二) 高粱花序结构的观察

高粱为圆锥花序,有粗大的穗轴。穗轴上有 4 ~ 10 个节,每个节上轮生 5 ~ 10 个分枝,称为一级枝梗。每个一级枝梗上又生出 10 多个二级枝梗。由于二级枝梗的长短不同,就形成了散穗或密穗高粱。在二级枝梗上着生 5 ~ 6 个三级枝梗。在小枝梗上着生一至数对小穗。由于穗轴长度和一级枝梗长度的不同,就形成形状各异的穗形,如纺锤形、牛心形、筒形(棒形)、伞形、帚形等(图 7–1)。二级枝梗或三级枝梗上通常着生成对的小穗(图 7–2)。较大的为无柄小穗,较小的为有柄小穗,位于无柄小穗一侧。其中有柄小穗为不完全花,不能结实。无柄小穗为完全花,能结实。无柄小穗有 2 片光滑而厚的颖片,将来发育成颖壳。内有 2 朵小花,上位花为可育花,下位花为退化花,花内只留 1 枚外稃,呈薄膜状,位于第一颖片内,其内侧为结实花的内稃,但内稃小而薄,有时退化。因此,结实花的外稃与退化花的外稃在外观上恰似内外稃的形状。由于下位花退化,所以一般无柄小穗内仅结 1 个籽粒。但有的品种例外,下位花也可育,每个小穗结 2 个籽粒(如二人夺盔红)。每一结实小花的内外稃中有 3 枚雄蕊、1 枚雌蕊和 2 枚鳞片。退化花的花器发育不完全。有柄小穗(退化)比无柄小穗(结实)狭窄而尖,虽有 2 朵花,但大都发育不完全,成熟时宿存或脱落。高粱花序各分枝的顶端并生 3 个小穗,其中两侧为有柄小穗,中间一个为无柄小穗。高粱的种子实际是颖果。种子的形状有椭圆、圆、长圆、卵形等。按种子大小分为大粒种(千粒重 30g 以上)、中粒种(20 ~ 30g)、小粒种(20g 以下)。种子颜色有红、黄、白、褐等色。

(三) 高粱类型的识别

1. 高粱穗型的鉴别

高粱属于禾本科(Gramineae)高粱族(*And ropogoneae*)高粱属(*Sorghum*)。该属有许多一年生和多年生的种,但广泛栽培的粒用高粱都属于普通高粱(*Sorghum bicolor*)一个种。普通高粱根据穗结构可以分为散穗高粱和密穗高粱两个亚种(图 7–3)。

(1) 散穗高粱:其特点是穗型松散,有较长或长的分枝。根据穗轴长短又分为两个类型:①下垂散穗型:穗轴很短,分枝长于穗轴且下垂(如帚高粱)。着粒少,籽粒包于颖壳内不易脱粒。

② 直立散穗型：穗轴较长，分枝稍短于穗轴，呈扩散状（如散穗黄）。籽粒着生较少，且多被颖片包住。

（2）密（紧）穗高粱：其特点是穗紧密，分枝短，并密集在一起。根据穗柄的直立或弯曲又可以分为两个类型：① 穗柄直立型：穗与茎垂直，不弯曲（如将军锤）；② 穗柄弯曲型：穗柄向下弯曲，穗与茎不垂直，甚至下垂。

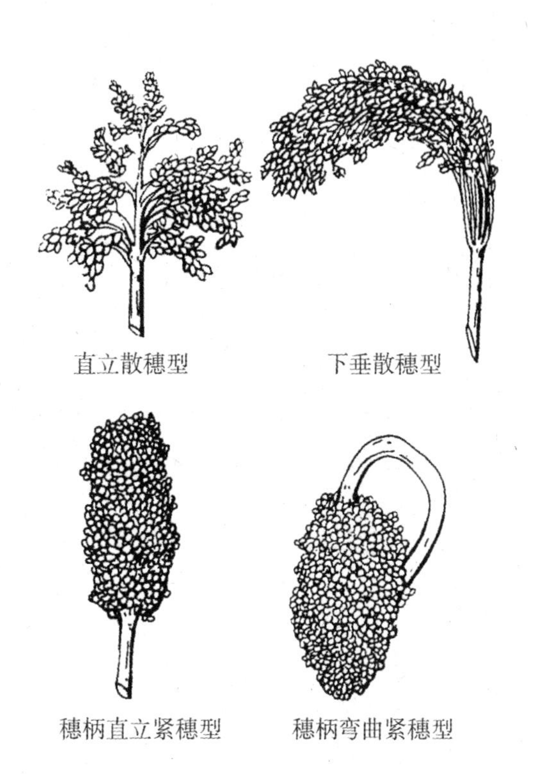

图 7-3　高粱的不同穗型图

引自《中国农业百科全书》

2. 高粱的变种

高粱的亚种及类型分为许多变种，通常可以根据以下形态特征鉴别变种。①穗侧枝长短；②穗的形状：分卵圆、椭圆和长圆 3 种基本类型；③颖片色泽：有白、黄、红、褐、黑等色（以成熟期为准）；④籽粒色泽：多种多样，有红、白、黄、暗褐、黄紫等色（以成熟期为准）。

3. 高粱的用途分类

在生产上，由于栽培目的不同，通常按用途将高粱品种分为：①粒用高粱：这类高粱以获取籽粒为目的。其植株高矮不等，分蘖力较弱，穗密而短，茎中的髓呈半干燥状态。成长的植株叶中脉呈黄白色或白色。籽粒较大，品质较佳，但因常裸露于颖外而易落粒。按籽粒淀粉性质不同，可以分为粳型和糯型；②糖用高粱：茎高，节细长，植株色浓，叶中脉绿色，分蘖力强。茎中富含糖汁，含 8%～19%的糖分，故可制糖浆用。籽粒被颖片包被或稍裸露，不易落粒。籽粒小，品质差；③饲用高粱：茎细，分蘖力和再生力强，生长势旺盛，干草收获量较高。穗小，籽粒有稃，品质差；④帚用高粱：通常无穗轴或穗轴较短，分枝发达，穗不下垂，不易落粒。脱粒时，颖片与籽粒一并脱下，故栽培目的主要供帚用。帚用高粱茎髓完全干燥，叶中脉为白色；⑤兼用高粱：籽粒品质较佳，分蘖力强，茎秆中又含有较多的汁液。收获物可供食用、饲用及综合利用，如多穗高粱。

四、作业

（1）鉴别编号 1～5 的高粱穗属于何亚种和类型。

（2）描述高粱各类型的主要特点。

（3）比较玉米与高粱形态的异同点。

实验8 薯类形态特征及类型识别

一、目的要求

掌握甘薯和马铃薯的形态特征。了解甘薯块根、马铃薯块茎的内部构造。

二、材料用具

1. 材料

甘薯和马铃薯的完整植株(包括地上部及地下部),叶形、花、果实、种子标本,甘薯三种根标本等;甘薯根的切片。

2. 挂图及用具

甘薯、马铃薯形态及内部构造挂图,显微镜,刀具,解剖器。

三、方法步骤

(一) 甘薯形态观察

甘薯(*Ipomoea batatas* Lam.)属旋花科(Convolvulaceae),甘薯属,甘薯种,蔓生草本植物。在热带为多年生,能开花结实。在温带为一年生,通常不开花或花而不实,多用无性繁殖。

1. 茎

蔓生,匍匐或半直立型。蔓的长短因品种而有很大差异。依蔓的长短分为:长蔓型(春薯蔓长3 m以上,夏薯2 m以上),中蔓型(春薯1.5 ~ 3 m,夏薯1 ~ 2 m),短蔓型(春薯1.5 m以下,夏薯1 m以下)。茎断面呈圆形或有棱角,茎色分紫、绿或绿中带紫等色。茎上每节生1叶,叶腋部有1腋芽,节上可产生不定根,有时节间也可产生不定根。

2. 叶

单叶,互生,叶序2/5。具长叶柄,无托叶。叶色分绿、浅绿、深绿、紫色等。顶叶是识别品种的主要特征之一,分为绿、紫、褐或叶缘带紫等色。叶形分心脏形、三角形或掌状形等,叶缘分全缘、带齿或缺刻(有浅单、浅复、深复缺刻之分)(图8–1),有的品种在同株上的叶形也不尽一致。叶脉色、叶脉基部色、叶缘色、叶柄基部色都是鉴别品种的重要特征。

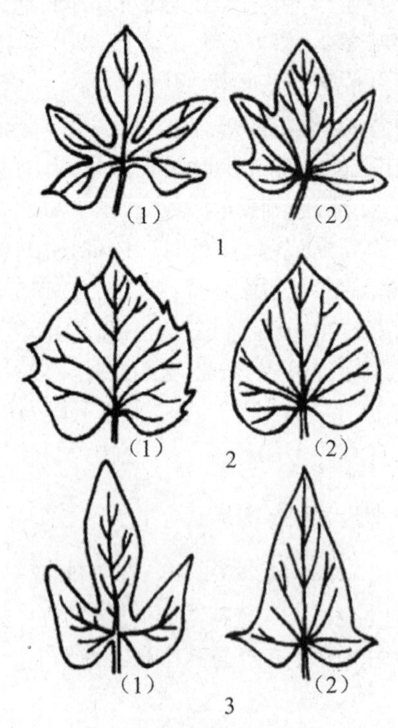

图8–1 甘薯的叶形

1.掌状形:(1)深复缺刻;(2)浅复缺刻;
2.心脏形:(1)带齿;(2)全缘;
3.三角形或戟形:(1)深单缺刻;(2)浅单缺刻

3. 根系

甘薯扦插时,由节上产生大量不定根,这些不定根最初为纤维状细根,内部构造相同。但随着生长进程和外部条件的影响发展为3种形态不同的根(图

8-2）。

（1）纤维根（细根）：其上着生多数根毛，主要作用是吸收水分和养分，称为吸收根，无次生形成层，不能形成次生结构。

（2）牛蒡根（梗根）：又称柴根。粗如手指，上下大小一致。直径为1cm左右，在生长过程中，次生形成层活动能力小，中柱木质化程度大，根中纤维多。无食用价值，徒耗养分。

（3）块根：由次生形成层活动能力大、中柱木质化程度小的细根膨大而成。块根是贮藏养分的主要器官，是收获的目的物。块根的形状因品种而不同，分纺锤形（又分上膨、下膨）、球形、圆筒形、椭圆形、块状形（图8-3）。块根的皮色和肉色是鉴别品种的主要特征。薯块皮色分红、淡红、紫、褐、黄、白等色。肉色分白、黄、杏黄、橘红或带有紫晕等色。

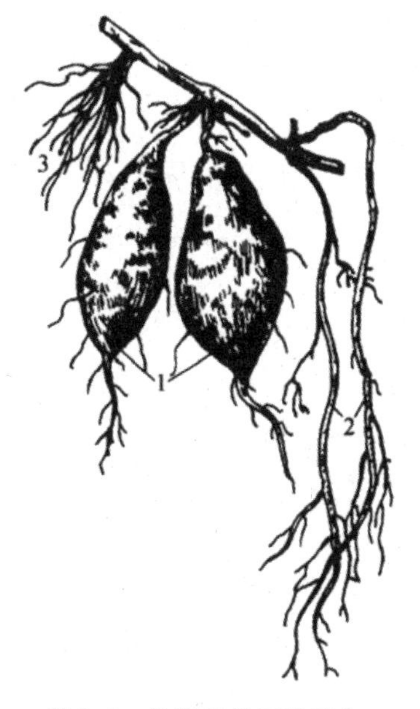

图 8-2　甘薯根的三种形态

1.块根；2.柴根；3.须根

4. 花、果实、种子

我国北纬23°以南，一般品种能自然开花；在我国北方，则很少自然开花。甘薯是异花授粉作物，花单生或若干朵集成聚伞花序，花形如漏斗状。有雄蕊5个，花丝长短不一，花粉囊分为2室。雌蕊1个，柱头球状分2裂。果实为蒴果，球形或扁球形，每果有种子1～4粒，种皮褐色。

图 8-3　甘薯块根的形状

1.纺锤形；2.圆筒形；3.椭圆形；4.球形；5.块状形

（二）甘薯块根内部构造的观察

甘薯的根最初与一般双子叶植物的幼根相似，由表皮、皮层、内皮层和中柱组成。中柱包括中柱鞘和4～6个放射状排列的原生木质部及后生木质部导管，韧皮部和形成层尚不发达。随后，在原生木质部和初生韧皮部之间出现初生形成层，并进行细胞分裂。初生形成层向外分裂的薄壁细胞分化为次生韧皮部，向内分裂的薄壁细胞分化为次生木质部。由于次生木质部增加较快，迫使初生形成层发展成一个形成层圈

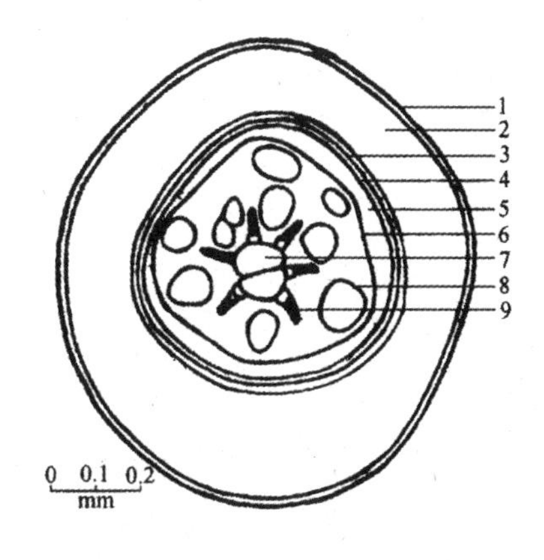

图 8-4　甘薯初生根横切面模式

1.表皮；2.表层；3.内层；4.中柱鞘；5.韧皮部；6.初生形成根；7.后生木质部；8.次生木质部；9.原生木质部

(图 8–4)。初生形成层分裂出的薄壁细胞逐渐增多,并在薄壁细胞内开始积累淀粉,同时出现次生形成层。先在原生木质部导管的周围出现次生形成层,后来在后生木质部导管和次生木质部导管周围也出现次生形成层。次生形成层在块根中的分布没有一定的位置,随着块根的次生形成层分布范围的扩大和次生形成层活动力的加强,分裂出大量薄壁细胞,致使块根迅速膨大。块根横切面的构造见图 8–5。初生形成层活动力的强弱决定块根能否形成,次生形成层活动力的分布范围大小是块根膨大的动力。随着块根逐渐变粗,中柱直径加大,原来的皮层组织剥落,为木栓层即薯皮(周皮)所代替。因周皮含有花青素的色素不同,使甘薯出现不同的皮色。

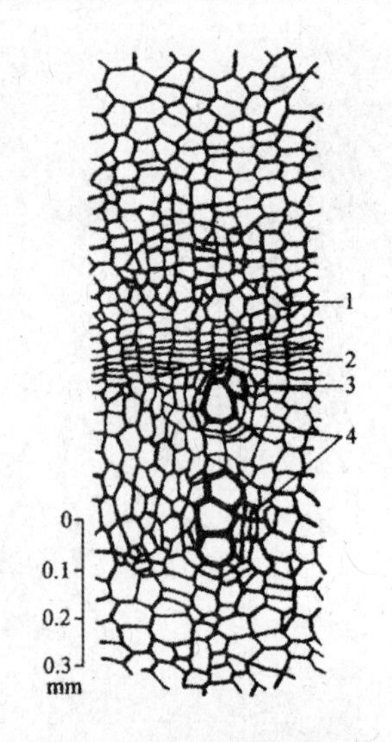

图 8–5 甘薯块茎根横切面

1.韧皮部;2.初生根形成层;3.次生木质层;4.次生形成层

(三) 马铃薯形态的观察

马铃薯是茄科(Solanaceae)茄属(*Solanum*)的草本植物。在生产上应用普遍、经济价值高的品种都属于茄属结块茎的种(*Solanum tuberosum* L.)。

1. 根

马铃薯用种子繁殖的根系为直根系,有主侧根之分。无性繁殖所发生的根系为须根系,由两种根组成(图 8–6),一种是芽眼根,是指在初生芽的基部靠种薯处紧缩在一起的 3 ~ 4 节所发生的根,又称为初生根,是马铃薯根系的主体;另一种是匍匐根,由地下茎节处匍匐茎的周围发生,每节上 3 ~ 5 条成群,又称为后生根。

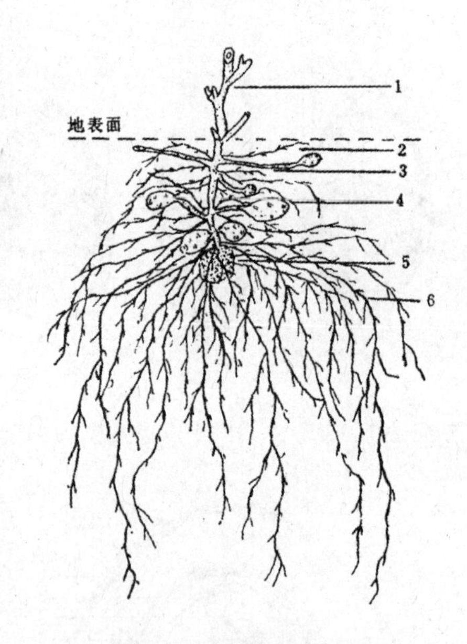

图 8–6 马铃薯根系的分布

1.地上茎;2.匍匐根;3.匍匐茎;4.块茎; 5.母薯; 6.芽眼根(初生根)

2. 茎

因部位和作用的不同,分为地上茎、地下茎、匍匐茎、块茎。①地上茎:是由块茎芽眼抽出地面的枝条形成,直立,有分枝。茎内充满髓,亦有中空的,呈绿色,间有紫色的。茎的横切面在节处为圆形,节间部分为三棱或多棱形。在茎的棱上有翅状突起;②地下茎:是主茎的地下结薯部位。地下茎节上每一腋芽都可能伸长形成匍匐茎,地下茎节数一般为 6 ~ 8 节,因覆土深度与培土高度而变化;③匍匐茎:是地下茎节上的腋芽发育而成,具有向地性和背光性,略呈水平方向生长。茎上有节,节上有鳞片状的退化叶,节上可生根,亦能产生分枝。匍匐茎的顶端膨大形成块茎;④块茎:是一短缩而肥大的变态茎。块茎具有地上茎的各种特征。块茎膨大后,鳞片状小叶凋萎,残留叶痕,呈月牙状,称芽眉。芽眉向内凹陷成为芽眼。芽眼在块茎上呈 2/5、3/8 或 5/13 的叶序排列,顶端芽眼密,基部稀。每个芽眼里有 3 个或 3 个以上未伸长的芽,中央较突出的为主芽,其余的为副芽(或侧芽)。块茎的形状有球形、长筒形、椭圆形、卵形及不规则形等。块茎皮色有白、淡黄、红、紫、灰、红白相间等色;肉色有白、乳黄、浅红等色,均为品种特征。块茎的表面有许多气孔,称为皮孔或皮目。皮孔的大小和多少因品种和栽培条件而不同,可使块茎表面光滑或粗糙,影响商品质量(图 8–7)。块茎在膨大过程中遇不良条件会停止膨大,一旦条件适合又会重新膨大或块茎顶芽伸长形成新的块茎——子薯,或使块茎顶芽出现畸形。

3. 叶

从块茎上最初长出的几片叶为单叶,称为初生叶。初生叶全缘,颜色较浓,叶背往往有紫色,叶面的茸毛较密。随植株生长,逐渐长出奇数羽状复叶。复叶由顶小叶和 3 ~ 7 对侧生小叶,以及侧生小叶之间的小裂叶和复叶叶柄基部的托叶所构成。复叶互生,叶序为 2/5、3/8 或 5/13(图 8–8)。

4. 花

为聚伞花序,有的品种因花梗分枝缩短,各花的花柄几乎着生在同一点上,好似伞形花序(图 8–9)。每个花序有 2 ~ 5 个分枝,每个分枝上有 4 ~ 8 朵花。花柄的长短不等,在花柄上有环状突起,是花果脱落的地方,通称离层环或花柄节。花器较大,萼片基部联合成筒状,花冠合瓣,呈星轮状。花冠有白、浅红、紫红、蓝及蓝紫等色。雄蕊一般 5 枚,雌蕊 1 枚。

5. 果实和种子

果实为浆果,圆形或椭圆形。多为二室,内含种子 100 ~ 300 粒。

(四) 马铃薯块茎内部构造的观察

马铃薯块茎的外面是一层周皮,周皮里面是薯肉。周皮由 10 层左右的长方形细胞组成。在块茎老化和贮藏过程中,周皮细胞逐渐被木栓质所充实。薯肉由外向里包括皮层、维管束环和髓部,其中皮层和髓部薄壁细胞占绝大部分,里面充满淀粉粒。皮层和髓之间的维管束环是块茎的输导系统,与匍匐茎的维管束环相联,并通向各个芽眼。

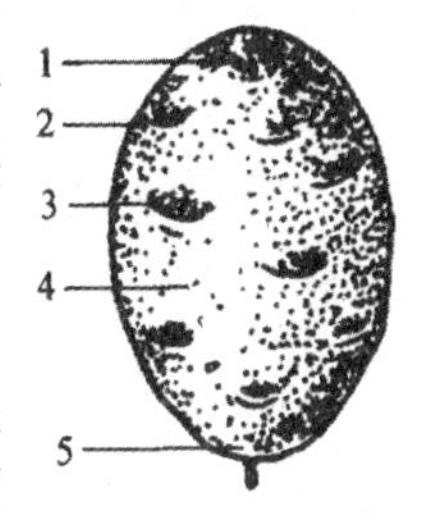

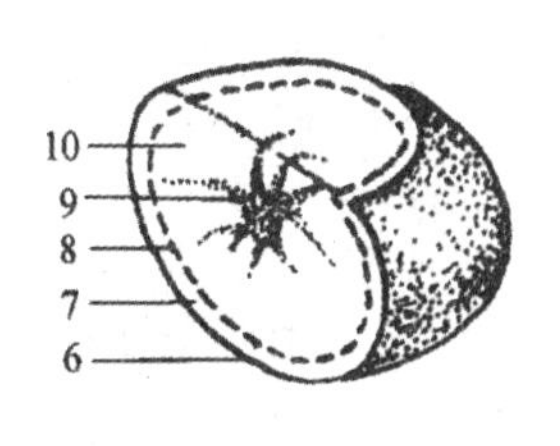

图 8–7　马铃薯的块茎

1.顶部;2.芽眉;3.芽眼;4.皮孔;5.脐部;6.周皮;7.皮层;8.维管束环;9.内髓;10.外髓

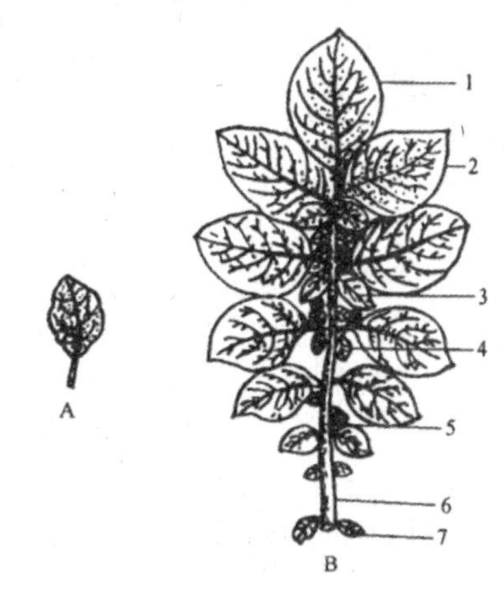

图 8–8　马铃薯叶片

A.单叶(初生叶);B.复叶;1.顶小叶;2.侧小叶;3.小裂叶; 4.小细叶;5.中肋;6.叶柄;7.托叶

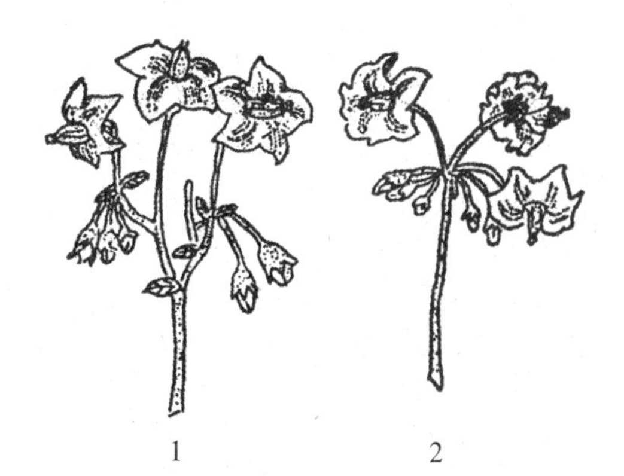

图 8–9　马铃薯的花序

1.聚伞花序;2.伞形花序

四、作业

(1) 绘甘薯根系(块根、梗根、细根)与马铃薯的块茎(包括芽眼分布)图,注明各部位名称;并列表比较甘薯块根与马铃薯块茎的区别。

(2) 列表说明所观察甘薯品种的区别。

实验9 花生形态特征及类型识别

一、目的要求

认识花生器官形态特征。掌握区分花生类型的依据,能识别四大类型。

二、材料用具

1. 材料

具代表性的花生四大类型的植株,每类型的代表品种各2个;幼苗,成长植株,花,荚果,种子。

2. 用具

镊子,解剖针,解剖镜,放大镜等。

三、方法步骤

(一) 花生的形态特征

1. 种子

花生的种子通称为花生仁,着生在荚果腹缝线上。成熟种子的外形一般是一端钝圆或较平,另一端较突出(胚根端)。形状有三角形、桃圆形、圆锥形、圆柱形、椭圆形等(图9–1)。种皮颜色一般以收获后晒干新剥壳时的色泽为标准,大体可分为紫、浅褐、紫红、紫黑、红、深红、粉红、淡红、淡黄、红白相间和白色等。其色泽一般不受栽培条件的影响,可作为区分花生品种的特征之一。花生种子由种皮和胚两部分组成。胚由胚芽、胚轴、胚根和子叶4部分组成。种子近尖端部分种皮表面有一白痕为种脐。通常以成熟饱满种子的百仁重来表示该品种的典型种子大小;以自然平均样品每千克粒数来表示该批种子的实际平均大小和轻重。

2. 根和根瘤

花生的根是直根系,由主根、侧根和很多的次生根组成(图9–2)。主根由胚根直接长成,在土层深厚的条件下可达2m左右,但根群主要分布在30cm以内的土层中。花生根瘤为圆形,一般单生,多数着生在主根上部和靠近主根的侧根上,胚轴上亦能形成根瘤。根瘤外表灰白色,内部为粉红色、白色、绿色等,一般认为绿色根瘤不能进行固氮活动,为无效根瘤,粉红色根瘤的汁液内含豆血红蛋白,是根瘤菌固氮活动的必要条件。

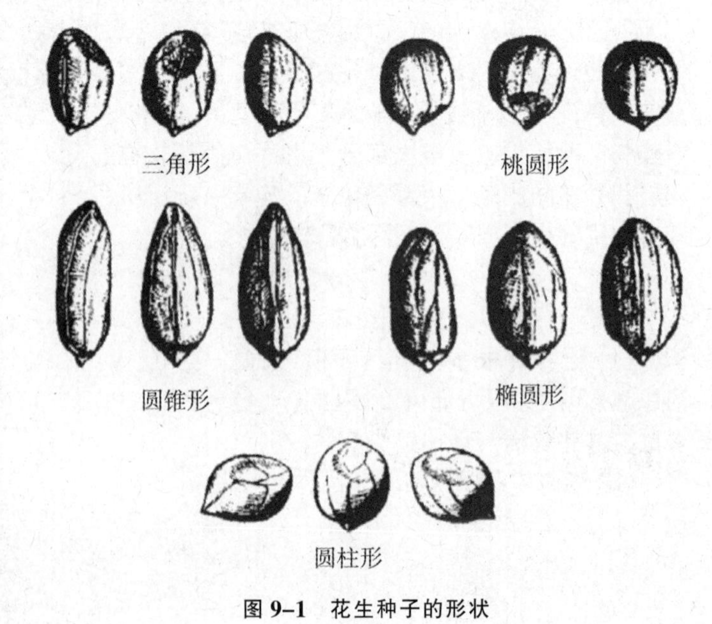

图9–1 花生种子的形状

3. 茎和分枝

①主茎:花生的主茎直立,幼

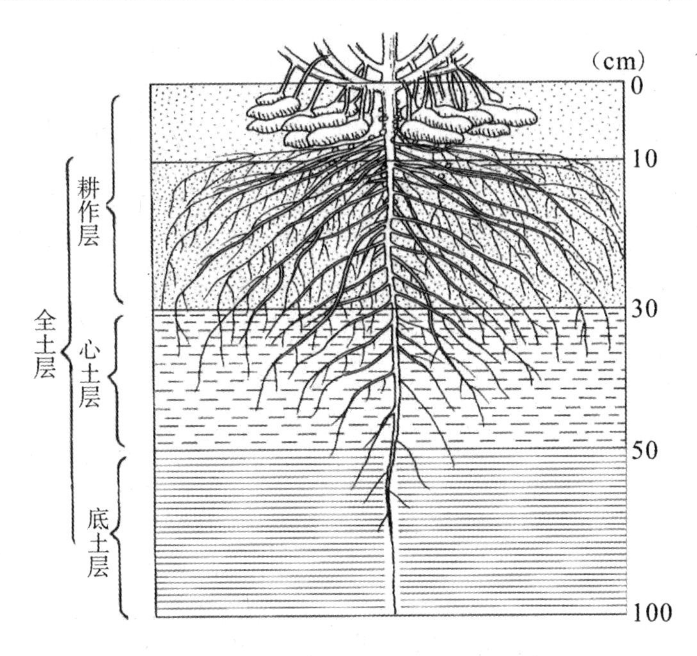

图 9-2　高产花生田土层结构及花生根系分布

茎截面呈圆形，中部有髓。盛花期后，主茎中、上部呈棱角状，髓部中空，下部木质化，截面呈圆形。主茎一般有 15～25 个节间。茎通常为绿色，有的品种带有部分红色，老熟后为褐色。茎枝上有白色的茸毛，茸毛的多少因品种而异。主茎的高度因品种和栽培条件而异。一般认为，直立型品种主茎高度以 40～50cm 为宜，最高不宜超过 60cm；②分枝：由主茎生出的分枝称为第一次分枝（或称一级分枝）；在第一次分枝上生出的分枝称第二次分枝；第二次分枝上生出的分枝称第三次分枝，以此类推。第一、第二条一次分枝从子叶叶腋间发生，对生，通称第一侧枝。第三、第四条一次分枝由主茎上第一、第二真叶叶腋生出，互生，但是由于主茎第一、第二节的节间极短，紧靠在一起，看上去近似对生，所以，一般亦称第三、第四条一次枝为第二对侧枝。第一、第二对侧枝长势很强，是着生荚果的主要部位。一般情况下，第一、第二对侧枝上的结果数占全株总果数的 70%～80%。单株的分枝数变化很大，连续开花型品种分枝少，单株分枝数为 5～6 条至 10 多条。交替开花型品种分枝数一般 10 条以上，其中蔓生品种稀植时可达 100 多条；③株形：花生植株由于侧枝生长的姿态以及侧枝与主茎长度比例的不同，而构成不同的株形。第一对侧枝平均长度与主茎高度的比率称株形指数。根据株形可把花生分为蔓生型、半蔓生型和直立型三种株形。蔓生型（匍匐型）的侧枝几乎贴地生长，仅前端一小部分向上生长，株形指数为 2 或大于 2。半蔓生型（半匍匐型、半直立型）的第一对侧枝近基部与主茎约呈 60° 角，侧枝中、上部向上直立生长，直立部分大于匍匐部分，株形指数 1.5 左右。直立型的第一对侧枝与主茎所呈角度小于 45° 角，其株形指数一般为 1.1～1.2。直立型与半蔓生型一般合称丛生型。

4. 叶

花生的叶可分不完全叶及完全叶（真叶）两类（图 9-3）。每一个枝条上的第一节或第一、第二，甚至第三节着生的叶都是不完全叶，称为“鳞叶”。花生的真叶由叶片、叶轴、叶枕、叶柄和托叶组成。叶片互生，为 4 小叶羽状复叶，但有时也可见到多于或少于 4 片小

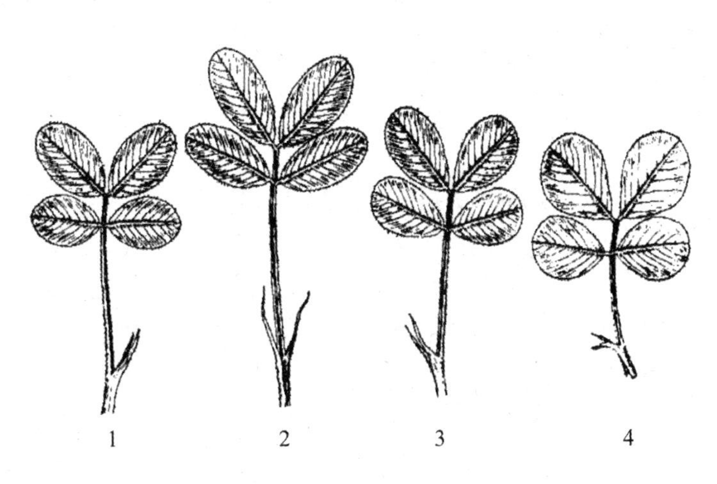

图 9-3　花生叶片的形态

叶的畸形叶。小叶片可分为椭圆形、长椭圆形、倒卵形、宽倒卵形4种，是鉴别品种的性状之一。但亦有个别品种小叶细长,似柳叶形。叶枕位于叶柄与托叶相连处,明显膨大,略透明,是控制叶片感夜运动、向阳运动的关节。在小叶片基部亦有小叶枕。

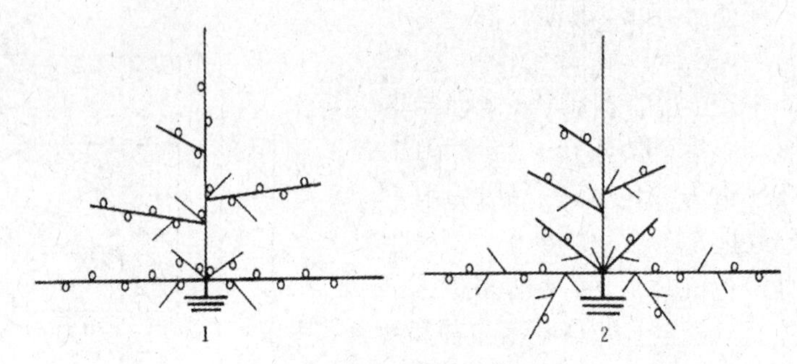

图 9–4 花生的开花型模式

1.连续开花型;2.交替开花型

5. 花序

花生的花序属总状花序，分为短花序、长花序、复总状花序和混合花序。根据主茎上和侧枝上营养枝和生殖枝的着生及分布状况不同，分为连续开花型和交替开花型(图 9–4)。

6. 花的形态结构

整个花器由苞叶、花萼、花冠、雄蕊组成(图 9–5)。

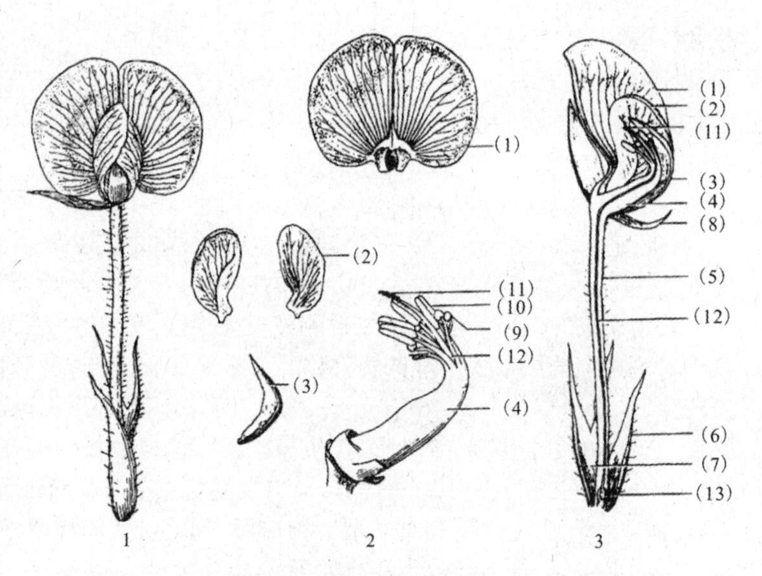

图 9–5 花生的花器构造

1.花的外观;2.雄蕊管及雌蕊的柱头;3.花的纵切面

(1)旗瓣;(2)翼瓣;(3)龙骨瓣;(4)雄蕊管;(5)花萼管;(6)外苞叶;(7)内苞叶;(8)萼片;(9)圆花药;(10)长花药;(11)柱头;(12)花柱;(13)子房

7. 果针

花生开花受精后，子房基部的分生细胞迅速分裂，在开花后 3 ~ 6 天即形成肉眼可见的子房柄。子房柄连同位于其先端的子房合称果针。子房的生长最初略呈水平，不久即弯曲向地。果针入土达到一定深度后,子房柄停止伸长,子房横卧发育成荚果。子房柄具有与根类似的吸收性和向地生长的特点。

8. 荚果

荚果似茧形或葫芦形,前端突出或稍突出似喙,称果嘴;果壳坚厚，不开裂，具纵横脉纹。荚果通常二室有 2 粒种子，也有 3 粒或 3 粒以上的。荚果二室之间的缩缢,称果腰,但两室之间无隔膜。每室着生 1 粒种子。果形因品种而异,大体上

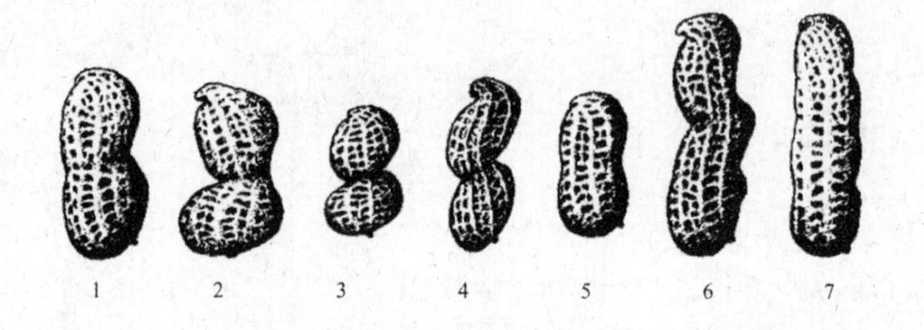

图 9–6 花生荚果的形态

1.普通型;2.斧头型; 3.葫芦形; 4.蜂腰型;5.蚕茧形; 6.曲棍形;7.串珠型

可分 7 种类型(图 9-6)。

(二) 花生的类型和特征

花生属豆科、蝶形花亚科、花生属。花生属中栽培种只有一个，即花生。栽培种以下的分类，世界各国有不同习惯的分类，如美国根据植物学类型分为四种类型；我国孙大容按分枝型和荚果性状分为四大类型；Krapovickas 等根据分枝型将花生栽培种分为两个亚种，每一亚种又按荚果及其他性状分为两个变种。三种分类方法可以通用，其对应关系如表 9-1。

表 9-1　花生栽培种分类系统及其对应关系

A.Krapovickas(克拉波维卡兹)分类系统		美国植物学类型	孙大容分类系统
Subsp. *hypogaea* L. 密枝亚种（交替开花亚种）	Var. *hypogae a* 密枝变种	Virginia type 弗吉尼亚型	普通型
	Var. *hirsuta* Kohle 多毛变种	Peruvian type 秘鲁型	龙生型
Subsp. *fastigiata* Waldron 疏枝亚种（连续开花亚种）	Var. *fastigiata* 疏枝变种	Valencia type 瓦伦西亚型	多粒型
	Var. *vulgaris* Harz. 普通变种	Spanish type 西班牙型	珍珠豆型

为了便于比较，把花生四大类型的特征列成表 9-2。

表 9-2　花生四大类型特征比较表

类　型	普通型	龙生型	珍珠豆型	多粒型
荚果形状	普通形，二室	曲棍形，二室以上	蚕形、葫芦形，二室	串珠形，三室以上
荚果大小	大	小	中～小	中
荚果龙骨	无	明显	无	无
荚果缩缢	无或浅	有、深	有或无	不明显
果　壳	厚、平滑，网纹粗浅	较薄，网纹深	薄，网纹细浅	厚，网纹粗浅
荚果果嘴	不明显或圆钝	突出，大、尖、弯	不明显	近无
荚果空腔	大	无或小	小	小
每荚仁数	多2粒荚	多3～4粒荚	多2粒荚	多3～4粒荚
种子形状	椭圆形	圆锥形或三角形	圆形或桃形	圆柱形或三角形
种子大小	大～中	中小	中～小	小
种子皮色	淡红、褐	暗褐，常有褐斑	白粉、红	红、红紫、白粉
种子表面	光滑	凹陷、棱角	光滑	光滑
种子休眠期	较长	长	短或无	短

续表

类　型	普通型	龙生型	珍珠豆型	多粒型
茎枝茸毛	不明显	密且长	不明显	不明显
茎枝花青素	无或不明显	有	无或不明显	深
茎枝粗细	粗细中等	较细	较粗	粗状、高大
株形	直立、丛生、半蔓生、蔓生、匍匐	匍匐	丛生、直立	丛生、直立，后期倾倒
分枝性	分枝多，有第三次以上侧枝	分枝多，有第三次以上侧枝	分枝少，第三次侧枝根少	分枝最少，无第三次侧枝
叶片	倒卵形，中大，绿色或深绿色	短扇形至倒卵形，小,灰绿色,茸毛密	椭圆形，较大，绿色或淡绿色	长椭圆形，大，绿色或淡绿色
叶片闭合时间	闭合较早，展开较晚	闭合早，展开较晚	闭合较晚，展开较早	闭合较晚，展开较早
花朵凋谢时间	早	早	晚	晚
果针入土深浅	较深	深	浅	浅
荚果缺钙反应	敏感	—	不敏感	不甚敏感
耐旱性	较强	强	较强	较弱
发芽要求温度	较高,18℃	较高,15℃~17℃	较低,12℃~15℃	最低,12℃左右
成熟期	中、晚、极晚	多数晚、极晚	早熟	早熟或特早熟

四、作业

(1)在田间对照观察花生植株、茎、分枝和叶片的形态特征,将观察结果简要记录。

(2)鉴别所给花生样品,确定它们分别属于哪一类型?

实验10 大豆品种类型识别

一、目的要求

认识大豆各器官的形态特点,掌握大豆品种类型的识别方法。

二、内容说明

栽培大豆 *Glycine max*(L.)Merill 属于豆科(Leguminosae)蝶形花亚科(Papilionoideae)大豆属。

大豆在我国栽培历史悠久,品种类型繁多,其性状也多种多样。在栽培和育种工作中,主要以下列性状来鉴定品种类型。

1.栽培大豆的形态

栽培大豆系直根系，由主根、侧根和根毛组成。大部分根群分布在50cm土层内。主侧根尖端部分长有密集根毛，主侧根具根瘤。茎粗硬强韧，略圆而中实；幼嫩茎因品种呈紫色或绿色，一般紫色的开紫花，绿色的开白花，茎呈直立、蔓立、半蔓立三种形态；主茎上多丛生分枝，也有分枝少的。大豆叶为三出复叶，通常由3片小叶组成。幼苗出土后，子叶节上位的第一真叶为单叶，对生。

叶呈披针形、卵圆形、椭圆形、心脏形等；叶全缘，表面有细毛，但也有光滑的；叶柄较长，基部有托叶一对。花为总状花序，着生于主茎和分枝的叶腋间，或着生于两者的顶端，花梗短小，花成簇而生，每一花簇通常有花15~20朵；花为蝶形花，花色分紫、白两种，每朵花由花萼5、花瓣5、雄蕊10(9+1)和雌蕊1组成；子房一室，呈扁平状，内有胚珠1~4个；果实为荚果，荚果带状矩形，密被长硬毛，故有毛豆之称。荚果长2.5~7.0cm，宽0.5~1.5cm，内含种子1~4粒通常为2~3粒；种子形状有球形、椭圆形、长圆形等，种子上的脐是珠柄与种子相联的痕迹，脐色是鉴别品种的重要特征。千粒重200~500g。

2. 株形

按照分枝多少，栽培品种的株形可以分为三类：①主茎形：主茎发达，植株较高，节数较多，主茎上不分枝或分枝很少，分枝一般不超过2个，以主茎结荚为主；②中间形：主茎比较坚韧，一般栽培条件下分枝3~4个，豆荚在主茎和分枝上分布较均衡。这种品种在生产上应用最多；③分枝形：主茎坚韧，强大，分枝力强，在一般栽培条件下分枝数可达5个以上。分枝上的荚数往往多于主茎。

3. 叶形

大豆的叶分子叶、单叶和复叶。复叶一般由3片小叶组成，中间小叶生在叶柄的尖端，其下对生左右2片小叶，3片小叶在同一水平面上。小叶的形状因品种而异，可分为椭圆形、卵圆形、披针形和心脏形等。

4. 花簇

大豆的花着生在叶腋间及茎的顶端，为短总状花序。花朵簇生在花梗上，叫做花簇。大豆花簇的大小及每个花簇上花朵的多少因品种而异。不同品种大豆的花簇大小可以按花轴长短分为三种类型：①长轴型：花轴长10~15cm，每个花簇有10~40朵花；②中轴型：花轴长3~10cm，每个花簇有8~10朵花；③短轴型：花轴短，不超过3cm，每个花簇有3~10朵花。

5. 种子

大豆的种子可以分为球形、椭圆形和扁圆形等。鉴别种子形状用种子的长、宽、厚的相差数为标准。①球形：种子的长与宽相差0.1cm以内，且宽厚相当；②椭圆形：种子的长与宽相差0.11~0.19cm，且宽厚相当；③扁圆形：种子的宽与厚相差0.25cm以上；④大小：可分为大粒种、中粒种、小粒种。区分的标准通常用百粒重表示，单位为g。小粒种：百粒重14g以下；中粒种：百粒重14~20g；大粒种：百粒重20g以上；⑤颜色：大豆种皮颜色可以分为黄、青、褐、黑色及双色5种。种皮一般光滑，种子表面有一明显的种脐；种脐颜色可以分为黄白、淡褐、褐、深褐及黑色5种。

6. 生长习性

大豆植株的生长习性分无限生长习性、有限生长习性、亚有限生长习性。①无限生长习性：在幼苗期主茎向上生长时，其基部第1复叶节的腋芽就能够分化而首先开花，以后随着茎的上部各节顺次出现，各节上的腋芽也按先后顺序陆续分化开花。开花顺序是由下而上，在成熟以前主茎可以无限生长；②有限生长习性：开花时间较晚。主茎生长高度超过成株高度一半以后，才在茎的中上部开始开花，然后向上、向下逐节开花。以后，主茎顶端出现1个大花簇，茎即停止生长。这就是茎生长的有限性;③亚有限生长习性:介于无限和有限生长习性之间而偏于无限生长习性。植株较高大,主茎较发达,分枝性较差。开花顺序由下而上,主茎结荚较多。在多雨、肥足、密植情况下表现无限生长习性的特征,在水肥适宜、稀植情况下表现近似有限生长习性的特征。

三、材料和用具

1. 材料

大豆各品种类型新鲜植株及标本,叶、花、荚果、根系标本。

2. 用具

解剖镜,放大镜,1/10 天平,镊子,剪刀,卡尺,直尺,瓷盘。

四、方法与步骤

(1) 取大豆植株,仔细观察大豆各部分根、茎、枝的形态特点,叶、花和果实的形态及组成。

(2) 观察大豆的不同品种类型,从株型、分枝特性等方面比较,并比较结荚特征的差异(取无限结荚习性、有限结荚习性、亚有限结荚习性大豆植株标本及具有代表性的大豆幼苗,用尺子、镊子、放大镜等测量观察)。

五、作业

(1) 将所观察的豆类作物形态特征上的区别列表,并将所有观察结果综合写出实验报告。

(2) 列出大豆植株不同株型及不同开花结荚习性类型的主要区别,阐述大豆株型及结荚习性与栽培技术措施的关系。

实验 11　烟草形态特征及主要类型识别

一、目的要求

认识红花烟草和黄花烟草主要植物学形态特征,认识烟草不同的商品类型:烤烟、晒烟、晾烟。

二、材料用具

1. 材料

红花烟草、黄花烟草植株及有关标本。烤烟、晒烟、晾烟、白肋烟、香料烟等调制后干叶。

2. 用具

米尺,放大镜。

三、方法步骤

本实验主要观察烟草的植物学形态,比较红花烟草和黄花烟草植株各部位的特征,观察比较烤烟、晒烟、白肋烟和香料烟的异同。

(一) 烟草的植物学形态观察

烟草属茄科(Solanaceas)烟草属(*Nicotiana*),是一年生草本植物。烟草包括 50 多个种,其中绝大部分是野生种,有经济价值、栽培最多的只有红花烟草(*Nicotiana tabacum* L.)和黄花烟草(*N.rastica* L.)。

1. 根

为圆锥根系,主根入土深,可达 1.3 ~ 1.7m,侧根近地面横向发展,根群多集中在表土层 17 ~ 33cm 范围。烟草许多部位都能产生不定根,特别是茎的基部。据测定,烟草根系是烟碱生成的主要场所。

2. 茎

茎直立、圆形,表面有黏性的茸毛。茎幼嫩时髓部松软,老熟时中空,且木质化。茎的高度随品种及环境不同而异,一般 60 ~ 300cm,多叶烟高达 350cm。到生长后期,茎从叶腋间发生腋芽,茎顶端着生花序[图 11-1(A)]。由于不同部位的叶片大小及其与主茎的夹角不同,构成植株的不同形状,主要有三种:①筒形:植株上、中、下各部分大小近似;②塔形:植株基部最大,由下至上渐小;③腰鼓形(橄榄形):植株中部最大,由中部向上向下逐渐缩小。

3. 叶

烟叶大小因品种而异,小的仅有 7 ~ 10cm 长,大的可长达 60cm 以上。在一株上,中部叶片最大,下部次之,上部最小,叶柄有或无。叶形有柳叶形、榆叶形、心脏形等。叶面被有腺毛,能分泌树脂、芳香油及蜡质。烟叶成熟时腺毛脱落[图 11-1(B)]。一般每株有叶 20 ~ 35 片,少的 10 多片,多的可达 100 多片。在一株上,中部叶片最大,下部次之,上部最小。生产上将单株上的叶片按着生部分为 5 组,自下而上分别是脚叶、下二棚、腰叶、上二棚、顶叶。

图 11-1　烟草的植株和叶

A.植株;B.叶片形状

图 11-2　烟草的花序和花

A.花序:1.开放的花朵,2.正开放的花,3.已谢的花花瓣脱落正在形成蒴果,4.花蕾,5.花萼内的果实,B.花:1.花萼,2.花冠,3.花瓣,4.花丝,5.花药,6.柱头,7.花柱,8.子房,9.胎座,10.胚珠

4. 花序

聚伞花序,在烟株的顶端长着一个单花,在花柄的基部,以分枝的形式长出三个花茎。花冠呈漏斗形、圆筒形等,粉红或淡黄色。花瓣呈五角形突起,花萼管状或钟状,雄蕊 5 枚,四长一短,雌蕊 1 枚,柱头二裂自花授粉,

天然杂交率5%左右。

5. 蒴果和种子

蒴果形状有卵形或圆球形，每株有蒴果100 ~ 400个，每个蒴果含种子2 ~ 3粒。种子大小不一，千粒重50 ~ 250mg，为褐色、暗褐色等（图11–2）。

（二）烟草栽培种观察

现将两个栽培烟种列表进行比较，见表11–1。

表11–1 红花烟草和黄花烟草主要特点比较

项 目	红花烟草	黄花烟草
生长习性	生长期长，耐寒性较差，宜于温暖地区种植	生长期短，耐寒性强，宜于较寒冷地区种植
根系	根系发达，入土深，可达50~60cm	根系不甚发达，入土浅，为30~40cm
茎	植株高大，高100~300cm，或者更高，圆形，外被有茸毛	植株不高，60~130cm，多呈棱形，茸毛较多，分枝性较强
叶	有叶柄或无叶柄，边缘有短翼，叶多呈柳叶形或榆叶形，叶片大，较薄，叶色较淡，每株20~30片，亦有多达100片，尼古丁含量较少，为1.5%~3%	有明显的叶柄，叶多呈心脏形，叶片较小，叶色深，每株10~15片，尼古丁含量高，为2%~15%
花	花大，花冠淡红色，喇叭状	花较小，花冠黄绿色，呈圆筒形
果实种子	蒴果较大而长，卵形，种子小，褐色，千粒重50~90mg	蒴果较小而短、圆球形，种子较大，暗褐色，千粒重200~250mg

（三）烟叶商品类型观察

烟草由于栽培方法、品种及调制方法不同，又可分为烤烟、晒烟、晾烟三大类型。

1. 烤烟（flue–cured tobacco）

利用烤房火管加温，使叶片干燥，烤后叶片呈金黄色，烟味醇厚，其化学成分表现为含糖量高，蛋白质和烟碱含量适中，叶片厚薄适中，是卷烟的主要原料。烤烟原产于美国弗吉尼亚州，为与熏烟相区别，称为火管烤烟，是卷烟工业的主要原料。中国、美国、印度是主要的烤烟生产国，其次是巴西、津巴布韦、马尼拉、泰国、加拿大、泰国、日本等。烤烟植株高大，一般株高120 ~ 150cm，叶片在茎秆上分布较稀疏而均匀，单株20 ~ 30片，厚薄适中，以中部叶片质量最好。在栽培过程中不宜施用较多的氮素。叶片自下而上逐渐成熟，分次采收和调制（烘烤），调制后叶片以黄色为最佳。烤烟叶片含糖量最高，蛋白质含量最低，烟碱含量适中。

2. 晒烟（sun–cured tobacco）

利用太阳光的热能将烟叶晒干。晒烟的尼古丁含量、糖含量低，叶厚，味浓香气重。由于晒制方法不同又分为晒黄烟和晒红烟两种。晒烟部分用作卷烟原料，也作为雪茄烟、斗烟等原料，常见的叶子烟就是其中之一，香料烟、黄花烟都属于此类型。

世界上生产晒烟的国家主要是中国和印度，晒烟是我国第二大栽培类型。全国几乎各省均有种植，但分布较为零散，主要集中在广东、四川、贵州、湖南、湖北、云南、浙江、江西等省。按晒后颜色的不同又分为晒红烟和晒黄烟，相当于国外的深色晒烟和浅色晒烟。晒制是一种比较古老的烟叶调制方法，在烤烟传入之初，我国烟叶的调制可能全为晒制。

晒黄烟的外观特征和所含成分比较接近烤烟，而晒黄烟与烤烟差别较大。晒黄烟一般叶片较少，叶肉较厚，需氮素较多，分一次或多次采收，上部叶片质量最佳；晒制后叶片呈深紫色或褐紫色;烟叶含糖量较低,蛋白质和烟碱含量较高,烟味浓,劲头大。

3. 晾烟(air-cured tobacco)

晾烟是把烟叶悬挂在绳索上，放在晾房或荫蔽处，利用通风让其自然干燥的缓慢调制过程。晾烟具有尼古丁含量低、糖含量低的特点,具有特殊香气,叶片较薄。主要用于制混合卷烟、雪茄烟、雪茄外包皮、斗烟等,白肋烟也属于此类型。晾烟又分为浅色晾烟和深色晾烟两种,其中白肋烟(在我国为单独类型)和马里兰烟属于浅色晾烟,雪茄包叶烟和地方性晾烟属于深色晾烟。①雪茄包叶烟。制造雪茄烟需要有三种烟叶,从里到外依次为芯叶烟、束叶烟和包叶烟,这三种烟叶各具特点:芯叶烟吃味芳香,质地较粗糙;束叶烟质地细致而有弹性;包叶烟则质地细、有弹性、油分足、燃烧性好、颜色较淡而美观。雪茄包叶烟通常采用遮荫栽培;②马里兰烟。马里兰烟因原产于美国马里兰而得名。世界上马里兰烟的生产面积较小,主要集中在美国的马里兰州,我国试种马里兰烟较晚,目前湖北、安徽、云南等省引种试种成功,并有少量生产。其具有抗性强、适应性广、叶片较大较薄、填充力强、燃烧性好,焦油、烟碱含量均比烤烟和白肋烟低,中等芳香;③传统晾烟。我国的传统晾烟种植面积较小,在广西武鸣和云南永胜等地少量生产。调制时将整株烟挂在通风的地方,让其自然干燥,晾干后再进行堆捂发酵。调制后的烟叶呈黑褐色,油分足、弹性强,吃味丰满,燃烧性好。

4. 白肋烟

白肋烟是马里兰型深色晒烟品种的一个突变种。白肋烟的茎和叶脉呈乳白色,这是不同于其他烟草类型的一个明显区别。白肋烟的栽培方法近似烤烟,但要求中下部叶片大而薄,适宜种植在土壤肥沃、水分和热量充足的地方,对氮素的要求较烤烟高。白肋烟可进行分次采收或整株采收,采收的烟叶或烟株挂于晾房内晾干。调制后的烟叶呈红褐色,鲜亮,糖分含量较微,烟碱和氮含量高于烤烟。其叶片较薄,弹性强,填充力高,并有良好的吸收能力,容易吸收卷烟时的加料。

5. 香料烟

香料烟又称东方型或土耳其烟。这一类型烟草的特点是株型和叶片小,芳香、吃味好。香料烟适宜种植在有机质含量低、肥力不高、土层薄的山坡沙土地上。生产上要求香料烟的叶片小而厚,因此其种植密度大,施肥量较少,特别要控制氮肥的施用,适当施用磷、钾肥,不打顶。烟叶品质以顶叶最好,自下而上分次采收。调制方法是采叶后先在棚内晾至凋萎变黄时,再进行晒制。调制后的烟叶油分充足,叶色金黄、橘黄或浅棕色,烟碱含量低,氮化物略高于烤烟,糖含量也不高,燃烧性好,气味芳香,是混合型卷烟的重要原料。

6. 黄花烟

黄花烟与上述几种类型烟草的区别在于：黄花烟是烟草属中的另一栽培种(*Nicotiana. rustica*.L),生物学性状差异较大。一般株高 50 ~ 100cm,着叶 10 ~ 15 片,叶片较小,卵圆形或心脏形,有叶柄,花色绿黄,种子较大,生育期较短,耐寒,多被种植在高纬度、高海拔和无霜期短的地区。一般黄花烟的总烟碱、总氮及蛋白质含量均较高,而糖分含量较低,烟味浓烈。

7. 野生烟

野生烟是指烟属中除了普通烟草和黄花烟草这两个栽培种以外的所有烟草野生种。这些野生种形态各异,用途不一,无商业价值,未被人们大面积种植过。但不少野生种具有栽培烟草所不具有的重要基因,特别是抗病抗虫基因。有些抗病虫基因已转移到栽培烟草上,选育出抗病品种。有些野生种花色艳丽,气味芳香,已作为观赏植物,有少量种植。

四、作业

根据观察，将红花烟和黄花烟植株的形态特点填入下表。

表 11-2 红花烟种和黄花烟种的性状比较

烟种	茎高	叶					花		果实		种子		
		叶形	叶表面	叶柄	厚薄	颜色	大小	花形	形状	大小	形状	颜色	大小

实验 12 甘蔗形态特征及主要种的识别

一、目的要求

(1) 认识甘蔗植株根、茎、叶各部的主要形态特征。

(2) 比较观察和了解几个主要甘蔗种的形态特征和生长特性。

(3) 认识当地主要栽培品种的植物学性状。

二、内容说明

甘蔗(*Saccharum officinarum* L.)属于禾本科甘蔗属，是一年生或多年生宿根作物，原产于热带或亚热带，其植物形态因种和品种不同而异。

甘蔗是我国南方重要的糖料作物，多栽培于两广，是制糖的重要原料。甘蔗根、茎、叶等器官的形状近似高粱，二者同属于禾本科，但不同属。甘蔗秆较粗大，节间较短，深紫褐色或绿色，生产上常利用茎进行无性繁殖(种用腋芽生长)育苗栽插。

(一) 植物学形态

1.根

属于须根系(图 12-1)。用种子播种的，与禾谷类作物一样，先发出一条种根或称初生根。以茎节播种的，其种根则由茎节上的根点发生，从新株上生出的根，叫苗根或次生根。

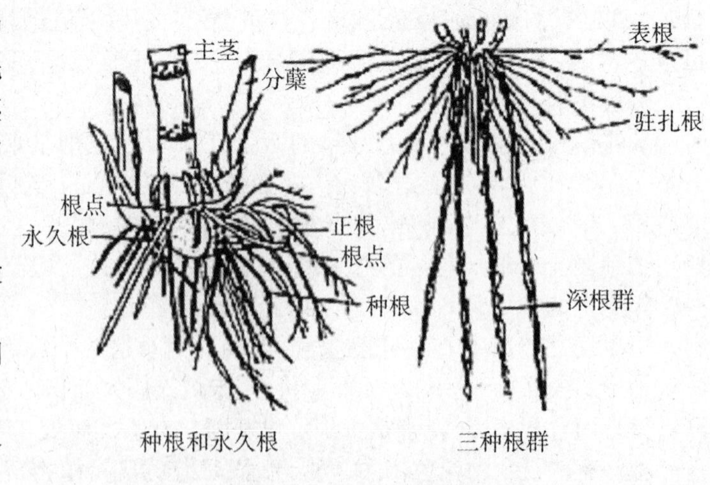

图 12-1 甘蔗的苗根及根系构造

(1) 种根：最先发出的根一般较纤细，分枝较多，入土力较弱，吸收能力也弱。能维持蔗苗短期的生活，寿命不长，当蔗苗长出自身的根系后，种根逐渐死亡，故又称临时根，但亦有不死亡的。

(2) 苗根：幼苗长出 1 ~ 2 片

叶时，其基部节上发出苗根，一般粗壮、色白、富肉质，分枝少，生长势旺盛，吸收能力强，寿命较长，故有永久根之称。另外，甘蔗茎地面上的节上有时也发生气根，这与品种特性有关，是一种不良的经济性状。

2. 茎

包括主茎和分蘖茎。甘蔗基部密集的节上均有腋芽，可萌发成新苗，即分蘖为第一次分蘖，从第一次分蘖上发生的分蘖为第二次分蘖，以此类推。茎一般直立或微曲，高 2 ~ 4m，也有高达 6m 以上的。茎粗 1.5 ~ 6cm 不等，因种及品种不同而异。蔗茎由若干个节和节间组成，其上着生有叶和腋芽，顶端着生顶芽（生长点）。

（1）节间：蔗茎的两节之间称为节间，是下自生长带起，上至叶痕为止的蔗部分。一般节间数目 10 ~ 30 节不等，热带地区有的多达 80 节。节间长度 5 ~ 22 cm 不等。一般节间越长越好。蔗茎梢部和基部节段都很短密，这在无性繁殖上很有意义。①形状：多呈圆筒形和纺锤形，也有细腰形、圆锥形、弯曲形、腰鼓形等，从生产上看以圆筒形较理想，因为蔗皮的比例较小；②茎色：蔗茎颜色主要有紫红和黄绿两种底色，因品种不同亦有粉红、紫红、深紫红等色；③蜡粉带：大多数品种的蔗茎表面，除开生长带外，都被有蜡粉，它是节间表皮细胞的分泌物，具有保护作用。蜡粉初形成时为白色。当节间暴露于空气中，经真菌或藻类滋生后，渐渐污染变成黑色，不易脱落。一般节间上端接近叶痕处蜡粉最多，这个部位称蜡粉带；④芽沟：位于蔗芽正上方有一凹下的纵沟称为芽沟，其明显与否或深浅长短为品种特征。一般芽沟发达且深而长的表示野生性强，萌芽较好，无芽沟或芽沟不明显的，则栽培性较强，萌芽比前者弱。⑤木栓缝：是呈纵向的小裂缝，在裂缝中有木栓形成。多数木栓裂缝出现蜡粉带的下方。木栓裂缝一般短而浅。木栓斑块是由于蔗皮上色素经日光曝晒后产生的木栓条纹合并而成。这种斑块对甘蔗品质损害不大；⑥生长裂缝：又称水裂。常贯穿于整个节间，及至根带，深可达蔗的中心，既受品种特性支配，又受环境影响。它是在土壤肥沃、水分多、甘蔗生长旺盛的情况下，突然遇到干旱或遇风致使生长不一致所引起的。生长裂缝对甘蔗组织有害，易引起病虫害及蔗茎失水（图 12-2）。

（2）茎：是下自叶痕，上至生长带的蔗茎部分，包括叶痕，根带，生长带及芽四个部分。①叶痕：是叶鞘基部遗留下来的残留物；②根带：介于生长带和叶痕之间。其上有一至几行根点（根原原基），同一蔗茎上根点行数愈近基部则愈少，直至只有一行；③生长带：是节与节间的分界，无蜡粉，颜色较淡，凸起或凹入，其宽窄因品种而异，生长带由薄壁细胞组成，细胞分生能力强，

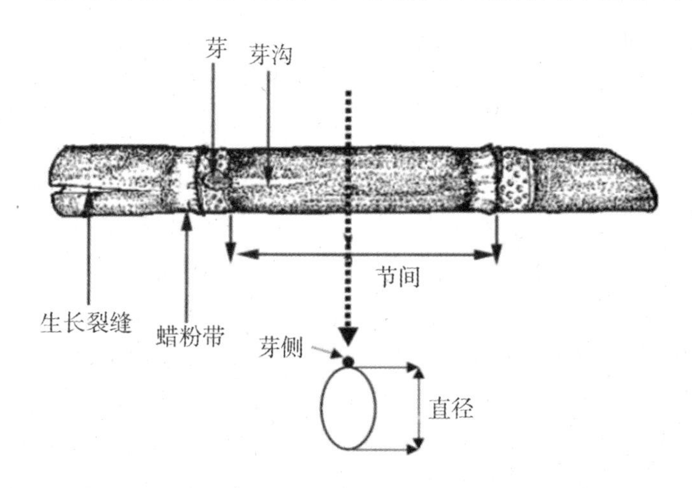

图 12-2　甘蔗茎的结构

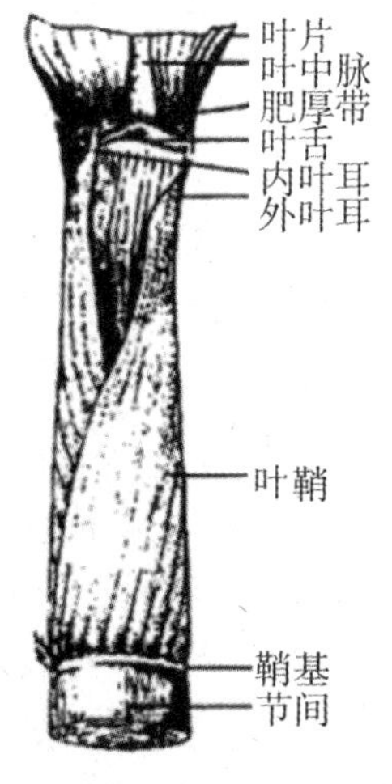

图 12-3　甘蔗叶的各部分

节间的伸长就是生长带分生的结果；④芽：蔗茎的芽有顶芽（生长点）与侧芽之分。侧芽位于根带上，为繁殖器官，其形状、大小、长短及茸毛，在鉴定品种上很重要。通常每节具一芽，有时部分节上无芽或具二芽以上。芽的最外部有鳞片（原始叶）7～9片，以8片为多。鳞片有脉纹，称芽脉，鳞片两侧有宽面薄的边缘称芽翼。最外鳞片的前后部分在上方的交接处有一小孔，称芽孔。芽的形状有三角形、卵圆形、五角形、菱形、圆形、鸟嘴形等。一般三角形的芽野生性较强，萌芽快。圆形芽栽培性较好，萌芽较慢。芽尖有超过或不及或恰到生长带等情况。同一蔗茎上的芽，由梢部至基部萌芽力降低。

3. 叶

甘蔗的叶一般互生，在茎的两侧排列成行，叶的各部形态因品种或生长情况而异。通常旺盛生长的茎有10～12片绿叶。甘蔗叶可分为叶片和叶鞘两部分及一些附属物（图12-3）。

（1）叶片：常由中脉分成不对称的两半，多呈青绿色，叶缘有小锯齿，幼苗时有1～3片叶，多为鳞片状（即原始叶），只有细小的叶鞘，逐渐向上才形成叶片。叶片大小与茎的粗细有密切关系。叶宽1.5～6 cm，叶长120～180 cm。抽穗甘蔗，其顶上一片叶片特短，称为心叶（或旗叶、剑叶、止叶）。

（2）叶鞘：蔗叶的下半部，自节的最下部长出。两边缘复叠抱茎成管状。叶鞘基部与茎相连处有明显突起者称为叶鞘节。节上部与叶片接合处称为叶环，叶环包括肥厚带、叶喉、叶舌、叶耳等四部分。①肥厚带：位于叶鞘与叶片连接处两侧的叶环上，有两块棱状物，或称三角带。其上有颜色，有蜡粉。肥厚带具厚角组织，具有弹性和伸缩性，可以折转和调节叶的位置。肥厚带越窄的，叶与茎的夹角越小，叶越直立，反之，叶与茎夹角越大。肥厚带的形状有方形、长方形、三角形、舌形等；②叶喉：在叶环内侧夹在两个肥厚带之间的部位，其上生短茸毛，附有蜡质，有防水作用；③叶舌：为叶鞘皮表面上缘与叶片连接处的膜状附属物，呈整片或裂片，分隔着叶鞘与叶片，可以防止雨水、泥沙、昆虫和病菌落入叶鞘与蔗茎之间，具有保护作用。叶舌形状随品种而异，一般有带形、弓形、三角形和新月形等，据此可鉴定品种；④叶耳：位于叶鞘上端边缘两侧。覆盖在内的叫内叶耳，比外叶耳大，亦有完全没有叶耳的。叶耳形状有三角形、齿形、钩形、倒钩形、披针形等，为鉴定品种的特征之一。叶耳衰老较早，宜在青叶早期观察。

4. 花

甘蔗为顶生圆锥花序，分枝多而密。穗长0.5～1m，宽0.2～0.4m，因品种而异。每一花序由主轴、支轴、小支轴和小穗组成。小穗成对着生于小支轴（梗）的小穗梗上，一有柄，一无柄。每小穗具有内颖、外颖各一片，不孕外稃一片和小花一朵。小花有雄蕊三枚，雌蕊一枚，具分枝的花柱及羽状柱头。

5. 果实与种子

果实为颖果，细小，大小约1.5mm×0.55mm。子实卵圆形，胚部具有明显的凹沟，成熟的果实为紫褐色。

（一）甘蔗种

甘蔗属中的种很多，其中与栽培育种关系较大的主要有热带种（*Sacharum officinarum*）、中国种（s. *sinense*）、印度种（s. *barberi*）、小茎野生种（s. *spontaneum*）、大茎野生种（s. *robustum*）等见表12-1。

（二）甘蔗品种类型的其他分法

（1）按用途来分，分为糖蔗和果蔗。果蔗是供生吃的食用甘蔗，其特点是皮薄、茎脆、汁多、味甜、富有营养。糖蔗则供制糖用，茎比较硬，不适宜生吃。

（2）按茎粗细分，分成三种：①大茎种，茎径大于3cm以上。②中茎种，茎径为2～3cm。③

表 12-1　甘蔗不同的种主要区别

种　名	栽培或野生	生长力	成熟期	植株形态		分蘖力	缩根性	糖分	纤维	抗病性
				茎粗	叶					
热带种	栽培	较弱	不定	粗	宽	强	差	高	低	弱
中国种	栽培	强	早	中细	中窄	强	中	中	高	中
印度种	栽培	强	中	中细	中窄	强	中	中	高	中
小茎野生种	野生	强	不定	细	窄	强	强	最低	较高	抗
大茎野生种	野生	强	不定	中粗	中	强	强	低	较高	弱

小茎种，茎径小于 2 cm。

(3) 按成熟期分，分为三种：①早熟种，10 月底至 11 月中旬前成熟；②中熟种，11 月下旬至 12 月中旬成熟；③晚熟种，12 月下旬以后才成熟。

(三) 主要品种

品种具有地区性，各地都有自己的相对高产、高糖含量良种。选当地几个栽培品种，识别它们的形态特征并了解其主要性状。

三、材料及用具

带有种根、苗根的甘蔗幼苗，带有新鲜叶片的植株，甘蔗花序的压制标本。几个主要的甘蔗种植株。当地栽培的主要品种。

四、方法步骤

(1) 观察甘蔗的种根、苗根、主蔗、叶、花、花序和果实。

(2) 观察各种类型的甘蔗和当地品种的特征。

从每一个品种中选出一个代表植株，观察和记录以下项目：

①根：观察不同类型根的发生部位、粗细及其他形态特征。

②茎：观察不同品种上部伸长定型节的颜色。分黄、绿、红、紫、深紫等颜色。取样以已剥叶曝光的蔗茎为准。

③节间：观察甘蔗节间的形状。甘蔗节间的形状主要有圆筒形、纺锤形、细腰形、弯曲形、腰鼓形等。观察并记录不同品种节间的形状。测定长度，并分为三级：长(15cm 以上)、中(14 ~ 19cm)、短(8cm 以下)。

④茎径：用游标卡尺测量不同品种中部的茎径，以 cm 表示。分粗(3.00 cm 以上)、中(2.99 ~ 2.50 cm)、细(2.49 cm 以下)。大田调查以 30 ~ 50 株的平均数为标准。

⑤蜡粉和蜡粉带：比较各品种定型节间的蜡粉、蜡粉带、蜡粉的厚薄。以蜡粉厚、薄、无三级表示。

⑥芽：观察不同甘蔗品种芽的形状。甘蔗芽的形状主要有三角形、卵圆形、倒卵形、五角形、菱形、圆形、鸟嘴形等。颜色分黄、青、红紫、绿等。记录有无叶翼。

⑦芽沟：甘蔗的芽沟位于植株芽的正上方，呈一凹陷的纵沟。植株是否存在芽沟，芽沟的深浅、长短等特征均是区别品种的依据。观察不同品种甘蔗株的芽沟的差别，以有、无、长短、宽狭、深浅等表示。

⑧节：形状分为胀、平、缩三级，比节间突出的为胀，与节间平的为平，比节间细的为缩。生长带：分为明显或不明显，正或歪，并记录颜色。

⑨根带：根带上有一行或几行根点。比较甘蔗不同品种根带内根点的行数，记录根带的颜色根点的列数。

⑩生长裂缝：生长裂缝又称水裂，常贯穿于整个节间，或深达蔗茎的中部，依品种和环境不同而异。观察不同品种的生长裂缝，以有、无、多、少表示。

⑪叶片：观察不同品种叶片的着生形态、叶片大小、叶缘锯齿的稀疏。分叶片挺拔、下垂、披散记录，叶色：分黄绿、绿、深绿三级记述；叶片宽度：分宽（6cm 以上）、中（5 ~ 3cm）、狭（3cm 以下）三级记录。

⑫叶鞘：观察甘蔗不同品种的叶鞘颜色、蜡粉的分布及茸毛的有无。记录叶鞘抱茎的松紧程度、颜色、刚毛的多少等特征。

⑬株高：指植株基部至茎顶最高肥厚带的距离。分高（250cm 以上）、中（249 ~ 200cm）、矮（199cm 以下）三级。测定不同甘蔗品种植株的株高，以 cm 表示。大田调查需测定 10 ~ 20 株，以平均值表示。

五、作业

（1）绘一甘蔗茎或叶的形态图，注明各部分名称。

（2）描述种根和苗根的区别。

（3）比较观察几个甘蔗种的主要特征特性，并列表说明。

（4）比较几个栽培品种，将观察结果填入下表 12–2。

表 12–2 甘蔗不同品种的形态特征比较

观察项目	品种	品种	品种	品种
根				
茎色				
茎径				
节间形状				
蜡粉和蜡粉带（多少）				
芽的形状				
芽沟（有无及深浅）				
根带				
木栓裂缝和生长裂缝				
叶片着生姿态				
叶鞘有无茸毛				
叶片大小及叶缘				
肥厚带状及颜色				
叶耳有无				
株高				

注：株高——自茎基到最高可见肥厚带，以 cm 表示；茎径——以中部蔗茎为准；叶片着生姿态——分为疏散、弯散、斜散、斜集、挺直等。

第二章　作物种子检验与加工

实验 13　种子检验常规技术

一、目的要求

学习和初步掌握扦样工具的正确使用方法及种子净度、水分、粒重的检验技术，评定被检种子等级和计算种子用价。

二、内容说明

种子是具有生命的生物产品，种子质量包括优良品种和优质种子两方面的含义。种子检验就是应用科学、先进和标准的方法，对农业生产上所用种子的品质进行正确的分析测定，判断种子质量的优劣，评定其种用价值的科学技术。种子品质，包括品种品质和播种品质两方面的内容。

1. 品种品质

品种品质是指与遗传特性有关的品质，即种子的真实性和品种纯度。真实性是指种子真实可靠的程度，品种纯度是指品种典型一致的程度，品种纯度高的种子，因具有该品种的优良特性而经济效益高，可获得丰收；相反，品种纯度低的种子，由于其混杂退化而明显减产。

2. 播种品质

播种品质是指种子播种后与田间定苗有关的品质，即种子的外在品质。可用净、壮、饱、健、干 5 个字概括。"净"，指种子清洁干净的程度，用净度来表示；"壮"，指种子发芽出苗粗壮、整齐的程度，可用发芽率、生活力、活力表示；"饱"，是指种子充实饱满的程度，用千粒重表示；"健"，指种子健康完整程度，用种子健康状况即病虫感染率表示；"干"，指种子干燥耐藏的程度，可用种子水分表示。品质优良的种子应当纯度高、清洁、干净、饱满、发芽率高、生活力强、水分含量较低，不带病虫害及杂草种子。由此可知，作物种子质量是由种子不同的特征特性综合而来的一个概念，概括为 8 个方面指标：①真（真实性）；②纯（品种纯度）；③净（种子净度）；④饱（种子千粒重）；⑤壮（种子发芽率）；⑥健（种子病虫感染率）；⑦干（种子水分）；⑧强（种子活力、发芽势）。种子检验是一个复杂而又有系统连贯性的过程，每一环节都相互制约，一个环节失误将导致整个检验工作的失败。种子检验的程序如图 13-1。

三、材料用具

1. 材料

水稻或小麦袋装、散装种子。

2. 仪器用具

(1) 扦样分样：单管扦样器，长柄短筒扦样器或圆筒形扦样器，样品盘，样品袋（或筒），钟鼎式分样器，横格式分样器，分样板。

(2) 种子净度检验：天平（感量 1g、0.1g、0.01g、0.001g、0.0001g），尖嘴镊子，套筛，刮板，平底勺，样品盘，毛刷，碟子，电动筛选器，放大镜。

(3) 种子发芽率检验：种子发芽室或光照发芽箱，真空数种器或电子自动数粒仪，恒温干燥箱，发芽盒，培养皿，吸水纸，消毒沙，镊子，温度计（0℃ ~ 100℃），烧杯（200mL），标签纸，滴瓶等。

(4) 种子水分测定：电热恒温鼓风干燥箱，天平（感量 0.001g），铝盒（直径 4.5cm，高2.5cm），粉碎机（具 1.0 mm 圆孔筛片），广口瓶，坩埚钳，棉纱手套，角匙，干燥器（具干燥剂）。

(5) 种子千粒重：数粒仪，天平（感量 0.01g），样品盘，镊子。

四、方法步骤

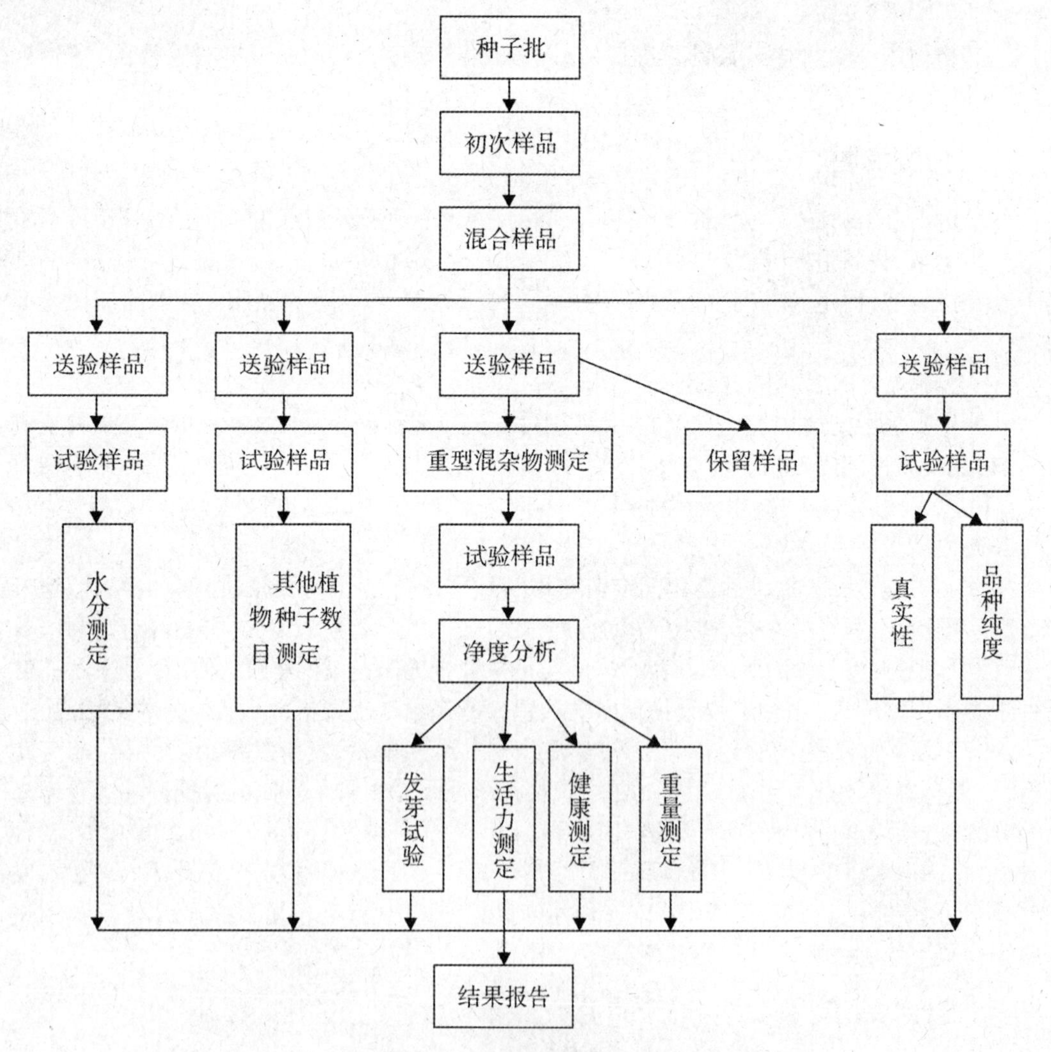

图 13–1　种子检验程序图

实验程序：扦取初次样品→混合样品→送验样品→试验样品→净度测定→水分测定→粒重测定→发芽试验。

(一) 扦样和分样

扦样是从大量种子中扦取少量有代表性的样品供检验用，是种子室内检验的重要环节。扦样之前要选取扦样器和划分种子批。针对不同的作物种子类型和包装形式，选用不同的扦样器具。散装种子用长柄短筒圆锥形扦样器扦样。玉米、小麦、水稻袋装种子用单管扦样器扦样。扦样前必须了解种子的来源、产地、田间检验情况；种子入库前处理、入库时间；贮藏中是否翻晒、倒仓、熏仓；种子是否受潮、受热、受冻以及种子仓库的建筑质量、周围环境、虫鼠害等情况。凡属同一生产单位的同一品种、同一年度、同一季节收获的质量基本一致的种子，作为一个种子批。一批种子不得超过所规定的重量，其容许差距为5%。超过规定重量时应另行划批，每批种子分别扦样。

从种子批的一个扦样点所扦取的一小部分种子称为初次样品。扦样方法介绍如下。

1. 袋装种子扦样法

(1) 根据种子批容器数目确定扦样频率：根据种子批袋装（或容量相似而大小一致的其他容器）的数量确定扦取样品的袋数（表13–1）。洋葱种子装在小容器（如金属罐、纸盒或小包装）中，小容器合并组成的重量为100kg的作为一个"容器"（不得超过此重量），如小容器为20kg，则5个小容器为一"容器"，并按表13–1规定进行扦样。

表13–1　袋装种子的扦样袋（容器）数

种子批的袋数（容器数）	扦取的最低袋数（容器数）
1 ~ 5	每袋都扦取，至少扦取5个初次样品
6 ~ 14	不少于5袋
15 ~ 30	每3袋至少扦取1袋
31 ~ 49	不少于10袋
50 ~ 400	每5袋至少扦取1袋
401 ~ 560	不少于80袋
561以上	每7袋至少扦取1袋

(2) 扦取初次样。种子堆垛存放时，应随机选定取样的袋，从上、中、下各部位均匀设立扦样点。不是堆垛存放时，可间隔一定袋数扦取。一般分布形式如图13–2所示。

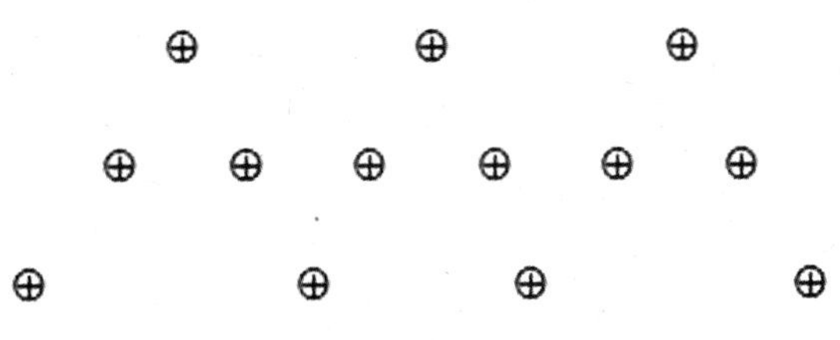

图13–2　袋装堆垛扦样点分布示意图

中小粒种子（小麦、水稻等）用单管扦样器（图13–3），扦样时用扦样器的尖端先拨开包装物的线孔，凹槽向下，自袋角处尖端与水平成30°向上倾斜地插入袋内，待全部插入时，将扦样器凹槽反转向上，慢慢拔出，从空心手柄中倒出种子。扦样器在袋上留下的孔，若是麻袋可用扦样器将孔拨好，若是塑料编织袋可用胶布将扦孔贴好。根据每点初次样品所需数量可扦取一次或多次，但每点所扦数量必须相同。对于金属罐、纸盒或小包装的洋葱种子，将规定数量的容器打孔或穿孔取得初次样品（一般应在种子装入容器前扦取）。

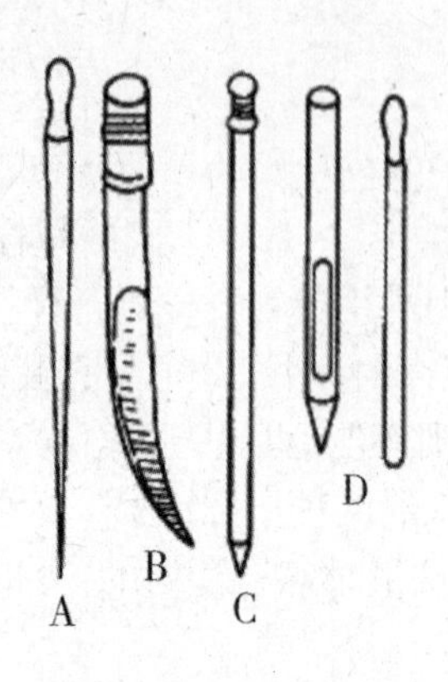

图 13–3 袋装扦样器

A.单管扦样器;B.羊角扦样器;C.双管扦样器;D.单管木塞扦样器

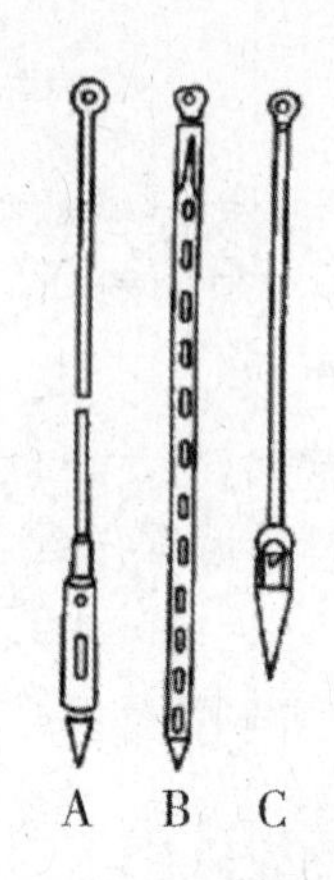

图 13–4 散装扦样器

A.长柄短筒圆锥形扦样器; B.圆筒形扦样器;C 圆锥形扦样器

2. 散装种子扦样法

(1) 根据种子批散装的数量确定扦样点数(表 13–2):扦样点既要有水平分布,也要有垂直分布。四角各点距边缘 50cm 左右。当种子堆高 2m 以下时分上、下两层,2 ~ 3m 高时分上、中、下三层。上层点设在种子堆表面以下 10 ~ 20cm 处,中层在种子堆高度的中心,下层距种子堆底部 5 ~ 10cm。

(2) 扦取初次样品:散装种子选用长柄短筒圆锥形扦样器(图 13–4)。该扦样器长柄由 3 ~ 4 节组成,节与节之间由螺丝连接,柄长可以调节,依种子堆高而定,最后一节有圆环形握柄。扦筒由圆锥体、套筒、进种门、活动塞和定位鞘构成。使用时,关闭进种门,将扦样器插入种子堆内,到达要求深度后,用力向上一拉,使活动塞离开进种门,轻微振动使种子进入圆筒,关闭进种门,然后抽出扦样器,把种子倒入盛样器中,即可得到样品。

表 13–2 散装种子扦样点数

种子批大小(kg)	扦样点数
50 以下	不少于 3 点
51 ~ 1500	不少于 5 点
1501 ~ 3000	每 300kg 至少扦取 1 点
3001 ~ 5000	不少于 10 点
5001 ~ 20000	每 500kg 至少扦取 1 点
20001 ~ 28000	不少于 40 点
28001 ~ 40000	每 700kg 至少扦取 1 点

3. 配制混合样品

将同一种子批各点所扦取的初次样品放在样品布上,仔细观察比较这些初次样品在形态、颜色、光泽、水分等品质方面有无显著差异,若无显著差异,即可经充分混合,组成一个混合样品。

4. 送验样品的配制与处理

分取送验样品:用不同类型的分样器对混合样品进行分样,也可用分样板进行分样。送验样品的数量:小麦和玉米为 1000g,水稻为 400g,洋葱为 80g。送验样品的数量因作物种类、测定项目的不同而异。

分取方法:①钟鼎式分样器分样:清扫干净分样器,关闭开关,放好盛接器,将混合样品倒入漏斗,摊平种子,迅速打开分样器开关,待种子全部落完后,用手轻轻拍打分样器外壳,重复分样 3 次。然后取其中一个盛接器按上述方法继续分取,直至达到规定重量为止。洋葱种子用小型的钟鼎式分样器分样;②横格式分样器分样:清扫干净分样器,将种子均匀地倒入倾倒盘内摊平,然后将倾倒盘内种子迅速倒入漏斗内,种子便经过两组凹槽流入两个盛接器,从而将样品平均分成 2 份;③四分法分样:将混合样品倒在光滑的桌子上或玻璃板上,用分样板将样品先纵向混合，再横向混合，重复混合 4～5 次，然后将种子摊平成四方形，用分样板画两条对角线，使样品分成 4 个三角形，取两个对顶三角形合为 1 份样品，即得 2 份样品。如有必要可继续分至所需重量；④送验样品的处理：将分取到的 2 份送验样品，一份装入密闭容器，用于检验种子水分；另一份送验样品装入样品袋，用于检验种子净度、发芽力、生活力、纯度等。

（二）净度分析

净度分析是测定供检样品不同组分的重量百分率和样品混合物特性，并据此推测种子批的组成。分析时将试验样品分成三种组分：净种子、其他植物种子和杂质，并测定各成分的重量百分率。它是种子质量又一重要指标。种子净度是种子的真实重量，据此计算种子用价，同时了解种子所含杂质种类及其程度。用目测鉴定法检验。

1. 净度分析的标准

净度分析结果是否正确，关键在于能否准确掌握鉴别标准。

（1）净种子。送验者所叙述的种子符合净种子定义要求的种子单位或构造；大于原来大小一半的破损种子单位。

（2）其他植物种子。指除净种子以外的任何植物种子单位，包括杂草种子和异作物种子。

（3）杂质标准。除净种子和其他植物种子外的种子单位和所有其他物质和构造都为杂质；明显不含真种子的种子单位；破裂或受损伤种子单位的碎片为原来大小的一半或不及一半的；按该种的净种子标准，不将这些附属物作为净种子部分或标准中尚未提及的附属物；脆而易碎、呈灰白色、乳白色的种子；脱下的不育小花，空的颖片、内外稃、稃壳、茎叶、树皮碎片、花、线虫瘿、真菌体、泥土、沙粒、石砾及所有其他非种子物质。

2. 检验程序

（1）称取送验样品：用规定感量的天平称取规定重量的送验样品。小麦或玉米为 1000g，水稻为 400g（M）。

（2）检查重型混杂物：过筛或手拣选出送验样品中的重型混杂物、称重（m）后将其分为大型其他植物种子（m_1）和重型杂质（m_2），并分别称重。

（3）分取试验样品：半试样小麦≥60g、玉米≥450g、水稻≥20g。分取方法如下：①检查分样器和盛样器是否干净；确信分样器处于坚固的水平面上；②先将样品通过分样器 2 次，带稃壳的种子可通过分样器 3 次，使之充分混匀；③用钟鼎式或横格式分样器从送验样品中独立分取 2 份试样或 2 份半试样，若经过一次分样达不到试样规定重量时，可经过 2 次或多次分样，以达到或接近试样规定最低重量（表 13–3）。若没有足够的种子构成规定的样品重量，不能采用随意拿小量种子来补充，缺少部分只能从送验样品的其余部分分取达到规定的试验样品重量；④试样分取后根据其规定重量确定所用感量的天平称重，规定试样重量越小，所用天平的精密度

表 13–3　　称重与小数位数

试样或半试样及其成分重量（g）	称重至下列小数位数
1.0000 以下	4
1.000～9.999	3
10.00～99.99	2
100.0～999.9	1
1000 或 1000 以上	0

注：此精度适于试样、半试样及其组分的称重。

越高。

(4) 试样的筛理与分析：为加快试样分析的速度，试样分出称重后可经过筛理。所选筛子为两层，上层大孔筛，筛孔略大于所分析的种子，下层小孔筛，筛孔稍小于所分析的种子。筛理时先将小孔筛放在底盘上，把大孔筛套在小孔筛上，倒入（半）试样，加盖后在筛选器上筛理2mim。筛后不要急于打开筛盖，以免尘土飞扬。

试样筛理后，将留在各层的筛上物分别倒入样品盘内，根据标准挑拣出杂质和其他植物种子，分别放入相应容器内，净种子放入另一容器。以同样的方法筛理分析第二份(半)试样。

(5) 各种组分称重：将每份试样的净种子、其他植物种子、杂质分别称重。称重精确度与试样称重时相同。

(6) 结果计算与处理：

①检查各成分的重量之和与样品原重量之差是否超过试样原重的5%。

②计算净种子百分率(P_1)、其他植物种子百分率(OS_1)及杂质百分率(I_1)。计算公式为：P_1=(净种子重量 ÷ 各成分重量之和) × 100%；OS_1=（其他植物种子重量 ÷ 各成分重量之和）× 100%；I_1=(杂质重量 ÷ 各成分重量之和) × 100%。半试样各成分的百分率应计算到小数点后2位，若为全试样，各种成分的百分率计算到小数点后1位。以同样的方法处理第2份(半)试样。

③ 核对容许差距：半试样各成分的百分率相差不得超过表13-4的容许差距。若所有成分的实际差距都在容许差距范围内，则计算各成分的平均值。否则按下列程序处理：再分析成对半试样，直到一对数值在容许范围内为止(但全部分析不必超过4对)。凡一对间的相差超过容许差距的2倍时，均略去不计。各成分百分率的最后记录，应从全部保留的几对加权平均数计算。

④含重型杂物样品的最后计算：$P_2 = P_1 \times \frac{M-m}{M}$ ； $OS_2 = OS_1 \times P_1 \times \frac{M-m}{M} + \frac{m_1}{M} \times 100\%$；$I_2 = I_1 \times P_1 \times \frac{M-m}{M} + \frac{m_2}{M} \times 100\%$ 。式中，P_2、OS_2、I_2 分别为最后净种子、其他植物种子和杂质的百分率。当分析的为两份(半)试样时，P_1、OS_1、I_1 为其各自的平均值。

⑤百分率的修正：若原结果百分率取两位小数，可经四舍五入保留一位小数，各成分的百分率相加应为100.0%，如为100.1%或99.9%，则在最大成分上减去超过或加上不足之数，如果此修正值大于0.1%，则应检查计算上有无差错。

(7) 净度分析的最后结果精确到1位小数，如果某成分的百分率低于0.05%，则填报微量，如某种成分的含量为零，则填报“—0.0—”。

(三) 种子水分测定

种子水分是种子安全贮藏的重要影响因素，也是种子品质的重要指标之一。测定种子水分的方法很多，本实验用烘干减重法测定水分含量(标准测定法)。

1. 低恒温烘干法

低恒温烘干法是将样品放置在103 ± 2℃的烘箱内烘干8小时，适用于葱属、花生、芸薹属、辣椒属、大豆、棉属、向日葵、亚麻、萝卜、蓖麻、芝麻、茄子。该法必须在相对湿度70%以下的室内进行，否则结果值会偏低。

(1) 样品处理：先将装在密封容器内的种子充分混合，可以采用药匙在样品罐内搅拌或将原样品罐的罐口对准另一个同样大小的空罐口，把种子在两个容器间往返颠倒，不少于3次，然后从中取试样15 ~ 25g，除去杂质，进行磨碎处理(小粒种子可不进行处理，直接烘干)。常见

表 13-4　同一实验室内同一送验样品净度分析的容许差距(5%显著水平的两尾测定)

两次分析结果平均		不同测定之间的容许差距			
		半试样		试样	
>50%	<50%	无稃壳种子	有稃壳种子	无稃壳种子	有稃壳种子
99.95~100.0	0.00~0.04	0.20	0.23	0.1	0.2
99.90~99.94	0.05~0.09	0.33	0.34	0.2	0.2
99.85~99.89	0.10~0.14	0.40	0.42	0.3	0.3
99.80~99.84	0.15~0.19	0.47	0.49	0.3	0.4
99.75~99.79	0.20~0.24	0.51	0.55	0.4	0.4
99.70~99.74	0.25~0.29	0.55	0.59	0.4	0.4
99.65~99.69	0.30~0.34	0.61	0.65	0.4	0.5
99.60~99.64	0.35~0.39	0.65	0.69	0.5	0.5
99.55~99.59	0.40~0.44	0.68	0.74	0.5	0.5
99.50~99.54	0.45~0.49	0.72	0.76	0.5	0.5
99.40~99.49	0.50~0.59	0.76	0.80	0.5	0.6
99.30~99.39	0.60~0.69	0.83	0.89	0.6	0.6
99.20~99.29	0.70~0.79	0.89	0.95	0.6	0.7
99.10~99.19	0.80~0.89	0.95	1.00	0.7	0.7
99.00~99.09	0.90~0.99	1.00	1.06	0.7	0.8
98.75~98.99	1.00~1.24	1.07	1.15	0.8	0.8
98.80~98.74	1.25~1.49	1.19	1.26	0.8	0.9
98.25~98.49	1.50~1.74	1.29	1.37	0.9	1.0
98.00~98.24	1.75~1.99	1.37	1.47	1.0	1.0
97.75~97.99	2.00~2.24	1.44	1.54	1.0	1.1
97.50~97.74	2.25~2.49	1.53	1.63	1.1	1.2
97.25~97.49	2.50~2.74	1.60	1.70	1.1	1.2
97.00~97.24	2.75~2.99	1.67	1.78	1.2	1.3
96.50~96.99	3.00~3.49	1.77	1.88	1.3	1.3
96.00~96.49	3.50~3.99	1.88	1.99	1.3	1.4
95.50~95.99	4.00~4.49	1.99	2.12	1.4	1.5
95.00~95.49	4.50~4.99	2.09	2.22	1.5	1.6

(摘自《农作物种子检验规程》GB/T 3543.3-1995)

作物种子按农作物种子检验规程 GB/T 3543.3—1995 的规定进行处理。处理后,将样品立即装入磨口瓶,并密封备用。

(2) 铝盒恒重:在水分测定前预先准备。将待用铝盒(含盒盖)洗净后,于 130℃的条件下烘干 1 小时,取出后冷却称重,再继续烘干 30 分钟,取出后冷却称重,当两次烘干结果误差小于或等于 0.002g 时,取两次重量平均值;否则继续烘干至恒重。

(3) 预调烘箱温度:按规定要求调好所需温度,使其稳定在 103 ± 2℃,如果环境温度较低时,也可适当预置稍高的温度。

（4）称样烘干：将处理好的样品在磨口瓶内充分混合，用感量0.001g的天平称取4.500～5.000g试样两份，分别放入经过恒重的铝盒，盒盖套于盒底下，记下盒号、盒重和样品的实际重量。摊平样品，立即放入预先调好温度的烘干箱内，铝盒距温度计水银球2～2.5cm，然后关闭箱门。当箱内温度回升至规定温度时开始计时。烘干8小时后，用坩埚钳或戴好纱线手套盖好盒盖（在箱内加盖），打开箱门，取出铝盒。放在干燥器中冷却到室温（需30～45分钟）后称重。

（5）结果计算：根据烘后失去的重量计算种子水分百分率，按下列公式计算到小数点后一位。

种子水分$=(M_2-M_3 / M_2-M_1)\times 100\%$

式中：M_1—样品盒和盖的重量，g；M_2—样品盒和盖及样品的烘前重量，g；M_3—样品盒和盖及样品的烘后重量，g。

（6）结果报告：若一个样品的两次测定之间的差距不超过0.2%，其结果可用两次测定值的算术平均数表示，否则需重做两次测定。结果填报在检验结果报告单的规定空格中，精确度为0.1%。

2. 高恒温烘干法

此法是将样品放在130℃～133℃的条件下烘干1小时。适用于芹菜、石刁柏、燕麦属、甜菜、西瓜、甜瓜属、南瓜属、胡萝卜、大麦、莴苣、苜蓿属、番茄、烟草、水稻、菜豆属、豌豆属、小麦属、菠菜、玉米。测定程序、结果计算和结果报告与低恒温烘干法相同。

此法是在较高的温度下加速样品内的水分蒸发，在短时间内测得样品水分，因此使用时应严格控制烘干的温度和时间。如温度过高或时间过长，易使种子中的干物质氧化而降低样品重量，使水分测定结果偏高。

3. 高水分预先烘干法

当需磨碎的禾谷类作物种子水分超过18%，豆类和油料作物种子水分超过16%时，必须采用预烘法。

（1）具体步骤：称取两份样品各25.00±0.02g，置于直径大于8cm的样品盒中，在103±2℃烘箱中预烘30分钟（油料种子在70℃预烘1小时）。取出后放在室温冷却后称重。此后立即将这两个半干样品分别磨碎。将磨碎物各取一份样品按低恒温或高恒温烘干方法进行测定。

（2）结果计算：

$$种子水分(\%)=S_1+S_2\ \frac{S_1\times S_2}{100}$$

式中：S_1：第一次整粒种子烘后失去的水分（%）；S_2：第二次磨碎种子烘后失去的水分（%）。

（3）结果报告：与低恒温烘干法相同。

（四）种子千粒重的检验

种子千粒重是指种子质量标准规定水分的1 000粒种子的重量，以g为单位。它是种子充实饱满、粒大的综合指标，因此是种子质量的指标之一。有百粒法、千粒法和全量法三种测定方法。

1. 百粒法测定程序

（1）数取试样：从净度分析后充分混合的净种子中，随机数取试验样品8个重复，每个重复100粒。

（2）试样称重：8个重复分别称重（g），称重的小数位数与GB/T 3543.3—1995《农作物种子检验规程　净度分析》的规定相同。

$$标准差（S）=\sqrt{\frac{n(\sum X^2)-(\sum X)^2}{n(n-1)}} \quad \cdots\cdots (10\text{-}1)$$

式中：X—各重复重量，g；n—重复次数。

$$平均重量（\overline{X}）=\frac{\sum X}{n} \quad \cdots\cdots (10\text{-}2)$$

$$变异系数=\frac{S}{\overline{X}}\times 100 \quad \cdots\cdots (10\text{-}3)$$

式中：S—标准差；$\overline{X}$—100粒种子的平均重量，g。

（3）检查重复间的容许变异系数，计算实测千粒重：如带有稃壳种子的变异系数不超过6.0，其他种类种子的变异系数不超过4.0，则可计算实测的千粒重；如果变异系数超过上述限度，则再测定8个重复，并计算16个重复的标准差，凡与平均数之差超过2倍标准差的重复略去不计。将8个或8个以上的每个重复100粒种子的平均重量乘以10，即为实测千粒重。

（4）换算成规定水分下的千粒重

$$千粒重(规定水分,g)=\frac{实测千粒重(g)\times[1-实测水分(\%)]}{1-规定水分(\%)} \quad \cdots\cdots (10\text{-}4)$$

（5）结果报告：将规定水分下的种子千粒重测定结果填入结果报告单中，其保留小数的位数与测定时所保留的小数位数相同。

2. 千粒法测定程序

（1）数取试样：从净度分析后充分混合的净种子中，随机数取试验样品2个重复，每个重复大粒种子为500粒，中小粒种子为1000粒。

（2）试样称重：2个重复分别称重(g)，称重的小数位数与GB/T 3543.3—1995《农作物种子检验规定 净度分析》的规定相同。

（3）检查重复间容许差距，计算实测千粒重：两份重量的差数与平均数之比不应超过5%，如果超过，则需再分析第三份重复，直至达到要求。中小粒种子1000粒测定的，取差距小的两份重复的重量平均数即为实测千粒重；大粒种子500粒测定的，取差距小的两份重复的重量平均数乘以2即为实测千粒重。

（4）换算成规定水分下的千粒重与结果报告：与百粒法相同。

3. 全量法测定程序

（1）数取试样总粒数：数取净度分析后的全部净种子的种子总粒数。

（2）试样称重：称其重量（g），称重的小数位数与GB/T 3543.3—1995《农作物种子检验规定 净度分析》的规定相同。

（3）换算成规定水分下的千粒重与结果报告：与百粒法相同。

（五）结果报告单

检验项目结束后，检验结果应按各个项目检验中的结果计算和报告的有关部分规定填报种子检验结果报告单。如果有些项目没有测定而结果报告单上是空白的，那么应在这些空格上填上“未检验”字样。

（六）种子检验相关标准

（1）《农作物种子检验规定》(GB/T 3543.2—1995)。

（2）粮食作物种子质量标准—禾谷类 (GB 4404.1—2008)，见表 13–5。

（七）种子用价

种子用价是指种子样品中真正有利用价值的种子所占的百分率。其计算公式为：种子用价(%)= 种子净度 × 种子发芽率 /100。

五、作业

（1）每 2 ~ 4 人一组，逐项进行种子检验。

表 13–5　　粮食作物种子质量标准　禾谷类 (GB 4404.1—2008)　　单位：%

作物名称	种子类别		纯度 不低于	净度 不低于	发芽率 不低于	水分 不高于
水稻	常规种	原种	99.9	98.0	85	13.0(籼) 14.5(粳)
		大田用种	99.0			
	不育系 保持系 恢复系	原种	99.9	98.0	80	13.0
		大田用种	99.5			
	杂交种	大田用种	96.0	98.0	80	13.0(籼) 14.5(粳)
玉米	常规种	原种	99.9	99.0	85	13.0
		大田用种	97.0			
	自交种	原种	99.9	99.0	80	13.0
		大田用种	99.0			
	单交种	大田用种	96.0	99.0	85	13.0
	双交种	大田用种	95.0			
	三交种	大田用种	95.0			
小麦	常规种	原种	99.9	99.0	85.0	13.0
		大田用种	99.0			
大麦	常规种	原种	99.9	99.0	85.0	13.0
		大田用种	99.0			
高粱	常规种	原种	99.9	98.0	75	13.0
		大田用种	98.0			
	不育系 保持系 恢复系	原种	99.9	98.0	70	13.0
		大田用种	99.0			
	杂交种	大田用种	93.0	98.0	80	13.0
粟、黍	常规种	原种	99.8	98.0	85	13.0
		大田用种	98.0	98.0	85	13.0

注：a. 长城以北和高寒地区的种子水分允许高于 13%，但不能高于 16%。若在长城以南(高寒地区除外)销售，水分不能高于 13%。b. 水稻杂交种质量指标适用于三系和两系稻杂交种子。c.在农业生产中，粟俗称谷子，黍俗称糜子。

（2）根据实验所提供的作物种子，计算水稻、小麦、玉米或油菜种子的净度、千粒重、用价等，以上的计算要求有计算过程，并将种子检验结果填入下表，见表 13–6。

表 13–6　实验计算结果

作物	净度（%）	千粒重（g）	含水量（%）	种子用价（%）	备注
水稻					
小麦					
玉米					
油菜					

实验 14　种子生活力测定

一、目的要求

种子生活力是指种子发芽的潜在能力。种子生活力测定在农业生产上具有重要的意义，可以测定休眠种子的生活力，快速预测种子的发芽力。种子生活力测定方法根据其测定原理可以大致分为四类：①生物化学法，如四唑测定法、溴麝香草酚蓝法、甲烯蓝法、中性红法、二硝基苯法等；②组织化学法，如靛红染色法、红墨水染色法、软 X 线造影法等；③荧光分析法；④离体胚测定法。本实验主要学习四唑测定法、靛红染色法和离体胚测定法。

二、四唑染色法

（一）原理

有生活力的种子活细胞在呼吸过程中都会发生氧化还原反应。四唑溶液作为一种无色的指示剂，被种子吸收后参与活细胞的还原反应，从脱氢酶接受氢离子，在活细胞里产生红色、稳定、不扩散、不溶于水的三苯基甲臜。无生活力的种子则无此反应。

根据种子四唑显色的部位，即可区分有生活力的部分和死亡部分。一般鉴定原则是，凡是胚的主要结构及有关活营养组织染成有光泽的鲜红色且组织状态正常的，为有生活力的种子。凡是胚的主要结构局部不染色或染成异常的颜色和光泽，并且活营养组织不染色部分已超过允许范围，以及组织软化的，为不正常的种子。凡是完全不染色或染成无光泽的淡红色或灰白色，其组织已软腐或异常、虫蛀、损伤、腐烂的为死种子。

（二）材料与设备

1. 材料

水稻、玉米、小麦等作物种子。

2. 设备

烧杯（100mL、200mL），滤纸，刀片，镊子，培养皿（直径 9cm），容量瓶（100mL，1000mL），垫板，5～25 倍的放大镜或体视显微镜，恒温培养箱。

3. 试剂

1.0%（或 0.1%）的四唑溶液，其配制方法为：称取 1g（或 0.1g）四唑粉剂溶解于 100mL 磷酸缓冲液中，即配成。

四唑溶液的 pH 为 6.5～7.5，若溶液的 pH 不在此范围内时，建议采用磷酸缓冲液来配制。其配制方法有以下两种：①ISTA 规程法：先准备溶液Ⅰ和溶液Ⅱ。溶液Ⅰ为在 1000mL蒸馏水中溶解的 9.078gKH_2PO_4，溶液Ⅱ为在 1000mL 蒸馏水中溶解的 9.472gNa_2HPO_4 或 11.876g $Na_2HPO_4 \cdot 2H_2O$。然后取溶液Ⅰ2 份和溶液Ⅱ3 份混合即成磷酸缓冲液；②AOSA 规程法：在 1000mL蒸馏水中溶解 5.45gNaH_2PO_4 和 3.79gNa_2HPO_4。

（三）方法步骤

从净度分析后经过充分混合的玉米净种子中随机数取 100 粒种子，4 次重复。如果是测定发芽试验末期休眠种子的生活力，则单用发芽试验末期所发现的休眠种子。

1. 种子的预湿

将选取的玉米种子水浸预湿，室温下浸泡 24 小时，使其充分吸胀。

2. 种子的处理

将吸胀的玉米种子沿胚中线纵向切开，取半粒，处理后的种子应保持湿润，直到每个重复都完成为止。

3. 四唑染色

将处理好的作物种子放入培养皿中，放入 0.1%的四唑溶液，将种子淹没。然后置于 35℃左右恒温培养箱中避光染色约 1 小时。用四唑染色法测定不同作物种子生活力具体方法如下：①水稻种子四唑测定：取种子样品 200 粒，去壳，放纸间或水中 30℃预湿 12 小时，沿种子侧面胚纵切，放入 0.1%四唑磷酸缓冲液 35℃染色 1～2 小时，凡是胚的主要构造染成正常鲜红色，或胚根尖端 2/3 不染色而其他部分正常染色的种子为有生活力种子；②小麦、玉米种子四唑染色测定：取种子样品 200 粒，放入水中 30℃预湿 3～4 小时，或纸间 12 小时，沿胚纵切，浸入 0.1%四唑溶液中，35℃染色 0.5～1 小时。凡是胚的主要构造染成正常鲜红色，或盾片上下任一端 1/3 不染色(小麦胚根大部不染色，但不定根原基染色)的，为有生活力种子。如盾片中央有不染色，表明已受热损伤，作为无生活力种子；③大豆种子四唑染色测定：取大豆种子样品 200 粒，放在湿毛巾间预湿 12 小时，一般需剥去种皮，然后浸入 1%四唑溶液，35℃染色 2～3 小时。凡是整个种子染色正常明亮鲜红，或仅胚根尖端 1/2 不染色，或子叶顶端(离胚芽端)1/2 不染色的为有生活力种子；④棉花种子四唑染色测定：取种子样品 200 粒，放纸间预湿，30℃12 小时，纵切一半种子，或剥去种皮，浸入 0.5%四唑溶液，染色反应 2～3 小时，凡是整个种子染成明亮红色，或仅胚根尖端 1/3 不染色，或子叶表面有小范围坏死，或子叶顶端 1/3 不染色，为有生活力种子；⑤甘蓝种子四唑染色测定：取样 200 粒种子，放入湿纸间，30℃预湿 5～6 小时，剥去种皮，浸入 1%四唑溶液 35℃染色 2～4 小时。凡是整个胚染成鲜红色，或仅有胚根尖端 1/3 不染色，或子叶顶端有部分坏死的，为有生活力种子；⑥番茄种子四唑染色测定：取样 200 粒种子，放湿纸间 30℃预湿 12 小时，然后在种子中心刺破种皮和胚乳，浸入 0.2%四唑溶液，在 35℃染色反应 0.5～1.5 小时。凡是胚和胚乳全部染色的，为有生活力种子。

4. 观察鉴定

将染色的作物种子经清水冲洗后进行染色情况的观察鉴定，必要时可借助放大镜。胚部全部显红色；胚根尖端或盾片上下任一端少部分不染色，其余部分全显红色，为有生活力的种子，见表 14–1。

5. 结果计算及处理

统计各个重复中有生活力的玉米种子粒数，并计算其平均值，重复间最大容许差距不得超过表 14–1 的规定，平均百分率约至最近似的整数。测定结果按照规定格式填报。若是测定发芽

表 14-1 生活力测定重复间的最大容许差距

平均生活力百分率（%）		最大容许差距
99	2	5
98	3	6
97	4	7
96	5	8
95	6	9
93 ~ 94	7 ~ 8	10
91 ~ 92	9 ~ 10	11
89 ~ 90	11 ~ 12	12
87 ~ 88	13 ~ 14	13
84 ~ 86	15 ~ 17	14
81 ~ 83	18 ~ 20	15
78 ~ 80	21 ~ 23	16
73 ~ 77	24 ~ 28	17
67 ~ 72	29 ~ 34	18
56 ~ 66	35 ~ 45	19
51 ~ 55	46 ~ 50	20

（引自《农作物种子检验规程》GB/T 3543.7-1995）

试验期末发芽种子生活力，结果应填报在发芽试验结果报告的相应栏中。

（四）注意事项

（1）四唑染色时，恒温箱内要求黑暗或弱光，因为光线可使四唑盐类还原。

（2）已用过的四唑溶液不能再循环利用。

（3）染色温度过高或染色时间过长也会引起种子组织的劣变，这样可能掩盖由于遭受冻害、热伤和本身衰弱而呈现不同颜色或异常的情况。

（五）相关标准

《农作物种子检验规程》CB/T 3543.7—1995。

三、靛红染色法

（一）原理

靛红（靛蓝洋红）是一种生物染色剂，为蓝色粉末，其水溶液呈蓝色。当种子浸于靛红溶液后，有生活力种子的胚细胞原生质膜具有选择透性，能阻止靛红进入活细胞内，因此不染色；而死细胞不具有选择透性，可染成蓝色。据此，将有生活力与无生活力的种子区别开来。此法适用于豆类、谷类、棉花、瓜类、林木等大粒种子。本实验选用玉米种子作为材料。

（二）材料与设备

1. 材料

玉米、豆类等种子。

2. 设备

烧杯（100mL），培养皿（直径 9cm），容量瓶（100mL），滤纸，镊子，刀片，垫板。

3. 试剂

0.1%或 0.2%的靛红，其配制方法为：称取 0.1g 或 0.2g 靛红，加水后充分搅拌，在 30℃ ~ 40℃条件下，经 12 小时使其全部溶解，定容至 100mL。

（三）方法步骤

1. 数取试样

从净度检验后的玉米种子中随机数取 2 份试样，每份 100 粒。

2. 种子预处理

将玉米种子在 30℃水中浸种 20 小时后，沿胚中线将种子纵向切开。处理后的种子应保持湿润，至每个重复都完成为止。

各种农作物种子染色前应处理及染色条件见表 14-2。

表 14-2 各种农作物种子靛红染色条件与时间

种子名称	在 30℃水中浸种时间（h）	浸后处理	染色时间（min）
玉米	20	纵切两半	15
大豆	3	剥去种皮	60
水稻 *	12	纵切两半	15
谷子、黍	8	纵切两半	15
小麦、大麦	3	纵切两半	15
向日葵 *	3	剥去种皮	60
豌豆、菜豆	3	剥去种皮	180
燕麦	4	纵切两半	15
芝麻	4	剥去种皮	30
亚麻	2	剥去种皮	60
大麻、红麻	7	剥去内种皮	30
花生 *	6	剥去种皮	60
蓖麻 *	7	剥去种皮	60
油菜	6	剥去种皮	60
蔬菜类	3	剥去种皮	30
棉子 *	6	剥去内膜	60
瓜类	4 ~ 6	剥去种皮	30

注：* 表示种子浸水前先要剥去外壳。

3. 靛红染色

将处理好的玉米种子置于培养皿或小烧杯内，加入 0.1%靛红溶液（剥去种皮种子用 0.2%靛红溶液）淹没种子，室温下染色 15min。

4. 观察鉴定

取出染色后的玉米种子，用清水冲洗后立即进行观察鉴定。凡种胚不染色或染成浅蓝色的、胚根尖端或少部分子叶染色的，为有生活力种子；凡种胚全部染成蓝色的，或胚根、胚轴、胚芽、子叶等大部分染成蓝色的，为无生活力种子。

5. 结果计算与处理

结果计算及容许差距与四唑染色法相同。

四、离体胚测定法

（一）原理

将离体胚在规定的条件下培养 5～14 天，有生活力的胚仍然保持坚硬新鲜的状态，或者吸水膨胀、子叶展开转绿，或者胚根和侧根伸长、长出上胚轴和第一叶；而无生活力的胚，则呈现腐烂的症状。本法适合于发芽缓慢或休眠、甚至完成一次发芽试验（包括预先处理）所需时间较长（如苹果属、梨属、李属、椴属、卫矛属等）植物种子的生活力测定。

（二）材料与设备

1. 材料

杏、桃或类似大小的李属其他种子。

2. 设备

烧杯（300mL），培养皿（直径 12cm），滤纸，镊子，刀片，垫板，恒温培养箱。

3. 试剂

70%乙醇、5%次氯酸钠溶液。

（三）方法步骤

1. 样品

本实验选用杏或桃种子作为实验材料，需用 400 粒种子。由于在胚分离过程中可能有损伤的种胚，所以至少应从经净度分析后的净种子中随机选取 425～450 粒种子。根据胚的大小和放置容器的容量设定重复次数（如 4×100 或 8×500）。

2. 浸种

杏或桃种子在浸种前进行适当处理，以除去坚硬的果皮。

将种子放在自来水中浸泡 48～96 小时，时间长短取决于吸胀速率，保证种子充分吸胀。水温保持在 25℃以下，每天换水 2 次，以延缓真菌或细菌的生长以及种子渗出物的积累。

3. 胚的分离

用解剖刀或刀片从吸胀的杏或桃种子中分离出胚，操作过程中应保持湿润。为使胚处于无菌状态，可用 70%乙醇擦净器具和台面。分离时受损伤的种胚应去掉，并用试验样品中的多余种子替代。

属于下列类型之一的种子，在计算生活力百分率时，应计入总数中：①空瘪或无胚种子；②胚部遭虫害或在加工过程中受到严重损伤的种子；③胚已严重变色、腐烂或死亡的种子；④胚种子叶严重畸形的种子。

4.置床培养

将分离出的杏或桃胚放在培养皿或发芽盒中的湿润滤纸或发芽纸上，置于 20℃～25℃恒温下，每天至少光照 8 小时，培养至 14 天。每天应拣出腐烂的胚或明显带有真菌菌丝体的胚。

如被真菌严重感染，则需重新试验，并在胚分离前先将种子用 5%次氯酸钠溶液浸 15 分钟，然后用水充分洗涤。

5. 观察鉴定

杏或桃胚经过 24 小时的培养后，根据局部组织变色情况，将因分离受到机械损伤的胚与无生活力的胚区别开来。若胚因分离造成损伤而难以鉴定时，则需进一步练习分离技术后，重新进行实验。

（1）有生活力的胚，其表现为：①保持坚硬，体积稍稍增大，因种而异，呈现白色（大部分种)、绿色(假挪威槭)或黄色的胚;②呈现生长或变绿的一片子叶或几片子叶的胚;③有可能生长成幼苗的、正在发育的胚;④下胚轴呈弯曲状的针叶树球果类的胚;⑤由于分离造成的损伤组织表现局部变色。

(2) 无生活力的胚,其表现为:①很快被真菌严重感染,变质或腐烂;②呈深褐色或黑色,暗淡的灰色或白色水肿状。

6. 结果计算

根据供杏或桃种子的总数计算生活力百分率,而不是根据分离胚的数目计算。最后的生活力百分率是有生活力的总胚数占供检种子总数的百分率。

(四) 注意事项

(1) 注意胚分离过程中勿损伤种胚。

(2) 操作过程洁净,避免污染。

(五) 作业

(1) 种子生活力测定的常用方法有哪些? 分别说明其测定原理。

(2) 试述四唑法测定玉米种子生活力的程序;分析染色不正常、无生活力种子的类型及其原因。

实验 15 农作物种子标准发芽实验

一、目的要求

种子发芽率是种子质量的 4 项必检指标之一。种子发芽力是指种子在适宜条件下(检验室控制条件下)长成正常植株的能力,通常用发芽率表示,即是指在规定的条件和时间内用供检样品中长成正常幼苗数占供检种子数的百分率。正确及时测定种子发芽率对种子分级、种子收购调运、种子贮藏加工、防止发芽力低的种子下田、确定合理的播种量等具有重要意义。本实验的目的是熟悉种子的发芽条件,掌握标准发芽试验的操作技术,以及单子叶幼苗和双子叶幼苗的主要构造、幼苗鉴定标准和结果计算方法,并将试验结果与种子质量标准中发芽率或规定值进行比较,判定种子批质量的优劣。

二、内容说明

种子发芽需要足够的水分、适宜的温度和充足的氧气,某些植物的种子还需要光照或黑暗。在实验室内,根据不同作物种子萌发所需的外界条件控制发芽所需条件,即根据作物种子种类选择合适的发芽床、适宜的发芽温度及光照见附表,保持发芽床适宜的水分,以获得准确、可靠的种子发芽试验结果。

三、材料用具

1. 材料

水稻、小麦、玉米和洋葱等单子叶植物种子,大豆、油菜、辣椒、西瓜等双子叶植物种子。单子叶植物种子和双子叶植物种子可分别任选 1 ~ 2 种。

2. 设备

种子发芽室或光照发芽箱，真空数种器或电子自动数控仪，恒温干燥箱，发芽盒，吸水纸，消毒沙，镊子，温度计（0℃～100℃），烧杯（200mL），标签纸，滴瓶等。

3. 试剂

0.2%KNO_3。

四、方法步骤

1. 制备发芽床

大粒种子选沙床或纸间，中小粒种子选用纸床、沙床均可。鉴定感病样品以及为特定研究目的可采用土壤床。

作为纸床用的发芽纸、滤纸或吸水纸等，应具有一定的强度，质地好，吸水性强，保水性好，无毒无菌，清洁干净，不含可溶性色素或其他化学物质，pH 为 6.0～7.5。

沙床一般用无污染的细沙或清水沙为材料，使用前过筛（0.80mm 和 0.05mm 孔径的土壤筛），洗涤后放入搪瓷盘内，摊薄，在 120℃～140℃高温下烘 3 小时以上。

2. 数取试验样品

从经过充分混合的净种子中，用数种设备或手工随机数取 400 粒。通常以 100 粒为一次重复，大粒种子或带有病原菌的种子，可以再分为 50 粒甚至 25 粒为一次重复。

3. 置床

在种子置床前要检查各重复间发芽床的含水量是否适宜、一致，以保证发芽整齐。种子置床时，各粒种子之间留有一定的距离，以保证幼苗的生长空间和减少真菌的传染。不同作物种子的置床方法如下：

（1）水稻种子：在方形发芽盒内放入两层浸湿的吸水纸，铺平，加水至吸水纸饱和。将水稻种子均匀摆在吸水纸上，每盒 100 粒种子，4 次重复。

（2）玉米种子：将沙加水拌匀（砂的含水量为其饱和含水量的 60%～80%，用手压沙以不出现水膜为宜），然后将湿沙放于发芽盒内，摊平，沙子厚度为 2～3cm。然后播入 50 粒种子，种胚朝上，再盖上 1.5～2.0cm 湿沙，盖好盖子。8 次重复。

（3）小麦种子：采用纸卷法，先将一层吸水纸（36cm×28cm）湿润并平铺在工作台上，然后摆入 100 粒种子，再盖上一层湿润的吸水纸，底边向上折起 2cm 宽，卷成松的纸卷，两端用皮筋扣住，垂直插在有水透明容器里，4 次重复，套上透明塑料袋。

（4）洋葱种子：将预先浸透的吸水纸两层垫入发芽盒内，每盒置 100 粒种子，重复 4 次。

（5）大豆种子：沙床水分调到饱和含水量的 80%，装入发芽盒内，厚度为 2～3cm，播 50 粒种子，覆盖 1.5～2.0cm 湿沙。8 次重复。

（6）辣椒种子：用方形发芽盒，TP（纸上）。将两层经 0.2% KNO_3 浸透的发芽纸垫入发芽盒，每盒 100 粒种子，4 次重复。

（7）甘蓝型油菜种子：采用 TP。每一发芽盒内垫入两层湿润的发芽纸，播入 100 粒种子。4 次重复。

（8）西瓜种子：采用纸卷发芽（BP：纸间）。先将纸浸湿，再用干纸吸去多余水分，达到低湿的要求。取一层平铺在工作台上，数取 50 粒种子置床，盖上另一层湿发芽纸，底边向上折 2cm，卷成松的纸卷，垂直插入有水容器里，套上透明塑料袋，8 次重复。

4. 贴（写）标签

在发芽盒底盒的侧面贴上标签(纸卷可直接用铅笔写在发芽纸的上端中间位置),写明样品号码、品种名称、置床日期、重复次数等,并登记在发芽试验记载簿上。

5. 入箱培养

根据作物要求把发芽箱调至所需温度,将置床的发芽盒(皿)放在箱内支架上。发芽盒(皿)盖好盖子。幼苗培养室内湿度保持在70%~80%。

将小麦、玉米、大豆、甘蓝型油菜和洋葱种子放入发芽箱,在20℃恒温、光照条件下培养;水稻、西瓜、辣椒种子放入发芽箱,在30℃恒温、光照条件下发芽。

6. 检查管理

在发芽试验期间,每天检查发芽箱内的温度和发芽床的水分。其要求是:温度保持在规定温度上下不超过1℃之间;对发芽床水分不足的,应遵循一致性原则,用滴管或喷壶适量补水,若种粒四周(纸床)出现水膜,则表示水分过多。同时,注意通气和种子发霉情况。使用玻璃培养皿作发芽的容器,注意加盖后的通气状况,特别是大粒种子发芽应当经常揭开盖子充分换气。在检查中发现表面生霉的种子,应取出洗涤后放回原处,发现腐烂种子应取出并记载。严重发霉(超过5%)的应更换发芽床。

7. 观察记载

在发芽试验过程中,按计算发芽势(初次计数)、发芽率(末次计数)的规定日期各观察记载一次。如果发芽率的规定日期在7天以上,应增加记载次数。记载应根据正常幼苗和不正常幼苗的鉴定标准,结合该种作物幼苗的形态特征逐一进行观察。在初次和中间记载时,将符合标准的正常幼苗、腐烂种子取出并记录,未达到正常幼苗标准的小苗、畸形苗和未发芽的种子继续留在发芽床上入箱发芽。末次记载时,要把每株幼苗分别取出,对其根系、幼苗中轴、子叶、牙鞘等构造仔细观察鉴定,将正常幼苗、不正常幼苗、硬实、新鲜不发芽的种子、腐烂霉变死种子等分别计数。

初次和末次计数的时间,水稻种子为第5天和第14天,玉米为第4天和第7天,小麦为第4天和第8天,洋葱为第6天和第12天,大豆为第5天和第8天,辣椒为第7天和第14天,油菜为第5天和第7天,西瓜为第5天和第14天。其中,所述天数以置床后24小时后为1天推算,且不包括种子预处理的时间。如果确认某样品已经达到最高发芽率,也可在规定的时间前结束试验,而到规定的结束时间仍有较多的种粒未萌发

表15-1 同一发芽试验4次重复间的最大容许差距(2.5%显著水平的两尾测定)

平均发芽率		最大容许差距
50%以上	50%以下	
99	2	5
98	3	6
97	4	7
96	5	8
95	6	9
93~94	7~8	10
91~92	9~10	11
89~90	11~12	12
87~88	13~14	13
84~86	15~17	14
81~83	18~20	15
78~80	21~23	16
73~77	24~28	17
67~72	29~34	18
56~66	35~45	19
51~55	46~50	20

表15-2 同一或不同实验室来自相同或不同送验样品间发芽试验的容许差距

(2.5%显著水平的两尾测定)

平均发芽率		最大容许差距
50%以上	50%以下	
98~99	2~3	2
95~97	4~6	3
91~94	7~10	4
85~90	11~16	5
77~84	17~24	6
60~76	25~41	7
51~59	42~50	8

（如包衣种子），也可酌情延长试验时间。发芽试验所用的实际天数应在检验报告中写明。

8. 结果计算和核对容许差距

试验结果以粒数的百分率表示。当一个试验的 4 次重复（每个重复以 100 粒计，相邻的副重复合并成 100 粒的重复）正常幼苗百分率都在最大容许差距内（表 15–1），则认为结果是可靠的，以其平均数表示发芽百分率。不正常幼苗、硬实、新鲜不发芽种子和死种子的百分率取 4 次重复的平均数。如 4 次重复间最低和最高发芽率之差超过容许差距（或出现新鲜不发芽种子较多等规定情况），则需做第二次试验。第一次试验结果与第二次试验结果之差未超过容许差距（表 15–2），则填写两次试验结果的平均值；如两者之差超过容许差距，则以同样方法进行第三次试验，填报未超过容许差距的两次结果的平均值。

9. 结果报告

填写发芽试验结果时，须填报正常幼苗、不正常幼苗、硬实、新鲜不发芽种子和死种子的百分率，各百分率修约至最接近的整数，0.5 修约进入最大值，其总和应为 100%，若某项结果为零，则需填入“–0–”。同时还要填报采用的发芽床、温度、试验持续时间以及发芽前的处理方法。

表 15–3　种子发芽试验记载表

<table>
<tr><td colspan="2">样品编号</td><td colspan="4"></td><td colspan="6">置床日期</td><td colspan="10">年　月　日</td></tr>
<tr><td colspan="2">作物名称</td><td colspan="4"></td><td colspan="6">品种名称</td><td colspan="3"></td><td colspan="5">每重复置床种子数</td><td colspan="2"></td></tr>
<tr><td colspan="2">发芽前处理</td><td colspan="4"></td><td colspan="3">发芽床</td><td colspan="3"></td><td colspan="3">发芽温度</td><td colspan="2"></td><td colspan="3">持续时间</td><td colspan="2"></td></tr>
<tr><td rowspan="3">记载日期</td><td rowspan="3">记载天数</td><td colspan="20">重复</td></tr>
<tr><td colspan="5">Ⅰ</td><td colspan="5">Ⅱ</td><td colspan="5">Ⅲ</td><td colspan="5">Ⅳ</td></tr>
<tr><td>正</td><td>硬</td><td>新</td><td>不</td><td>死</td><td>正</td><td>硬</td><td>新</td><td>不</td><td>死</td><td>正</td><td>硬</td><td>新</td><td>不</td><td>死</td><td>正</td><td>硬</td><td>新</td><td>不</td><td>死</td></tr>
<tr><td></td><td></td><td></td><td></td><td></td><td></td><td></td><td></td><td></td><td></td><td></td><td></td><td></td><td></td><td></td><td></td><td></td><td></td><td></td><td></td><td></td><td></td></tr>
<tr><td></td><td></td><td></td><td></td><td></td><td></td><td></td><td></td><td></td><td></td><td></td><td></td><td></td><td></td><td></td><td></td><td></td><td></td><td></td><td></td><td></td><td></td></tr>
<tr><td></td><td></td><td></td><td></td><td></td><td></td><td></td><td></td><td></td><td></td><td></td><td></td><td></td><td></td><td></td><td></td><td></td><td></td><td></td><td></td><td></td><td></td></tr>
<tr><td></td><td></td><td></td><td></td><td></td><td></td><td></td><td></td><td></td><td></td><td></td><td></td><td></td><td></td><td></td><td></td><td></td><td></td><td></td><td></td><td></td><td></td></tr>
<tr><td></td><td></td><td></td><td></td><td></td><td></td><td></td><td></td><td></td><td></td><td></td><td></td><td></td><td></td><td></td><td></td><td></td><td></td><td></td><td></td><td></td><td></td></tr>
<tr><td></td><td></td><td></td><td></td><td></td><td></td><td></td><td></td><td></td><td></td><td></td><td></td><td></td><td></td><td></td><td></td><td></td><td></td><td></td><td></td><td></td><td></td></tr>
<tr><td></td><td></td><td></td><td></td><td></td><td></td><td></td><td></td><td></td><td></td><td></td><td></td><td></td><td></td><td></td><td></td><td></td><td></td><td></td><td></td><td></td><td></td></tr>
<tr><td colspan="2">小计</td><td></td><td></td><td></td><td></td><td></td><td></td><td></td><td></td><td></td><td></td><td></td><td></td><td></td><td></td><td></td><td></td><td></td><td></td><td></td><td></td></tr>
<tr><td colspan="5" rowspan="6">试验结果</td><td colspan="8">正常幼苗　%</td><td colspan="9" rowspan="6">附加说明：</td></tr>
<tr><td colspan="8">硬实种子　%</td></tr>
<tr><td colspan="8">新鲜不发芽种子　%</td></tr>
<tr><td colspan="8">不正常幼苗　%</td></tr>
<tr><td colspan="8">死种子　%</td></tr>
<tr><td colspan="8">合计　%</td></tr>
</table>

注：“正”代表正常幼苗；“硬”代表硬实种子；“新”代表新鲜不发芽种子；“不”代表不正常幼苗；“死”代表死种子。

试验人：

五、作业

（1）填写种子发芽试验记录（表 15–3），计算种子各项发芽指标。

（2）测定种子发芽率在生产实践中有何意义？

附表　部分农作物种子的发芽技术规定

种（变种）名	学　名	发芽床	温度(℃)	初次计数天数(d)	末次计数天数(d)	附加说明，包括破除休眠的建议
1. 洋葱	*Allium cepa* L.	TP;BP;S	20;15	6	12	预先冷冻
2. 葱	*Allium fistulosum* L.	TP;BP;S	20;15	6	12	预先冷冻
3. 韭葱	*Alium porrum* L.	TP;BP;S	20;15	6	14	预先冷冻
4. 细香葱	*Allium schoenoprasum* L.	TP;BP;S	20;15	6	14	预先冷冻
5. 韭菜	*Allium tuberosum Rottl.ex Spreng.*	TP	20~30;20	6	14	预先冷冻
6. 苋菜	*Amaranthus tricolor* L.	TP	20~30;20	4~5	14	预先冷冻 KNO_3
7. 芹菜	*Apium graveolens* L.	TP	15~25;20;15	10	21	预先冷冻
8. 根芹菜	*Apium graveolens* L.var. *rapaceum* DC	TP	15~25;20;15	10	21	预先冷冻
9. 花生	*Arachis hypogaea* L.	BP;S	20~30;25	5	10	去壳；预先加温（40℃）
10. 紫云英	*Astragalus sinicus* L.	TP;BP	20	6	12	机械去皮
11. 普通燕麦	*Avena satiiva* L..	BP;S	20	5	10	预先加温（30℃~35℃）
12. 辣椒	*Capsicum frutescens* L.	TP;BP;S	20~30;30	7	14	
13. 大豆	*Glycine max* (L.) Merr.	BP;S	20~30;20	5	8	
14. 棉花	*Gossypium spp.*	BP;S	20~30;30;25	4	12	
15. 大麦	*Hordeum vulgare* L.	BP;S	20	4	7	
16. 蕹菜	*Ipomoea aquatica Forsskal*	BP;S	30	4	10	
17. 莴苣	*Lactuca sativa* L.	TP;BP	20	4	7	
18. 紫花苜蓿	*Medicago sativa* L.	TP;BP	20	4	10	
19. 白香草木樨	*Melilotus albus Desr.*	TP;BP	20	4	7	
20. 黄香草木樨	*Melilotus officinalis* (L.) *Pallas*	TP;BP	20	4	7	
21. 烟草	*Nicotiana tabacum* L.	TP	20~30	7	16	
22. 稻	*Oryza sativa* L.	TP;BP;S	20~30;30	5	14	
23. 马齿苋	*Portulaca oleracea* L.	TP;BP	20~30	5	14	
24. 萝卜	*Raphanus sativus* L.	TP;BP;S	20~30;20	4	10	
25. 菠菜	*Spinacia oleracea* L.	TP;BP	15;10	7	21	
26. 小麦	*Triticum aestivum* L.	TP;BP;S	20	4	8	
27. 蚕豆	*Vicia faba* L.	BP;S	20	4	14	
28. 绿豆	*Vigna radiata* (L.) *Wilczek*	BP;S	20~30;25	5	7	
29. 玉米	*Zea mays* L.	BP;S	20~30;25;20	4	7	

注：表中符号代表：TP——纸上，BP——纸间，S——沙，TS——沙上。

实验16　农作物种子纯度检验:形态检验法

一、目的要求

学习采用形态检验法进行农作物种子纯度检验，掌握子粒形态测定和幼苗形态测定的基本方法。

二、内容说明

种子纯度形态测定一般分为子粒形态测定、种苗形态测定和植株形态测定三种。其中植株形态测定依据的性状较多,品种特性展示也较充分、完全,测定结果较准确,如田间纯度检验和田间小区种植鉴定都属于植株形态测定。但植株形态测定需要时间较长,难以满足在调种过程中快速测定的需要,所以室内测定常用子粒形态测定、种苗形态测定两种方法。本实验学习其方法步骤,掌握其鉴定依据。

三、子粒形态测定

(一) 实验原理

不同品种由于遗传基础不同,在子粒外部形态上会表现出一定的差异,这些形态差异是子粒形态测定品种纯度的依据。子粒形态测定主要适用于子粒较大、形态性状丰富的作物。利用此法测定种子纯度时,应特别注意因环境条件的影响而引起的子粒性状的变异。常见作物种子形态测定所依据的性状如下。

1. 小麦

①粒色:可分为红色(淡红至深红)、白色(乳白至淡黄)、紫色等;②粒形:有长圆形、椭圆形、卵圆形等;③胚:胚的大小、形状、胚尖是否突出;④腹沟:宽窄、深浅;⑤腹面:有圆形、角形;⑥横切面模式:不同品种有较大差异;⑦质地:角质与粉质情况;⑧茸毛:茸毛的多少、长短等。

2. 玉米

①粒色:主要有白色、红色、黄色、紫色及黄白杂等;②粒形:分马齿形、硬粒形、半马齿形,在果穗的不同部位粒形也有差异;③顶部形状:有长方形、长圆形、圆形等形状;④顶部颜色:存在花粉直感现象,是区分杂交种子与母本种子的主要依据;⑤粒质:指粉质部分的大小;⑥胚:包括胚的大小和形状,形状分为三角形、卵圆形,胚上皱纹的有无和多少;⑦棱角:有的棱角明显,有的圆滑;⑧稃色:分红、白两类,红色的深浅有差异;⑨花丝遗迹:有的明显,有的不明显。

3. 水稻

①护颖色:有黄、红、红褐、紫各色;②粒形:包括长宽比和子粒长短;③芒:包括芒色和芒的长短;④稃壳:包括稃壳上斑点多少、大小、颜色及稃尖颜色;⑤稃毛:包括稃毛的多少和长短;⑥米色:有白色、红色、紫色;⑦米质:包括心白大小、透明与否、糯与不糯;⑧米香味:指香与不香。

4. 大豆

①粒色:分为黄色、绿色、黑色、褐色等各种颜色,或几种粒色并存;②粒形:分为圆形、椭圆形;③脐:指脐的颜色、形状和长宽比;④脐晕:指脐周围颜色有无、深浅、大小;⑤脐条:包括脐

条明显与否、有无颜色和颜色深浅;⑥子叶色:分青色、黄色;⑦横切面:形状分圆形、椭圆形,空心的有无和大小。

5. 芸薹属植物

①粒色:灰白色到黑色多种;②大小形状:有圆形、椭圆形、三角形等,种间有较大的差异。从子粒部位上,又可分为胚面形状、背面形状和侧面形状;③胚:指胚根突起明显与否;④粒表面:指光滑与否、网纹有无、深浅、大小、形状等;⑤脐条颜色:包括白色、黑色、褐色等。

(二) 材料与设备

1. 材料

小麦,玉米,大豆,水稻,油菜等作物种子。

2. 设备

放大镜,镊子,游标卡尺,刀片等。

(三) 方法步骤

(1) 从净种子中随机取种子 400 粒,分为 4 次重复,每个重复 100 粒种子。

(2) 将种子平摊到光滑的白瓷盘上,对照本品种标准样品逐粒鉴别,必要时可用刀片将种子切开,观察其横切面形状及质地,将外部形态与本品种明显不同的种子挑出,计为异品种种子。

(四) 结果计算

首先按下式计算各重复品种纯度,然后计算 4 次重复的平均值,作为实验结果填写实验报告:

$$品种纯度(\%)=\frac{供检种子数-异品种种子数}{供检种子数}\times 100\%$$

四、幼苗形态测定法

(一) 原理与依据

不同品种由于遗传基础不同,在幼苗时期外部形态上会表现出一定的差异,这些形态的差异是幼苗形态法测定品种纯度的依据。幼苗形态测定法适用于幼苗形态性状差异明显的作物品种,一般需要 7~30 天才能完成。由于苗期测定所依据的性状有限,在进行幼苗形态测定时不能依据单一性状,应对种苗的性状综合鉴定,最好能对照标准样品进行。常见幼苗形态测定时所依据的性状如下。

1. 禾谷类种子幼苗

(1) 芽鞘:芽鞘颜色由绿到紫色,芽鞘的长度及芽鞘上茸毛的多少不同品种之间有差异。

(2) 种子根:根的颜色,有的品种的中轴及近生根呈浅红色到深红色,有的不带色。

(3) 根毛:指根毛的多少和长短。

(4) 叶:包括绿色的深浅、叶脉颜色、叶的宽窄、叶上茸毛的多少、第一片叶的形状。

2. 双子叶种子幼苗

(1) 真叶的形状,边缘的缺刻和皱缩。

(2) 真叶颜色。

(3) 子叶的形状(子叶出土型)。

(4) 胚轴的颜色由无色到紫色,胚轴上茸毛的多少及长短等。

（二）材料与设备

1. 材料

小麦，玉米，大豆，水稻等作物种子。

2. 设备

人工气候箱，发芽盒等。

（三）方法步骤

1. 数取种子

从净种子中随机取种子 400 粒，分为 4 次重复，每个重复 100 粒种子。

2. 培养

按照一般发芽试验要求对种子进行培养，培养温度一般为 20℃～30℃，培养时间 7～14 天，保证光照充足，尽量使幼苗生长健壮。

3. 观察鉴定

对照本品种幼苗形态特征逐一进行鉴别，将异品种幼苗挑出计数。

4. 结果计算

首先按下式计算各重复品种纯度，然后计算 4 次重复的平均值，作为实验结果填写实验报告：

$$品种纯度(\%)=\frac{供检种子数-异品种种子数}{供检种子数}\times 100\%$$

（四）注意事项

（1）幼苗形态测定适用范围是有限的，有些品种根据幼苗形态不易区分。因此，在使用此方法时，应先将本品种的幼苗形态做成标本，找出品种间性状的差异或制作检索表。

（2）可以将子粒形态测定和幼苗形态测定两者结合起来，在子粒形态测定的基础上，将子粒形态一致的子粒进一步进行幼苗形态测定。

（3）进行杂交种种子纯度测定时，因杂交种子与母本种子形态相近，最好将母本种子也作为对照。幼苗形态测定时应同时培养母本幼苗作为对照。除前面所列形态依据以外，应充分考虑杂交种子在饱满度、生长势上表现出的杂种优势。

（五）作业

（1）水稻杂交种种子与不育系种子相比，在粒形上一般会有什么差异？

（2）幼苗形态测定过程中，为什么在培养幼苗时一般采用每天 24 小时光照？

实验 17 农作物种子纯度检验:SSR 标记法

一、目的要求

掌握 SSR 分子标记快速鉴定作物种子纯度技术原理与方法。

二、内容说明

目前国家农作物品种真实性检测推荐分子标记鉴定方法有简单重复序列(SSR)和单核苷酸多态性(SNP)分子标记方法两种。本实验主要介绍 SSR 分子标记快速鉴定方法。

SSR 分子标记鉴定方法的基本原理是根据不同作物品种遗传组成不同,基因组 DNA 中简单重复序列的重复(SSR,Simple Sequence Repeat)次数存在差异,这种差异可以通过设计引物进行 PCR 扩增及电泳检测的方法检测出来。若 PCR 扩增条带与对照品种中条带一致,表明该种子为真实的种子;若条带不同于对照品种,则为杂种子。根据检测样品中条带不同种子数量和条带相同种子数量,可以计算出种子的纯度。

三、材料用具

1. 材料

不同水稻品种若干(以水稻为例)。

2. 试剂

(1) DNA 提取试剂:

DNA 提取液(SDS 法):加 Tris-HCl (pH 8.0) 100mM;EDTA (pH 8.0) 50mM;NaCL 500mM;1.25% SDS 加 ddH_2O 定容至 100mL。

TE 缓冲液(pH 8.0):加 5mL 1M 的 Tris-HCl(pH 8.0)、1mL 0.5M 的 EDTA(pH 8.0)、加灭菌去离子蒸馏水(ddH_2O)定容至 500mL。

氯仿:异戊醇(24∶1)溶液,无水乙醇,70%乙醇,异丙醇。

(2) PCR 反应试剂:

引物母液:用灭菌去离子蒸馏水(ddH_2O)稀释引物至 100pmol/μL母液,例如原装引物为 28.6nmol,溶解时加入 286μL TE,即成 100pmol/μL的引物母液,放 -20℃冰箱贮存备用。

引物工作液:将引物母液用灭菌去离子蒸馏水(ddH_2O)稀释为 2pmol/μL,例如配置 200μL引物工作液,先分别向离心管中加 4μL正、反向引物,然后加 192μL灭菌去离子蒸馏水(ddH_2O)定容,放 -20℃冰箱贮存备用,常用时可于 4℃存放。

dNTP、Taq 酶、$MgCl_2$、DNA 载样缓冲液、DNA 分子量标准样品(试剂公司购买,按使用说明书配制使用)。

(3) 聚丙烯酰胺凝胶配制试剂:

40%丙烯酰胺:称取 380g 丙烯酰胺、20g 甲叉丙烯酰胺溶于蒸馏水(dH_2O),定容至 1000mL,配后放于 4℃冰箱中贮存。

10%过硫酸铵:称取 10g 过硫酸铵溶于 100mL dH_2O,用 1.5mL离心管分装,贮存于 -20℃冰箱，现取现用。

10×TBE 缓冲液：称取 108g Tris-HCl、55g 硼酸和加入 40mL 0.5mol/L EDTA(pH 8.0)溶于 ddH_2O，定容至 1000mL。

TEMED 用购买的原液。

载样指示剂：称取 0.125g 溴酚蓝、0.125g 二甲苯青(蓝)、20g 蔗糖溶于 50mL dH_2O，分装成 1.5mL小管，放于室温或者 4℃冰箱备用。

（4）银染试剂：

固定液：加入 10mL乙醇，0.5mL冰乙酸、89.5mL dH_2O ，现配现用。

0.2% $AgNO_3$ 溶液：称取 0.2g 硝酸银溶于 100mL dH_2O 中，现配现用。

0.002% 硫代硫酸钠溶液：配制 10%硫代硫酸钠溶液 100mL，常温放置，使用时向 100mL 漂洗液中加 20μL贮备液即可。

显色液：称取 1.5g NaOH 溶于 100mL dH_2O 中，加 1mL 甲醛，现配现用。

3. 仪器和耗材

离心机，PCR 仪，垂直电泳槽，凝胶成像仪，电子天平，电泳仪，脱色摇床，微波炉，移液器（2μL、10μL、100μL、1000μL），洗头盒，吸头（10μL、100μL、1000μL），胶梳子，离心管架（板），镊子，刀片等。

四、方法步骤

1. 样品准备

（1）种子准备：

按照《农作物种子检验规程》(GB/T 3543.4—1995)要求，每个样品随机取 220 粒种子，用于种子 DNA 提取。

（2）种子发芽：

按照《农作物种子检验规程》（GB/T 3543.4—1995）要求，每个样品随机取 220 粒种子，放置于发芽床，在温度 30℃、光照 750Lx 和湿度 75%条件下发芽 7～10 天，剪取叶片用于叶片 DNA 提取。

2. DNA 提取

方法一：种子或叶片 DNA 提取（SDS 提取法）。

①从同一品种中随机选取 192 粒种子，去壳后，放置于 192 个离心管中。或者发芽后，剪取 2～3cm 长叶片，放置于离心管中。

②向种子离心管中加 400μL DNA 提取液，浸泡 24 小时，或者加 600μL DNA 提取液于叶片离心管中。

③利用筷子或研磨棒研磨米粒，充分磨碎后，再加 500μL DNA 提取液，或者磨碎叶片（叶片也可先磨碎，再加入 600μL DNA 提取液），混匀后，冰上静置 10 分钟。

④室温下，12000rpm 离心 15 分钟后，取 500μL上清加入新离心管中，并分别加入 500μl 氯仿－异戊醇（24∶1），振荡混匀。

⑤室温下，12000rpm 离心 5 分钟后，转移 400μL上清于新离心管中，再加入 800μL -20℃预冷的异丙醇沉淀 DNA。

⑥室温下，12000rpm 离心 10 分钟后，弃上清。再加入 700μL 70%乙醇洗涤，12000rpm 离心 5 分钟后，将乙醇倒净，自然干燥。

⑦向干燥沉淀 DNA 管中,加入 50μL TE(pH8.0)溶解 DNA,检测质量和浓度,放置 -20℃保存备用。

方法二:幼苗叶片 DNA 快速提取。

①取正常发芽的 192 棵水稻幼苗,剪取中间粗壮部分 1~2cm,用镊子放入 96 孔 PCR 板的孔中。

②每孔加入 40μL 0.25mol/L NaOH,沸水中煮 30 秒。

③每孔加入 40μL 0.25mol/L HCL,20μL 0.25mol/L Tris (pH8.0) 混合液。

④沸水中煮沸 2 分钟,取 1μL用于 PCR 扩增。

3. PCR 扩增反应

(1)引物选择:

水稻 SSR 引物分别参照 NY/T—1433 2014 推荐引物(详见附表)。引物选用是首先选用Ⅰ组引物,当样品间检测出差异位点数小于 2 时,再选用Ⅱ组引物,若样品间检测出的累计差异小于 2 时,再依次选用Ⅲ、Ⅳ组引物。

(2)SSR 反应体系配备:总体系 10μL,具体配制见表 17-1。

表 17-1　　PCR 反应体系配制方案

试剂成分(浓度)	终浓度	加入体积
10×Buffer(free $MgCl_2$)	1×	2.5μL
$MgCl_2$(25mM)	1.5mM/L	1.5μL
dNTP(2.5mM)	各 0.2mM/L	2.0μL
Taq (5μ/μL)	0.025U/μL	0.02μL
正反向 Primer(10μmol/L)	0.4μM/L	1.0μL
正反向 Primer(1μmol/L)	0.4μM/L	1.0μL
DNA(10ng/μL)	1ng/μL	2.0μL
ddH_2O		总体积-其他成分体积
总体积		25.0μL

(3)PCR 反应条件:

PCR 反应程序:94℃预变性 5 分钟;94℃变性 30 秒,50℃~67℃(根据附录表中引物设定退火温度)退火 30 秒,72℃延伸 1 分钟,35 个循环;再 72℃延伸 8 分钟,4℃保存。

4. 聚丙烯酰胺凝胶电泳检测

(1)8%聚丙烯酰胺凝胶配制:配制方法按照表 17-2 配置方案进行。一般每块板需 15~20mL,每个槽(含 2 块板)约需 35mL。

(2)电泳:从 PCR 仪中取出 PCR 产物后,每管中入 2μL 载样指示剂,与 PCR 产物充分混匀。然后吸取 2μL 混合液加入聚丙烯酰胺凝胶样孔中。用 50bp 梯度的 DNA 分子量标准样品为对照,以 0.5×TBE 溶液为电泳缓冲液,150V 恒压电泳 1.5~2h。

(3)银染显色:

①固定:电泳结束后,将胶置于 100 mL 固定液中 (10% 无水乙醇,0.5% 冰乙酸), 在脱色摇床上缓慢摇动 6 分钟,重复 2 次。

表 17-2　**8%聚丙烯酰胺凝胶成分和配备方案**

总体积（mL）	10	20	30	40	50	60	70	80	90	100
ddH_2O	7	14	21	28	35	42	49	56	63	70
10×TBE	1	2	3	4	5	6	7	8	9	10
40%丙烯酰胺	2	4	6	8	10	12	14	16	18	20
TEMED(μL)	10	20	30	40	50	60	70	80	90	100
10%AP(μL)	100	200	300	400	500	600	700	800	900	1000

②银染：倒去固定液，加入 100 mL 0.2% $AgNO_3$ 溶液，在脱色摇床上缓慢摇动 12 分钟。

③清洗：倒去 $AgNO_3$ 溶液，用 100 mL ddH_2O 清洗 2 次，每次 30 秒。

④降低背景：加入 0.002%硫代硫酸钠溶液 100mL，在脱色摇床上缓慢摇动约 30 秒后倒去。

⑤显色：加入 100mL 显色液（1.5% 氢氧化钠，0.4% 甲醛），在脱色摇床上缓慢摇动，直到肉眼看到清晰的 DNA 条带。

⑥ 冲洗：用清水（自来水）将胶清洗数次。

⑦ 包胶贮存：用保鲜膜将胶包住，标注日期、引物以及顺序，以备查用。

5. 数据记录与分析

根据读膜记录每颗种子带型，计算种子纯度。种子纯度（%）=（与对照种子带型一致种子数/检测种子总数）×100%。

五、作业

（1）SSR 分子标记法鉴定种子纯度有哪些优点？存在那些不足？

（2）除了利用 SSR 分子标记可以鉴定种子纯度，还有那些分子标记可以用来鉴定种子纯度？它们各有何优缺点？

附表:水稻 SSR 分子标记鉴定推荐引物表

编号	引物	染色体	引物组别	退火温度(℃)	引物序列(5'→3')
A01	RM583	1	Ⅰ	55	F:AGATCCATCCCTGTGGAGAG R:GCGAACTCGCGTTGTAATC
A02	RM71	2	Ⅰ	55	F:CTAGAGGCGAAAACGAGATG R:GGGTGGGCGAGGTAATAATG
A03	RM85	3	Ⅰ	55	F:CCAAAGATGAAACCTGGATTG R:GCACAAGGTGAGCAGTCC
A04	RM471	4	Ⅰ	55	F:ACGCACAAGCAGATGATGAG R:GGGAGAAGACGAATGTTTGC
A05	RM274	5	Ⅰ	55	F:CCTCGCTTATGAGAGCTTCG R:CTTCTCCATCACTCCCATGG
A06	RM190	6	Ⅰ	55	F:CTTTGTCTATCTCAAGACAC R:TTGCAGATGTTCTTCCTGATG
A07	RM336	7	Ⅰ	55	F:CTTACAGAGAAACGGCATCG R:GCTGGTTTGTTTCAGGTTCG
A08	RM72	8	Ⅰ	55	F:CCGGCGATAAAACAATGAG R:GCATCGGTCCTAACTAAGGG
A09	RM219	9	Ⅰ	55	F:CGTCGGATGATGTAAAGCCT R:CATATCGGCATTCGCCTG
A10	RM311	10	Ⅰ	55	F:TGGTAGTATAGGTACTAAACAT R:TCCTATACACATACAAACATAC
A11	RM209	11	Ⅰ	55	F:ATATGAGTTGCTGTCGTGCG R:CAACTTGCATCCTCCCCTCC
A12	RM19	12	Ⅰ	55	F:CAAAAACAGAGCAGATGAC R:CTCAAGATGGACGCCAAGA
B01	RM1195	1	Ⅱ	55	F:ATGGACCACAAACGACCTTC R:CGACTCCCTTGTTCTTCTGG
B02	RM208	2	Ⅱ	55	F:TCTGCAAGCCTTGTCTGATG R:TAAGTCGATCATTGTGTGGACC
B03	RM232	3	Ⅱ	55	F:CCGGTATCCTTCGATATTGC R:CCGACTTTTCCTCCTGACG
B04	RM119	4	Ⅱ	67	F:CATCCCCCTCGCTGCTGCTGCTG R:CGCCGGATGTGTGGGACTAGCG
B05	RM267	5	Ⅱ	55	F:TGCAGACATAGAGAAGGAAGTG R:AGCAACAGCACAACTTGATG
B06	RM253	6	Ⅱ	55	F:TCCTTCAAGAGTGCAAAACC R:GCATTGTCATGTCGAAGCC
B07	RM481	7	Ⅱ	55	F:TAGCTAGCCGATTGAATGGC R:CTCCACCTCCTATGTTGTTG
B08	RM339	8	Ⅱ	55	F:GTAATCGATGCTGTGGGAAG R:GAGTCATGTGATAGCCGATATG
B09	RM278	9	Ⅱ	55	F:GTAGTGAGCCTAACAATAATC R:TCAACTCAGCATCTCTGTCC
B10	RM258	10	Ⅱ	55	F:TGCTGTATGTAGCTCGCACC R:TGGCCTTTAAAGCTGTCGC
B11	RM224	11	Ⅱ	55	F:ATCGATCGATCTTCACGAGG R:TGCTATAAAAGGCATTCGGG
B12	RM17	12	Ⅱ	55	F:TGCCCTGTTATTTTCTTCTCTC R:GGTGATCCTTTCCCATTTCA

（续表）

编号	引物	染色体	引物组别	退火温度(℃)	引物序列(5'→3')
C01	RM493	1	Ⅲ	55	F:TAGCTCCAACAGGATCGACC R:GTACGTAAACGCGGAAGGTG
C02	RM561	2	Ⅲ	55	F:GAGCTGTTTTGGACTACGGC R:GAGTATCTTTCTCCCACCCC
C03	RM8277	3	Ⅲ	55	F:AGCACAAGTAGGTGCATTTC R:ATTTGCCTGTGATGTAATAGC
C04	RM551	4	Ⅲ	55	F:AGCCCAGACTAGCATGATTG R:GAAGGCGAGAAGGATCACAG
C05	RM598	5	Ⅲ	55	F:GAATCGCACACGTGATGAAC R:ATGCGACTGATCGGTACTCC
C06	RM176	6	Ⅲ	67	F:CGGCTCCCGCTACGACGTCTCC R:AGCGATGCGCTGGAAGAGGTGC
C07	RM432	7	Ⅲ	55	F:TTCTGTCTCACGCTGGATTG R:AGCTGCGTACGTGATGAATG
C08	RM331	8	Ⅲ	55	F:GAACCAGAGGACAAAAATGC R:CATCATACATTTGCAGCCAG
C09	OSR28	9	Ⅲ	55	F:AGCAGCTATAGCTTAGCTGG R:ACTGCACATGAGCAGAGACA
C10	RM590	10	Ⅲ	55	F:CATCTCCGCTCTCCATGC R:GGAGTTGGGGTCTTGTTCG
C11	RM21	11	Ⅲ	55	F:ACAGTATTCCGTAGGCACGG R:GCTCCATGAGGGTGGTAGAG
C12	RM3331	12	Ⅲ	55	F:CCTCCTCCATGAGCTAATGC R:AGGAGGAGCGGATTTCTCTC
D01	RM443	1	Ⅳ	55	F:GATGGTTTTCATCGGCTACG R:AGTCCCAGAATGTCGTTTCG
D02	RM490	2	Ⅳ	55	F:ATCTGCACACTGCAAACACC R:AGCAAGCAGTGCTTTCAGAG
D03	RM424	3	Ⅳ	55	F:TTTGTGGCTCACCAGTTGAG R:TGGCGCATTCATGTCATC
D04	RM423	4	Ⅳ	55	F:AGCACCCATGCCTTATGTTG R:CCTTTTTCAGTAGCCCTCCC
D05	RM571	5	Ⅳ	55	F:GGAGGTGAAAGCGAATCATG R:CCTGCTGCTCTTTCATCAGC
D06	RM231	6	Ⅳ	55	F:CCAGATTATTTCCTGAGGTC R:CACTTGCATAGTTCTGCATTG
D07	RM567	7	Ⅳ	55	F:ATCAGGGAATCCTGAAGGG R:GGAAGGAGCAATCACCACTG
D08	RM289	8	Ⅳ	55	F:TTCCATGGCACACAAGCC R:CTGTGCACGAACTTCCAAAG
D09	RM542	9	Ⅳ	55	F:TGAATCAAGCCCCTCACTAC R:CTGCAACGAGTAAGGCAGAG
D10	RM36	10	Ⅳ	55	F:CTAGTTGGGCATACGATGGC R:ACGCTTATATGTTACGTCAAC
D11	R332	11	Ⅳ	55	F:GCGAAGGCGAAGGTGAAG R:CATGAGTGATCTCACTCACCC
D12	RM7102	12	Ⅳ	55	F:TAGGAGTGTTTAGAGTGCCA R:TCGGTTTGCTTATACATCAG

实验 18　种子包装与贮藏

一、目的要求

了解种子包装和贮藏的种类和方式，掌握种子包装和贮藏的标准和方法。

二、内容说明

种子包装是将种子盛装在容器或者包装内，以便运输、贮藏和销售。根据不同种子的属性、运输、销售、贮藏和使用目的，种子包装可分为贮藏、运输包装和销售包装。贮藏、运输包装要求包装袋坚固耐久和能重复使用，主要选用以红麻、黄麻为原料的机制麻袋作为包装材料。销售包装则要求价格低廉、美观实用和方便用户，主要选用以纸张、聚乙烯、聚丙烯等为主要原料的制成品作为销售包装材料，包括牛皮纸袋、纸塑复合袋、方底开口袋、方底阀口袋、覆膜袋和集装袋等多种包装袋型。包装时常采用重量包装和粒数包装两种形式。种子贮藏是提高农作物种子的种用价值，保证质量的关键程序。种子贮藏的方法包括常温贮藏和低温贮藏。种子贮藏要求达到“纯、净、饱、壮、健、干”的标准。

本实验将参照国家《农作物种子定量包装》(NY/T 611—2002)和《主要农作物种子分级标准》(GB 4404 ~ 4409—84)介绍种子包装和贮藏的基本程序和方法。

三、材料用具

1. 材料

待包装和贮存作物种子。

2. 仪器

测温仪器、测湿仪器和种子检验仪器。

四、方法步骤

(一) 种子包装

1. 包装分类选择

根据国家《农作物种子定量包装》(NY/T 611—2002)标准，种子包装分为运输包装和销售包装。种子包装时，应根据流通环节的不同要求，分类选用销售包装与运输包装。其中根据种子的性质、价值及运输、装卸等要求，运输包装分为三个级别。详细标准见表 18–1。

表 18–1　运输包装级别

包装级别	适 用 范 围
1	性质特殊，价值高，运输条件苛刻，装卸周转次数多，出口销售
2	运输条件一般，装卸周转次数较多，跨省销售
3	装卸周转次数少，产地销售

2. 包装准备

(1) 包装环境:包装环境要求清洁、干燥、通风良好、光线充足、无疫病、无虫害、无鼠患。应有相应的安全防护措施,宜配备口罩、手套、防护眼镜、消防器材等。

(2) 包装机具:应选择与包装规格相适应的计量器具并在其检定周期内使用,使用合格的包装机械,其技术性能应能满足产品包装的要求。

(3) 包装材料:销售包装用材料应符合美观、实用、不易破损,便于加工、印刷,能够回收再生或自然降解的要求。宜采用的包装材料品种有:塑料编织布、塑料薄膜、复合薄膜、纸、镀锡薄钢板(马口铁)等。

运输包装用材料应符合材质轻、强度高、抗冲击、耐捆扎,防潮、防霉、防滑的要求。宜采用的包装材料品种有:塑料编织布、麻袋布、瓦楞纸板、钙塑板、塑料打包带、压敏胶粘带、纺织品等。

(4) 包装容器:销售包装容器应符合外形美观、商品性好,便于装填、封缄,贮运空间小的要求。宜采用的容器类型有:塑料编织袋、塑料薄膜袋、复合薄膜袋、纸袋、金属罐等。销售包装容器规格、尺寸应与运输包装容器内尺寸相匹配。

运输包装容器应符合适于运输、方便装卸,贮运空间小,堆码稳定牢靠的要求。宜采用的容器类型有:塑料编织袋、麻袋、瓦楞纸箱、钙塑瓦楞箱等。运输包装容器规格尺寸应符合运输工

表 18-2　销售包装外观质量

容器类型	项目	质量要求
塑料编织袋	稀档	不允许
	划伤烫伤	不允许
	缝合部位	应线迹平整、松紧适度，无脱针、断线
	印刷效果	应轮廓清晰、印迹完整，无明显变形、残缺
塑料薄膜袋 复合薄膜袋	折皱	允许有不大于总面积 5%的轻微间断折皱
	气泡	不允许
	起壳分层	不允许
	划伤烫伤	不允许
	热封部位	应平整，无皱，无虚封
	印刷效果	应清晰、光洁、套色准确，无明显变形、脏污、模糊
纸袋	洞眼	不允许
	裂口	不允许
	褶子	不允许
	黏合部位	应平整，无皱，无脱胶
	印刷效果	应清晰、光洁、套色准确，无明显脏污、模糊
金属罐	罐体	应圆整完好，无变形、擦伤、锈蚀
	焊缝	应光滑均匀，无砂眼、漏焊、堆焊、锡路毛糙
	卷边	应卷边完全、圆滑美观，无假卷、跳封、快口、大塌边、卷边碎裂等
	印刷效果	应色彩鲜艳、层次丰富，无明显偏色、变形、擦痕、剥落

具的装载尺寸要求。

（5）种子：种子在包装前应经过加工处理，质量经质检部门检验合格。

3. 包装要求

（1）销售包装要求。外观：外观质量要求见表 18–2。

（2）计量。①以重量计量的定量包装件。单件定量包装件的净含量与其标注的重量之差不得超过表 18–3 给出的负偏差值。批量定量包装件按表 18–4 给出的抽样方案及平均偏差 ΔQ 的计算方法随机抽取检验和计算，接受条件为 $\Delta Q \geqslant 0$，且该批量中单件定量包装件超出计量负偏差的件数应不大于合格判定定数 AC 值；②以个数计量的定量包装件：其实际个数应与标注个数相符。

表 18–3 单件定量包装件计量要求

净含量（Q）	负偏差：净含量的百分比（%）	负偏差：g
5 ~ 50g	9	—
50 ~ 100g	—	4.5
100 ~ 200g	4.5	—
200 ~ 300g	—	9
300 ~ 500g	3	—
500g ~ 1kg	—	15
1 ~ 10kg	1.5	—
10 ~ 15kg	—	150
15 ~ 25kg	1.0	—

表 18–4 批量定量包装件计量要求

批量（N）	样本大小（n）	合格判定数（AC）
1 ~ 10	n=N	0
11 ~ 250	10 ~ 29	0
≥251	≥30	1

平均偏差计算公式

$$\Delta Q = \frac{\sum_{i=1}^{n}(Q_i - Q_0)}{n}$$

式中：Q—样本单位的平均偏差；Q_0—标注净含量；Q_i—实际净含量；n—样本大小。

表 18–5 封缄方法及技术要求

容器类型	封缄方法	技术要求
袋	缝合	应采用链式线迹缝合，针距：7 ~ 12mm，缝合后应保证线迹平整、松紧适度，无脱针、断线
	热封合	应符合 QB/T 2358 规定
	黏合	应平整、牢固，无皱、无脱胶

（3）封缄：包装容器在装填种子后应封缄严密，宜采用的封缄方法及技术要求见表 18–5。

（4）产品标识：种子生产、经营者应在销售包装的表面正确标注产品标识，明示内装物的质量信息，保持产品的可追溯性。①标识应包含以下信息：作物种类、种子类别、品种名称、净含量、生产商名称、地址、收获日期、批号、产地、执行标准、生产及经营许可证编号或进口审批文号、品种审定编号、检疫证明编号、检验结果报告单编号、质量指标（纯度、净度、发芽率、水分）、栽培要点、质量级别（适用于杂交种）、药剂毒性相关警示（适用于包衣种子）、转基因种子商业化生产许可批号和安全控制措施（适用于转基因种子）。②标注方法：应当使用规范的汉字；可以同时使用汉语拼音或者外文，汉语拼音应拼写正确。外文应与汉字有严密的对应关系，汉语拼音和外文字体应当小于相应中文字体。可以同时使用少数民族文字，少数民族文字应当与汉字有严密的对应关系。标注净含量时应采用表 18–6 所示的计量单位。标注净含量时应当使用具有明确数量含义的词或符号，不允许使用如“大于”、“小于”、“＞”、“≮”等词或符号。净含量字符的最小高度应当符合表 18–7 规定。除表 18–7 规定外，标识内容文字、数字和字母的高度应不小于 1.8mm。标识内容应当印制在销售包装的表面，应易于识别和辨认，不能在流通过程中变得模糊或者脱落。允许“收获日期批号”、“检验结果报告单编号”、“检疫证明编号”采用粘贴、喷码、袋边压印等方法标注。允许“栽培要点”不标注在销售包装的表面，而采用其他的方式标注。

（5）运输包装要求。①装填：装填时应将销售包装件排列整齐，安放妥贴。必要时应将小包装件以适宜的数量裹包或捆扎成中包装件后再装入箱（袋）内。应确保箱（袋）内实物与箱（袋）外的标注相符。②封缄：袋类包装件封缄方法及技术要求同表 18–5。箱类包装件封缄应采用宽度≥50mm 的单面压敏胶粘带，按图 18–1 所示作 I 字形或 H 字形粘贴，折曲长度 l≥50mm。③捆扎：运输包装件封缄后，应采用塑料打包带进行捆扎。宜采用的捆扎形式有二横道、二横一竖道、十字形、井字形、卅字形等。捆扎松紧度以扎紧而不勒坏被扎件为宜。④性能：运输包装件的性能按下 4(3) 中规定试验后，塑料打包带、压敏胶粘带不断裂；箱（袋）体不破损；销售包装件不外露、散落；包装标志不脱落、缺损、模糊；不影响其再次进入流通环节。⑤包装标志：运输包装标志应符合 GB/T 191、GB/T 6388 规定。

表 18–6　计量单位标注方法

计量方法	净含量量限	计量单位
重量	Q＜1000g（克）	g（克）
	Q ≥1000g（克）	kg（千克）
个数	—	粒

表 18–7　净含量字符最小高度

净含量（Q）	字符的最小高度/(mm)
5 ～50g	2
51 ～200g	3
201 ～1kg	4
＞1kg	5

4. 试验方法

（1）取样：

在生产线的终端或从同一生产批次的库存品中随机抽取。

（2）塑料包装容器的试验：

试样状态调节和试验的标准环境按 GB/T 2918 规定的标准环境和正常偏差范围进行，状态调节时间应不少于 4 小时。塑料（复合）薄膜袋热合强度的试验按 QB/T 2358 规定。塑料编织袋、薄膜袋印刷质量的试验按 GB/T

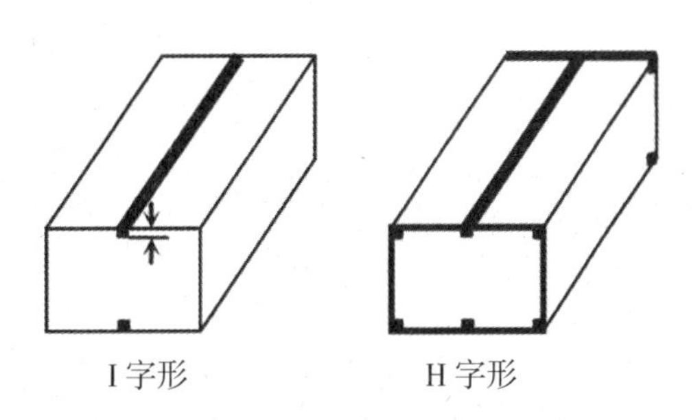

图 18–1　I 字形和 H 字形粘贴示意图

7707 规定。

(3)运输包装件性能试验：

运输包装件性能试验时的温湿度调节处理应按 GB/T 4857.2—1992 中 3.1.1 中规定的条件 7 进行 24 小时处理，并在此环境条件下进行试验，试验样品各部位的编号按 GB/T 4857.1 规定。运输包装件性能试验顺序、项目和方法按表 18–8 和表 18–9 进行。

表 18–8 箱类包装件性能试验

试验顺序	试验项目	试验定量值	试验方法
1	静载荷堆码试验	堆码高度：3.50m，持续时间:7天，第 3 面为置放面	按 GB/T 4857.3 规定
2	跌落试验	不同包装等级跌落高度：1级为800mm，2 级为 500mm，3 级为 300mm，跌落面为 3 面、4 面、5 面，跌落棱为 1–2、1–6、2–6，跌落次数为底面、侧面、端面、棱各一次	按 GB/T 4857.5 规定

表 18–9 袋类包装件性能试验

试验顺序	试验项目	试验定量值	试验方法
1	静载荷堆码试验	堆码高度：3.50m，持续时间:7天，第 3 面为置放面	按 GB/T 4857.5 规定
2	跌落试验	不同包装等级跌落高度：1 级为 800mm，2 级为 500mm，3 级为 300mm，跌落面为 3 面、4 面、5 面，跌落次数为底面、侧面、端面各一次	按 GB/T 4857.5 规定

5. 检验规则

包装件的检验分为交付检验和型式检验。

(1) 交付检验。组批与抽样规则：检验批应由同一品种、同一规格、在正常生产条件下 1 小时生产的同一批次包装件组成(不足 1 小时产量的按实际单位数量组批)。交付检验用样本按表 18–10 规定从检验批中随机抽取，批量 4 按被检包装件的类别(销售包装件或运输包装件)分别确定。检验项目：销售包装件检验项目及要求见表 18–11；运输包装件检验项目及要求见表 18–12。检验结果的判定：按表 18–10 规定进行。复验：对不合格批百分之百逐件检验并将不合格品剔除后，按不合格项目进行复验。如复验仍不合格，则该检验批不合格。

表 18–10 交付检验样本数量

批量（N）	样本大小（n）	合格判定数（AC）
1 ~ 10	$n=N$	0
11 ~ 250	10 ~ 29	0
≥251	≥30	1

(2) 型式检验。应进行型式检验的情况：①首次生产；②包装工艺、生产设备、管理等方面有较大改变时；③停产 180 天以上又恢复生产时；④年度周期检查；⑤交付检验的结果与上次型式检验有较大差异；⑥国家质量监督出进行型式检验的要求时。

检验项目：销售包装件检验项目见表 18–11；运输包装件检验项目见表 18–12。

表 18–11 销售包装件检验项目

检验项目	技术要求	交付检验	型式检验
外 观	按照 3（1）内容	检	检
计 量	按照 3（2）内容	检	检
封 缄	按照 3（3）内容	检	检
产品标志	按照 3（4）内容	检	检

表 18–12　**运输包装件检验项目**

检验项目	技术要求	交付检验	型式检验
封　缄	按照 3（5）内容	检	检
捆　扎	按照 3（5）内容	检	检
性　能	按照 3（5）内容	不检	检
包装标志	按照 3（5）内容	检	检

检验样本：型式检验样本应在交付检验合格批中随机抽取，每批抽取 3 件。

判定规则：所有样本单位均符合表 18–11、表 18–12 的全部要求，则认为型式检验合格。如有一个或一个以上样本单位不符合表 18–11、表 18–12 中的任何一项要求时，则应以 2 倍数量的样本单位按不合格项目进行复验。如复验仍不合格，则型式检验不合格。

（二）种子贮藏

1. 种子精选

参照国家《农作物种子贮藏》标准(GB/T 7415—2008)的要求，种子入库前，需对种子进行干燥、除杂和精选，种子水分、净度、发芽率、纯度必须符合国家《主要农作物种子分级标准》(GB 4404～4409—84)的要求。不得带有活的害虫。

2. 种子存放

种子入库存放，按作物种类、品种分区进行存放。包衣种子按照国家 GB 15671 标准设立专库，与其他种子分开存放。仓库要求通风设施完备，通风良好，保持干燥。

种子距地面高度，最低≥0.2m，距库顶≥0.5m，距墙壁≥0.5m。呈“非”字形、半“非”字形或垛形堆放。种子堆放后，应留有通道，通道宽≥1m。

低温种子仓库要求种子温度与仓库温度的温差≤5℃。种子接触地面、墙壁处隔热铺垫、架空，以保证空气畅通。

3. 种子堆垛标志

种子入库后需标明堆号（囤号）、品种、种子批号、种子数量、产地、生产日期、入库时间、种子水分、净度、发芽率和纯度。

4. 检查

种子入库后应定期进行检查，检查时应避免外界高温高湿的影响。低温种子仓库每天记录库内的温度和湿度，常温种子仓库应定期记录库内的温度和湿度。进入包衣种子库应有安全防护措施。

种子温度检查：种子入库后半个月内，每 3 天检查一次（北方可减少检查次数，南方对含油量高的种子增加检查次数）。半个月后检查周期可延长。

种子质量检验：贮藏期间对种子水分和发芽率进行定期抽样检测，检验次数可根据当地的气候条件确定，北方地区应至少检验 2 次，南方地区适当增加检验次数。在高温季节低温种子库应每半个月抽样检测一次。

种子虫害检查：采用分上、中、下三层随机抽样，按 1kg 种样中的活虫头数计算虫害密度，库温高于 20℃，15 天检查一次，库温低于 20℃，2 个月检查一次。

5. 种子虫害防治

仓库内应保持清洁卫生，清仓消毒，采用风选、筛选和化学剂防治害虫。

6. 种子贮藏水分控制

种子贮藏期间水分应符合国家标准 GB 4404.1—4404.2、GB 4407.1—4407.2、GB/T 16715.1、GB 16715.2—16715.4 要求，水分超过国家标准和安全贮藏要求的种子应进行翻晒或机械除湿。

7. 种子贮藏期

根据农作物种子贮藏期间南、北地区发芽率变化规律,可参考国家《农作物种子贮藏》标准(GB/T 7415—2008)中的贮藏条件和期限。

五、作业

(1) 种子包装有几种类型？各类型对包装有什么特殊要求？

(2) 种子贮藏有哪几种类型？贮藏期间应注意哪些问题？

实验 19 种子加工设备与种子包衣技术

一、目的要求

学习农作物种子包衣技术,了解农作物种子加工设备,掌握玉米种子包衣技术的设备使用和技术环节。

二、种子清选设备与使用

种子加工是指种子从收获后到播种前进行的加工处理的全过程。包括种子的预处理(如脱离、干燥、除芒)、种子清选分级、种子的选后处理(包括药剂处理、物理处理、化学处理、生物处理等)及种子的计量、包装和贮存等环节。种子加工对提高种子播种品质具有重要作用。

对种子进行清选是种子加工处理不可缺少的基本环节。种子清选分级机械主要包括:筛选机、风选机、风筛清选机、窝眼滚筒清选机、复式清选机、比重清选机、螺旋清选机、磁力清选机、光电分选机、静电分选机等。本实验的目的是以种子风筛选试验台、种子重力分选试验台为例,介绍种子清选分级机械的基本结构、工作原理和使用方法。

(一) 种子风筛选试验台

1. 工作原理

种子风筛选试验台主要用于对各类种子进行加工特性试验，也可用于少量高附加值种子的清选与分级。该机为风筛式结构,设有前、后吸风道,可以清除种子中的灰尘、轻杂和秕粒;筛箱中安装有上、中、下三层筛片,分别用于分离大杂、大粒种子、小杂及小粒种子,从主排料口获得合格的种子。风选后产生的含尘气体经过过滤后排出,有利于保护环境。种子风筛选试验台利用风选和筛选两种原理进行种子清选;贮料斗中的物料在电磁振动给料器的驱动下均匀进入筛箱体时,经过前吸风道,将一部分尘土及轻杂秕粒吸入沉降室,更轻的杂质进入旋风除尘器;其余物料进入第一层筛面,通过筛选,大杂留在筛面上并由出料口排出;流入第二层筛面的物料将大粒种子选出,由出料口排出,小于第二层筛孔的物料进入第三层筛;物料进入第三层筛后,小粒、破碎粒、土粒等小杂穿过第三层筛孔并由废料口排出,第三层筛面上的种子流经后风道时,再进行次风选,将种子中的秕粒、轻杂等由后风道吹入沉降室,集聚在集杂盒中,而合格的种子由主出料口排出。通过调节筛箱振动频率旋钮，可以调节物料在筛面上的运行速度，从而调节机器的筛选质量（图 19–1）。

2. 操作规程

（1）选择筛片。筛孔形状与尺寸选择的合适与否对种子清选质量影响很大，在试验或加工之前，根据拟选定种子样品的外形尺寸(宽度或厚度)选择合适的套筛，确定筛孔尺寸。进行试筛时，应符合下述原则。第一层筛：根据种子宽度进行清选。筛孔尺寸应使所有籽粒通过，大杂质留在筛面上。第二层筛：用于清选时，应保证绝大多数种子通过；用于分级时，应按分级标准或质量要求选择筛孔尺寸。第三层筛：主要按种子厚度尺寸进行清选。用于除杂时，一般允许小杂、碎粒等通过筛孔，好种子留在筛面上；用于分级时，按分级标准选择筛孔尺寸。

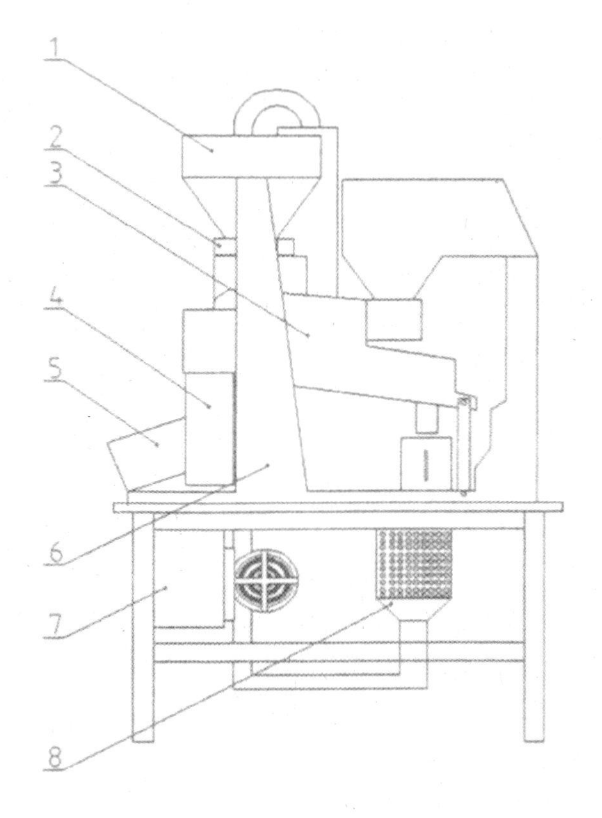

1.贮料斗；2.电磁振动给料器；3.筛箱体；4.除尘旋风器；5.控制面板；6.机架；7.传动系统；8.前后风选系统

图 19–1　种子风筛选试验台

（2）准备工作。根据拟加工物料的基本情况，将选定的筛片分别安装在不同的筛格中；检查橡胶球固定格中是否有橡胶球，然后锁紧挡板固定螺栓；检查电磁振动给料器旋钮是否置于“0”位，筛箱振动频率指针预设置于“0”位置；所有出料口是否都放有料斗，各个风量调节阀门是否处于关闭状态。

（3）操作顺序。①调节贮料斗活门上下开度至合适位置后，锁紧螺母；②按顺时针方向调节电磁振动给料器旋钮的指针置于“5”位置，调整单位时间内物料的喂入量，使物料均匀平稳地喂入筛箱中，观察物料在筛面上的厚度与分布情况，保证物料在筛面上连续、均匀，厚度不超过籽粒厚度的 3 倍；③根据试验用物料的外形尺寸与密度，适当调节筛箱体振动频率，以获得较佳的分选结果；④在机器运行过程中，种子品种不同，风选所需的风量大小也不同，正常喂料后应逐步调节各风门旋钮；⑤贮料斗中的物料喂料结束后，关闭电磁振动给料器，保持机器继续运行 3 分钟左右，使筛片上的物料尽可能运动出来；⑥关闭筛箱传动系统和风机电源，打开筛片固定门，从上到下将每层筛片分别取出，用毛刷进行清理；⑦每次清选工作结束后，特别是更换种子品种时，必须完全清除机器中残留的种子。首先应关闭风门，启动风机，开大风，充分排出机器内存留的种子；⑧关闭前后风选系统电源，拔掉电源插头，分别取出第一层、第二层、第三层筛片，用刷子清扫堵塞筛孔的种子，清除机器内部残留的籽粒。

（4）注意事项：①根据作物、品种选择合适筛孔尺寸；②在筛孔选择时应符合下述原则：第一层筛应使所有籽粒通过，大杂质留在筛面上；第二层筛应保证绝大多数种子通过；第三层筛一般只允许小杂、碎粒等通过筛孔，好种子留在筛面上；③在筛选过程中要注意风量大小的调节。

(二) 种子重力分选试验台

1. 工作原理

种子重力分选试验台主要利用籽粒本身密度的差异对清选后的各类种子进行分选。工作台面为三角形结构，采用上面为编织网，中间为冲孔铝板,下面为木制导风格结构组成,并且在种子入料位置处铝板冲孔数量较多，通风量较大,便于种子迅速分层;与进料位置相对的直角边是机器的主排料边，从进料相邻的直角边开始,依次为轻杂、混合区、好种子;在主排料边设有多个金属制成的可调挡板,可以根据分选效果,调节各种物料的分布情况；机器工作过程中,较重的籽粒沿着三角形斜边移动，在斜边的远端位置是重杂区，可以根据种子中重杂的比例,适当打开排重杂口,将石子、土粒等分离出去。工作台面的纵向倾角、横向倾角、台面振动频率、底部风机风量等均为可调,满足不同外形尺寸、不同密度种子的分选要求,获得该批种子在密度上所占比例的分布情况,为深入研究种子特性提供基础数据(图 19–2)。

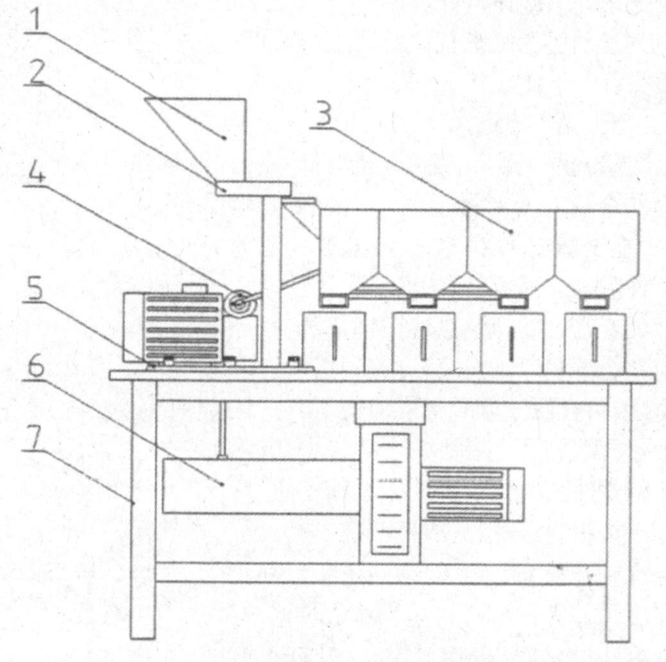

1.贮料斗;2.电磁振动给料器;3.工作台面;4.转动系统
5.控制面板; 6.底部鼓风机;7.机架

图 19–2 种子重力分选试验台

2. 操作规程

(1) 分析原始物料。根据拟加工物料样品粒度的大小,确定合适的工作台面,将其安装在机器上。

(2) 准备工作:①检查电磁振动给料器旋钮是否置于“0”位,将工作台面纵向、横向倾角分别预设于“2”位置;②关闭主排料位置可调挡板,关闭鼓风系统阀门;③检查所有出料口是否都放有盛料斗。

(3) 操作顺序:①将试验物料倒入贮料斗中,调节贮料斗活门上下开度至合适位置后,锁紧螺母;②接通电源,启动工作台面传动电机进行运转,按顺时针方向将台面振动频率调整至 400 次 /min 左右,启动台面底部鼓风机系统,将风门调整至 1/3 位置;③按顺时针方向调节电磁振动给料器旋钮的指针置于“6”位置,调整单位时间内物料的喂入量,使物料均匀平稳地落到工作台面上,观察物料在台面上的分布与运行情况,应保证物料在台面上连续、均匀,物料厚度不超过 20mm;④机器工作过程中,检查台面上轻、重籽粒的分布情况,各排料口排出物料是否符合预期目标。

(4) 注意事项。在分选过程中要注意工作台面振动频率、底部鼓风机风量、台面纵向倾角与横向倾角的调节。

三、种子包衣设备与使用

种子包衣是指利用黏着剂或成膜剂，用特定的种子包衣机,将杀菌剂、杀虫剂、微肥、植物生长调节剂、着色剂或填充剂等非种子材料,包裹在种子外面，以达到种子呈球形或者基本保持原有形状,提高抗逆性、抗病性,加快发芽,促进成苗,增加产量,提高质量的一项种子技术。种子包衣有利于实现种子的标准化、商品化。种子包衣方法主要有机械包衣法和人工包衣法两种，机械包衣法适宜大的种子公司用包衣机进行包衣;简便的人工包衣法有三种,即塑料袋包衣法、大瓶或小铁桶包衣法和圆底大锅包衣法。本实验的目的是以种子包衣试验台为例，介绍种子包衣机的基本结构、工作原理和使用方法。

1. 工作原理

种子包衣试验台利用混合钵内底部转盘的高速旋转，带动钵中物料上下滚动和颗粒之间的相互运动；当向钵中物料上加入一定量预先称重的种衣剂时，就会使种衣剂均匀包覆在颗粒的表面上，形成一定厚度的胶膜并牢固覆在颗粒表面上。根据试验种子不同,可以将药种比设定为1：40~1：200,设定种子在钵内的混合时间和调整混合钵内底部转盘的运行速度等方式,达到理想的包衣效果(图19–3)。

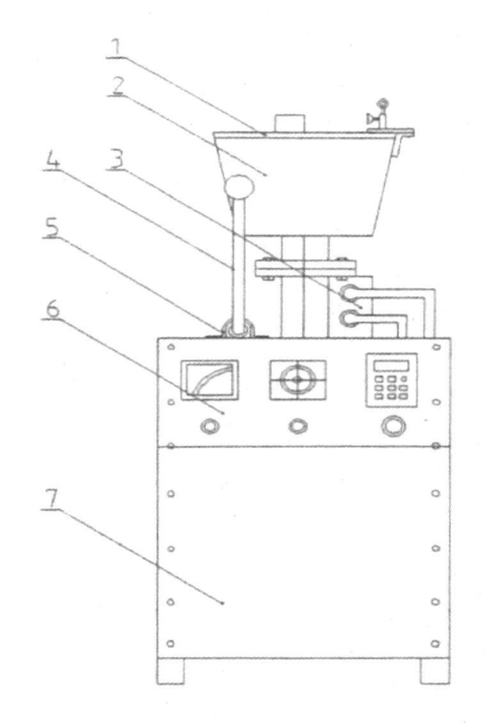

1.混合钵盖;2.混合钵；3.传动系统；4.排料手柄；5.托盘架；6.控制面板；7.支架

图 19–3　种子包衣试验台

2. 操作规程

(1)分析原始物料。根据拟包衣试验物料样品情况和种衣剂要求的药种配比,初步设定转盘运行速度和包衣时间。对于籽粒颗粒较大、外表均匀、光滑的种子,应设定较低的运行速度和较短的包衣时间;对于籽粒颗粒较轻或颗粒表面粗糙的种子,应设定较长的包衣时间。

(2)准备工作:①检查混合钵与传动系统连接是否牢固;②检查混合钵盖处的接触开关是否可靠；③根据试验种子的基本情况,用电子秤称取3份相同重量的种子样品；④按照种衣剂药种配比要求,计算种衣剂用量；⑤用相同规格的量杯,称取三份相同重量的种衣剂。

(3)操作顺序:①通过控制面板设定转盘运行速度和包衣时间;②将一份试验物料倒入混合钵中,盖上混合钵盖,按下启动按钮,使机器运转;③通过混合钵盖上的小孔,将一份预先称量好的种衣剂缓慢、均匀地倒入混合钵中,使种衣剂药液均匀涂覆在种子表面;④混合钵内转盘停止运转后,拉下排料手柄,将钵内种子倒入料斗中;⑤如果对试验结果不满意,可以重新设定转盘运行速度和包衣时间,重复上述试验过程,以便取得最佳的效果;⑥包衣试验结束后,关闭机器电源,拔下电源插头,用湿布将混合钵内外擦拭干净。

(4)注意事项:根据拟包衣试验物料样品情况和种衣剂要求的药种配比,初步设定转盘运行速度和包衣时间。对于籽粒颗粒较大、外表均匀、光滑的种子,应设定较低的运行速度和较短的包衣时间;对于籽粒颗粒较轻或颗粒表面粗糙的种子,应设定较长的包衣时间。

四、玉米种子包衣技术

(一) 材料与设备

1. 材料

玉米种子,种衣剂 19 号。

2. 设备

培养皿,电子天平,托盘天平,移液器,吸头,一次性手套,记号笔,移液管(2mL,L5mL),带塞离心管(10mL),微孔过滤器(0.1μm),721 型分光光度计,比色皿(1cm 厚),具塞三角瓶(250mL),容量瓶(50mL),振荡仪(500+50r/min),超声波清洗器。

3. 试剂

95%乙醇(分析纯)。

(二) 方法步骤

1. 包衣步骤

①将培养皿洗净后晾干;②将培养皿的皿底放置在电子天平上进行称重,然后移去培养皿,将天平的读数归零;③向培养皿的皿底中央加入 0.500g 种衣剂,待天平读数稳定后将培养皿皿底取出放置在合适的位置;④用托盘天平准确称取玉米种子 20.0g,倒入培养皿皿底中,盖上皿盖,用力摇晃约 10 分钟,至种子完全包衣均匀。

2. 种衣剂包衣均匀度的测定

①随机取包衣种子 20 粒,分别置于 10mL带盖离心管中,在每个离心管中,用移液管准确加入 2mL(或 5mL)95%乙醇,加盖、振荡萃取 15 分钟后,静置并离心得到澄清的红色液体;②以 95%乙醇作参比,在 550nm 波长下,测定其吸光度 A(550nm 是以罗丹明 B 为染色剂时的检测波长,如以其他成分为染料,可根据其成分进行波长选择);③结果计算:将测得的 20 个吸光度数据从小到大进行排列,并计算出平均吸光度值为 A。试样包衣均匀度 X(%)按下式计算:$X(\%)=(n/20)\times 100=5n$。式中 n 指测得吸光度 A 在 0.7 ~ 1.3A 范围内的包衣种子数。

3. 种衣剂包衣脱落率的测定

①称取 10g(精确至 0.002g)包衣种子两份,分别置于具塞三角瓶中。一份准确加入 100mL 95%乙醇,加塞置于超声波清洗器中振荡 10 分钟,使种子外层的种衣剂充分溶解。将三角瓶取出静置 10 分钟,取上清液 5mL 于 50mL 容量瓶中,用乙醇稀释至刻度,摇匀得到溶液 A;②将另一份置于振荡器上,振荡 10 分钟后,小心地将种子取至另一三角瓶中,按溶液 A 的处理方法,得到溶液 B;③以 95%乙醇作参比,在 550nm 波长下测定其吸光度(550nm 是以罗丹明 B 为染色剂时的检测波长,如以其他成分为染料,可根据其成分进行波长选择);④结果计算:包衣后脱落率 X(%),按下式计算:

$$X(\%)=[(A_0/m_0-A_1/m_1)/A_0/m_0]\times 100\%=[(A_0-m_0A_1/m_1)/A_0]\times 100\%。$$

式中 m_0——配制溶液 A 所称取包衣后种子的量(g);

M_1——配制溶液 B 所称取包衣后种子的量(g);

A_0——溶液 A 的吸光度;

A_1——溶液 B 的吸光度。

4. 注意事项

①不同的种子用不同的种衣剂进行包衣,并且包衣比例(药种比)不同;②进行包衣均匀度和包衣脱落率两种指标检测时,用分光光度计检测吸光度不同的染色剂,其检测波长不同。

五、作业

(1)简述种子风筛选试验台的基本结构、基本工作原理、使用中的主要调节内容以及对清选质量的影响。

(2)简述种子重力分选试验台的基本结构、基本工作原理、使用中的主要调节内容以及对分选质量的影响。

(3)简述种子包衣试验台的基本结构、基本工作原理和使用方法。

(4)包衣时对种子有什么要求?

(5)在包衣操作过程中有哪些注意事项?

实验20 农作物种子丸粒化技术

一、目的要求

种子丸粒化主要应用于小粒农作物、蔬菜种子及某些不规则种子的处理,如油菜、烟草、胡萝卜、葱类、白菜、牧草、甘蓝、甜菜等的种子。这些种子经过丸粒化后,有利于机械播种,丸粒化物质可以为幼苗生长补充营养元素、防治苗期病虫害等。本实验的目的在于了解丸粒化的基本原理,掌握种子丸粒化的基本操作技术和丸粒化种子质量指标及其检测方法。

二、实验原理

种子丸粒化(seed pelleting)是指利用黏合剂,将杀菌剂、杀虫剂、染料、填充剂等物质黏着在种子表面,并做成外形为丸状的种子单位。经丸粒化后的种子称为丸粒种子(pelleted seed)或种子丸(seed pellet)。丸粒化种子的类型主要有重型丸粒、速生丸粒、扁平丸粒和快裂丸粒四种类型。重型丸粒是在种衣剂中加入各种助剂配料,使种子颗粒加重为种子原始重量的3~50倍。速生丸粒是先对种子催芽而后丸化包衣,以保提前出苗和一次全苗。扁平丸粒即把细小的种子制成较大、较重的扁平丸片,以提高飞播时的准确性和落地的稳定性。快裂丸粒种子在播种后经过较短时间就能自行裂开。

种子丸粒化的工艺流程为:种子精选→种子消毒→种子用黏合剂浸泡→与种衣剂混合→与填充剂搅拌→丸化成型→热风干燥→按粒度筛选分级→质量检验→计量→装袋、缝包。

三、材料用具

1. 材料

(1)种子:经精选加工的油菜、烟草、胡萝卜、葱类、白菜、甘蓝、甜菜等作物种子。

(2)惰性物质:黏土、硅藻土、泥炭、炉灰等。

(3)黏合剂:阿拉伯树胶、聚乙烯醇等。

(4)种衣剂。

2. 设备

(1)丸粒化设备:5ZW-1000种子丸粒化包衣机或者其他型号的丸粒化设备,小型喷雾器,烧杯,筛子,口罩,橡胶手套等。

(2)丸粒化种子的检测用具:扦样器,分样器,螺旋测微尺,白色滤纸,培养皿(直径9cm),细尖玻璃棒,颗粒强度测定仪(灵敏度0.1g),即9.8×10^{-4}N,粮食水分快速测定仪,光照发芽箱,发芽室配套设备,电子秤(3~5kg),电子天平(感量0.01g、0.001g)等。

四、方法步骤

1. 种子丸粒化

(1)材料准备。预先对即将进行丸粒化的种子进行精选,然后对种子进行消毒,再用黏合剂浸湿种子。并将种子丸粒化所需的全部材料准备妥当。

(2)检查种子丸粒化包衣机。先调整控制模式为自动模式,然后设置丸粒化包衣机的相关参数,转速设置为10~31r/min,倾角32°。不同作物种子要求不同,要根据实际情况进行调整。确定机器处于良好的工作状态后方可进行下一步。

(3)输料。将准备好的种子加入圆筒中,并加入一定量的种衣剂。不同作物种子药种配比一般设定在1∶50~1∶100。自动模式下每次喷液、加粉时间在12秒之内(供液量在25mL以内,粉料质量在0.6kg以内),胶悬液采用羧甲基纤维素溶液(羧甲基纤维素∶自来水=1∶50)。最后密封圆筒。

(4)转动圆筒。以10~20r/min的速度转动圆筒,由于摩擦力,种子也随之转动,当转动到一定高度时,种子在重力的作用下脱离筒壁,然后又被带动,如此反复不停地翻转运动,使药液与种子充分混合均匀。

(5)过筛。当种子丸化均匀并达到一定体积时,停止转动,取出种子,并过筛,选取大小、形态一致的丸粒化种子。不同作物丸粒化种子粒径大小要求不一样。一般丸化倍数在3~20。

(6)干燥。对过筛后的丸粒化种子进行自然风干或人工干燥(烘干温度为60℃,烘干时间为30分钟)。使丸粒化种子的外表水分蒸发,便于包装、贮藏、播种等。

2. 丸粒化种子的质量指标及其检测

丸粒化种子的质量指标反映了种子丸粒化技术工艺、配方的科学性。丸粒化种子检测取样按种子检验规程要求进行。主要技术指标有下述几个。

(1)丸粒形状。要求圆形或近圆形,大小适中,表面光滑。用螺旋测微尺测定丸粒化种子样品纵横两个方向的直径,计算平均值,并判断是否符合圆形或近圆形的要求。

(2)整齐度(uniformity degree),即符合标准粒径要求的丸粒化种子重量占包衣种子总试样总重量的百分率。要求整齐度≥98%。

将丸粒化种子样品置于大孔筛子上,筛去过大粒径的丸粒化种子后,再置于相差2个筛目的小筛子上,筛去过小粒径的丸粒化种子,选符合标准粒径的丸粒化种子,称重后按下式计算整齐度,并测定丸粒化种子直径,以判断丸粒化种子是否均匀整齐一致:

整齐度(%)=符合标准粒径的丸粒化种子重量(g)/样品总重量(g)×100%

(3)单子率(single seed rate),即每粒丸粒化种子中有一粒种子的粒数占被检验丸粒化种子总数的百分率。要求单子率≥98%。

(4)有子率(seed pelleted rate),即种子丸粒化后有种子的粒数占被检验丸粒化种子总数的百分率。要求有子率≥98%。

(5)伤子率(seed injure rate),即种子丸粒化后受伤丸粒种子的粒数占被检验丸粒化种子总数的百分率。要求伤子率≤0.5%。

将丸粒化种子均匀地置于培养皿内白色湿润滤纸上5分钟后，用细尖玻璃棒扒开丸粒化粉料，观察每个丸粒化种子内种子的粒数。有种子的就为有子，只有一粒种子的就为单子，种子损伤的就为伤子。有子率、单子率和伤子率按下式进行计算：

有子率(%)=有子粒数／试样总粒数×100%

单子率(%)=单子粒数／试样总粒数×100%

伤子率(%)=伤子粒数／试样总粒数×100%

(6) 单粒抗压强度(single pellet compressive strength)，即平均每粒丸粒化种子所能承受的最大压力。要求单粒抗压强度≥150gf。

每个样品取100粒，用颗粒强度测定仪逐个测定被压碎时的压力。单粒抗压强度按下式计算，以克力(gf)为单位(注：gf为非法定单位，1gf=9.8×10^{-3}N)：

单子抗压强度(gf)=100粒丸化种子所能承受的最大压力之和／100%

(7) 裂解率。即丸粒化种子在水中1分钟内或湿润滤纸上5分钟内吸水崩裂的能力。要求裂解率≥98%。

选用充分晒干的包衣丸化种子，均匀置于培养皿湿润滤纸上，5分钟后观察裂解情况，单子裂解显示为丸粒化种子开裂、松散。裂解率按下式进行计算。

裂解率(%)= 5单子裂解数／试样总粒数×100%

(8) 丸粒化倍数(pelleted rate)，即丸粒化种子粒重与裸种粒重的比值

取裸种及丸粒化种子各1000粒，分别用天平称其重量，重复3次，取其比值作为丸粒化倍数。丸粒化倍数按下式进行计算：

丸粒化倍数 = 丸粒化种子千粒重／未丸粒化种子千粒重

(9) 发芽率测定。按标准发芽试验方法在沙床中进行。

(10) 种子含水量。用快速水分测定仪测定丸化种子含水量。要求种子含水量≤8%。

3. 实验结果

填写丸粒化种子检验结果报告单(表20-1)。

表20-1　丸化种子检验结果报告单　编号

品种名称		提供单位	生产日期
裸种	纯度（%）	净度（%）	发芽率（%）
质量指标	千粒重（g）	含水量（%）	发芽势（%）
	裸种重量（kg）	丸粒化种子重量（kg）	丸粒化倍数
丸粒化种子	有子率（%）	单子率（%）	裂解率（%）
质量标准	千粒重（g）	发芽率（%）	单粒抗压强度（gf）
	丸粒化种子形状	整齐度（%）	
综合评定	合格	不合格	检验日期

检验单位：　检验员：

4. 注意事项

(1) 操作人员必须戴口罩、橡胶手套及穿防护服，以免药剂中毒。同时，在实验过程中不能喝水、吃东西，实验后用肥皂洗净手脸后方能进食。

(2) 在种子丸粒化与应用过程中，对农药、激素等添加剂的使用，要按照国家安全卫生环保

标准,严格控制残留量。农药型种衣剂会污染土壤和造成人畜中毒,应尽量避免使用克菌丹农药型种衣剂。

(3)药剂的准备过程中,其配比一定要适当,不能过多,以免造成出苗后幼苗中毒,同时,药液的混合也要均匀。

(4)在输料的环节中,不能一次性地将所有的种衣剂加入到圆筒中,防止全部加入而混合不均匀,影响丸化质量。

五、作业

(1)种子丸粒化的关键工艺是什么?

(2)简要说明种子丸粒化在生产上的价值。

实验21 作物种子休眠特性的解除

一、目的要求

了解和掌握作物种子解除休眠的方法。

二、内容说明

影响种子发芽和田间出苗的因素除环境因素外,主要是种子休眠和活力两个方面。通过种子处理打破休眠和提高种子活力是保证田间苗全、苗壮的有效措施。本实验主要介绍温度处理、化学处理、破除硬实处理和层积处理等方法。

1. 温度处理

温度处理是一种简单有效的种子处理方法,对于休眠种子,通过温度处理,可以打破休眠、促进种子萌发、杀灭病原菌等。

2. 化学处理

化学处理药剂的种类不同,其作用机制和效果也不同。根据作用机制可分为两大类,一是植物生长调节剂类处理,另一类是微量元素肥料类处理。

3. 破除硬实处理

硬实是指由于种皮不透水而不能吸胀的种子。生产上破除硬实的方法有物理法、机械法、化学法等。针对不同类型的种子,可以选择不同的方法。

4. 层积处理

层积处理即把种子与湿润物混合或分层放置,促进种子在适宜的温湿环境下完成后熟过程,缩短种子萌发时间,是未完成生理后熟或形态后熟的种子常采用的处理方法。层积处理可以软化种皮,增加其透性,可以使种子内含有的抑制物质逐渐消失,使种子新陈代谢总的方向和过程与发芽相一致,种子的生命活动向有利于发芽的方向发展。根据层积处理温度的不同,可以将其分为低温层积(0℃~10℃)、变温层积(5℃~15℃)和高温层积(10℃以上)。

三、材料用具

1. 材料

小麦、水稻、棉花、莴苣、甘草、人参、紫云英等新收种子。

2. 仪器设备

人工气候箱，发芽盒，发芽纸，沙，0 号砂纸，木箱，培养皿。

3. 试剂

硫酸，赤霉素（100mg/L），多菌灵。

四、方法步骤

1. 温度处理

（1）高温处理：取刚收获的水稻种子 400 粒，装在发芽盒内置于 45℃人工气候箱内 6 天，取出后用发芽盒进行发芽实验，每盒 100 粒，4 次重复。同时设对照，计算种子发芽率和发芽势，比较处理和对照结果。

（2）低温处理

取刚收获的冬性小麦种子 400 粒，置于沙床，重复 4 次，置于 5℃人工气候箱内 7 天，20℃条件下发芽，同时设对照，4 天、8 天调查计算发芽势、发芽率。

2. 化学处理

取刚采收的莴苣种子 400 粒 3 份，处理 1 为纸床暗发芽，处理 2 为纸床光照条件下发芽，处理 3 为 100mg/L 赤霉素（GA3）浸纸床发芽。置于同样温度条件下发芽，4 天、7 天调查计算发芽势、发芽率。

赤霉素（GA3）处理：燕麦、大麦、黑麦和小麦种子用 0.05%（m/V）GA3 溶液湿润发芽床。当休眠较浅时用 0.02（m/V）浓度，当休眠深时须用 0.1%（m/V）浓度。芸薹属可用 0.01%或 0.02%（m/V）浓度的溶液。

双氧水处理：可用于小麦、大麦和水稻休眠种子的处理。用浓双氧水[29%（V/V）]处理时：小麦浸种 5 分钟，大麦浸种 10～20 分钟，水稻浸种 2 小时。用淡双氧水处理时，小麦用 1%（V/V）浓度，大麦用 1.5%（V/V）浓度，水稻用 3%（V/V）浓度，均浸种 24 小时。用浓双氧水处理后，须马上用吸水纸吸去沾在种子上的双氧水，再置床发芽。

3. 破除硬实处理

（1）种子硬实率计算：取新采收的甘草种子 400 粒或紫云英种子 200 粒，分别置于发芽盒中，2 次重复；加适量水置于 25℃人工气候箱中，24 小时后取出，统计吸胀种子与未吸胀种子数，计算硬实率。

（2）机械破除硬实处理：取新收甘草种子或紫云英种子，用 0 号砂纸擦种子表面，产生划痕，分别取 400 粒种子，采取纸床发芽，每盒 100 粒，4 次重复，同时取未处理种子作对照。发芽温度为 25℃，4 天、7 天计算发芽势、发芽率。豆科硬实可用针直接刺入子叶部分，也可用刀片切去部分子叶。

（3）硫酸处理：取新采收的甘草或棉花种子分别置于 3 个培养皿中，每个培养皿 400（甘草）或 100（棉花）粒种子，分别用适量的浓硫酸（种子质量：硫酸质量＝1：5～1：10）处理 0 小时、2 小时、4 小时，处理后用自来水将种子冲洗干净，分别置于纸床，每重复 100 粒，4 次重复，发芽温度为 25℃。计算发芽势和发芽率。

（4）层积处理：取新采收的人参种子浸种，用多菌灵消毒后与3倍的细沙（含水量20%）混匀。先在处理木箱底部铺上10cm厚沙子，将沙、种混合物均匀铺在上面，然后上面再铺10～15cm厚沙子。控制温度（18℃～20℃），每隔15天倒一次种，直到裂口。

4．注意事项

（1）机械或硫酸破除硬实时应注意保持种子的完整性，如果造成机械损伤或化学灼伤会影响种子活力，在发芽试验中造成种子腐烂。

（2）进行种子层积的过程可通过倒种来调节层积种子环境水分，同时检查种子是否霉变腐烂，对于不同的层积介质，其含水量不同。

（3）硫酸处理棉花种子：硫酸脱绒的基本程序是先将工业用硫酸（比重1.8），在砂锅中加热至100℃～120℃，按棉子1kg加硫酸100mL的比例，将浓硫酸倒入已晒过的棉子上，宜在陶瓷缸中进行迅速搅拌，至短绒发黑发黏，短绒脱尽，即捞出用清水反复冲洗，至水色不发黄，种子不带酸味为止，随即晒干贮藏，或进行药剂拌种处理。此外，棉花种子亦可采用温汤浸种的办法。未脱绒的棉子温汤浸种(定温时浸种)主要作用是杀灭种子内外的病菌，同时促进种子吸水，使出苗快、出苗齐，减少苗病，通常按三开一凉对好温水（约70℃），然后按1kg种子对温水2.5kg的比例，将种子放入，迅速搅拌，水温很快下降至55℃～60℃，继续搅动直至水不烫手，再浸3～4小时，捞出沥干，再拌药播种。

五、作业

（1）硬实种子的处理有哪些方法？

（2）种子层积处理应注意哪些问题？

（3）硬实种子的活力与硬实程度是否存在对应关系？

实验22　种子物理特性测定

一、目的要求

种子的物理特性是种子本身固有的特性，与种子加工和贮藏关系密切。本实验的目的是通过对种子静止角、自流角、密度、孔隙度、比重和千粒重等物理特性的测定，加深对种子物理特性一些概念的理解，掌握种子物理特性的测定方法，进一步了解各种物理特性在种子加工与贮藏中的实际应用。

二、实验原理

种子的形状、表面光滑程度、含水量高低及含杂量都影响种子的散落性；圆形、光滑、含水量低、含杂少的种子，其滚动摩擦力小，散落性好，种子的静止角和自流角小。反之，种子的散落性差，其静止角和自流角就大。根据种子的散落性来测定种子的静止角和自流角。

种子完全浸没在液体中时会占据一定体积，依种子占有的绝对体积和种子的绝对重量测定种子的比重。利用容重器精确测定1L种子的重量，作为种子的容重。

用比重较轻的液体或水充满种堆的孔隙，根据所用的液体量计算种堆的孔隙度和密度。

三、材料用具

1. 材料

小麦种子，玉米种子，水稻种子，大豆种子。

2. 设备

数种板，小刮板，镊子，样品盘，天平（0.001g、0.01g、0.1g），玻璃缸，量筒（50mL、100mL），量角器，长木板，玻璃板，比重瓶（50mL、25mL），HGT-1000A 型容重器。

3. 试剂

乙醇，二甲苯（由于二甲苯有毒，实验中可用 50%的乙醇代替）。

四、方法步骤

1. 静止角的测定（玻璃缸法）

将正方形透明玻璃缸放在桌面上，倒入种子并摊平，以达容积的 1/3 为宜。

把玻璃缸内的种子平整后，慢慢地将玻璃缸倒向桌面，使缸内种子形成一个斜面，用量角器测量斜面与水平面所成的夹角。重复 3 次，求其平均值，作为该批种子的静止角。

2. 自流角的测定

（1）取 10g 种子置于长木板一端并摊平。

（2）将木板有种子的一端慢慢抬起，当种子沿木板开始滚动时，测定木板与水平面所成的夹角，作为始角。

（3）将木板继续抬起，当绝大多数种子滚落完时，测量木板与水平面所成夹角，作为终角。

（4）始角与终角范围内的幅度为自流角，表示为始角 ~ 终角。

（5）重复 3 次，取平均值，作为该批种子在木板上的自流角。

（6）用玻璃板按同样的方法做上述实验，即为种子在玻璃板上的自流角。

3. 密度与孔隙度的测定

（1）将 50g 左右的种子，倒入有精细刻度的 100 mL量筒中，并使种面与刻度相平，记下种子在量筒内的体积（V_1）。

（2）取另一个有精细刻度的 50 mL量筒，倒入 50 mL的乙醇。

（3）将量筒内的乙醇慢慢地倒入盛种子的量筒中，至液面与种面相平为止，并计算倒入乙醇的数量（V_2）。

（4）计算孔隙度和密度

孔隙度 =（V_2/V_1）× 100%；

密度 =100%−孔隙度。

4. 比重的测定

（1）量筒法：配制 50% 的乙醇 50 mL左右，倒入有精细刻度的 100 mL量筒内，记录体积 V_1。用电子天平准确称取 30g 种子（W），倒入有乙醇的量筒内，记录体积 V_2。计算种子的体积和比重：

种子的体积 $V=V_2-V_1$；

种子的比重 =W/V。

（2）比重瓶法：准确称取种子 3.000 ~ 5.000g（W_1）。用二甲苯装满 50mL的比重瓶，盖瓶塞，用吸水纸吸去溢出的二甲苯，准确称重（W_2）。倒出少部分二甲苯，倒入已经称好的种子，盖好瓶塞，再用吸水纸吸干溢在瓶外的二甲苯，迅速称重（W_3）。按下列公式求出种子的比重。

种子比重 =（W_1+G）/（W_2+W_1−W_3）

式中，G 为二甲苯的比重，在 15℃时为 0.863。

5. 容重的测定

（1）测定容重前，必须将种子样品去除大杂和小杂，并通过分样器 3 次，充分混合。

（2）安装容重器的重量计量系统。将天平支柱安装在收件箱的立柱座上，随即将支架装于立柱上，拧紧螺母，并将秤杆放在天平支架上。

（3）将放有排气锤的容量筒挂在吊环上，将大小游砣移到“0”点处，调平衡。取下容量筒，并取出筒内的排气锤，将容量筒装入容量器操作底板的筒座，插入插片，将排气锤放在插片上，再将中间筒套上。将种子倒入谷物筒中，直至离筒口约 1cm 处。再将谷物筒套在中间筒上，轻按扣板，使种子下落至中间筒。左手握住容量筒，右手迅速抽出插片，排气锤下落到容量筒的底部，将空气排出，种子随之均匀落入容量筒中，将插片迅速平稳地插入。取下谷物筒，将中间筒连同容量筒一起从筒座上取下，用手按住插片，倒出多余的种子，然后取下中间筒，并倒出残留在插片上的少量种子，取出插片。将容量筒挂到天平吊环上，测定容重，精确度 0.5g。2 次重复，重复间允许差距为 3g，求平均值。如超过 3g，测定第 3 次。

6. 千粒重的测定

测定千粒重前，必须将种子样品去除大杂和小杂，并通过分样器 3 次，充分混合。

（1）千粒法：随机数取 2 份种子，特大粒种子每份 100 粒，大粒种子每份 500 粒，中小粒种子每份 1000 粒。称重后折算成千粒重。两次重复间允许差距不超过 5%，超过时，应做第 3 次重复，取差距不超过 5%的 2 份试样的平均值作为测定结果。

（2）百粒法：随机数取试样 100 粒，8 次重复，称重后折算成千粒重。称重后计算方差、标准差及变异系数，带有稃壳的禾本科种子的变异系数不超过 6.0，其他种子的变异系数不超过 4.0，8 个重复折算的千粒重的平均值作为测定结果。如果变异系数超过上述规定，重数 8 个重复，称重，计算 16 个重复的标准差，凡与平均数之差超过 2 倍标准差的各重复略去不计，以 8 个或 8 个以上重复所测定的千粒重的平均值作为测定结果。

（3）重量法：对极小粒种子，可采用重量法进行。称取 10 g 种子，然后计数，再换算成种子的千粒重。

（4）标准水分种子千粒重的计算：由于不同种子之间含水量存在差异，为了更准确地比较不同批种子之间的千粒重差异，必须将实测的种子千粒重换算成规定水分的千粒重。换算公式为：

种子千粒重（规定水分，g）= 实测种子千粒重 ×（1− 实测水分百分含量）/（1− 规定水分百分含量）。

7. 注意事项

（1）在测定容重时，种子落入容量筒后，在插片未插入前仪器不能有任何震动。如插片抽插不顺畅，受到阻力或震动，应重新测定。

（2）种子千粒重称重的精确度，因种子大小不同而不同，大粒种子用感量 0.1 g 的天平，中小粒种子用感量 0.01g 的天平称重。

五、作业

（1）根据测定的种子静止角和自流角，计算种子对仓壁的侧压力。

（2）种子含水量与比重和容重有何关系？

实验 23　转基因作物品种的鉴定：定性 PCR 鉴定法

一、目的要求

掌握定性 PCR 方法鉴定转基因作物技术的原理与方法。

二、实验原理

国内外商业化转基因作物中普遍使用一些通用调控元件 CaMV35S 启动子、FMV35S 启动子、NOS 启动子、NOS 终止子和 CaMV 35S 终止子，及筛选标记基因 NPTII、HPT 和 PMI 等作为转基因载体构建的基本成分。鉴定转基因作物时，可以根据这些通用元件或基因设计特异性引物，对试样进行 PCR 扩增。依据是否扩增获得预期的 DNA 片段，及扩增片段回收测序后序列信息，判断测试样品中是否含有调控元件 CaMV35S 启动子、FMV35S 启动子、NOS 启动子、NOS 终止子和 CaMV 35S 终止子，及筛选标记基因 NPTII、HPT 和 PMI 等外源调控元件或标记基因成分，进而确定待测样品是否为转基因作物。

三、材料用具

1. 材料

转基因水稻、油菜等作物叶片，非转基因受体亲本，转基因调控元件 DNA 对照样品。

2. 试剂

(1) DNA 提取试剂：

CTAB DNA 提取液：含 100mM/L Tris-HCl (pH 8.0)、20mM/EDTA、1.4M/L NaCl、2%(m/V) CTAB。

TE 缓冲液(pH 8.0)：含 10mM/L Tris、1mM EDTA，pH 8.0。

氯仿:异戊醇(24∶1)溶液，异丙醇，无水乙醇，70%乙醇，1 μg/mL RNase，醋酸钠。

(2)PCR 试剂：

引物母液、引物工作液、dNTPs、Taq 酶、MgCl2、DNA 载样缓冲液、DNA 分子量标准样品(试剂公司购买，按使用说明书配制使用)。

(3) 凝胶电泳试剂：

50×TAE 缓冲液：称取 242.2g Tris 溶于 300mL蒸馏水(dH_2O)，加 100mL EDTA 溶液(pH 5.4)，用冰乙酸调 pH 值至 8.0，然后定容至 1000mL，室温储存备用。

加样缓冲液，琼脂糖，溴化乙铵(EB)。

(4) PCR 产物回收试剂盒(从试剂公司购买)。

3. 仪器

高压灭菌锅，离心机，PCR 仪，水平电泳槽，凝胶成像仪，电子天平，电泳仪，微波炉，移液器(2 μL、10 μL、100 μL、1000 μL)，吸头(10 μL、100 μL、1000 μL)，离心管架(板)，离心管等。

四、方法步骤

1. 取样

分别剪取转基因作物品种、原始受体品种(非转基因)叶片 2 份,每份 0.5g,液氮速冻后,放置 -80℃冰箱保存备用。

2. DNA 提取(CTAB 法)

(1) 称取待测样品 0.1g,放于 1.5mL离心管中,加入适量液氮速冻后,用研磨棒磨碎。

(2) 加入 600μL 65℃ 预热的 2% CTAB 提取缓冲液,充分搅动,混匀。

(3) 将样品置于 65℃水浴槽或恒温箱中 30 分钟,每隔 5 分钟颠倒混匀一次。

(4) 取出样品,冷却 2 分钟后,加入 600μL 氯仿 - 异戊醇(24∶1),振荡 2~3 分钟,使样品充分混匀。

(5) 室温条件下,10000 rpm 离心 10 分钟后,轻轻吸取上清液,置于新的离心管中。

(6) 向含有上清液的离心管中,加入 600μL异丙醇,轻轻地上下摇动 30 秒,使异丙醇与水层充分混合至能见到 DNA 絮状物。

(7) 室温条件下,10000 rpm 离心 10 分钟后,立即倒掉液体,注意勿将白色 DNA 沉淀倒出,将离心管倒立于铺开的纸巾上 60 秒。

(8) 向含 DNA 沉淀的离心管中,加入 600μL的 75%乙醇及 80μL 5M 的醋酸钠,轻轻转动,用手指弹管尖,使沉淀于管底的 DNA 块状物浮游于液体中。

(9) 放置 10 分钟,使 DNA 块状物的不纯物溶解。

(10) 室温条件下,10000 rpm 离心 1 分钟后, 倒掉液体, 再加入 600 mL 70%的乙醇,将 DNA 再洗 10 分钟。

(11) 室温条件下,10000 rpm 离心 30 秒后,立即倒掉液体,将离心管倒立于铺开的纸巾上,直至 DNA 干燥(可自然风干或通风橱吹干)。

(12) 加入 50μL 0.5 × TE(含 RNase)缓冲液,使 DNA 溶解,置于 37℃恒温箱约 1 小时,使 RNA 消解。

(13) 检测 DNA 质量和浓度后,将 DNA 样品置于 -20℃保存备用。

3. 引物选择

通用元件引物选用农业行业标准 NY/B 1782—2 2012、NY/B 1782—2 2012 所提供引物,详见表 23-1。

4. 试样 PCR 反应

PCR 反应体系制备:PCR 反应体系配制按照下表进行配备,每个样品进行 3 次重复实验。

PCR 反应程序:94℃预变性 5 分钟;94℃变性 30 秒,60℃退火 30 秒,72℃延伸 30 秒,进行 35 个循环,再 72℃延伸 7 分钟,16℃保存(表 23-2)。

5. 对照 PCR 反应

在试样 PCR 反应同时,设置阴性对照、阳性对照和空白对照,以所检测植物非转基因材料 DNA 为阴性对照;以含有对应调控元件的 DNA 作为阳性对照;以水作为空白对照。其他成分根据 PCR 反应体系进行相应配制。每个对照设置 3 次重复。

6. PCR 产物电泳检测

用 1×TAE 缓冲液配制 2%(g/V)琼脂糖溶液,每 100mL 溶液加 5μL EB,混匀后,稍微冷却,倒于电泳板内,插上梳子。冷凝至室温后,放于含 1×TAE 缓冲液电泳槽内,拔掉梳子。取

12μL PCR 产物，加 3μL加样缓冲液，混匀后，点样进凝胶梳孔，同时向其中一孔加进 DNA 分子量标准，接通电源，在 2～5V/cm 电压下电泳检测。

7. 凝胶成像分析

电泳结束后，取出琼脂糖凝胶，放于凝胶成像仪上成像。然后根据 DNA 分子量标准，估计扩增条带大小，记录数据，根据通用元件阳性对照，判断试样扩增产物大小是否和对照一致，初步判定是否为转基因作物。若需确定扩增产物是否是目的 DNA 片段，需进行进一步测序分析。

表 23-1　通用元件引物表

调控元件/基因	引物名称	引物序列（5'→3'）	产物大小
CaMV 35S启动子	35S-F1	GCTCCTACAAATGCCATCATTGC	195bp
	35S-R1	GATAGTGGGATTGTGCGTCATCCC	
CaMV 35S终止子	FMV35S-F1	AAGACATCCACCGAAGACTTA	210bp
	FMV35S-R1	AGGACAGCTCTTTTCCACGTT	
FMV 35S启动子	T35S-F1	GTTTCGCTCATGTGTTGAGC	121bp
	T35S-R1	GGGGATCTGGATTTTAGTACTG	
NOS启动子	PNOS-F1	GCCGTTTTACGTTTGGAACTG	183bp
	PNOS-R1	TTATGGAACGTCAGTGGAGC	
NOS终止子	NOS-F1	GAATCCTGTTGCCGGTCTTG	180bp
	NOS-R1	TTATCCTAGTTTGCGCGCTA	
NPTⅡ标记基因	NptF68	ACTGGGCACAACAGACAATCG	289bp
	NptR356	GCATCAGCCATGATGGATACTTT	
HPT标记基因	HptF226	GAAGTGCTTGACATTGGGGAGT	472bp
	HptR697	AGATGTTGGCGACCTCGTATT	
PMI标记基因	PmiF43	AGCAAAACGGCGTTGACTGA	261bp
	PmiR303	GTTTGGATGAACCTGAATGGAGA	

表 23-2　PCR 反应体系

试剂成分（浓度）	终浓度	加入体积
10×Buffer（free $MgCl_2$）	1×	2.5μL
$MgCl_2$（25mM）	1.5mM/L	1.5μL
dNTP（2.5mM）	各 0.2mM/L	2.0μL
Taq （5μ/μL）	0.025U/μL	0.02μL
正反向 Primer（10μmol/L）	0.4μM/L	1.0μL
正反向 Primer（1μmol/L）	0.4μM/L	1.0μL
DNA（10ng/μL）	1ng/μL	2.0μL
ddH_2O		总体积-其他成分体积
总体积		25.0μL

8. PCR 产物回收

利用 PCR 产物回收试剂盒回收,PCR 扩增条带产物,使用根据试剂盒说用。

9. PCR 产物测序验证

将回收 PCR 产物克隆后测序,与对应调控元件序列进行比对,确定 PCR 产物条带是否为目的条带。

10. 数据分析

首先根据 PCR 产物条带大小是否与调控元件阳性对照条带大小一致,初步判定是否含转基因成分。再根据 PCR 产物测序结果,分析产物条带序列是否与目的调控元件序列一致,来确定检测样品是否为转基因作物。

五、作业

(1) 定性 PCR 法鉴定转基因作物的原理是什么?具体鉴定程序有哪些?

(2) 除了定性 PCR 法鉴定转基因作物外,还有哪些方法可以鉴定转基因作物?

实验 24 杂交种子纯度快速分子鉴定:SSR 标记鉴定法

一、目的要求

掌握 SSR 分子标记鉴定杂交种子纯度技术的原理与方法。

二、实验原理

简单重复序列 SSR(Simple Sequence Repeat)的重复次数在不同作物品种中存在差异,这种差异可通过设计引物进行 PCR 扩增及电泳检测的方法检测出来。杂交种子是由两个具有不同遗传组成的自交系,或者不育系与恢复系杂交所产生,因此,可以通过利用自交系间,或者不育系与恢复系间具有遗传多态性的 SSR 标记,来检测杂交种子的纯度。若 PCR 扩增条带为双亲的杂合带型,表明种子为真杂交种子;若条带为双亲之一带型、其他不同的带型或者无条带,表明种子为假杂交种子。根据检测样品中含双亲杂合带型的种子数和不同带型的种子数量,可算出杂交种子纯度。

三、材料用具

1. 材料

若干杂交水稻组合种子和各杂交组合双亲种子。

2. 试剂

(1) DNA 提取试剂:①SDS DNA 提取液:含 100mMTris-HCl(pH 8.0)、50mM EDTA(pH 8.0)、500mM NaCl、1.25% SDS;②TE 缓冲液(pH 8.0):加 5mL 1M 的 Tris-HCl(pH 8.0)、1mL 0.5M 的 EDTA(pH 8.0)、加 ddH_2O 定容至 500mL;③氯仿:异戊醇(24 : 1)溶液、无水乙醇、70%乙醇、异丙醇。

（2）PCR 反应试剂：①引物母液：用 ddH_2O 稀释引物至 100pmol/μL母液，例如原装引物为 28.6nmol,溶解时加入 286μLTE，即成 100pmol/μL的引物母液，放 -20℃冰箱贮存备用；②引物工作液：将引物母液用 ddH_2O 稀释为 2pmol/μL，例如配制 200μL引物工作液，先分别向离心管中加 4μL正、反向引物，然后加 192μL ddH_2O 定容，放 -20℃冰箱贮存备用，常用时可于 4℃存放；③dNTP、Taq 酶、$MgCl_2$、DNA 载样缓冲液、DNA 分子量标准样品（试剂公司购买，按使用说明书配制使用）。

（3）聚丙烯酰胺凝胶配制试剂：①40%丙烯酰胺：称取 380g 丙烯酰胺、20g 甲叉丙烯酰胺溶于 ddH_2O，定容至 1000mL，配后放于 4℃冰箱中贮存（小心不要与其他东西接触，有毒！）；②10%过硫酸铵：称取 10g 过硫酸铵溶于 100mL ddH_2O，用 1.5mL离心管分装，贮存于 -20℃冰箱，现取现用；③10×TBE 缓冲液：称取 108g Tris-HCl、55g 硼酸和加入 40mL 0.5mol/L EDTA(pH 8.0)溶于 ddH_2O，定容至 1000mL；④TEMD 用购买原液；⑤载样指示剂：称取 0.125g 溴酚蓝。0.125g 二甲苯青(蓝)、20g 蔗糖溶于 50mL ddH_2O，分装成 1.5mL小管，放于室温或者 4℃冰箱备用。

（4）银染试剂：①固定液：加入 10mL乙醇，0.5mL冰乙酸、89.5mL ddH_2O，现配现用；②0.2% $AgNO_3$ 溶液：称取 0.2g 硝酸银溶于 100mL ddH_2O 中，现配现用；③0.002% 硫代硫酸钠溶液：配置 10%硫代硫酸钠溶液 100mL，常温放置，使用时向 100mL漂洗液中加 20μL贮备液即可；④显色液：称取 1.5g NaOH 溶于 100mL ddH_2O 中，加 1mL甲醛，现配现用。

3. 仪器和耗材

PCR 仪，垂直电泳槽，凝胶成像仪，电子天平，电泳仪，脱色摇床，微波炉，移液器（2μL、10μL、100μL、1000μL），洗头盒，吸头（10μL、100μL、1000μL）、胶梳子，离心管架（板），镊子，刀片等。

四、方法步骤

1. 样品准备

（1）种子准备：按照《农作物种子检验规程》(GB/T 3543.4—1995)要求，每个样品随机取 220 粒种子，用于种子 DNA 提取。

（2）种子发芽：按照《农作物种子检验规程》(GB/T 3543.4—1995)要求，每个样品随机取 220 粒种子，放置于发芽床，在温度 30℃、光照 750Lx 和湿度 75%条件下，发芽 7~10 天，剪取叶片用于叶片 DNA 提取。

2. DNA 提取

（1）方法一：种子或叶片 DNA 提取(SDS 提取法)。①从同一品种中随机选取 192 粒种子，去壳后，放置于 192 个离心管中。或者发芽后，剪取 2~3cm 长叶片，放置于离心管中；②向种子离心管中加 400μL DNA 提取液，浸泡 24 小时，或者加 600μL DNA 提取液于叶片离心管中；③利用筷子或研磨棒研磨米粒，充分磨碎后，再加 500μL DNA 提取液，或者磨碎叶片（叶片也可先磨碎，再加入 600μL DNA 提取液），混匀后，冰上静置 10 分钟；④室温下，12000rpm 离心 15 分钟后，取 500μL上清液加入新离心管中，并分别加入 500μL 氯仿 - 异戊醇(24∶1)，振荡混匀；⑤室温下，12000rpm 离心 5 分钟后，转移 400μL上清液于新离心管中，再加入 800μL -20℃预冷的异丙醇沉淀 DNA；⑥室温下，12000rpm 离心 10 分钟后，弃上清液。再加入 700μL 70%乙醇洗涤，12000rpm 离心 5 分钟后，将乙醇倒净，自然干燥；⑦向干燥沉淀 DNA 管中，加入 50μL TE(pH 8.0)溶解 DNA，检测质量和浓度。放置 -20℃保存备用。

（2）方法二：幼苗叶片 DNA 快速提取：①取正常发芽的 192 棵水稻幼苗，剪取中间粗壮部分 1～2cm，用镊子放入 96 孔 PCR 板的孔中；②每孔加入 40μL 0.25mol/L NaOH，沸水中煮 30 秒；③每孔加入 40μL 0.25mol/L HCl，20 μL 0.25mol/L Tris (pH 8.0) 混合液；④沸水中煮沸 2 分钟，取 1μL用于 PCR 扩增。

3. PCR 扩增反应

（1）引物选择

先选取Ⅰ组引物对各杂交种子双亲进行多态性筛选，若未能筛选到区分双亲的引物，再依次选用Ⅱ、Ⅲ、Ⅳ组引物，直至筛选到能够区分杂交种子双亲的引物。

（2）SSR 反应体系配备：总体系 10μL，具体配置见表 24-1。

表 24-1 **PCR 反应体系配备**

试剂成分（浓度）	终浓度	加入体积
10×Buffer（free $MgCl_2$）	1	1.0μL
$MgCl_2$（25mM）	1.5mM/L	0.6μL
dNTP（2.5mM）	各 0.2mM/L	0.2μL
Taq （5u/μL）	0.025U/μL	0.1μL
正反向 Primer（2pmol/μL）	各 0.4uM/L	0.7μL
DNA（10ng/μL）	1ng/μL	1.0μL
ddH_2O		6.4μL
总体积		10.0μL

（3）PCR 反应条件

PCR 反应程序：94℃预变性 4 分钟；94℃变性 30 秒，50℃～67℃（根据“实验十三”附录中引物设定退火温度）退火 30 秒，72℃延伸 1 分钟，30 个循环，再 72℃延伸 8 分钟，16℃保存。

4. 聚丙烯酰胺凝胶电泳检测

（1）8%聚丙烯酰胺凝胶配备：配备方法按表 24-2 方案进行。每块胶板需 15～20mL，每槽含 2 块胶板，需约 35mL。

表 24-2 **8%聚丙烯酰胺凝胶配备**

总体积（ML）	10	20	30	40	50	60	70	80	90	100
ddH_2O	7	14	21	28	35	42	49	56	63	70
10×TBE	1	2	3	4	5	6	7	8	9	10
40%丙烯酰胺	2	4	6	8	10	12	14	16	18	20
TEMED(μL)	10	20	30	40	50	60	70	80	90	100
10%AP(μL)	100	200	300	400	500	600	700	800	900	1000

（2）电泳：从 PCR 仪中取出 PCR 产物后，每管中入 2μL 载样指示剂，与 PCR 产物充分混匀。然后吸取 2μL 混合液加入聚丙烯酰胺凝胶孔中。以 50bp 梯度的 DNA 分子量标准样品为对照，以 0.5×TBE 溶液为电泳缓冲液，150V 恒压电泳 1.5～2 小时。

（3）银染显色：① 固定：电泳结束后，将胶置于 100 mL 固定液中 (10% 无水乙醇，0.5% 冰乙酸)，在脱色摇床上缓慢摇动 6 分钟，重复 2 次；② 银染：倒去固定液，加入 100 mL 0.2% $AgNO_3$ 溶液，在脱色摇床上缓慢摇动 12 分钟；③ 清洗：倒去 $AgNO_3$ 溶液，用 100 mL ddH_2O 清洗 2 次，每次 30 秒;④ 降低背景:加入 0.002%硫代硫酸钠溶液 100mL,在脱色摇床上缓慢摇动约 30 秒后倒去;⑤ 显色:加入 100mL显色液(1.5% 氢氧化钠, 0.4% 甲醛),在脱色摇床上缓慢摇动,直到肉眼看到清晰的 DNA 条带;⑥ 冲洗:用清水(自来水)将胶清洗数次;⑦ 包胶贮存:用保鲜膜将胶包住,标注日期、引物以及顺序,以备查用。

5. 数据记录与分析

根据读胶上条带记录每颗种子带型,计算种子纯度。种子纯度(%)= 双亲杂合带型种子数 / 检测种子总数 × 100%。

6. 注意事项

筛选双亲多态引物时,最好选用双亲都能扩增出条带的共显性标记。因为若选用只能扩增双亲之一的显性标记,再鉴定杂交种子时,只能通过一条带型判断亲本之一,但不能清楚地区分另一个未能扩增条带出来的亲本是否存在。

五、作业

(1) SSR 标记法鉴定杂交种子纯度的依据是什么?

(2) 怎样通过 SSR 标记法鉴定杂交种子纯度?

实验 25　农作物品种纯度田间检验

一、目的要求

学习品种纯度田间检验原则、程序和要求,初步掌握主要农作物品种纯度田间检验技术。

二、内容说明

品种纯度是指品种在形态特征、生理特性方面典型一致的程度,即供检样品中本品种植株(穗)数占供检该作物样品总株(穗)数的百分率。它是种子质量的重要指标之一,是评定种子等级的主要依据。品种纯度检验分田间检验和室内检验,田间检验以品种纯度为主,同时检验异作物、异品种、杂草、病虫感染率、作物生长发育情况等。田间检验是以作物植株高度,叶片、穗部、芒、籽粒、护颖的形状和颜色,以及成熟迟早等差异为依据,进行分析鉴定。

三、材料用具

1. 材料

主要农作物良种繁育的种子田。

2. 用具

计算器,放大镜,米尺,铅笔,记载本和剪刀等。

四、方法步骤

(一) 了解田间检验时期和次数

田间品种纯度检验时期,以品种特征、特性表现最明显的时期为宜。

(1)生产或繁殖常规种的种子田。①玉米(包括常规种、自交系):一般检查2次。第一次在开花前检查隔离条件和杂株;第二次在开花期检查杂株和杂株散粉株。②水稻和高粱(包括常规种、不育系、恢复系、保持系):一般检查2次。第一次在开花前检查隔离条件和杂株;第二次在开花前检查杂株。③小麦和大麦:一般检查2次。第一次在开花前检查隔离条件和杂株;第二次在开花期检查杂株。④大豆:一般检查2次。第一次在开花前生长期(约10cm高);第二次在开花期,果荚形成前。

(2)生产杂交种的种子田。①玉米:一般检查5次。第一次检查隔离条件和杂株;在开花期间即在母本有5%花丝抽出后至萎缩前检查3次;在成熟期检查1次。②水稻:一般检查3次。第一次苗期至始穗期前检查隔离条件和杂株;第二次在花期;第三次为成熟期。苗期检验结果供定级参考用,花期、成熟期的检验结果作为定级依据。如3次结果不同,要按最低的一次检验结果定级。

(二)掌握主要农作物品种鉴定的主要特征特性

检验品种纯度,首先必须掌握被检品种的性状,才能正确鉴别出本品种和异品种。鉴定品种纯度的性状因作物而异,主要作物品种鉴定的主要性状见相关参考书:主要农作物品种鉴定的主要时期及特征特性。

(三)田间检验程序

(1)在掌握被检验品种的主要性状后,还应全面了解和证实以下内容:供检品种的田块面积、种子来源、繁殖世代、种子田(包括生产田)位置、田块编号、面积、上代纯度、良种繁殖田的前作及繁殖技术等情况。为了证实品种的真实性,有必要检查标签以了解种子来源的详情。

(2)检查隔离情况:依据种子田和周边田块的分布图,围绕种子田外围行走,检查隔离情况。隔离距离检查应涉及与周围田块的其他作物(特别是异花授粉作物)、自生苗或杂草的污染距离、收获期间机械混杂以及已受传病害感染的其他田块的隔离距离(表25-1)。如果隔离距离达不到标准规定的要求,必须在开花前全部或部分铲除污染花粉源,使该田块符合要求,或淘汰达不到隔离条件的部分田块。

表25-1 种子田的隔离要求

作物及类别		空间隔离(m)
水稻	常规种、保持系、恢复系	20~50
	不育系	500~700
	制种田	200(籼),500(粳)
玉米	自交系	500
	制种田	300
小麦	常规种	25
棉花	常规种	25
大豆	常规种	2
西瓜	杂交种	—
油菜	原种	800
	杂交种	

(3)划分检验区和选择代表田:了解情况后,在田块多、面积大的情况下,凡同一品种同一良种繁育地段,田块连片,其种子来源、繁殖世代、繁殖技术相同的田块可划成一个检验区。样

区的大小和模式取决于被检种、田块大小、行播或撒播、自交或异交，以及种子生产的地理位置等因素。但每个检验区的面积不得超过 500 亩（1 亩 =667m^2）。在划定的检验区中选择代表田，每个检验区的代表田一般是 3 ~ 5 丘田地，至少占总面积的 5%。原种繁殖田、亲本繁殖田和杂交制种田则应加倍或逐块取样检验。在确定检验样区的数目时，应权衡和考虑统计上精确度的要求，结果所需的一定可信度和进行检验的有限检验等因素。

（4）设点取样：在确定的代表田中设点取样，设点位置、数量和每点取样多少应根据田块面积和作物田间生长情况、纯度高低等因素确定。取样点数和每点取样数目原则上要既有代表性，又不可太多，一般面积在 10 亩以下的取 5 点，11 ~ 100 亩取 8 点，101 ~ 200 亩取 15 点，每点取样 500 株（穗）。各种作物设点的数目和每点的株数规定详见表 25-2。取样点的分布方式与田块形状和大小有关，常用的有：①梅花形式：在田块四角和中心共设 5 个取样点。适宜面积较小的方形或长方形田块。所设角点至少距田边 5m 左右；②对角线式：取样点分布在一条或两条对角线上，等距设点。适用于面积较大的方形或长方形田块；③棋盘式：在田块的纵横每隔一定距离设一点，适用于不规则田块。取样点选定后，应根据被检品种的主要性状，逐点、逐株（穗）地分析鉴定，将本品种、异品种、异作物、杂草、感染病虫株（穗）数分别记载。田间检验时，应背着阳光进行，避免光线直射而发生错觉和误差，提高检验结果的准确性。

表 25-2　各种作物的取样点数和株（穗）数

作物种类	面积/亩	取样点数	每点最低株（穗）数
	10 以下	5	
稻麦	11 ~ 100	8	500
粟黍（稷）	101 ~ 200	11	
	201 ~ 500	15	
玉米、高粱、大豆、薯	10 以下	5	
类、油菜、花生、棉花、	11 ~ 100	8	200
黄麻、红麻	101 ~ 200	11	
芝麻、亚麻、向日葵	201 ~ 500	15	
	5 以下	5	
蔬菜	6 ~ 15	9 ~ 14	80 ~ 100
	15 亩以上每增加 10 亩增加一点		

（5）特殊情况处理：①种子田处于难以检查的状态：已经严重倒伏、长满杂草、由于病虫或其他原因导致生长受阻或生长不良的种子田应该淘汰，不能进行品种纯度的评定。然而田间状况处于难以判别的中间状态时，检验员应该使用小区种植鉴定前得出的证据作为田间检验的补充信息；②严重的品种混杂：如果发现种子田有严重的品种混杂，检验员只要检查两个样区，求其平均值，推算群体，得出淘汰值。如果检出的混杂株超过淘汰值，应淘汰该种子田并停止检查。如果检测值没有超过淘汰值，依此类推，继续检验，直至所有的样区。这种情况只适用于检验品种纯度，不适用于其他情况；③在某一样区发现杂株而其他样区并未发现杂株：如果在某一样区内发现了多株杂株，而在其他样区中很少发现同样的杂株，表明正常的检查程序不是很适宜。这种情况通常发生在杂株与被检品种非常相似的情况下，只能通过非常接近地仔细检查穗部才行。

(6) 结果计算与表示：统计结果，计算百分率。①田间品种纯度：用本品种株（穗）数占供检本作物总株（穗）数的百分率表示。品种纯度（%）= 本品种株（穗）数 / 供检本作物总株（穗）数 × 100%；异品种（%）= 异品种株（穗）数 / 供检本作物总株（穗）数 × 100%；异作物（%）= 异作物株（穗）数 / 供检作物总株（穗）数 × 100%；杂草（%）= 杂草株（穗）数 / 供检本作物总株〈穗〉数 + 杂草株〈穗〉数 × 100%；病虫感染率（%）= 感染病虫株〈穗〉数 / 供检本作物总株〈穗〉数 × 100%；抗倒率（%）=[倒伏株（穗）数 / 供检总株（穗）数] × 100%；②散粉株率：杂交制种计算父、母本散粉杂株率及母本散粉株率。母本散粉株率（%）= 母本散粉株数 / 供检母本总株数 × 100%；父（母）本散粉杂株数（%）= 父、母本散粉杂株数 / 供检父、母本总株数 × 100%。在检验点以外，有零星发生的检疫性杂草、病虫感染株，要单独记载（表 25-3）。

表 25-3　　作物种子繁殖田和生产田的田间杂株率和散粉株率

作物名称		类别		田间杂株（穗）率不高于（%）	散粉株率不超过（%）
水稻	常规种	原种		0.08	—
		良种		0.1	—
	不育系 保持系 恢复系	原种		0.01	—
		良种		0.08	—
	杂交种	良种	父本	0.1	任何一次花期检查 0.2%或2次花期检查累计 0.4%
			母本	0.1	
玉米	自交系	原种		0.02	—
		良种		0.5	—
	亲本单交种	原种	父本	0.1	任何一次花期检查 0.2%或3次花期检查累计 0.5%
			母本	0.1	
	杂交种	良种	父本	0.2	任何一次花期检查 0.5%或 3次花期检查累计 1.0%
			母本	0.2	
小麦、大麦		原种		0.1	—
棉花		原种		1	
		大田用种		5	
油菜	亲本	原种		0.1	
		大田用种		2	
	制种田	大田用种		0.1	
大豆		原种		0.1	
		大田用种		2	

(7) 填写田间检验结果单：分析鉴定完毕后，将每个检验点的各个检验项目平均结果，填写在田间检验结果单上（表 25-4），并提出建议或意见。凡不符合规定的田块，一律不能作种子用。最后根据检验结果和国家标准定出等级。

五、作业

按规定程序进行水稻或小麦的田间纯度检验，检验完毕，填写田间检验结果单，并提出对该作物品种的建议或意见。

表 25-4　　田间检验结果单

繁种单位	
作物名称	品种或组合
繁殖面积	隔离情况
取样点数	取样总株（穗）数
品种纯度（%）	
异品种（%）	
异作物（%）	
杂草（%）	
抗倒率（%）	
病虫感染（%）	
田间检验结果分级	
建议或意见	

第三章　作物生长发育特性观察

实验26　水稻分蘖特性观察

一、目的要求

了解水稻分蘖习性及消长变化的规律。

二、内容说明

水稻茎秆通常有10～18个节，每一节上生一叶，每一叶腋间都有一个腋芽，在适宜的条件下，腋芽可以发育成为侧茎，称作分蘖。但一般地上部的伸长节与地下部的基部茎节（在栽插条件下）常不能发生分蘖，只有茎秆靠近地表的数个茎节才能发生分蘖。凡由主茎上发生的分蘖，称为第一次分蘖，从第一次分蘖上长出的分蘖称为第二次分蘖，依此类推（图26-1）；同一茎上的同次分蘖，根据其着生节位的高低，由下而上依次称为第一位、第二位、第三位分蘖……分蘖出现的最低节位称为最低分蘖位，分蘖出现的最高节位称为最高分蘖位。

水稻生长具有叶蘖同伸规律，规律是 *N* 减3，这个"*N*"表示当时正在生长的叶片，以正在生长的第5叶为例，当第5叶正在生长时，第2叶的分蘖同时生长。即母茎出叶和分蘖的同伸规则是 *N*–3，即当 *N* 叶抽出（心叶），*N*–3叶腋内长出分蘖。当主茎第4叶（用4/0表示）抽出，在下方第1/0叶（*N*–3）叶腋内抽出第一分蘖，第4/0龄是分蘖发生的起始叶龄，以叶龄通式4/0t表

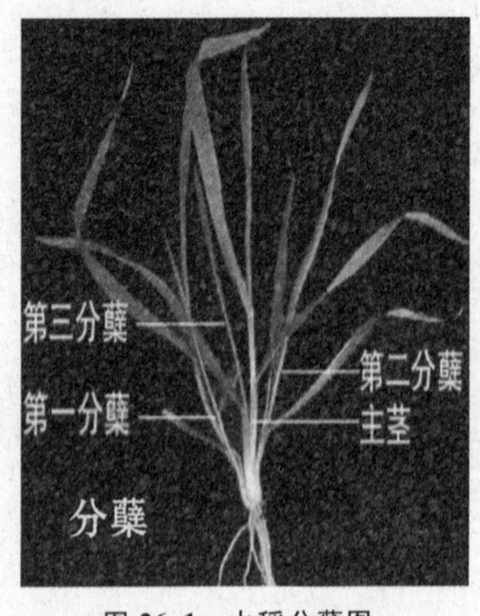

图26-1　水稻分蘖图

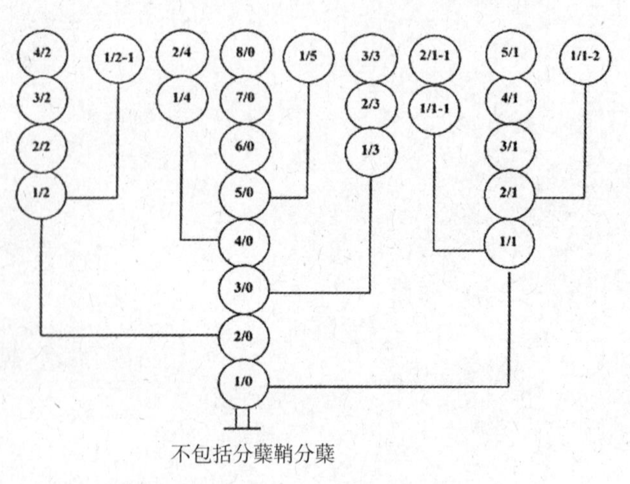

图26-2　水稻叶蘖同伸过程模式图

示。当主茎第 5/0 抽出时,下方第 2/0 叶叶腋的第 2 分蘖抽出。N-3 的叶蘖同伸规则,不仅存在于主茎和一次(或称一级)分蘖之间,而且也存在于二次和三次分蘖之间,存在于一切分蘖和它的母茎之间,还存在于母茎出叶和它的各级子分蘖的出叶之间。如第二次分蘖的出现与其母茎第一次分蘖上叶片出现也存在同样的关系;当分蘖具有 2 片完全叶时,其上母茎就有 5 个叶片,照此类推。但分蘖后期的出叶常比母茎出叶要快,不完全符合上述规律。例如分蘖的第 4 叶出现期,依上述规律应与该蘖着生节位以上的母茎的第 6 叶同时出现,但实际上与着生节位以上母茎的第 5 叶出现期接近(图 26-2)。

分蘖的根系发育与叶片数也存在一定的关系。分蘖一般在一叶和二叶以前均无根发生,三叶期其茎最基部开始出现根点,四叶期才有较长的根系,进行独立的生活。

水稻移栽后 5 ~ 7 天就开始分蘖,随后分蘖逐渐增加,到最高点后又逐渐下降,出穗以后分蘖才稳定下来。因此分蘖的消长变化呈一条曲线。水稻分蘖数的多少,常因品种、栽插密度、水肥条件以及气象因素等不同而有很大差异。根据上述同伸规则,可以从主茎分蘖期出叶的叶龄数计算出单株最大的理论分蘖数,供确定基本苗时计算应用。掌握这些变化规律,对于控制合理群体结构有着重要的意义。

三、材料用具

1. 材料

品种试验田或水稻标本园不同处理的分蘖稻株。

2. 用具

刀片,镊子,记载本,铅笔,记号笔等。

四、方法步骤

(一) 实验室部分

同一品种(或处理)取分蘖数较多的分蘖稻株 3 ~ 5 株,观察下列项目:

(1) 分蘖位次的观察:用刀片将茎基部纵向剖开,辨明主茎、分蘖及其位次。

(2) 调查分蘖出现与母茎叶出现的关系:取不同叶数的分蘖,分别数计其完全叶片数及该蘖着生节位以上母茎的叶片数,推算出分蘖各叶出现期与母茎各叶出现期的关系。

(3) 观察分蘖根系发生与其叶片的关系:将分蘖自母茎上剥下,调查具有不同叶数的分蘖发生的根数与根长。

(二) 田间部分

在品种试验田或标本园里调查下列项目:

(1) 分蘖位的观察:在品种试验田或标本园的单本插植区,在插秧时选定样株 10 株,用红漆标记主茎叶龄,以后定期观察记载主茎叶龄及各位次分蘖发生时期及节位。同时以旱育抛栽秧的相同调查作对照,说明两种方式对分蘖发生的影响。

说明:分蘖位次记载,从主茎上发生的分蘖,直接以分蘖着生节位的数字来表示,如主茎第 6 叶位上发生的分蘖即用“6”表示,称 6 位蘖。发生在 7 叶位上的,称 7 位蘖,余此类推。第二次分蘖的分蘖位次,用两个数字表示。如在上述 6 位蘖的第一叶节上发出的分蘖,则以“6.1”表示,前面的“6”是指一次分蘖在主茎上的分蘖节位,后面的“1”是指在第一次分蘖的第一节位上发生的分蘖。分蘖鞘节以“P”表示。

(2) 调查分蘖的消长变化情况:在上述试验田中,安排不同栽培密度、不同栽插本数及不同肥力水平等试验区。插秧时选定样株10穴，回青后调查每穴基本苗，分蘖开始后，每隔3~5天调查一次，直至抽穗为止，每次数计每穴的茎蘖数。成熟期再调查每穴有效穗数。

表26-1 水稻叶龄及分蘖位、次观察记载

株号 / 项目 / 调查日期（月/日）	1		2		…		9		10		平均	
	主茎叶龄	分蘖位次	主茎叶龄	分蘖位次	主茎叶龄	分蘖位次	主茎叶龄	分蘖位次	主茎叶龄	分蘖位次	主茎叶龄	分蘖位次
1												
2												
3												
…												
…												

表26-2 水稻分蘖动态观察记载

株号 / 茎蘖数 / 调查日期	1	2	3	…	9	10	平均
1							
2							
3							
…							
…							

五、作业

（1）绘一水稻分蘖实况或模式图，注明分蘖的位和次。

（2）将分蘖出现与母茎叶片出现的关系，以及分蘖叶数与根系发生情况列表26-3，并略加说明。

表26-3 水稻分蘖出现与母茎叶片关系

处理	分蘖位次	分蘖叶数	该蘖着生节位以上母茎的叶数	分蘖根系发生情况		备注
				根数（个）	根长（cm）	
1						
2						
3						
…						
…						

（3）将主茎叶龄及分蘖节位的田间调查资料，整理出本田营养生长期、生殖生长期的叶片生长速度及最高、最低分蘖位资料，并略加说明。

（4）根据田间调查资料，作一移栽水稻本田分蘖消长变化曲线图，标明分蘖始期，最高分蘖期，有效分蘖终止期和无效分蘖期，求出有效分蘖百分率。以旱育抛栽秧为对照，并简单分析该试验田或标本园的栽培措施与群体结构是否合理见表26-4，表26-5。

表26-4 水稻主茎本田各类叶生长速度

品种	移栽期及叶龄	自剑叶起下数第4叶全展日期（月/日）	本田营养生长期叶片生长速度			剑叶全展期（月/日）	最后三叶生长速度		总叶龄	备注
			天数	出叶数	平均每天长一叶所需天数		天数	平均每天长一叶所需天数		
1										
2										
3										
…										
…										

表26-5 移栽水稻主茎最低、最高分蘖位

品种	移栽时叶龄	平均最低分蘖节位	平均最高分蘖节位	调查株分蘖平均节数
1				
2				
3				
…				
…				

实验27 水稻幼穗分化过程观察

Ⅰ 性器官形成期

一、目的要求

掌握水稻幼穗剥取操作技术及识别水稻幼穗各分化时期的形态特征。

二、内容说明

稻穗分化，按一定顺序形成穗的各个部分。把稻穗分化过程分为8个时期，其中前4期为稻穗形成期，也称为性器官形成期（图27-1）。

（1）第一苞原基分化期：稻穗开始分化时，最先从稻茎顶端生长点上分化出第一苞原基。第一苞原基的出现，标志着原始的穗颈节已分化形成，其上就是穗轴。因此，第一苞分化期又称穗轴分化期，这是生殖生长的起点。第一苞原基与叶原基很相似，但在解剖镜下仔细观察时，二者有两点明显的区别：①叶原基突起是在前一叶原基遮住了生长点之后才开始发生，而第一苞原基则在止叶（剑叶）原基还没有遮住生长点时就发生了；②苞原基在生长初期与生长锥中的夹角为一明显的钝角，而叶原基为锐角。

(2)第一次枝梗原基分化期:第一苞原基增大后,紧接着在生长锥上分化第二苞原基、第三苞原基……,并在各苞的腋部产生新的突起,即第一次枝梗原基。分化进一步发展,这些突起达到了生长锥的顶端,第一次枝梗的分化即结束。此时在苞的着生处开始长出白色的苞毛。

(3) 第二次枝梗原基及小穗原基分化期:当生长锥最顶端的生长点停止发育时,穗顶最晚出现的和经一次枝梗原基下部又出现苞,并由下而上逐渐在苞的腋部很快分化出第二次枝梗原基,接着下一个第一次枝梗原基也逐渐由下而上在苞的腋部出现第二次枝梗原基,依次而下。当第二次枝梗原基已经分化到各个第一次枝梗原基的上部时,稻穗全部被苞毛覆盖起来,这时稻穗的长度为 0.5 ~ 1.0mm。接着,上部第一次枝梗顶端出现颖片原基,小穗从这时开始陆续分化,随后在第二次枝梗上分化出小穗原基,这时稻穗长度为 1.0 ~ 1.5mm。

(4) 雌雄蕊形成期:首先在最上部的第一次枝梗上顶端小穗的结实小花中出现雌雄蕊原基,穗最下部的第二次枝梗的小穗原基亦陆续分化完毕,一穗的小穗数就此决定,此时穗长约 5mm。接着穗轴、枝轴和小穗梗都开始显著伸长,雌雄蕊进一步发育,雄蕊原基分化为花药和花丝,还看不到花粉母细胞,雌蕊上分化出胚珠原基;此时浆片已能明显地看出;小花的内外稃已经相当发达,可将内部器官完全包住。这时幼穗长为 5 ~ 10mm,幼穗的外部形态已初步形成 。其后则根据有关花粉发育的程度来表示幼穗发育进程。

三、材料用具

不同稻穗分化时期的植株;双目解剖镜或低倍显微镜;镊子、剪刀、解剖针,稻穗分化挂图或幻灯片,录像片。

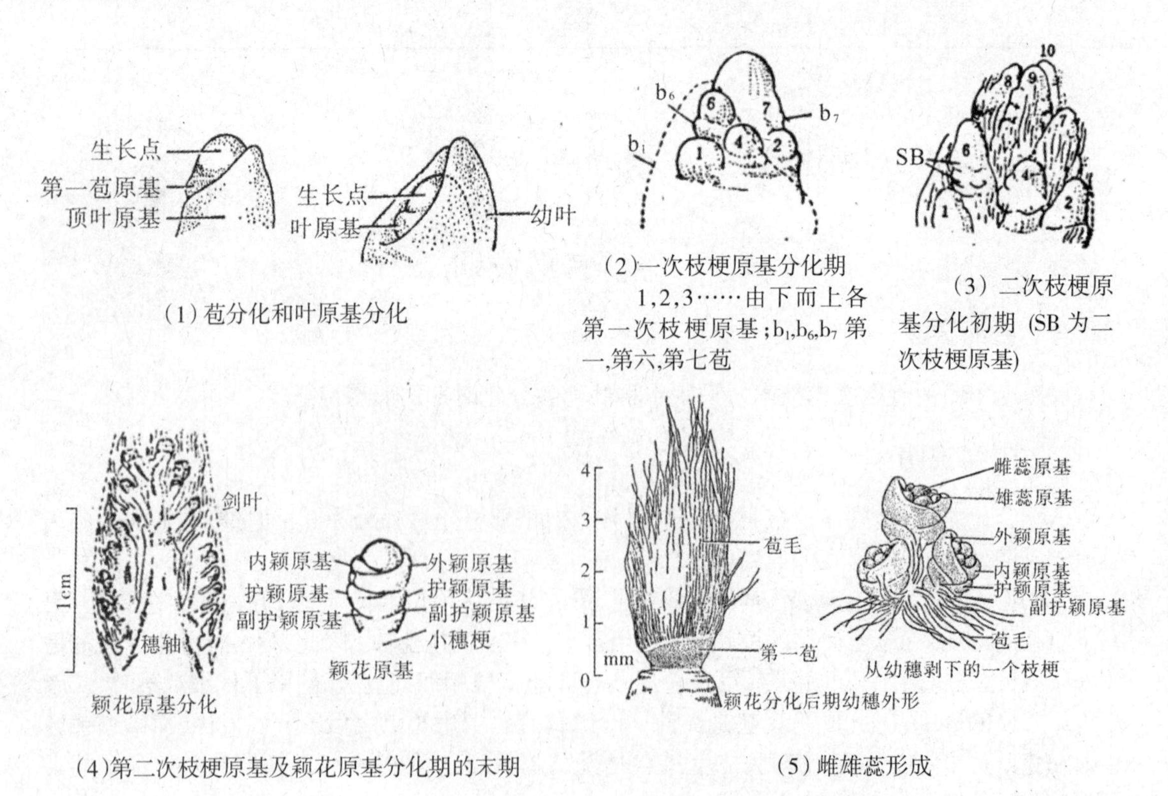

图 27-1 水稻幼穗分化

四、方法步骤

取稻穗不同分化时期的植株，先记下心叶的未抽出量（0.1～0.9叶），再用镊子划破各展开叶的叶鞘并剥离干净，接着用解剖针剥离未展开叶及包在其内的各幼叶，直至剥出茎顶端生长点或幼穗为止，记录未抽出叶的数目，即为稻株的叶龄余数，同时将剥出的茎生长点或幼穗置于解剖镜或显微镜下观察。

取回材料如不能及时观察，则应将稻穗剥去叶片，放在FAA液或卡诺固定液（乙醇－醋酸液，简称AA）中固定。

AA液：纯乙醇（或95%乙醇）3份、冰醋酸1份；固定稻穗1～24小时，如在此时间内不能处理，应更换到70%的乙醇中进行保存。

FAA液（甲醛－醋酸－乙醇固定液）：50%或70%的乙醇90mL、冰醋酸5mL、甲醛5mL；可以作为较长时期的保存液。

五、作业

（1）将所观察到的稻穗各分化时期的特征绘图，并说明之。

（2）根据观察的结果，你认为要夺取水稻高产首先要解决什么矛盾，其措施如何？

Ⅱ　性细胞形成期

一、目的要求

学习掌握用压（涂）片法镜检水稻花粉发育过程，学习鉴定稻穗发育后期各阶段的技术。

二、内容说明

稻穗发育进入性细胞形成期，包括两个同时进行的过程：一个是在子房内进行的雌性生殖细胞发育过程；另一个是在花药内进行的雄性生殖细胞（花粉）发育过程。由于雌性生殖细胞的发育过程一般要通过复杂的切片技术才能观察到，而花粉发育过程只需要通过较简便压片方法即可观察到，故一般用花粉发育过程来表示稻穗发育后期，即性细胞发育过程。这一过程可划分为4个时期：

（1）花粉母细胞形成期。随着小花和花药的长度增长，在小花长度达2mm左右时，花药明显地分为四室，且出现花粉囊间隙。小穗顶端出现叶绿素，花丝稍伸长，花粉母细胞形成。初期的花粉母细胞不规则，有棱角，后期呈圆形。此时，雌蕊原基上出现柱头突起。这一时期经历4～5天，稻穗长为1.5～4.0cm。

（2）花粉母细胞减数分裂期。花粉母细胞形成以后，逐渐增大呈圆形，即进行连续两次分裂（第一次为减数分裂，第二次为有丝分裂），形成四分体。一个花粉母细胞自开始第一次分裂，再经过第二次分裂，直到形成四分体所需的时间为24～48小时。从外形上看，此时期小花长为最后长度的一半左右，花药变成明显的黄色，柱头上开始出现乳头状小突起。整个稻穗由第一朵小花减数分裂开始，到所有小花减数分裂完成，需经历5～7天。

（3）花粉内容充实期。四分体分散并收缩成不规则形，这时小花的大小达到全长的85%左右；随后花粉外壳逐渐形成，体积增大，花粉内容物逐渐充实，直到内容充满之前为花粉内容物充实期。内外稃纵向伸长接近停止，横向则迅速增大。当内稃长宽增加都接近停止时，便开始硅化变硬，叶绿素不断增加，雄蕊雌蕊迅速增长，柱头上依次出现羽毛状突起，而颖片退化。

(4)花粉完成期。在抽穗前1~2天内，花粉内容物充满花粉壳内，称为花粉完成期。此时，内外稃全面出现大量叶绿素，花丝迅速伸长，花粉内雄核和营养核正在分裂，至开花前雄核才形成，至此，花粉发育已经完成。

三、材料用具

1. 用具

显微镜，天平，电炉，酒精灯，烧杯，漏斗，滤纸，培养皿，量筒，广口瓶，解剖刀，解剖针，载玻片，盖玻片，滴瓶，滴管等。

2. 药品

95%乙醇，冰醋酸，正丁醇，硫酸高铁铵，洋红，苏木精，加拿大树胶或中性树胶等。

3. 试剂(染液)配制

(1) 乙醇－冰醋酸固定液(卡诺固定液)，见前实验。

(2) 醋酸铁苏木精：45%醋酸100mL，加入0.5g苏木精，待充分溶解后过滤。过滤后的溶液作为原液。用时，取原液少许，用45%的醋酸稀释3~4倍，再滴入醋酸铁，使染液由棕黄色变为蓝色为止。染液配制数天后，染色效果变差，故必须随配随用。

醋酸铁的配法，是在45%的醋酸中加入过量的硫酸高铁铵即成。

(3) 醋酸铁洋红：45%醋酸100mL，置入烧杯中煮沸，缓缓加入1g洋红，边加边搅拌，用小火维持2分钟后，去掉热源，让其慢慢冷却，至完全冷却后过滤，再添加1~2滴醋酸铁液(醋酸铁的配制法同前)。

四、方法步骤

本实验是利用苏木精、醋酸铁洋红等染色剂使花粉细胞核、质着色程度不同，将花粉内部结构显现出来。醋酸苏木精和醋酸铁洋红两种染色液对花粉都有较好的染色效果。对于后期花粉，醋酸苏木精的染色效果优于醋酸铁洋红，且利于摄影。

(一) 采集材料

(1) 采集的时间：每天6:30~7:00或16:00~17:00，这两段时期为减数分裂的高峰期，一般每天9时左右为减数分裂的活跃时间，16:00~17:00也是有丝分裂活跃时间。

(2) 采集已进入雌雄蕊形成期以后，开始形成花粉的稻穗作观察材料时，可参考下述指标去采集：

花粉母细胞形成期：剑叶与下一叶叶枕距在－10cm左右，稻穗长1.5~5.0cm，小花长为1~3mm。

花粉母细胞减数分裂期：剑叶与下一叶叶枕距－5~0cm；叶枕距为“0”左右是减数分裂过渡到单核花粉期；穗顶接近剑叶下一叶叶枕时，是单核到双核花粉期，破口前是双核到三核花粉期。

(二) 固定材料

目的是将花粉迅速杀死，并使花粉内部结构基本上保持取样时的状态。将采集的稻穗放入盛有卡诺固定液的广口瓶中固定1~2小时，若不能及时进行观察，则需将材料转入高浓度乙醇中，再按95%→90%→80%→70%的乙醇浓度逐渐下降，每半小时转移一次以洗去醋酸，防止材料受腐蚀，最后转入 70%乙醇中保存。

（三）染色压片

（1）用镊子从经过固定的材料上摘一朵小花，置于载玻片上，用解剖针挑出花药 1～2 枚，弃去稃壳，立即滴上染色液。

（2）若所取花药很小（即要观察早期花粉），则用解剖刀将其切成数段，并用解剖针将其捣碎，盖上盖玻片，并在盖玻片上加盖吸水纸，然后用大拇指压片（用力大小，在实践中摸索）。若材料分散不匀，可用解剖针轻敲盖片，至材料均匀分布为止。若取花药较大，则用解剖刀从花药粗的一端切开，然后用解剖针从细的一端往粗的一端碾压，将花粉碾挤出来，再用镊子夹去药壳，盖上盖玻片和吸水纸，轻轻压片。

（3）压片后，将片子拿到酒精灯上通过 4～5 次，微微烤热（勿使染液沸腾与干涸），然后作镜检。若发现染色不深或着色不清晰，可从盖玻片边缘加进少量染液，再拿到酒精灯上微烤。如此可反复进行几次，直至花粉内部结构清淅可见为止。好的片子应是细胞质无色或着色很浅，细胞核或染色体与纺锤丝着色较深。

（四）保存片子

若要临时保存，可用石蜡封片或用加有 10%甘油的染液压片。若要长期保存，则需制成永久片。永久片的制作视材料而定。

（1）对于四分体及其以前各期材料，按上述步骤压好片后，将其反转过来，放入盛有冰醋酸和正丁醇等量混合液的培养皿，一端用玻棒将玻片搁起，使玻片呈倾斜状，待盖玻片在载玻片上自由落下后（此时材料主要在盖玻片上），再经过正丁醇Ⅰ→正丁醇Ⅱ→正丁醇Ⅲ，每级经 3～5 分钟处理，最后用加拿大树胶封片。加拿大树胶用正丁醇溶解。

（2）单核及其以后各期花粉，因花粉壁已经形成，压片后不能紧贴在玻片上，在脱水透明过程中容易被洗掉，故改用“滴洗法”脱水透明，即压片后，分别用上述脱水透明剂多次“滴洗”，每次滴洗后，用吸水纸吸去洗液，最后用加拿大树胶封片。除滴洗法外，还可采用整体染色脱水透明的办法完成后面的过程，即从染色到最后一级正丁醇，花药都保存在稃壳内（小花要撕裂）进行。最后将花药挑出，置于滴有加拿大树胶的载玻片上，再挑破花药，让花粉溢出后封片。采用整体法时，一是染色时间要延长（至花药全被染成蓝黑色），二是从最后一级正丁醇中取出至封片时动作要迅速，否则材料易碎烂。

五、作业

（1）将所观察到的花粉发育各时期的特征绘图，并说明之。

（2）水稻稻穗分化过程，其内部形态特征与植株外部形态有何对应关系？

实验 28　玉米幼穗分化过程观察

一、目的要求

(1) 学习玉米穗分化的研究方法。

(2) 掌握玉米雌雄穗分化过程及各时期形态特征。

(3) 了解玉米穗分化时期与植株外部形态营养器官(根、茎、叶)的关系。

二、材料用具

1. 材料

分期播种的玉米穗期植株,液浸雄穗花序,带苞叶的有稃果穗。

2. 用具

雌雄花序和小穗小花构造挂图,解剖镜,瓷盆,解剖针,单面刀片,吸水纸。

3. 药品

FAA 固定液 [按罗林氏(Rawlins)配方]:

50%乙醇　100 mL

甲醛　6.5 mL

冰醋酸　2.5 mL

三、方法步骤

玉米一般在拔节前分化雄穗，拔节后分化雌穗。穗分化的各个时期与植株的外部形态有一定的相关,但这种相关性因品种及不同条件而有所差异。

(一) 观察时间

品种类型(早、中、晚熟)或播种期(春、夏)不同,玉米穗分化的开始日期也不一致。春播玉米一般于出苗后 18 ~ 20 天,夏播玉米在出苗后 5 ~ 8 天开始观察,于抽雄穗和抽花丝期结束。一般每 3 天观察一次。

(二) 取样

玉米是天然异花授粉作物,植株间差异很大。因此,在观察前应对幼苗分期进行叶位标记,取样时应选取标记样本中代表性植株作为观察样本。一般每次取典型植株 3 ~ 5 株即可。

(三) 观察方法

1. 雌雄花序形态观察

(1) 雄花序:为圆锥花序。取液浸雄穗花序,识别主轴、分枝、分枝数目及有柄、无柄的成对小穗。用拨针拨开一个小穗,识别颖片及其包含的 2 朵雄小花,观察每朵花的外稃、内稃和雄蕊等。玉米雄小穗的构造如图 28-1。

(2) 雌花序:为肉穗花序。取有稃雌穗,识别苞叶、穗柄及密集的穗轴节,计数穗柄节数及苞叶数。每个穗轴节上着生两个无柄小穗,剥其小穗识别颖片、上位花(结实)的内、外稃及下位花(退化)残留的膜质内、外稃。上位结实小花有 1 个雌蕊及 3 个退化的雄蕊,雌蕊又由子房、花柱、柱头组成。退化的下位花雌、雄蕊均已退化。玉米雌小穗构造如图28–2。

2．植株外部性状的观察

取不同播期的植株，观察记载株高、可见叶数、展开叶数、伸长节数、最上展开叶的长度和宽度、根层数（气生根、地下根）、每层根条数等。

3．穗分化时期的观察

玉米为雌雄同株异花授粉作物，其雄穗位于茎的顶端，为心叶所包藏。雌穗位于叶腋中，全株除上部4～6节外，每节均生1个腋芽。通常地下节的腋芽不发育或形成分蘖；近地表节上腋芽形成混合花序；位置稍高的腋芽多分化至雌穗，小穗分化期前后停止发育；再往上部的腋芽，虽然可以分化到较晚的时期，但多不能授粉结实；一般只有最上部1～2个腋芽发育成果穗。故在观察时，雌穗以最上部节位腋芽分化为准。

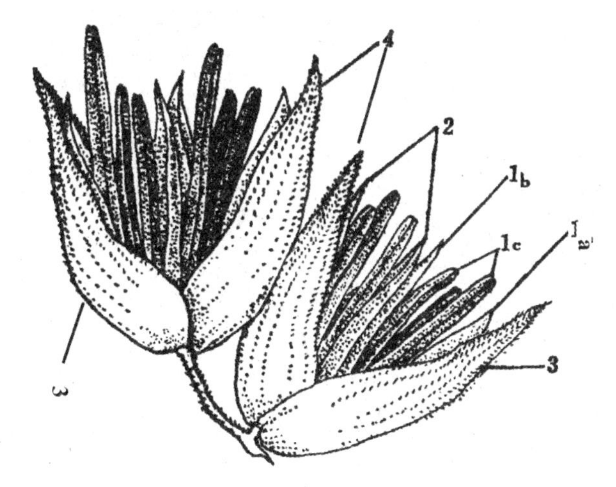

图28–1　玉米雄小穗花

1a.第一朵小花外稃；1b.第一朵小花内稃；1c.第一朵小花雄蕊；2.第二朵小花；3.第一颖片；4.第二颖片

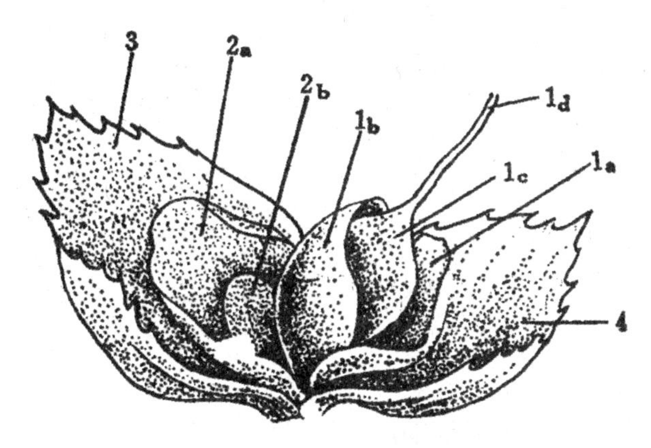

图28–2　玉米雌小穗花

1a.结实花外稃；1_b.结实花内稃；1_c.子房　1_d.柱头（花丝）；2a.退化花外稃；2_b.退化花内稃；3.第一颖片；4.第二颖片

在观察记载外部形态后，逐叶剥去其叶片和叶鞘，其顶端为雄穗。在各茎节上有苞叶包被的腋芽，用刀片贴近茎部把腋芽取下，在解剖镜下剥去苞叶，即可观察到雌穗。由于个体间差异，群体的穗分化期以50%以上植株达到分化期为标准。对一个观察穗来说，以穗的中下部开始进入某分化时期为准，当雄穗进入四分体期以后，又以主轴中上部进入某个分化时期为准。

在玉米穗分化的分期上，国内外学者分期标准不一。一般分为生长锥未伸长期、生长锥伸长期、小穗分化期、小花分化期和性器官形成期。现将穗分化各期分述如表28–1。各分化时期的主要形态特征见图28–3。

表 28-1 玉米雌雄穗分化过程及其对应关系

雄穗分化时期及形态特征		雌穗分化时期及形态特征		植株外部形态及叶龄指数
时期	形态特征	时期	形态特征	
生长锥未伸长期	生长锥为光滑透明的圆锥体，宽度大于长度。基部有叶原始体，此期分化茎的节、节间和叶原始体			植株尚未拔节，叶龄指数25以下
生长锥伸长期	生长锥微微伸长，长大于宽。生长锥基部出现叶突起			茎开始拔节，茎节间总长2~3 cm，叶龄指数30左右
小穗分化期	生长锥基部出现分枝突起，中部出现小穗原基，每一小穗原基又迅速分裂为成对的2个小穗突起，小穗基部可看到颖片突起	生长锥未伸长期	生长锥为光滑透明的圆锥体，宽度大于长度。此期分化苞叶原始体和果穗柄	茎节伸长，叶龄指数42左右
小花分化期	每一小穗分化出2个大小不等的小花原基。小花原基基部出现3个雄蕊原始体，中央形成1个雌蕊原始体，同时也形成内外稃和2个浆片。以后雌蕊原始体退化消失	生长锥伸长期	生长锥伸长，长大于宽。基部出现分节和叶突起，叶腋处将来产生小穗原基，叶突起退化消失	展开叶7~10片，叶龄指数46左右
		小穗分化期	生长锥基部出现小穗原基。每个小穗原基又迅速分裂为2个小穗突起。小穗基部可以看到颖片突起	叶龄指数53左右
性器官形成期	雄蕊原始体迅速生长。雄穗主轴中上部小穗颖片长度达0.8 cm左右，花粉母细胞进入四分体期。雌蕊原始体退化。颖片和内外稃强烈生长	小花分化期	每一小穗分化出2个大小不等的小花原基。基部出现3个雄蕊原始体和1个雌蕊原基。雄蕊原基以后退化消失。下位花也退化	植株心叶丛生，上平中空，正值大喇叭口期。叶龄指数约60
抽穗期	雄穗露出	性器官形成期	雌蕊的花丝逐渐伸长，顶端出现分裂，花丝上出现绒毛，子房体积增大	孕穗期，叶龄指数77左右。抽雄，叶龄指数88左右

图 28–3　玉米雄穗分化的主要时期

1.生长锥未伸长期；2a ~ 2b.生长锥伸长期；3a ~ 3d.小穗分化期；4a ~ 4c.小花分化期；5a ~ 5d.性器官形成期

四、作业

详细描述观察到的玉米穗分化的外形特征，将观察结果填入表 28–2。

表 28–2　玉米雄、雌穗分化观察表

雄穗分化期	雌穗分化期	植株形态	叶龄指数	生育时期	简明图像	特征记述

实验 29 小麦幼穗分化过程观察

一、目的

掌握观察小麦穗分化的操作技术；鉴别小麦穗分化各时期的形态特征；了解小麦穗分化过程与植株外部形态的关系。

二、内容说明

(一) 小麦穗、花的构造

小麦穗为复穗状花序，穗的中轴叫穗轴，由一个个的节片组成。每个穗轴节片的顶端着生一个小穗。小穗是由两个颖片及颖片之间的若干内小花组成。小花相对互生在小穗梗上。小麦的小花叫颖花，是由外稃、内稃及内、外稃之间的雄蕊、雌蕊、浆片组成。小麦的雌蕊包括柱头和子房，子房基部靠外稃的两侧各有浆片一片，为无色薄膜。雄蕊由花药、花丝组成。每个小花由外稃、内稃、雄蕊（3 个）、雌蕊（1 个）及浆片组成；每花有花药 3 枚，每个花药二裂，每裂分为两室，室内在花药成熟时贮藏有花粉。

(二)小麦穗分化的过程

小麦穗是由麦苗茎（或分蘖）生长锥分化发育而来（图 29–1）。小麦在通过春化阶段以前，茎的生长锥是一个半圆球形的突起，宽度大于长度，其主要作用是分化叶片、节和节间的原始体。当春化阶段通过而进入光照阶段发育、茎的生长锥开始伸长时，即为小麦穗分化的开始。小麦幼穗开始分化的时间，随品种的冬春性、播期的迟早而不同。一般趋势是早熟品种分化早，春性品种比冬性早，早播的比晚播的早。另外，增施磷肥、高度密植、高温干旱、土壤瘠薄等都会有促进发育的作用，因而也能使穗分化提早进行。

小麦幼苗个体上的穗分化，是按照主茎到分蘖，由低位分蘖到高位分蘖，由低级（次）位分蘖到高级（次）位分蘖的顺序进行。所以，同一植株上主茎与各个分蘖间幼穗分化的进行程度是不相同的。为此，观察或检查幼穗分化时，一般以主茎为对象进行剖析，较能正确反映个体发育的情况。主茎和分蘖进行幼穗分化时，均是按照由穗轴→小穗→小花的顺序开展的。其中穗轴由基部向顶端进行，小穗则由中下部→中部→下中部→基部→顶部的顺序进行。顶部与基部小花发生顺序与小穗发生顺序颠倒，说明顶部小穗的小花发育较基部早，基部小穗分化虽然早，但进程慢。因而基部小花有较多退化现象。同一小穗的小花是从基部向上顺序分化，基部 1 ~ 4 朵小花形成的强度大，平均 1 ~ 2 天形成一朵，以后分化速度转慢，2 ~ 3 天形成一朵，每朵小花内又由外向内（内外稃、雌雄蕊、浆片、芒伸长）进行。到开花时，每小麦穗上就照原来的分化顺序进行开花，两者是互相一致的。

根据小麦幼穗分化发育过程及需要，可将小麦幼穗发育过程划分为下述几个时期。

(1) 伸长期：麦苗生长锥慢慢伸长，长度大于宽度，呈透明光滑的圆锥形（图 29–2）。这时春化阶段已经结束，生长锥基部叶原始体分化完毕，这标志着营养器官分化过程的结束，生殖器官分化的开始。

(2)单棱期（穗轴节片原始体分化期或苞原基分化期）：当生长锥伸长到一定长度，在生长锥基部由下而上出现的像叶原始体的环状突起，即为苞叶原始体。苞叶原始体是变态叶，着生

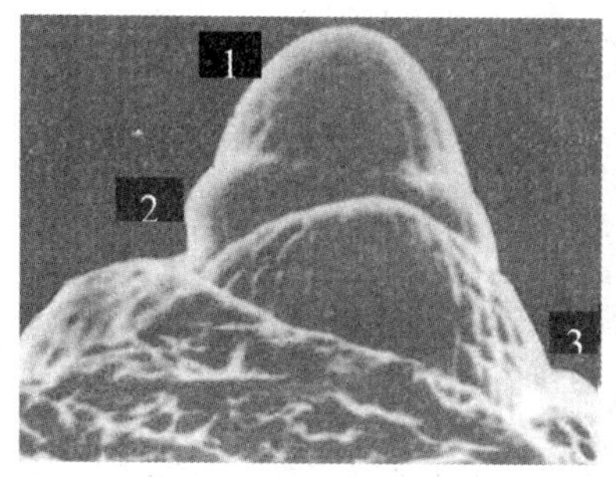

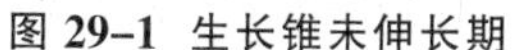
图 29-1　生长锥未伸长期

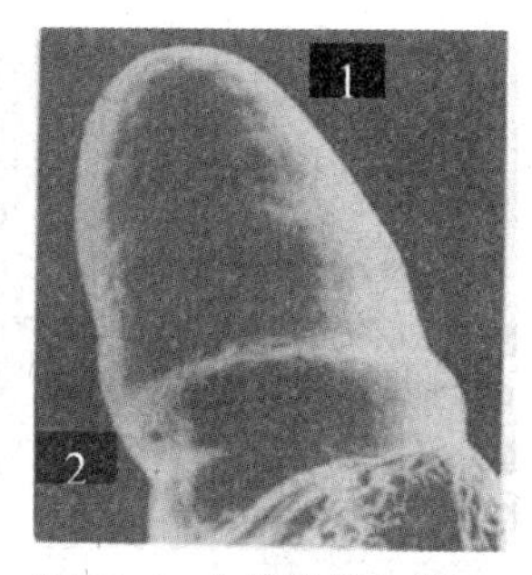

图 29-2　生长锥伸长期

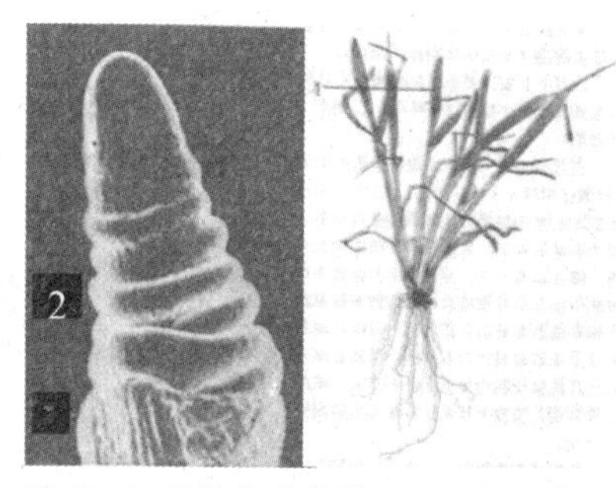

图 29-3　单棱期生长锥及相应的植株

注：1. 生长锥；2. 苞叶原基；3. 幼叶

在穗轴节上，但生长到一定程度就停止发育，并逐渐消失，每 2 片苞叶原始体之间即为穗轴节片。每个苞叶原基突起呈棱形，故称为单棱期（图 29-3）。

（3）二棱期（小穗原始体分化期）：穗轴节分化到一定程度后，在幼穗中部两个相邻苞原始体之间最先长出一个突起，即小穗原始体。然后渐次向上向下相继分化小穗原始体。由于小穗原基与苞叶原基呈一大一小的二棱状，故称为二棱期。随着小穗原基不断加大，苞原基逐渐被掩盖。由于这一时期持续时间较长，小穗原基和苞原基在体积和形态上有明显的变化，故又可细分：①二棱初期：生长锥顶部继续向上伸长，单棱数量不断增加，在生长锥中部两个苞叶原基之间开始形成一个突起，即小穗原基。从植物学的角度看，苞叶原基属叶性器官，小穗突起为苞叶腋芽原基。二棱初期整个穗的二列性尚未形成，由苞叶原基构成的二棱状也不太明显，此时基部节间开始活动，节间一般在 0.1cm 以下。②二棱中期：此期小穗原基出现数量逐渐增多，体积大并超过叶原基，从穗侧面看，二列性明显可见，二棱状也以此期最为明显，但同侧上、下两上小穗原基尚未重叠。③二棱末期：小穗原基进一步伸长，同侧相邻小穗原基部分重叠（下位小穗的顶部遮住上位小穗的基部），因而二棱状又转为不明显，至二棱末期幼穗的二列性十分明显。④颖片分化期：进入二棱末期后，接着在幼穗中发育最早小穗原始体的基部又出现一碗状突起，即为颖片原始体，然后发育成颖片，这一时期较短。在实际观察中，中部小穗一两个颖片原始体的出现，常常作为进入颖片分化期的标志（图 29-4、图 29-5）。

（4）小花原始体分化期：小穗原始体基部出现颖片原始体后不久，上方又出现突起——小花的外稃和小花的生长点，这是小花原始体。小花原始体分化是先从幼穗中部开始，然后向上向下相继分化。在一个小穗原始体上先分化第一朵小花，然后依次分化其他小花原始体，这时麦苗茎秆第一节已显著伸长，第二节间开始伸长，茎的总长达 2cm 左右，将很快进入拔节期。

（5）雌雄蕊原始体分化期：当幼穗中部小穗上分化出三四个小花原始体时，小穗基部第一小花的中央出现 3 个半球的突起，这是雄蕊原始体，接着 3 个雄蕊原始体稍分开，从中间又长出一个突起，这是雌蕊原始体。这时茎的总长达 3 ~ 4cm，正值拔节值。一般认为，这时正是光照阶段的结束期，所以幼穗的形成过程与光照阶段的发育过程是相吻合的。

（6）药隔形成期：雌雄蕊原始体分化以后，小花原始体各部分迅速发育。当雄蕊原始体由分化初期的半球形发育成为柱形，进而发育成方柱形，然后每个花药原始体自上而下出现纵沟，将一个花药分为二室，以后每室出现分隔，这时每个花药原始体成为 4 个花粉囊，这是药隔形成期。在雄蕊原始体发育的同时，雌蕊原始体迅速发育，顶端原始体迅速伸长，这时麦苗第一、第二节间接近定长，第三节间开始伸长，正值拔节期后至孕穗前。

（7）四分体形成期：花粉囊形成后，花粉囊中的孢原组织进一步发育成为花粉母细胞，经过

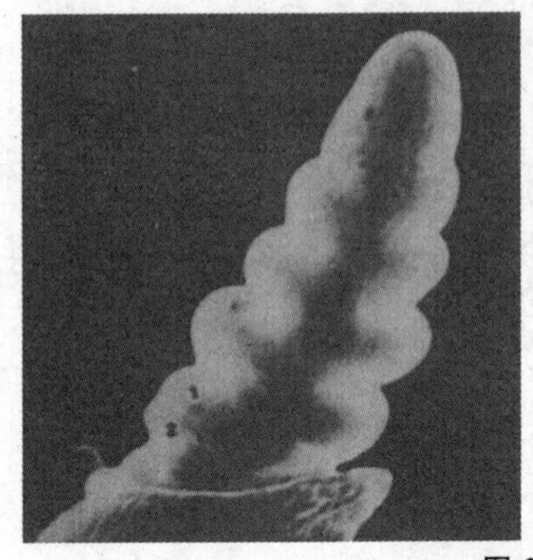

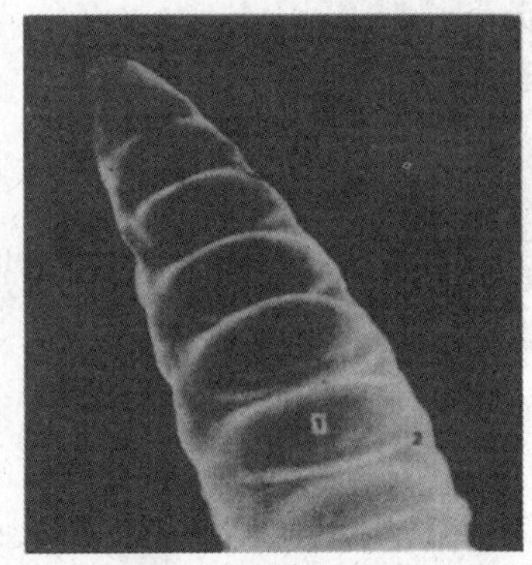

图 29-4　二棱期(中)幼穗及相应的植株形态

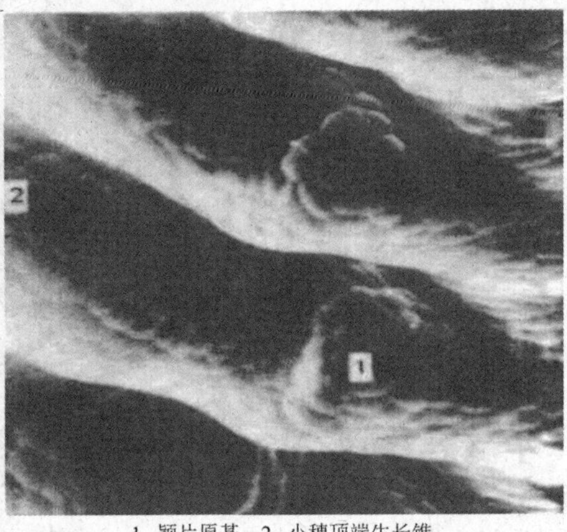

1. 颖片原基　2. 小穗顶端生长锥

图 29-5　二棱期(末)(左)和颖片分化期(右)的幼穗形态

减数分裂形成四分体，这是四分体形成期。四分体形成期是小花向有效、无效两极分化的时期。从植株外形上看，旗叶叶环高于其下一叶叶环 2～4cm，正值孕穗后至抽穗前。

(三) 决定每穗小穗数及粒数的主要时期

了解麦穗分化过程的目的，在于根据其穗部各器官的发育形成特点促进穗部器官发育达到穗大粒多。现将决定每穗小穗数的主要时期归纳如下：

(1) 决定每穗小穗数目的时期是自穗轴节片分化始期到小花原始体分化期前夕。试验证明，采用肥水等措施增加小穗数目时，必须注意使之生效，一般越是在前期效果越好。

(2) 自小花原始体分化期到四分体分化期前夕是决定小花数目的时期。在小花分化期或提前几天追肥浇水，能显著增加每穗小花数。

(3) 自药隔形成期到开花受精期是决定结实率和穗粒数的主要时期。

据观察，小花形成持续时间很长。但小花的退化非常集中，到四分体期前，所有小花集中向两极分化，即一部分小花形成四分体，大部分小花在 2～3 天内很快萎缩不再发育。所以要使小花发育好，必须在四分体期前采取措施。

三、材料用具

不同小麦品种分期播种材料，解剖针、双解镜或低倍显微镜，载玻片、醋酸洋红、酒精灯、麦穗分化挂图，或小麦穗分化过程录像带。

四、方法步骤

（1）三叶期以前幼穗的剥取。此时幼苗很小，剥时应注意以下几点：

①先洗净幼苗植株的泥土，剥时先查清叶龄和茎蘖数。要留住分蘖和根，如根短少时，则需把幼苗最外边两片真叶向下撕，并留住根部，以便左手把持。

②剥时要先用解剖针在叶鞘基部刺入，向上撕裂叶鞘，然后用手撕剥叶基，不要留下残余叶基，否则主茎幼叶（或幼叶鞘）生长锥易发生混淆或找不到生长锥。

③剥心叶时要格外注意，解剖针不宜在未剥叶片的中部刺入，应从叶基两侧刺入，剥至生长锥暴露清晰，然后再用低倍显微镜观察。

三叶期以后剥制方法比较简便，基本与上相同。

（2）拔节后幼穗的剥取应注意以下几点：

①用手摸清各节部位，注意有几节伸长并估计幼穗的部位，然后剪去基部及幼穗上方 2cm 以上的叶。若没有把握估计幼穗的部位，宁可多留一段，以免损伤幼穗。

②将叶鞘由外向内，一层层剥除。可从各叶鞘基部用解剖针挑开，分开后轻轻拉掉，以免拉断幼穗。

剥展开叶内的幼嫩叶时，可用拇指与食指捻转幼叶顶鞘（向右或向左），则幼叶连鞘一起剥落，效果较好。剥出幼穗可直接用放大镜观察。为了清楚地观察小花内部构造，可用解剖针挑取一个小穗置于载玻片上，在显微镜下观察。

（3）对材料观察应注意以下几点：

①把提供实验用的各品种，按叶龄大小顺序排列好，并逐一记载各苗的主茎叶龄，为观察生长锥所用。

②观察幼穗分化均以幼苗主茎为分析对象，如提供的材料不完备时，也可利用同株上不同部位分蘖进行观察，以弥补缺期现象。

③将剥好的生长锥放在放大镜下检视时，要注意从幼穗的正面、侧面、基部和中部、上部等各个部分进行观察才能全面掌握。

④观察雌雄蕊分化时，最好摘下一个小穗进行观察才比较清楚。

⑤观察四分体时，要先取稍带黄色的花药作材料。用镊子将花药夹放在载玻片上，用解剖针柄压碎，再用醋酸洋红染色后盖上盖玻片，在显微镜下观察比较。

（4）本实验用的材料为分期播种的，有些材料不一定在正常播期，因此其叶龄不能代表大田生产实际情况，仅作实验操作技术之用。

（5）取开花后或成熟前的麦穗，观察其不育小穗的小花数，观察穗轴及穗节片的形态，然后取一完整小穗观察小花的结构，数清结实小花数与不孕小花数，观察小穗内各小花在穗轴上的互生关系。

五、作业

（1）绘制在显微镜下所观察到的幼穗发育图。注明叶原基、苞原基、小穗原基、颖片原基、雌雄蕊原基等。

(2)将观察的植株形态及相应的幼穗分化时期填入,见表29-1。

表29-1 植株形态及幼穗分化时期

品种或处理	播期(月/日)	株号	单株茎蘖数	外观主茎叶龄	解剖幼叶数	幼叶长度(cm)				穗分化期	幼穗长度(cm)
						1	2	3	4		

(3)按下表统计一个麦穗的总小穗数、不孕小穗数、结实小花数和具有内外稃的不孕小花数,见表29-2。

表29-2 统计一个麦穗

总小穗	不孕小穗数			结实小花数	不孕小花数
	基部	顶部	总数		

(4)单棱期与二棱期幼穗形态有何区别?小花分化期与雌雄蕊分化期的差别在哪里?

(5)怎样从麦苗形态上来确定二棱期、雌雄蕊分化期、药隔期及四分体形成期?

(6)了解小麦幼穗分化进程在科学实验和生产实践上的意义。

实验30 棉花花芽分化观察

一、目的要求

通过解剖观察,正确认识棉花的叶芽和花芽,了解花芽分化过程中几个主要时期及各时期的形态特征,初步掌握棉花花芽分化的操作方法。

二、内容说明

棉花的腋芽,按其生理活动状态可分为活动芽和潜伏芽。潜伏芽在一定条件下通过生理激发,也可转变为活动芽。

棉花的活动芽,由于棉株内部遗传特性不同和早期不同外界环境条件的诱导,在其发育方向上又可分为叶芽和混合芽。叶芽只分化叶原基,以后长成叶枝或长成赘芽;混合芽则在分化叶原基的同时,又分化花芽,以后发育为果枝,有时还发育成亚果枝。

由于叶芽和混合芽是同源的,在其分化的初期常难于区分。叶芽发育的顺序,是在分化出一片先出叶和一片真叶原基之后,如同主茎顶芽那样,继续不断分化出真叶原基和托叶原基。

随着幼叶的逐渐成长,或者各叶所在节间渐次伸长形成叶枝,或者分化几片真叶原基之后就停止再分化,形成潜伏状态。混合芽分化发育的顺序,是分化出一片先出叶和一片真叶原基之后,其顶端分生组织就发育为花芽原基,这个花芽原基就是果枝上第一个果节发生的标志。以后在先出叶与花芽原基之间伸长为第一个果枝节间。花芽原基继续分化发育成为一朵花,其对面着生一片果枝叶。在果枝叶的叶腋内分化出的次级腋芽,继续发育为新的果节,果枝就是由这一个一个新的果枝叶腋芽相继发育为一节又一节新的果节联结而成。一般先出叶叶腋内的芽,其体形常较果枝叶的腋芽为小,往往处于潜伏状态。

叶芽和混合芽的辨别,要在分化出一片先出叶和一片真叶原基之后才能进行。在分化出先出叶和一片真叶原基之后,掌握如下特点:①这片真叶的托叶原基已经显露,而下一片真叶原基仍未出现;②此时腋芽生长锥已延伸成一个柱状的钝圆锥体突起;③在钝圆锥体上方可见到逐渐成长的 3 片苞叶原基。具有这三点的腋芽必是混合芽。反之,若腋芽分化出先出叶和真叶原基之后,随着这片真叶托叶原基的出现,继续分化出真叶原基,而且生长锥不伸长,这就是叶芽(表 30–1)。

表 30–1　　棉株叶芽和花芽的区别

比较内容	叶芽	花芽
一般发生节位	主茎 5 ~ 7 节以下	主茎 5 ~ 7 节以下
芽生长锥形状	扁圆球形	钝圆锥体，较大
芽生长锥颜色和透明度	绿色，不透明	淡黄色，稍透明
芽生长锥分化特点	生长锥不伸长，不断分化叶原基和腋芽原基或中途呈休眠状态	当先出叶和真叶原基分化，托叶显露时，下一片真叶原基尚未出现，生长锥伸长成柱状的钝圆锥体突起

棉花花器原基的分化是由外而内进行的,在解剖镜下观察,根据花器原基分化顺序所表现出的形态变化,以每种花器原基的出现为起点,可将棉花的花芽分化过程分为 6 个时期。

第一,花原基伸长期:腋芽的真叶原基已出现裂缺并分化出托叶时,其生长锥伸长成圆柱形突起。

第二,苞叶原基分化期:花原基膨大伸长后不久,在真叶原基对面、花原基的中上部首先分化出一个边缘光滑呈半椭圆形状的苞片原基,接着分化第二和第三个苞片原基,此三个苞片原基迅速增大的同时,其边缘出现苞齿。

第三,花萼原基分化期:3 个苞片原基出现不久,萼片原基开始突起,5 个萼片原基呈环状,顶端稍隆起,基部联合,此时剥出苞叶原基,好似一只饭碗里装着一个球,侧面可见球体半露在碗边上面。以后,萼片上部向内包裹,几乎将内部正在进行分化的器官全部罩住。

第四,花瓣原基分化期:花萼原基形成后,花瓣原基和雄蕊管原基共同体呈圆状突起,5 个花瓣原基首先在其边缘突起。

第五,雄蕊原基分化期:5 个花瓣原基突起后,在每个突起的内侧分化出 2 个小突起,即雄蕊原基,此时可看到 10 行雄蕊原基。此后,其中还可以再分裂开,形成多数雄蕊。

第六,雌蕊原基分化期(心皮分化期):在雄蕊管原基向上生长的同时,在花原基中央分化出 3 ~ 5 枚心皮原基,以后心皮分化伸长成为具有柱头、花柱和子房的雌蕊。

棉花花原基经过15~20天的分化发育,到分化心皮时,幼蕾长达3mm左右,已达到"现蕾"标准。以后则进行生殖细胞的分化和发育。

三、材料用具

不同叶龄的棉苗(2~8叶),双目解剖镜,解剖针(或缝衣针),刀片,镊子。

四、方法步骤

(1)取2~4叶龄棉苗,首先计数并剥除展开叶,然后按螺旋状逐一剥离未展开叶,要同时除尽两个腋芽,由下向上剥至第5片叶开始,置于40倍双解镜下观察腋芽位置。调焦适度后,用解剖针在双目解镜下轻轻拨动腋芽,找出先出叶、真叶原基及其托叶,按照叶芽和花芽的特点进行识别,每株依次向上逐叶观察,直至找到第一个花芽为止。

(2)继续分别观察5、6、7、8叶龄苗,按上法找出第一个花芽,对照花芽分化各时期的形态特点,确定观察材料的花芽分化时期。

(3)用一株4叶龄棉苗,逐叶剥除展开叶、分化叶,在分化叶中计数未展开而呈绿色的叶数,不呈绿色但可见到茸毛和油点的叶数,见不到茸毛和油点而呈透明状的突起数(不包括托叶原基突起)。

五、作业

(1)绘图并注明所观察到的一个叶芽和花芽形态,注意花芽分化所达到的时期。

(2)根据不同叶龄棉苗的叶芽和花芽观察结果,说明不同阶段的棉株幼苗叶芽和花芽的各自分化特点。

实验31 油菜花芽分化观察

一、目的要求

(1)了解油菜花芽分化过程及各分化时期花芽的形态特征。

(2)了解甘蓝型油菜早、中、晚熟品种与花芽开始分化早迟及其与幼苗外部形态的关系。

二、内容说明

(一)油菜花芽的分化

油菜花序是由主茎和分枝顶端生长锥分生组织细胞分化形成的。未分化前,生长锥很小,略呈半圆形,表面光滑,基部发生很多叶原始体。开始分化时,生长锥基部四周出现小突起,为花蕾原始体突起;以后花序继续分化。整株花序分化的顺序是主花序最先开始分化,然后是第一次分枝分化,再是第二次分枝分化,各次分枝的分化顺序是由上而下依次分化。一个花序的分化顺序则是由下而上依次分化的。

(二)油菜花芽分化的时期及特征

南方地区正常秋播的甘蓝型油菜在11月中下旬开始花芽分化(在长江流域中下游种植的

早、中熟甘蓝型油菜，出苗后分别为 30 ~ 35 天和 40 ~ 45 天开始花芽分化），形成花器官。花器官形成过程大体可分为以下七个时期(图 31-1)。

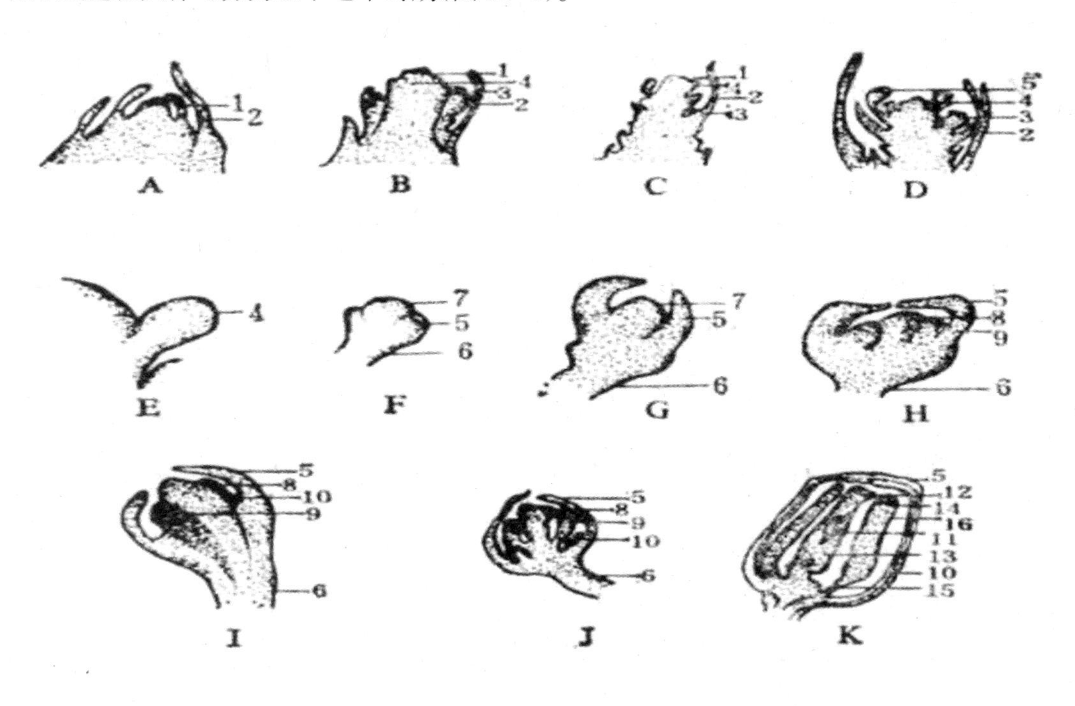

图 31-1　油菜花芽分化过程

A.油菜生长锥；B.主轴开始分化；C.主轴继续分化；D.分枝开始分化；E.花蕾原始体；F.花蕾突起；G.花蕾伸长；H.雌雄蕊突起；I.花瓣突起；J.雌雄蕊伸长；K.胚珠、花粉粒形成；

1.生长锥；2.叶原始体；3.腋芽或分枝；4.花蕾原始体；5.花萼；；6.花柄；7.分化原始体；8.雌蕊突起或伸长；9.雄蕊突起或膨大；10.花瓣突起或花瓣；11.胚珠；12.柱头；13.子房；14.花药；15.花丝；16.花粉粒

1. 花原基分化期

未分化的生长锥呈半球形，表面光滑，基部发生很多叶原基；当花芽开始分化时，生长锥基部稍偏上的部位出现一个钝圆形的小突起，即为花原基。

2. 花萼原基分化期

各花蕾原基继续膨大伸长呈短棍棒状，在短棍棒棒头稍下的四周出现一圈微小突起，继而分化为 4 片新月形突起，即为花萼原基。花萼原基向上伸长,尖端合拢，逐渐把花原基的生长点包裹起来。

3. 花瓣、雌雄蕊原基分化期

当花萼原基即将合拢时，在与萼片原基互生的位置出现 4 个很细小的半球形突起，即为花瓣原基。此后花瓣原基的生长很慢，落后于雌雄蕊原基的生长。随后在花瓣原基的内侧出现 6 个半圆形突起，即为雄蕊原基；中间的一个大突起为雌蕊原基，至此萼片已经合拢。但以往认为雌雄蕊的分化先于花瓣的分化，因为花瓣原基分化后生长很慢且较细小，又位于花萼原基与雄蕊原基之间，不易观察到。

4. 花粉母细胞形成期

花蕾逐渐长大后，轻轻剥开花萼，雄蕊呈纺锤形，内部出现不规则的块状花粉母细胞。此时雌蕊伸长呈圆锥形，内部已有胚珠突起分化，以后胚珠、花粉逐渐形成。

5. 花粉母细胞减数分裂期

在形成花粉母细胞后，随着花药的继续伸长，花粉母细胞之间的间隙增大，将雄蕊制成涂片观察可见，绝大部分花粉母细胞已一个个分散。当花蕾长达 1.3 ~ 1.7mm（不连柄），分散的花粉母细胞内开始进行减数分裂，并逐渐出现分隔，成为四分体，四分体外仍然保持着花粉母细胞的外壳，其 4 个子细胞呈四面体排列。

6. 花粉粒外壁加厚期

花粉粒溢出花粉母细胞外壁后，体积增大，外被明显加厚的双层厚膜，外壁分为 3 片，各片相接处较薄，为 3 条发芽沟，发芽沟汇合处为发芽孔。

7. 花粉粒内容充实期

花粉粒进行内容充实，花粉较前期增大，最后在显微镜下观察为椭圆形，此时可观察到其内部有两个生殖核和一个营养核。以后花粉成熟。

三、材料用具

（1）材料

不同播期的油菜早、中、迟熟品种菜苗。

（2）器具

双目解剖镜，载玻片，解剖针，刀片等。

（3）药品

醋酸洋红，I–KI 溶液。

四、方法步骤

取油菜苗，先用手剥去植株外面的展开叶，再在双目解剖镜下用解剖针剥去里面的幼叶，将全叶剥去，直到露出生长点为止。观察花芽分化的 1、2、3 期；挑取油菜花蕾，用解剖针除去花萼及幼瓣，将幼小花药置于载玻片上，涂片染色（用 I–KI 液），观察花芽分化的第 4、5、6、7 期。

五、作业

（1）绘图说明观察到的油菜花芽分化的各个时期，并注明各部位名称。

（2）记载油菜花芽分化各时期植株的外部形态（苗高、叶片数）、品种名称和播种日期等。

实验 32　苎麻茎纤维细胞形状观察及纤维品质的简易鉴定

一、目的要求

了解苎麻茎的横切面结构，着重识别纤维群、纤维层、纤维束、纤维细胞、初生纤维与次生纤维。了解苎麻的纤维层特点及纤维细胞的形状。

二、内容说明

苎麻茎部通常由表皮、皮层、韧皮部、形成层、木质部及髓等组成。苎麻的韧皮纤维主要存在于茎的韧皮部，由分生组织原形成层和形成层分裂细胞，经过生长和分化而成（图 32–1）。

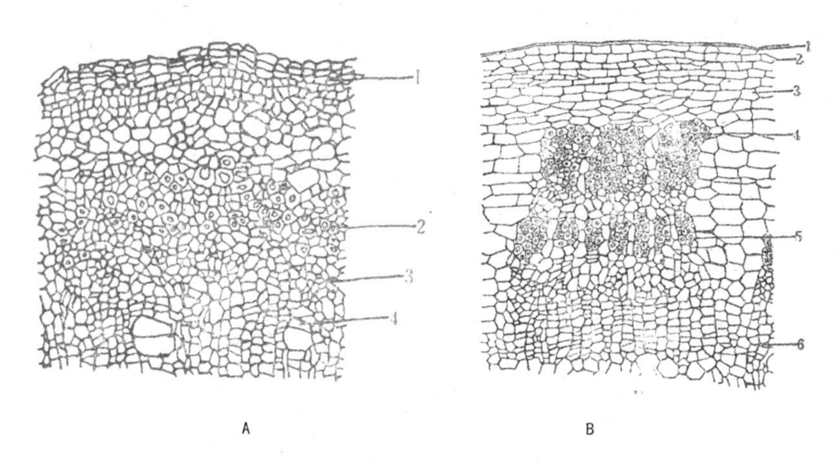

图 32–1　麻类作物茎横切面的一部分

A.苎麻：1.木栓组织 2.韧皮纤维 3.韧皮部 4.维管形成层

B.黄麻：1.角质层 2.表皮 3.皮层 4.初生韧皮纤维 5.次生韧皮纤维 6.维管形成层

（一）单纤维细胞与纤维束

我们通常所接触的苎麻纤维并不是一根单纤维细胞，而是有若干个单纤维聚结而成的纤维束。苎麻韧皮纤维的单纤维细胞，其形态呈线状或长纺锤形，尖端细或圆钝，有的在尖端分叉。细胞腔狭窄而细长，壁厚，有斜纹状的结构，细胞横切面呈圆形或多角形。麻类作物中苎麻的单纤维细胞最长、最细，一般长 60 ~ 250mm，最长可达 550mm，其长宽比大约 1900 ∶ 1，亚麻、大麻次之，黄麻、红麻又次之。

纤维细胞的发育，大致可分为三个阶段，最初为胞壁延长阶段，纤维初生胞壁显著延长，并相应地横向扩大。其次是胞壁增厚阶段，由于纤维素、半纤维素和木质素等物质在初生胞壁内侧逐渐沉积加厚而成次生胞壁。最后是纤维成熟阶段，此时次生胞壁基本停止增厚，胞腔变小，腔内原生质基本消失，成为死细胞。成熟的纤维一般呈扁平状，没有扭曲（苎麻有时有 4 ~ 5 个扭曲）。

同一植物的韧皮纤维细胞，在茎的纵向是随着麻株生长自下而上逐渐分化、发育、成熟的，故茎下部的纤维细胞分化、发育最早，细胞也最长。越往上纤维细胞发育越晚，细胞也越短。在茎的横切面，单纤维细胞是自外向内逐渐分化、成熟，最先形成的韧皮纤维细胞是紧靠皮层的内侧，成熟最早，最后形成的纤维细胞是紧靠形成层的外侧，成熟较晚。通常以茎中部纤维细胞数目最多，下部次之，上部最少。

麻类作物纺织用的纤维，是以纤维束为基本单位的。一个纤维束包含有若干个由果胶黏结在一起的单纤维细胞，每束所含单纤维细胞的多少，因品种和栽培条件不同而异，一般苎麻4～8个。

纤维束在韧皮部的分布，以茎下部为多，由下而上逐渐减少。茎的纵向纤维束相互穿插、交错，联结成网状。在茎的横向，纤维束相聚而成纤维群，纤维群中的纤维束由薄壁细胞隔成若干纤维层。通常接近基部的纤维层层数多，越向梢部纤维层层数越少，常只有一层。黄麻茎基部一般有纤维层8～24层，苎麻有5～6层甚至10层。

韧皮纤维根据起源不同可分为初生韧皮纤维和次生韧皮纤维，由原形成层（初生分生组织）分生的纤维细胞，称为初生纤维细胞。由初生纤维细胞集结而成的束，称初生纤维束，位于纤维群的最外一层。由形成层（次生分生组织）分生的纤维细胞，称次生纤维细胞，由它们集结而成的纤维束，称次生纤维细胞束。一般初生韧皮纤维发生在茎停止伸长之前，含纤维素高，细长而柔软，具有较好的经济价值；而次生韧皮纤维发生在茎停止伸长之后，含纤维素较低，纤维短且韧性较弱，其经济价值较差。苎麻、亚麻、大麻等初生纤维发达，多且长，多集中在茎的中下部，其次生纤维不发达，较少，多在茎的中下部。相反，黄麻、红麻的次生纤维细胞发达，多集中在茎的中下部，而初生纤维较少。

（二）麻类纤维品质的简易鉴定

各种麻类作物的经济价值决定于它的纤维品质，影响纤维品质的因素很多，评定纤维品质的指标也较多，其中最主要的有纤维细胞的长宽比，纤维素和木质素含量的多少，以及纤维强力等。

1. 纤维细度长宽比测定

纤维细胞愈长，品质也愈好，因为纤维成纱的强力往往与纤维长度成正比。长纤维纺成的纱线由于接触面大，故拉力也较大，而纤维的粗细则以细的较好，纤维愈细，纺成的纱或织成的织物愈细致。不同麻类纤维细胞的长度和细度不同，其长宽比也不同。

测定麻类纤维细胞的长度，可将韧皮纤维在一定的溶液中进行离析，然后取单细胞在显微镜下用测微尺量其长度，以mm单位。

测定纤维细胞的宽度，可将麻茎的横切片放在显微镜下量细胞的直径，因纤维细胞呈现出不很规则的形状，故测量的细胞数目至少应在10个以上，最后求其平均值，然后求出长宽比值（即长：宽）。

麻纤维细胞离析法可用铬酸－硝酸液法，即相同部位的麻茎，将皮剥下，先撕成细丝，然后浸于盛有离析液的小瓶中，塞紧软木塞，浸渍1～2天后取出，用水彻底洗净就可以观察。离析液的配制为10%铬酸1份，10%硝酸混合。离析后用水洗净的纤维可以保存在50%的乙醇中或甲醛－乙醇－冰醋酸（F.A.A）固定液中，以便随时取用。

2. 纤维细胞木质化程度的鉴定

木质素含量的多少对麻纤维品质影响很大，木质素含量少，相对地纤维素含量多，则纤维的弹性大，伸长度也大。反之，木质素含量愈多，则纤维的弹性愈小，脆而易折，伸长度也小，经济价值低。

鉴定木质素含量多少的方法是，将麻茎作横切片，在切片上滴上浓盐酸 1 滴，然后再滴上间苯三酚的 5% ~ 10%乙醇溶液，木质化纤维细胞即染成鲜艳的樱桃红色或紫红色，颜色的浓淡则决定于细胞壁木质化程度（注：间苯三酚为白色或淡黄色结晶性粉末）。

3. 精麻纤维的强力测定

各种韧皮纤维作物的精麻（脱胶过的麻纤维）强力，随品种、外界环境条件、栽培技术与成熟度、脱胶的好坏，以及取材的麻茎部位等不同有很大的变化。通常用麻茎中部的纤维，取长 20cm，重 1g，置于纤维强力机上进行测定，以 kg/g 表示。

三、材料用具

几种主要麻类作物茎的横切面切片，供作徒手切片的鲜样，麻类精洗纤维标本，麻纤维标准样品，离析的麻纤维细胞材料，各种麻类挂图，显微镜，载玻片、盖玻片，挑针，镊子，测微尺。麻类植株，刀片，浓盐酸，5%~10%间苯三酚乙醇溶液，浸离液（10%铬酸 +10%硝酸）。

四、方法步骤

可分组进行，每组一套切片，并对部分鲜样进行徒手切片。人手一台显微镜，每人主要观察两种麻的切片，对两种麻纤维进行品质鉴定，然后在组内变换观察结果。

五、作业

（1）根据观察，绘制两种麻茎的横切面图，并注明各部位名称。

（2）将各项指标观察及鉴定结果填入下表。

表 32–1　　麻类纤维特征记录表

观察项目 麻类名称	纤维层数	纤维长度 （mm）	纤维平均 直径（μm）	纤维长宽比 （长：宽）	纤维木质化程度 （颜色反应）	纤维强力 （kg/g）

注：在自己主做的麻类名称和项目上标“*”记号。

第四章 作物有性杂交技术

实验 33 水稻有性杂交技术

一、目的要求

了解水稻的开花生物学特性,学习并掌握水稻有性杂交技术。

二、内容说明

1. 水稻花器构造

水稻是雌雄同花的自花授粉作物,属圆锥花序。稻穗由穗轴、枝梗、小枝梗组成。在小枝梗上着生小穗,每个小穗只有一朵颖花(3 朵颖花中的 2 朵退化后只剩下一个不发达的外颖)。每个发育颖花由 2 个护颖(退化花的外颖),内外颖各一个、2 个鳞片以及雌雄蕊所组成。雌蕊位于颖花基部的中央,子房一室,内藏一个胚珠;花柱先端分开成羽毛状柱头。雄蕊 6 枚,花丝从子房的基部生出,花药四室,长形,每个花药内约有 1000 粒花粉。子房与外颖间有 2 个小鳞片,鳞片呈圆形、白色、肉质,起着调控颖花开放的作用(图 33-1)。

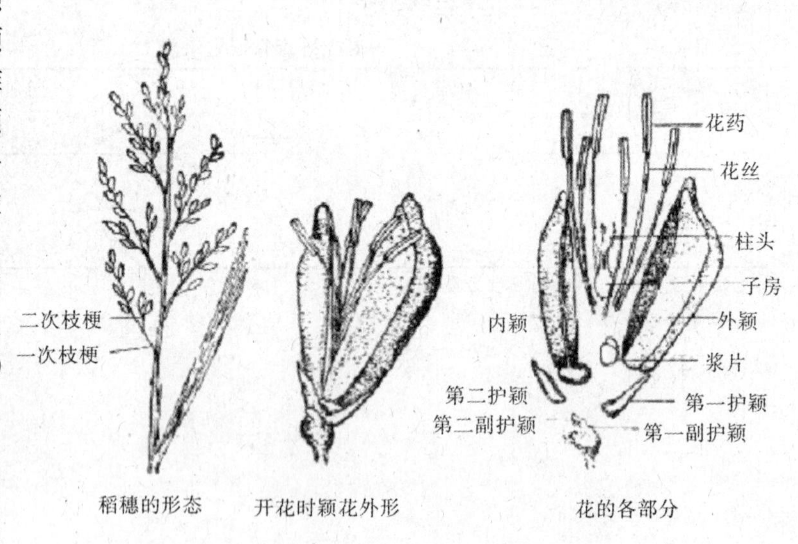

图 33-1 水稻的稻穗及花器构造

2. 水稻开花习性

早、中稻(籼稻)的稻穗从剑叶叶鞘抽出后的当天或第 2 天就开始开花,第 1 天开花数少,第 2、第 3 天开花数最多,以后逐渐减少,经 5 ~ 7 天全穗开花完毕。晚稻(粳稻)在抽穗后第 2 天才开花,到第 4、第 5 天旺盛,开花较分散,当鳞片吸水膨胀约达原来体积的 3 倍时,即推开外颖而开花。开花时,内外颖张开的角度因品种而异,一般为 30° 左右。开颖时花丝伸长,花药伸出颖外，花粉散落，鳞片失水而颖片闭合。从开始开颖到全开，一般需要 10～20 分钟，全开后约停 30 分钟即逐渐闭合。水稻每天开花的时间与温度、湿度、品种有关，但主要决定于当天的气温，一般要求在 20℃以上。气温高开花就早，气温低则开花推迟。开花最适宜的气温为 30℃左右，最高气温为 50℃左右，最低气温为 15℃左右。如长江中下游地区的早稻一般在上午 9～10 时开始开花，而 10～11 时开花最多；中稻一般在 8～9 时开始开花，9～11 时开花最多；晚稻中午或下午 1～2 时开花最多。如天气不适(阴雨低温)可推迟开花、闭花授粉或不开花。

稻穗开花的顺序，在主茎和分蘖之间，主茎穗先开，依次是分蘖，分蘖开花的先后顺序与其发生的时间早迟相一致，在同一穗的枝梗间，最上部的枝梗先开，顺次向下。一个枝梗上，则顶端第一朵颖花先开，以后一般是该枝梗最基部的颖花开花，顺次而上。同一穗上开花早的花势强，开花迟的花势弱，各颖花的开花期相差 4～9 天，一般相差 5～7 天，但也有同时开花的。

3. 授粉和受精

一般授粉在开花的同时或开花前后发生。授粉后经过 1～2 分钟，花粉管就开始伸长，在正常条件下，开花后 30 分钟内花粉管已伸入胚中，授粉后 9～18 小时完成受精。至于花药的开裂，在气温 25℃～35℃能正常进行，过高或过低的温度都妨碍花药的开裂。花粉的发芽与花粉管的伸长，可以在相当宽的范围内发生，以 30℃左右为宜，过湿和干燥时对花粉的发芽与花粉管的伸长都有不良影响。柱头的生活力，在开花后一般可维持 3 天，少数品种受精能力可保持 5 天左右，但随着时间推迟其生活力逐渐减弱；花粉从花药中散发出来后，在很短时间内即死亡，5 分钟后差不多生活力完全丧失，但未离开花药的花粉粒可维持 10 多分钟，15 分钟以后则逐渐丧失生活力。

三、材料用具

开花期水稻品种数个，小剪刀，镊子，羊皮纸袋或硫酸钠纸袋，纸牌，温度计，热水瓶，回形针，黑布，黑纸袋，铅笔等。

四、方法步骤

(一) 温水杀雄法

利用水稻雄蕊对温度的忍耐力较雌蕊差的特点，在 45℃～46℃的温水中浸泡稻穗 4～6 分钟，可杀死花粉而不伤害雌蕊和其他花器；且温水能刺激鳞片，促进开花。

(1) 调配水温：将水温调到 45℃，温水要装满热水瓶，水温与处理时间要配合恰当；籼稻水温 45℃，处理 5 分钟，水温 42℃则处理 8 分钟。粳稻水温 45℃，处理 7～8 分钟。经过短时处理的植株，其花器特别是鳞片的抵抗力减弱，应略降低水温或缩短处理时间。

(2) 选择母穗：以选择当天开花小穗数较多的穗为宜。一般选 1/2~2/3 抽出剑叶叶鞘的稻穗，在阳光下透视，可以看到多数花的花药已伸至颖壳的上部或伸长至 2/3 处，为即将开花的象征。

(3) 温水处理：将选择去雄的母穗用手轻轻压弯，倾斜地浸入热水瓶内，要注意防止折断穗梗。处理后取出稻穗，并轻轻抖掉处理稻穗上的水珠，稍待晾干后将有颖花陆续开颖，这样一次可以处理 1～3 个母本稻穗。

(4) 整穗：温水处理后，将不张颖的颖花全部剪去(不张颖的花是开放过的或未成熟的)。整穗时防止剪伤留下的颖花及其枝梗，整穗完毕后立即套上纸袋。

(5) 授粉：采取将要大量开花的或预先处理后即将大量开花的父本穗，插入盛有温水的玻瓶内,玻瓶装于小桶内,桶上用布覆盖保持阴湿,可随时拿出授粉。授粉方法一般常采用振动自由授粉法,即取备好的盛花父本,在开颖的母穗上振动,使花粉振落在母穗花的柱头上,达到授粉的目的。如花粉数量太少,则可从小花中取出花药 2 ~ 3 个放进母本小花中,逐个进行授粉。但要注意花药是否成熟,判断方法是将花药于指甲上触破,观察有无花粉散出。母穗开颖的小花,约 30 分钟闭颖,如未及时进行授粉,也可用镊子轻轻分开内外颖来授扮。

为了达到较好的授粉效果,还经常采取下列方法:①黑袋或黑布促进开花:在开花前半小时至 1 小时,选取当日盛花穗若干,套上黑袋或 盖黑布,经 10 ~ 15 分钟,父本提前开花,即行授粉;②剪颖促花授粉:选取父本穗剪去颖片的 1/3,5 分钟后花丝伸长,花药提前散粉,即可进行授粉;③移株授粉:将父本植株带土移于母本植株旁,将父本、母本套于同一袋内,待开花时,轻轻敲打纸袋使其授粉。

(6) 套袋挂牌:授粉后,母穗套上纸袋,可把剑叶一同插入袋内作为支柱,袋口用回形针夹住,应注意切不可将穗梗夹住。挂上纸牌,标明父本、母本品种名称和杂交日期,杂交颖花数以及操作员班级姓名。闭颖后即可去袋,但为了防止雀害,可待种子成熟时将袋子与种子一起收获。

(二) 热气杀雄法

将热水瓶中装 48℃ ~ 50℃热水,去雄时倒掉水,使瓶内温度保持 45℃左右,将空瓶套住母穗,瓶口用棉花塞住保温。处理时间和整个步骤与温水杀雄法相同。

(三) 剪颖去雄法

即用剪刀剪去母本颖壳的 1/3 ~ 1/4,用镊子取出其中的 6 个花药,或用抽气吸雄器吸净 6 个花药。注意防止损伤柱头。每穗只留中部小花。剪颖去雄一般在进行杂交的前一天下午或当天清晨进行, 去雄后即套袋、挂牌,采取抖粉或靠株授粉法均可(图 33-2)。

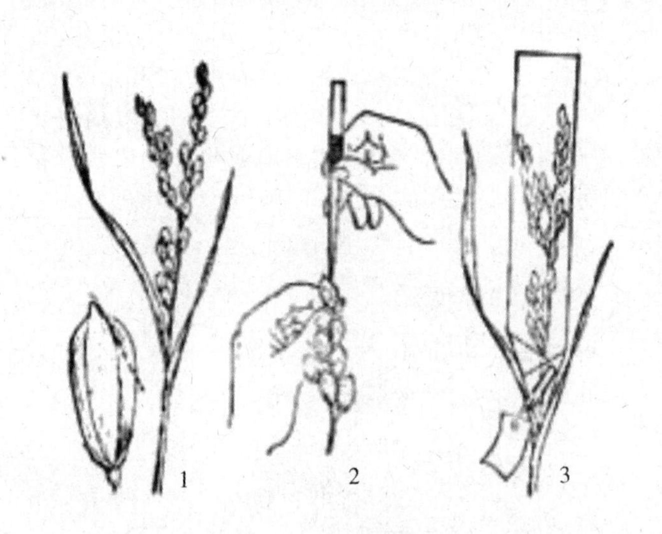

图 33-2 水稻剪颖去雄法

(四) 黑暗闭药开花去雄法

水稻开花时颖壳的张开和花药的开裂对外界条件刺激的反应不同。在黑暗条件下,可促进颖壳张开、花药伸出颖壳外而不开裂,花粉成团黏着。把即将开花的盆栽稻,在早晨开花前 2 ~ 3 小时从室外移进暗室,暗室开一小窗,留一点光线以便工作。移后不久即开始开颖,花药伸出颖外而不开裂,用镊子除去花药,剪去一穗中未开放小花,即可授粉。

去雄的方法虽然有多种,可结合各地情况采用,但目前多数单位采取热气杀雄与剪颖相结合的方法,可以大大提高水稻杂交的工作效率。

五、作业

(1) 每 2 人一个组,每组做 4 个稻穗,每 2 个稻穗套 1 个杂交袋,写上组合名称、杂交日期、操作人姓名。杂交后一星期检查杂交结实情况,统计杂交结实率并填入表 33-1。杂交种子成熟时，及时将纸袋收回，并将杂交种子交指导教师验收评分。

表 33–1　水稻有性杂交结实率统计表

杂交组合	杂交日期	穗号	去雄方法	授粉方式	杂交颖花数	结实颖花数	结实率（%）	备注
1								
2								
3								
4								
合计								

（2）简述水稻花器结构和开花习性，谈谈温水去雄杂交的关键技术。

实验 34　小麦有性杂交技术

一、目的要求

了解小麦的开花生物学特性，掌握小麦有性杂交技术。

二、内容说明

（一）小麦的花器构造

小麦是自花授粉作物，复穗状花序。麦穗由穗轴和小穗组成，穗轴各节着生小穗，每小穗基部着生 2 片护颖，内有 2 ~ 9 朵小花，一般仅基部 2 ~ 4 朵发育良好，结实正常，上部小花往往不实。每朵小花有内、外颖各一，外颖顶端有芒或无芒(图 34–1)。内颖在外颖的内侧，靠外颖一侧的基部有鳞片 2 个。开花时，鳞片吸水膨胀使颖片张开。雌蕊 1 枚，在当中，由柱头、花柱和子房组成，柱头成熟呈羽毛状分叉。雄蕊 3 枚，着生在雌蕊的周围，分花丝和花药两部分(图 34–2)。花药未成熟时为绿色，成熟时呈黄色，少数品种为紫色。

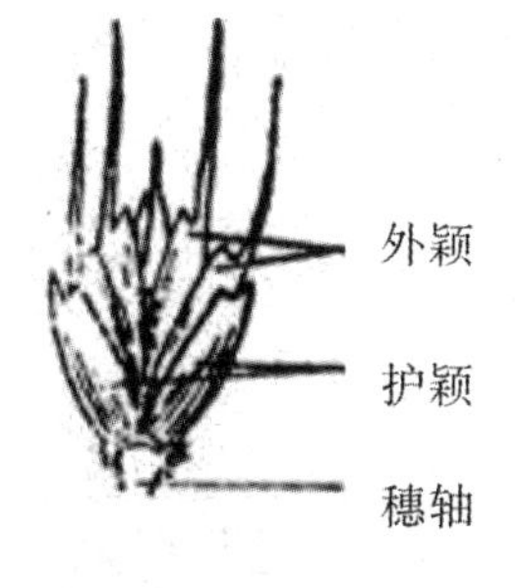

图 34–1　小麦的小花

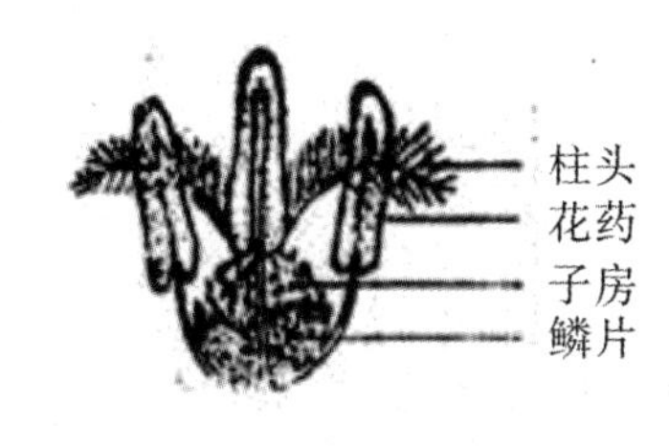

图 34–2　小麦的雌雄蕊

（二）小麦的开花习性

小麦抽穗后一般 2 ~ 6 天后开始开花。同一麦株主穗先开，然后按分蘖先后顺序开放，全株开花期为 3 ~ 8 天。同一麦穗中上部的小穗先开，然后从上向下依次开放，其开花期为 3 ~ 5 天。同一小穗，基部花先开，依次向上开放。开花时，花丝尚未伸出颖壳，花药即开始破裂，部分花粉落于该花柱头上，完成自花授粉，其余花粉散放出来。约经 50 分钟，颖壳关闭，开花完毕。授粉后 1 ~ 2 小时花粉开始萌发，经 24 ~ 36 小时，完成受精过程。

小麦全天都可开花，但一般以上午 9 ~ 11 时开花最盛。开花早晚取决于当天的温度和湿度。气温高，空气干燥，开花早；气温低，天气阴湿，开花延迟。开花的最低气温为 9℃ ~ 11℃，最适气温为 22℃，温度在 10℃以下或者超过 30℃均不利于开花。

雌蕊成熟后，如果没有接受花粉，内外颖就不关闭。柱头在正常情况下，保持授粉能力的时间可达 8 天左右。但 3 ~ 4 天以后授粉，结实率就会下降。花粉能维持生活力的时间很短，采下的花粉超过 30 分钟，发芽率就显著降低。

三、材料用具

1. 材料

供杂交用各小麦品种的植株。

2. 用具

剪刀，镊子，玻璃或硫酸钠纸袋（15cm × 5cm），回形针，小纸牌，花粉杯，指形管（或小培养皿），铅笔，75%乙醇棉球等。

四、方法步骤

（一）选株整穗

根据杂交组合，选择具有该亲本典型性状，而又是健壮植株的主穗（或好的分蘖穗）作为母本。当母本穗中部小穗的花药正由绿转黄时，去掉上下部发育不好的小穗，只留中部 8 ~ 10 个小穗，再夹除每个小穗中部的小花，只留基部发育良好的 2 朵小花。整穗后，一般一个母本穗上仅留 16 ~ 20 朵发育良好的小花。有芒亲本将芒剪去（图 34–3、图 34–4）。

（二）去雄

去雄有两种方法，即分颖去雄和剪颖去雄。一般多采用分颖去雄法。

1. 分颖去雄

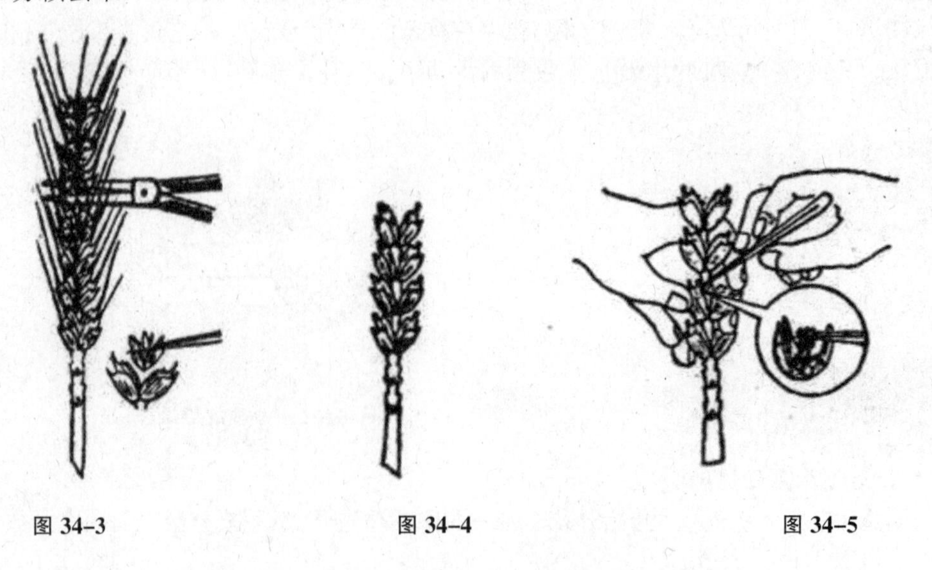

图 34–3　　图 34–4　　图 34–5

用左手拇指和中指捏住麦穗，食指轻压小花颖片顶端，使颖壳张开，右手把镊子伸进花里，夹住3枚花药，轻轻取出，不要损伤柱头(图34-5)。如发现花药破裂，就将整朵小花去掉，立即用75%的乙醇棉球揩擦镊子。去雄时应从穗子的一边由上往下依次进行，去完一边，再去另一边。全穗去雄完毕，立即套上纸袋，挂上纸牌，写明母本品种名称或代号、去雄日期和操作者姓名等项。

2. 剪颖去雄

在整穗后，先将去雄花朵从上部剪去约1/3的颖壳，再用镊子从上面轻轻夹去雄蕊，切勿伤及柱头。这种方法去雄较快，但由于颖壳被剪去1/3，对麦穗的生长有一定影响，种子发育较差，籽粒较小。

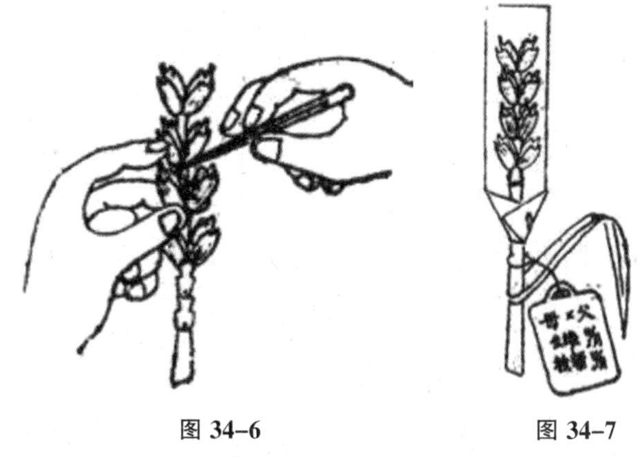

图 34-6　　图 34-7

(三) 授粉

小麦有性杂交的授粉方法较多，有常规授粉法、捻穗法、父本移植法(插瓶法)等。一般采用较多的是常规授粉法。

1. 常规授粉法

常规授粉即人工采集花粉逐花授粉。母本去雄后，柱头呈羽毛状分叉并带有光泽时，表示柱头已经成熟，最适合授粉。一般以去雄后的第二天授粉为宜，如去雄时柱头已分叉，可当天去雄随即授粉。

当父本处于盛花期时，选取健壮、无病虫的植株，用镊子采取麦穗中部小穗基部2朵小花，即将散放花粉的成熟花药(黄色)放入花粉杯中，立即进行授粉。授粉时，取下母本纸袋，用镊子夹住粘满花粉的花药(或用毛笔尖沾取花粉)逐一放在(或涂在)母本花朵的柱头上，或从即将开放的小花中，取出花药轻轻放在去雄花的柱头上(图34-6)。授完一边，再授另一边。如发现雄蕊没有去干净的花朵，就要将其除去。更换授粉品种时，要用乙醇棉球擦洗用具和手指。授粉完毕，立即套上纸袋，并在纸牌上写明父本名称、授粉日期、杂交花朵数和操作者姓名等。

2. 捻穗法

剪取几个生长健壮、即将开花的父本穗子，扎成一束，挂上纸牌，注明品种(系)名称，插入水中，放在遮阴处待用。授粉时，取一父本穗，将小花齐花药处剪去颖壳，稍待片刻，花药伸出。再用剪刀将母本去雄穗上所套纸袋的顶端剪开，手执父本穗，从剪口处倒插入袋内，捻转几下，使花粉落在柱头上，取出父本穗，立即折叠好纸袋上方用回形针夹住袋口，并在纸牌上注明父本名称、授粉日期及操作者姓名等项(图34-7)。

3. 父本移植法(插瓶法)

授粉时，选择健壮而又即将开花的父本穗2～3个，从基部第二节剪下，插入系在小竹竿上、盛水的小瓶或竹管中，使其略高于母本穗而又均匀地围绕着母本穗。然后将父本、母本穗一并套入硫酸钠纸袋中，让其在袋内自由开花授粉。

五、作业

(1) 为了保证小麦有性杂交的质量，你认为应该注意哪些问题？

(2)根据育种目标和选配亲本的原则,每人按上述方法选作杂交组合2~3个。1周后取去纸袋,经常观察,加强管理。根据不同组合、不同去雄和授粉方法的结实情况,检查杂交是否成功,记入表34-1,并分析其结实率不同的原因。

表34-1 小麦有性杂交结实情况结果

组合	去雄方法	授粉方法	杂交小花数	结实粒数	结实率	备注

实验35 玉米自交系培育和有性杂交技术

一、目的要求

了解玉米的花器构造和开花习性,初步掌握玉米有性杂交和自交技术。

二、内容说明

玉米属雌雄同株异花的天然异花授粉作物,自然异交率高达95%以上。现代玉米生产上主要是利用杂种优势提高产量。有利用雄性不育特性和自交系间的杂种优势两种途径,后者首先是选育自交系,即通过多代自交分离和选育,使其遗传 性纯合化,培育性状整齐一致的优良自交系,而后是选用不同的自交系配制强优势的杂交种,达到利用杂种优势。

(一)玉米花器构造

玉米是雌雄同株异花的作物,雄花为圆锥花序,由主茎顶端的生长锥分化而成,分主轴与侧枝两部分,主轴有4~11列成对的小穗,侧枝上一般只有2列成对小穗,每对小穗中,一小穗有柄,位于上方,另一为无柄小穗,位于下方,每个小穗里有2朵小花,每朵花有一对膜状的内、外颖。每朵小花各具有3枚雄蕊,成熟时花药露出颖片开裂散粉。

雌花为肉穗花序,由叶腋发育而成,结实后称果穗或棒子,除植株上部几叶外,每一叶腋中均有一个腋芽,一般玉米每株可发育1~2雌穗,也有可发育7~8雌穗的,因品种特性和培育条件而异。雌穗由穗柄、穗轴、雌小穗和苞叶组成。雌穗上的小穗成对着生,排列成行,每穗小穗行数少的只有4行,多的达24行,一般为8~16行,每穗的小穗数少的只百余个,多的可超过千个,一般为300~600个。雌小穗无柄,基部有护颖片,内有小花2朵,一为不育花,只有内外颖;一为可育花,由内、外颖和一枚雌蕊(子房和柱头)组成,能正常结实。由于雌穗上的小穗成对着生,每一小穗中包含一朵不孕花和一朵正常花,所以玉米果穗粒行数是成双的。

(二)玉米开花习性

雄穗一般比雌穗早抽出4~5天,雄穗抽出顶叶后3~5天,才开始开花散粉。开花顺序是中上部的花先开,后向上、向下和四周开放,每株雄穗开花过程7~8天,以开始开花后2~5天内为盛花期。开花时间为每天上午8~11时,以9~10时为开花盛期。开花快慢与气候条件有很大关系,开花适温为25℃左右,适宜的湿度为70%。如遇阴雨低温天气,开花延迟,花期延长,高温干燥则花期缩短。花粉的生活力在一般田间条件下可维持5~6小时,如在5℃~10℃

的温度和 50%～80%湿度条件下，其生活力可维持到 24 小时以上。

雌穗的花丝常在雄穗开花后 2～4 天才开始外露，即雌穗吐丝期一般较雄穗开花期迟 3～4 天，在干旱条件下可延迟到 7～8 天。雌穗一般是中下部（基部以下 1/3 处）的花丝先伸出，然后向上进行，穗轴顶部小花的花丝最后伸出，从花丝开始伸出到全部抽齐需 2～5 天。花丝一旦伸出，就具有受精能力，但以花丝抽出苞叶外 2～3 天授粉结实能力最强。柱头生活力在花丝抽出后可维持 10 天左右，花粉一落到花丝上就开始发芽，授粉后 20～25 小时即受精。

由于花丝抽出时间不一致，授粉时间有差异，因此顶端花丝抽出迟，往往接近散粉末期，所以果穗顶端往往结实稀少或不结实而呈现秃顶现象。

根据上述玉米两性花的开花习性，可见雄穗在开花后 2～5 天内开花散粉最好，上午 8～10 时的花粉生活力最强，应在这个时期采集花粉，并在雌穗花丝抽出后第 2～3 天内授粉，结实率最高。

三、材料用具

1. 材料

玉米品种和自交系若干。

2. 用具

大小硫酸钠纸袋（26cm × 17cm，17cm × 10cm），回形针，剪刀，铅笔，纸牌，乙醇棉球等。

四、方法步骤

（一）自交技术

自交即选择优良典型的植株，用人工将本株的雄穗花粉授给本株雌穗花丝上，下一年将自交的优良果穗分别种植，每个果穗种一行或一个小区，选择其中的多个优良植株再进行自交，直至当选的优良自交后代的性状稳定一致时，即成为自交系。其人工自交步骤如下。

（1）选株：当雌穗膨大，从叶腋中露出尚未吐丝时，选择具有亲本典型性状、健壮无病虫害的优良单株。

（2）雌穗套袋：先将雌穗苞叶顶端剪去 2～3cm，然后用硫酸钠纸袋套上雌穗，用回形针将袋口夹牢。

（3）剪花丝：套袋的雌穗已有花丝伸出，则在下午取下雌穗上所套的纸袋，用经乙醇擦过的剪刀将雌穗已吐出的花丝剪齐，留下长约 2cm 再套回纸袋，待第二天上午授粉。

（4）雄穗套袋：在剪花丝的当天下午，用大硫酸钠纸袋将同株的雄穗套住，并使雄穗在纸袋内自然平展，再将袋口对称折叠，用回形针卡穗轴基部固定。

（5）授粉：雄穗套袋后的第二天上午，在露水干后的盛花期进行。在每次去雄和授粉前用乙醇擦剪刀和手，以杀死所蘸花粉。①采粉：用左手轻轻弯下套袋的雄穗，右手轻拍纸袋，使花粉抖落于纸袋内，小心取下纸袋，折紧袋口略作向下倾斜，轻拍纸袋使花粉集中在袋口一角；②授粉：取下套在雌蕊上的纸袋，将采集的花粉均匀地散在花丝上，随即套上雌花纸袋，用回形针夹牢封紧袋口。授粉时动作要快，切忌触动周围植株和用手接触花丝。如果花丝过长，可用浸过乙醇的剪刀剪成 6cm 左右即可。一株自交完毕，下一株自交以前要用 70%的乙醇擦手，杀死落在手上的花粉。

（6）挂牌登记：授粉后在果穗所在节位挂上纸牌，写明材料名称或小区号，授粉方式（一般用○ × 表示自交，用 S 表示系内混合授粉），授粉日期和操作者姓名，并在工作本上作好记录。

也可挂线作标记。

(7) 管理:授粉后果穗伸长膨大,为防止果穗把纸袋顶破或掉落,要及时松动或重新固定好纸袋,以便果穗发育和保纯。在授粉后1周内,花丝未全部枯萎前,要经常检查雌穗上的纸袋有无破裂或掉落。凡是花丝枯萎前纸袋已破裂或掉落的果穗应予以淘汰。

(8) 收获保存:自交的果穗成熟后应及时收获。将纸牌与果穗系在一起,晒干后分别脱粒装入种子袋中,纸牌装入袋内,袋外写明材料代号或名称,并妥善保存,以供下季种植。

(二) 杂交技术

玉米人工杂交工作中的套袋、授粉和管理工作等与自交技术基本相同,只是所套的雄穗是作为杂交父本的另一个自交系(或品种)而不是同株套袋授粉。授粉后的纸牌上应注明杂交组合名称,或母本、父本的行号(♀×♂)。收获后,先将同一组合的果穗及纸牌装袋收获,经查对无误后,再将同一组合的果穗混合脱粒,晒干保存。

如果利用不同自交系进行杂交,以获得自交系间杂交种子,为大田生产提供优质种子,这个过程通常称杂交制种,其做法如下:

(1) 按杂交组合,培育好亲本。首先要确立好杂交组合,应选择配合力高,适应性强,产量高和优势强的杂交组合,杂交亲本的生育期较近、花粉多的作父本。

(2) 母本去雄,严格混杂和人工互补助授粉。母本自交系应在抽雄开花时进行除雄花(若是雄性不育系则无需去雄),常采用除雄花的去雄方法。去雄时应沿着母本行区一株一株检查,如发现有雄花从顶叶中抽出时就应除掉,要每天检查一次。

为了提高杂交制种的产量,应在开花时期的每天上午8~10时进行人工辅助授粉多次,人工授粉方式的手续和注意点与自交方式大致相同,只是套的雌穗和雄穗是不同的植株个体。进行多种间杂交时,作为父、母本的是不同品种的植株,进行自交系间杂交时,则为不同系间的植株。

(3) 杂交方式。由于参加杂交的自交系数目多少和杂交次数的不同,把玉米杂交分为单交、三交、双交、综合杂交等杂交方式。

五、作业

(1) 熟悉玉米的花器构造,绘制玉米的雌、雄蕊花器图。

(2) 每人自交和杂交各2~3个果穗,成熟后检查自交、杂交效果并及时采收,比较杂交结实情况并分析其原因。填写表35-1。

表35-1 玉米自交、杂交结实情况表

类型	雄穗套袋编号	雌穗套袋编号	杂交组合	自交和杂交时间(月 日)	结实数(粒/穗)	操作者姓名
自交						
杂交						

实验36 棉花自交保纯和有性杂交技术

一、目的要求

通过本实验，熟悉棉花的花器构造和开花生物学特性，掌握棉花有性杂交和自交技术。

二、内容说明

1. 自交、杂交的作用

棉花的自交对保证种质的纯度有重要意义。棉花的杂交技术除用于杂交育种外，现在也广泛应用于杂交棉的杂种制种。

2. 棉花花器的构造

棉花的花为单生两性花，位于果枝节上与叶对生，着生在果枝上的花柄上。花自外向内由苞叶、花萼、花冠、雄蕊及雌蕊等部分构成(图 36-1)。

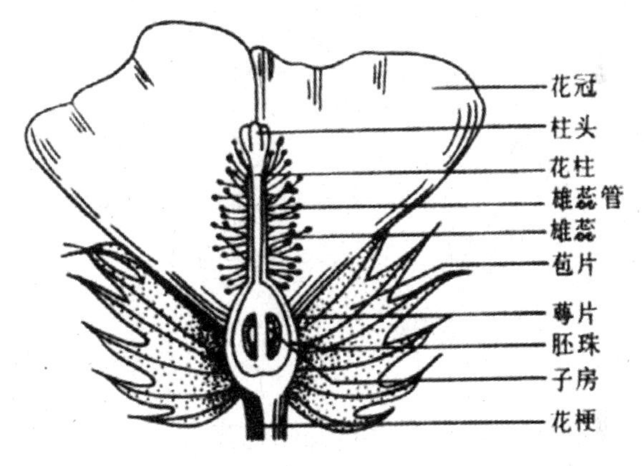

图 36-1 棉花的花器构造

苞叶：在花朵的最外层，由 3 片近三角形的苞片组成，上缘有锯齿，苞叶有保护蕾铃、制造养分的作用。

花萼：在苞叶以内，花冠以外的基部。绿色，一般由 5 个萼片联合成浅杯状，上下有 5 个突起，花萼基部着生 3 个蜜腺，其功能是招引昆虫，便于传播花粉，但也招惹棉铃虫为害。

花冠：由 5 个花瓣组成，花瓣基部与雄蕊联，陆地棉开花当天花冠为乳白色，开花后的第二天花冠变红色，第三天以后凋萎，逐渐脱落。

雄蕊：由花药和花丝组成，花丝基部联合成雄蕊管，包在雌蕊之外，与花瓣基部联结。陆地棉每朵花内有花药 60 ~ 90 枚，每一花药内含有花粉粒 100 ~ 200 粒。

雌蕊：在花朵中央，由子房、花柱、柱头三部分组成。子房外形长圆而上部稍尖，内分 3 ~ 5 室，每室着生胚珠 7 ~ 11 个，受精后，每一胚珠形成一粒种子，子房是棉花果实，受精后即发育成棉铃，花柱在子房的上部，位于雄蕊管中间，顶端为柱头，柱头多为乳白色，有刺状突起，能粘着花粉，有利于花粉发芽。柱头的生活力可维持到开花后 2 天。

3. 开花习性

棉花在现蕾后 25 ~ 30 天就开始开花，开花的顺序由下而上，由内而外，沿着果枝呈螺旋式进行。相邻果枝同一果节，开花时间相隔 2 ~ 4 天；同一果枝相邻果节，开花时间相隔 4 ~ 7 天。

棉花的花在开花的前一天，花冠急剧伸长，突出于苞叶之外。开花时期一般是在早晨 7 ~ 8 时，9 ~ 10 时为开花盛期，下午花冠开始收缩变为浅红色，2 ~ 3 天后花冠、雌蕊(除子房外)和雄蕊凋谢脱落，花粉落在柱头上即行发芽，需 24 ~ 36 小时完成受精。花粉的生活力一般能维持 24

小时左右，其生活力上午10时左右为最强，至当天下午就减弱，第二天上午大部分丧失发芽力，所以授粉最适宜的时间是开花当天上午的8～11时。柱头的生活力可保持到开花后的第二天，因此，若在杂交后的当天遇下雨，在第二天进行重复授粉仍可受精结实。棉花属常异花授粉作物，以自花授粉为主。从授粉到受精约30个小时。

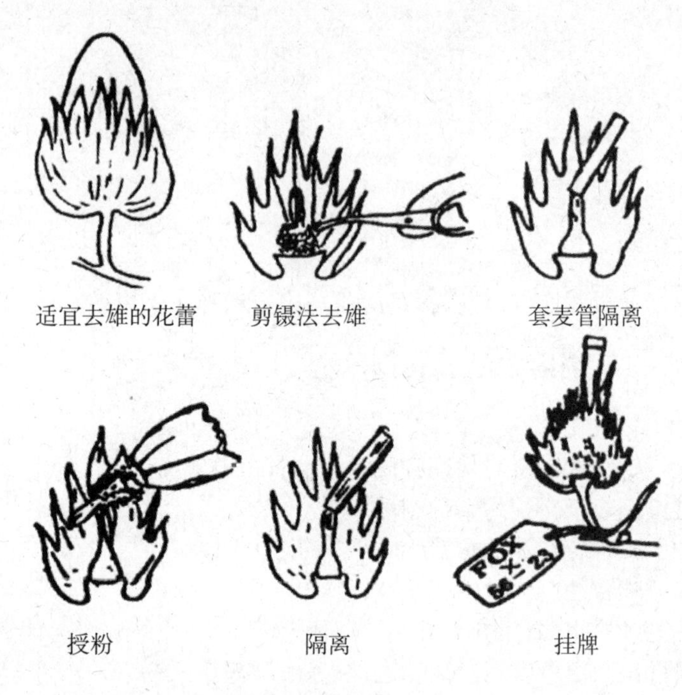

图 36-2 棉花的有性杂交步骤

三、材料用具

1. 材料

开花期的棉花杂交亲本品种若干。

2. 用具

剪刀，镊子，培养皿，毛笔，麦秆管，乙醇，纸牌，铅笔等。

四、方法步骤

1. 杂交方法和技术

（1）选择杂交亲本植株和花蕾。在杂交的先天下午4～6时，根据杂交组合，选择具有亲本品种的典型性状、生长发育良好、无病害和开花程度适合的植株作杂交亲本，在选定的植株上，再选定第3～第6果枝上的第一节或第二节的已经长大，将在次日开花的花蕾（花冠突出苞叶，但仍为螺旋形状，似毛笔的笔头）并加以标志（图36-2）。

（2）母本去雄。①徒手剥雄法：用手剥开苞叶，以两手拇指顺着花萼的基部切入，将花萼、花冠连同雄蕊管全部剥去，露出柱头、花柱和子房，剥雄时应注意切勿碰破花药或触伤子房，如花药破裂，应立即用清水冲洗柱头，手指亦应用乙醇擦拭，以杀死花粉，而后用麦管从柱头上方轻轻套下，达子房突起的上端。麦管套入后，须高出柱头约0.5cm，以免花柱伸长时碰伤柱头。这种去雄方法去雄彻底，较简单，但操作不慎易使花器受损。挂纸牌，用铅笔注明母本名称。②麦管切雄法：用手剥去花冠顶部，或用剪刀剪去花冠顶部，使柱头露出，而后用麦管套于柱头上，轻轻向下捻动，将雄蕊花丝全部切断，除去花药。操作时应注意不要使雌蕊受伤和不要碰破花药。为防止残留花粉，最好运用清水冲洗柱头，最后套上麦管，并使花冠恢复原状。这一去雄方法虽然麻烦费工，但去雄彻底，花器损伤小，结铃率高。挂纸牌，用铅笔注明母本名称。

（3）父本自交隔离。选择的父本花蕾也应如选择母本去雄花蕾一样，选择与母本同时开花的花蕾，同时在杂交先天下午做好父本花蕾的隔离准备工作。其隔离的方法有线束法、钳夹法及胶粘法。①线束法。用长约10cm的棉线将选定的花朵顶部扎住，但注意不能扎得太紧，以免切断花冠，或太松花冠容易张开。如作自交用，棉线的一端应系住花柄，收获时以示此为自交铃；②钳夹法。将回形针略分开呈“人”字形，在花冠顶部向下直夹，以免花朵次日开放，导致花粉混杂。如作自交用,在花柄处系上棉线,收获时鉴别自交铃;③胶粘法。在花冠顶部涂抹一层胶水,以免花朵次日开放。如作自交用,在花柄处系上棉线,收获时鉴别自交铃。

(4)授粉。在去雄次日的上午 9～11 时进行,一种是用毛笔把花粉扫入培养皿,而后用毛笔蘸起花粉轻轻授于母本柱头上;另一种是采摘先天隔离的父本花朵,将花冠轻轻地剥离,露出花药,将父本花朵在母本柱头上轻轻涂抹,或将花粉抖到柱头上,授完粉后应仍将麦管再套上,再在纸牌上写上父本名称、授粉日期及操作者姓名。

若采用多父本混合授粉,应先将各父本品种的花粉采集放在同一器皿中,混合均匀后再授粉。注意在更换父本花粉时要对毛笔或镊子用 70%的乙醇消毒,以防混杂。

2. 自交技术

自交的作用是防杂保纯,主要用于杂交亲本、原始材料的保纯。

自交方法:①火棉胶封花冠法:2 份火棉胶和 1 份丙酮混合,将混合液装在一小塑料瓶内,然后点在 1～2 天内即将开的花蕾顶部使花冠黏合不展开,强行自交,并做上标记;②线套法:用一根约 20cm 长的细棉线,将次日开的花在头天下午用线的一头把花蕾顶部系住,不让其展开,达到自交目的。将线的另一头系在铃柄上以示区别。

五、作业

(1)每人做 1～2 个杂交组合,每组各作 3～5 朵花。

(2)每人做一个品种的自交,自交 3～5 朵花蕾。

(3)将实验结果填入,见表 36-1。

表 36-1　杂交或自交花数及成铃率

杂交组合或自交的品种名称	杂交或自交花数	成铃数	成铃率	备注

(4)棉花有性杂交为什么要在杂交的先天去雄? 你认为选择怎样的杂交亲本植株和花蕾最好?

实验 37　油菜自交和杂交技术

一、目的要求

(1)熟悉油菜花器构造和开花生物学特性。

(2)掌握油菜有性杂交技术。

二、内容说明

油菜的自交和杂交技术，是油菜育种工作必须掌握的田间基本操作技术，需要反复练习，以求达到熟练掌握的程度。

1. 油菜的花器构造

油菜为总状花序，顶端为主花序，主茎上着生第一次分枝，第一次分枝上着生第二次分枝（余此类推），分枝上形成花序，花序的序轴上着生许多单花。每朵花由花柄（花谢后为果柄）、花托、花萼、花冠、雄蕊、雌蕊和蜜腺等部分组成。花萼4片在花的最外围，绿色或淡绿色，花瓣4片，一般为黄色，开放时呈十字形，故称十字花科；雄蕊6枚，4长2短，称四强雄蕊，每枚雄蕊由花药与花丝两部分组成，形似小瓶，柱头上有许多乳状小突，子房膨大为角果，花柱发育成果端的喙突（图37–1）。蜜腺位于花朵基部雄蕊与子房之间，共4枚，呈绿色，分泌蜜汁。

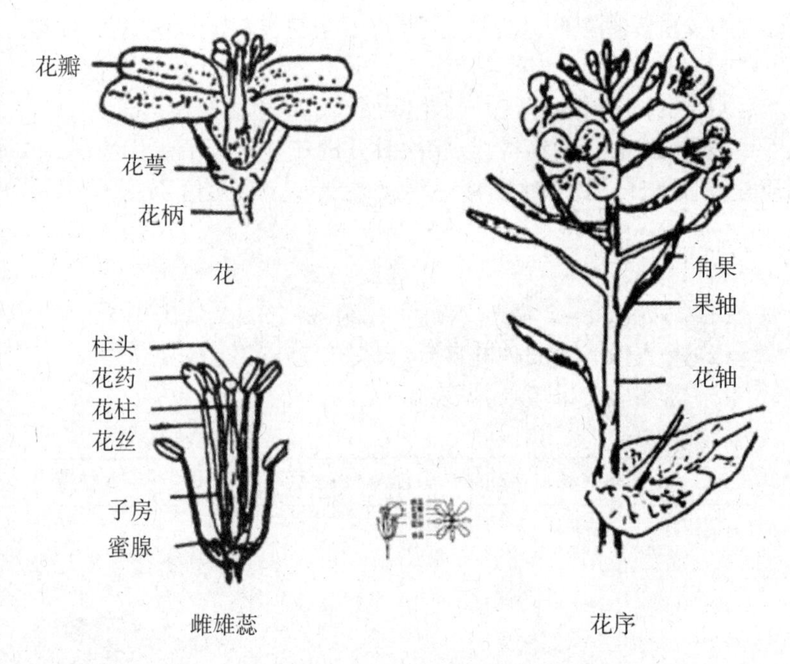

图37–1　油菜的花器构造

2. 油菜的开花习性

油菜开花就一株而言是由上而下，即主花序最先开花，再自上而下以第一个分枝、第二个分枝的花序依次开放。但就一个花序而言，则是由下而上，即每一花序下部的花蕾先开放，再依次向上。花期长短依品种和栽培条件不同而异。油菜一般上午9～11时开花最多，开花适宜气温为14℃～18℃，10℃以下开花显著减少。相对湿度以70%～85%为宜。当天油菜开花多少与前一天气温有密切关系。油菜开花授粉之后，一般约经45分钟花粉即可发芽，18～24小时即可受精。

油菜天然异花授粉的程度因类型和品种的不同而不同。甘蓝型和芥菜型一般天然异交率较低，为5%～10%，最高不超过30%，属于常异花授粉作物；白菜型天然异交率较高，一般为80%～95%，属于天然异花授粉作物。

三、材料用具

不同品种的开花植株；小剪刀，小镊子，硫酸钠纸袋，纸牌，消毒乙醇，脱脂棉，回形针等。

四、方法步骤

1. 自交技术

（1）套袋自交：甘蓝型和芥菜型品种一般自交亲和性强，套袋自交容易得到自交种子，手续简便易行。

先在田间选择具有该品种（系）典型特性的健壮植株，将主花序上已开放的花朵摘去，套上硫酸钠纸袋。为了增加自交种子的数量，可将靠近主花序的一个分枝一并套入袋内（注意纸袋上部要留有约 10mm 的空隙），纸袋下部用回形针扎口，然后在被套花枝的基部系上纸牌，纸牌上注明品种名称（或代号）、自交符号〇 × 和套袋日期。套袋后每天需将纸袋向上提升，以利花序延伸，必要时可用本株的花粉进行辅助授粉，以增强角果和种子的发育。一定时期后，即顶端花蕾已开放，大部分花瓣已脱落，即可取袋，以利角果和种子发育。

（2）剥蕾自交：白菜型以及甘蓝型的自交不亲和系，其自交不亲和性很强，用一般套袋自交法很难得到种子。为了培育、保存和繁殖白菜型的自交系和甘蓝型的自交不亲和系，必须采用蕾期授粉的方法，以获得自交种子。具体操作手续是：先将已开放或即将开放的花朵（蕾）摘去，选用开花前 2 ~ 4 天的幼蕾，用镊子将花蕾顶端剥开，任其柱头外露，不去雄，随即授于同株当天一簇的花朵的花粉。每次可剥蕾 15 ~ 20 个，授粉后套袋并挂牌。以后每隔 2 ~ 3 天再继续剥蕾授粉，直到一个花序作完为止。以后需经常检查，适时提袋和取袋。

2. 杂交技术

（1）选择亲本植株：选择品种特性典型、健壮无病的植株亲本。当选的父本植株，于前天即摘去该株主花序上已开放的花朵，留下未开放的花蕾，套袋，以备采粉之用。

（2）整序：以当选的母本植株的主花序进行杂交较为适宜，先摘除主花序下部已开放的花朵和已露花瓣的大蕾，留下成熟花蕾 10 ~ 15 个，其余幼蕾全部摘去。

（3）去雄：将留下的花蕾逐一进行去雄，操作时用左手大拇指和食指轻持花蕾，右手用镊子从萼片间拨开花瓣，摘除 6 枚雄蕊（注意左手要轻，不可折断花柄，右手操作需仔细，切忌损伤雌蕊），整个花序去雄完毕后，如不立即授粉，则需套上纸袋。

（4）授粉：在当选父本株上取当天开放的花朵，在大拇指甲上试其是否散粉，如已散粉则可用，取得足够花朵盛于培养皿中，记上品种名称，随即将花粉授于已去雄花蕾的柱头上，纸牌上注明母本 × 父本的名称（或代号），杂交花蕾数，去雄和授粉日期，以及操作人的姓名。

（5）杂交后的管理和收获：杂交后每 2 天检查一次，并将纸袋上提，以利花序和幼果的伸展和发育，7 ~ 10 天后，花瓣脱落，幼果开始膨大，即可取去纸袋，并注意防止蚜虫为害。

成熟时，按花序分收、脱粒、保存。为了以后便于检查真伪杂种，收获时连同收下的母本株上的一个自由授粉的分枝花序作为对照，以利对比分析。

五、作业

每个同学分别作两个杂交组合（品种间和种间杂交组合各一个），每组合共作 2 个花序，每个花序去雄 15 个花蕾；其中一个花序于去雄的同时进行授粉，另一个花序于次日进行授粉。7 ~ 10 天后去除纸袋，统计不同授粉时间的杂交效果，列入下表进行比较分析。

表 37-1　　油菜杂交结果登记

项目 授粉日期	杂交组合	去雄日期	授粉日期	授粉花数	结荚数	杂交成功率（%）
去雄后当时授粉						
去雄后次日授粉						

实验 38　烟草有性杂交技术

一、目的要求

熟悉普通烟草(*Nicotiana tabacum* L.)花器构造和开花习性,学习和初步掌握烟草杂交技术。

二、内容说明

(一) 花器构造

烟草是典型的自花授粉作物。烟草花为两性完全花,一朵花内有雄蕊和雌蕊(图 38-1A)。普通烟草的花有短柄,花长圆形,裂片披针形,花冠漏斗状,长 5 ~ 6cm,为花长的 2 ~ 3 倍。除少数呈白色外,多数为粉红色至红色。雄蕊 5 枚,多数为 4 长 1 短,也有 3 长 2 短、2 长 3 短的,因品种而异。每个雄蕊有一个细长花丝,顶端具有肾形花药一个,呈内凹 2 裂。雌蕊 1 枚,柱头 2 裂,内凹,外凸,呈圆形。花柱下端为子房,分 2 室,内有胎座,胚珠整齐地排列在胎座上。一般雌雄蕊同时成熟,也有雌蕊比雄蕊早成熟 1 ~ 2 天的。蒴果卵圆形,长约 1. 5cm,一般内含 2000 ~ 3000 粒种子。黄花烟草花冠短,花长约 2.5cm,黄色或黄绿色,萼片 5 裂,裂片近三角形,末端稍尖,花冠宽圆柱形,稍有被毛,长为萼片的 2 ~ 3 倍,蒴果卵圆形至球形,每个蒴果有种子数百粒。其他构造与普通烟草相似。

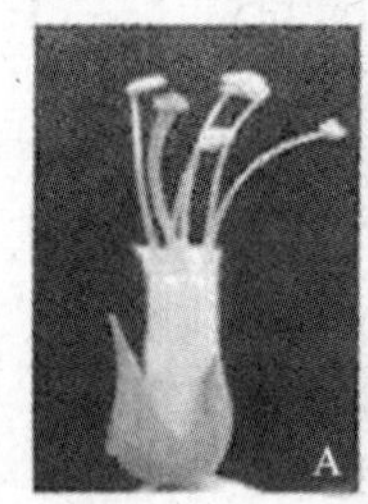

图 38-1　烟草的花、果和种子

A.花器;B.三叉花序;C.成熟蒴果;D.烟草种子

(二) 开花习性

烟草花朵开放的时间因品种和气候条件而不同。一般现蕾至开花 8 ~ 12 天,花序顶端中心花先开放(图 38-1B),整个花序进入盛花期是在中心花开放后的 7 ~ 11 天,中心花开放至全部花开完需 25 ~ 35 天。早熟品种比晚熟品种花期长,同一品种随播种期、移栽期的推迟,开花期也提早结束,所以春季开花期比夏季开花期长 7 ~ 12 天,但不同品种略有差异。在云南玉溪,红花大金元、G-28 移栽到现蕾需 45 ~ 60 天,现蕾到第一朵中心花开放需 7 ~ 10 天,中心花开放后 5 ~ 10 天进入盛花期,盛花期持续 15 ~ 20 天, 中心花开放后至全部花朵(整株花序上的花,不包括腋芽产生的花)开完需 26 ~ 34 天。一朵花从现蕾至花冠开放需 6 ~ 7 天,从花冠张开至种子成熟需 28 ~ 35 天。白天开花多在 7 ~ 19 时,11 ~ 19 时为开花高峰, 占当天开花总数的 43%,7 ~ 11 时开花数占 33%,19 ~ 24 时开花数占 24%。环境条件,特别是温度和湿度对于花具有规律性的影响，晴天开花多，开花数占总数的72%～79%；阴雨天开花少，占总数的21%～28%。如果前一天温度高，湿度小，第二天开花数就多。

三、材料用具

1. 材料

大田中处于开花期的不同烟草类型或品种、品系的植株若干。

2. 仪器用具

小剪子，镊子，脱脂棉，杂交纸袋，纸牌，记录本，铅笔，回形针或线绳，培养皿，毛刷等。

3. 药剂

70%～75%乙醇。

四、方法步骤

（一）选择母本植株和选留母本花朵

应选择生长健壮、具有该品种典型特性且处于盛花期前的植株作为母本植株。摘除所选植株花序上已经开放的花朵和已经授粉结实的花果，并把第二至第三天不能开放的花蕾也摘除，只保留次日或1～2天内可能开放的花朵用于人工去雄。适宜作杂交的母本花朵，其外观特征是：花冠顶部微有红色，接近张口而未张口，花药尚未开裂，柱头已膨大，并分泌黏液，表面湿润。通常每株选留花朵10～20朵，视其需要量而取舍。过多，杂交后种子结实不饱满，质量较差；过少不易得到足够的杂交种子。留足需要杂交的花朵后，将其余的花、花蕾全部剪去，也剪去腋芽，以免混杂。

（二）母本去雄

去雄的方法很多，目前以人工去雄更好一些。一般是先从花冠中部用剪刀向顶端划开，将5个雄蕊剪掉；再从花冠横截面剪去1/4～1/3，使柱头露出。切忌碰伤柱头。去雄时如果发现花药已开裂，应将此朵花去掉，如手指或器具上粘有母本花粉，应用70%或75%的乙醇擦去，以免混杂。待整个花序上选留的花朵全部去雄后，即可用预先采集的父本花粉授粉，否则，应先用杂交纸袋将花序罩严，以免混杂。

（三）采集父本花粉并进行授粉杂交

父本花粉应取自健壮无病和具有父本品种典型特性的植株。病株、弱株和混杂植株要及早封顶。采集花粉的标准根据杂交时间而定。若边去雄边授粉时，宜选花冠刚开放不久、花药即将裂开或花药刚裂开的花朵；若上午采粉，下午授粉，或下午采粉，翌日授粉，可选花药似裂而未裂开的花朵，花药淡黄而鲜亮为宜，以保证用成熟度适宜的花粉授给母本。授粉用毛笔蘸取花粉涂抹在母本柱头上，以柱头上粘满花粉为度，即以柱头上见一层白色为宜。授粉要选晴朗无风的天气，虽然可全天进行，但以上午8～11时，下午3～6时效果好。授粉后如遇雨，应补授粉一次。在人力充足、花粉量多时，可多次授粉。多次授粉能显著提高杂交成功率、结实率和种子质量。全株授粉结束后，用纸袋罩严。

（四）检查及收种

授粉完毕，将杂交日期、组合号、亲本名称、杂交花朵数以及操作人姓名等填写在纸牌上，并同时登记在记录本上。授粉5～7天，取下纸袋，使其通风透光，并摘除花枝上出现的新蕾。每隔4～5天检查一次，共检查2～3次，核对杂交蒴果的数目是否与纸牌和记录本上登记的相同。实际蒴果数等于或少于登记数者均可采用；实际蒴果数多于登记数的应作废。授粉后1个月左右,蒴果的果皮变褐色,轻摇烟株,蒴果中有响声,说明种子成熟,便可采收(图 38-1C)。收种时应按杂交组合分别干燥、脱粒(图 38-1D),单独贮存,以防种子混杂。

五、作业

(1) 参加杂交试验全过程。

(2) 完成教师安排或自选杂交组合杂交工作,最后收获杂交种子交教师考评。完成实验报告。

实验 39 花生有性杂交技术

一、目的要求

通过观察和实验操作,了解花生的花器构造和开花习性,掌握花生杂交技术。

二、内容说明

(一) 花器构造和开花习性

花生为豆科蝶形花亚科,落花生属,自花授粉作物。花序为总状花序,在花序轴的每个节上的苞叶叶腋中着生一朵花,有的花序轴很短,只着生 1~3 朵花,近似簇生,称为短花序;有的花序轴较长,可着生 4~7 朵花,偶尔有 10 朵以上的花,称为长花序(图 39-1)。花为大型的蝶形花,每朵花由苞片、花萼、花冠、雄蕊和雌蕊构成。花的基部最外层为一长桃形苞叶,其内为一片二叉状苞叶。花萼基部连合成花萼管,上部有 5 片花萼,其中 4 片连合、1 片分离。花冠由旗瓣以及翼瓣、龙骨瓣各 2 片组成,龙骨瓣 2 片连合在一起,上部向下弯曲包着雌雄蕊。雄蕊 10 枚,其中 2 枚退化,8 枚发育正常,花药着生在花丝上,花丝基部连合成雄蕊管,为单体雄蕊。8 枚花药中 4 枚较长,花药长方形,二室纵裂,另 4 枚较短,花药圆形,1 室,发育较慢。长圆花药相间排列,形成上下两层。雌蕊 1 枚,针状,分为柱头、花柱和子房三部分,花柱细长,自花萼管和雄蕊管中伸出,顶端的柱头稍膨大,其上着生细毛,子房上位 1 室,内含 1~5 个胚珠。子房基部有一短子房柄,开花受精后,子房柄迅速伸长使子房入土。

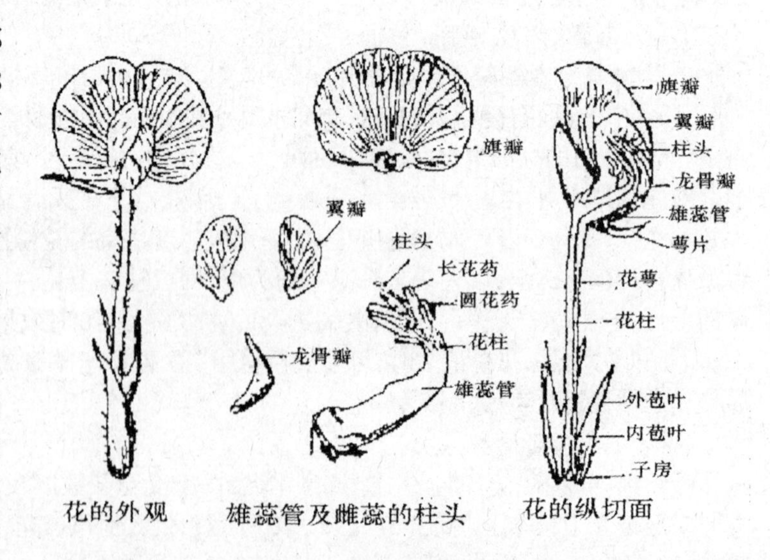

图 39-1 花生的花器构造

(申宗坦,《作物育种学实验》,2000.6)

(二) 开花习性

花生播种后 30 天左右开始开花，始花后 20 天左右进入盛花期。开花顺序一般是自下部侧枝向上部侧枝，自侧枝内部（基部）向侧枝外部。花生开花多集中在早晨 5 ~ 7 时。到开花的前一天傍晚，花瓣明显膨大撑破萼片，露出花瓣，花萼管在此前伸长很慢，长为 1cm 左右，到夜间，花萼管迅速伸长，花柱也同时伸长，到次日清晨开花时可达 3 ~ 6cm，开花当天傍晚花即凋萎。在花瓣开放前，长花药即已开裂散粉，完成授粉过程。授粉后 5 ~ 9 小时花粉管可达花柱基部，10 ~ 18 小时完成受精过程，温度低于 18℃或高于 35℃都不能受精。

三、材料和用具

1. 材料

不同的花生品种。

2. 用具

镊子，培养皿，红塑料绳，塑料牌，70%乙醇，脱脂棉，铅笔等。

四、方法步骤

（一）确定组合，种植亲本

根据育种目标确定杂交组合，然后根据父母本生育期调整播种期，使花期相遇。为便于杂交，母本要筑台种植。母本台的横切面为梯形，顶宽 40 ~ 50cm，底宽 90 ~ 100cm，高 35cm 左右。母本台上只种 1 行，同一母本的几个组合可以种在同一个台上，在植株上挂牌标明组合，一般同一母本株上只作一个组合。也可以平地垒 35cm 左右的池子，填土种植母本。

（二）去雄

去雄一般在杂交授粉的前一天下午 5 时左右进行。选取植株基部两对侧枝上的花进行去雄，当第二对侧枝出现后，可以把主茎去掉，以提高侧枝花朵的下结实率。每条侧枝上选基部 3 ~ 4 节的花去雄。这些部位的花生活力强，受精率高，结实率高。应选择花萼管 1cm 左右，花冠微露出花萼、次日开放的花去雄。去雄时，用左手拇指和食指捏住花萼基部，右手用镊子将花萼的分生萼片拉开或去掉，再用镊子拨开旗瓣和翼瓣，并用左手拇指轻轻压住以免合拢，用镊子尖轻压龙骨瓣的弯背处，使柱头和雄蕊露出，随后用镊子夹花丝部位，将 8 枚花药去掉。去雄后将龙骨瓣、翼瓣和旗瓣复原包住柱头，以免串粉。也可用镊子直接将龙骨瓣去掉。去雄时，侧枝基部 3 ~ 4 节上的花只要符合标准，就都去雄，次日全部授粉，所以去雄后一般不用标记；有的育种者根据每株实际去雄花朵数，在侧枝邻近处插小树枝标记，便于授粉时查找去雄花朵。

（三）授粉

去雄后第二天早晨 7 时左右进行授粉。从具有父本品种典型性状的植株上选取当天开放的花朵，用镊子取出刚开裂的花药，置于培养皿中。把已去雄的母本花朵拨开，用镊子尖轻轻压开龙骨瓣，使柱头露出，用镊子夹取散粉的花药，轻轻地涂在柱头上或直接将一个花药放在柱头上，再将龙骨瓣复原。一个组合授粉结束，另一杂交组合开始之前，要用乙醇棉球擦镊子、手指等，以杀死残留的花粉。

（四）标记

对于侧枝基部 3 ~ 4 节上的花，凡在杂交期间符合标准的都进行去雄、授粉，而且每一母本株作一个组合，插牌或挂牌写明组合名称，所以授粉后不进行标记，只是在杂交工作结束时，在侧枝上作杂交的最后一节上拴上红塑料线，标明从此节往上没作杂交。在作杂交的几节上，要天天检查去掉新生的小花，以免与杂交的花混杂，要坚持 15 天以上。也可以在授粉后，将纸牌写上日期挂在每个杂交花朵着生茎枝的花节上。授粉10天左右,待果针伸出后,用红塑料线系在果针上作为收获时的标记。

五、作业

(1)观察了解花生的花器构造和开花习性的基础上,每人去雄杂交3~5朵花,1周后调查杂交成功率。

(2)花生杂交花朵的标记是个较麻烦的问题,你认为怎样做才能既简单省事又准确可靠,能否设计出一套切实可行的办法?

实验40 大豆有性杂交技术

一、目的要求

大豆是自然授粉作物,自然杂交率在0.4%左右,大豆的蛋白质和脂肪的含量都很高,具有很高的营养价值和经济价值,占有重要地位。

二、材料用具

1. 材料

开花期大豆杂交新品种若干。

2. 用具

剪刀,镊子,放大镜,纸牌,大头针,50%以上浓度的乙醇,铅笔。

三、方法步骤

(一)了解花器构造和开花习性

大豆花很小而无香味,着生在叶腋里或植株的顶端,花朵成簇生在一个花梗上,每簇常有1~5朵花,花朵为蝶形,每朵花由花萼、花瓣(1枚旗瓣、2枚翼瓣和2枚龙骨瓣)、雄蕊(10个成两束、9个随着合成管状包围雌蕊而另一个单独分开)、雌蕊所组成。

大豆从出苗到开花的时间需50~60天,自现蕾至开花,一般为3~7天,现蕾后第二天即有花冠露出,第三天就渐次吐瓣,通常在吐瓣时就有许多花药破裂,即已授粉。

大豆开花顺序:有限结荚的大豆,在主茎停止生长后才开始开花,开花由中上部开始,而后向上部和下部顺序开放,花期较短,花密集在主茎及分枝顶端。无限结荚习性大豆,主茎边生长边开花到以后才出现顶端花序,开花是由内向外、自下而上地开放。开花较分散,花期较长。每个花簇都是基部的花先开,上下相邻两花簇的花期相差1天,同一花簇相邻两花也相差1天左右。

在一个花序里开花初期,只有个别的花朵开放,到后期往往有许多花同时开放,开花盛期在始花后的第5~10天,开花时间以上午6~9时为最多,下午4时后开花较少。每朵花开放的时间因品种而异,短的只30分钟,长的可达4小时,平均为2小时左右,一株开花时间短的14天,长的可达70天。

大豆开花最适宜的温度为24℃～28℃，相对湿度80%左右。

花粉生活力可保持24小时，柱头的生活力可保持2～3天。

（二）有性杂交技术

大豆花很小，杂交工作比较困难，成活率较低，约20%，而且落花率又高，因此，要多作些杂交花朵，一般一株上选择2～4个花序，每个花序作2～4朵花的杂交。

（1）母本植株及花朵的选择：杂交前应选择基部有1～2个花序已开花的、生长健壮、无病虫害的植株。如为有限结荚型则应选基部上部节位和顶端的花作杂交，母本花朵应选花冠露出花萼1～2mm、柱头已能受精而花药还未成熟的较适宜。花朵选定后，应将花序上其余的花朵全部摘除。

（2）去雄：在授粉的先天下午4～6时去雄最好，把选定的花朵用镊子轻轻撕去5片花萼，然后用镊子夹住花冠上部（1/3处），向上枝可将花冠连同10个花药全部带下，否则须逐一取出。大豆去雄后用一白线（约60mm长）系花朵基部，作为标记。去雄时若把花药弄破了，就应把这朵花除掉，并用乙醇擦洗镊子。

去雄后用放大镜检查柱头是否已授粉，柱头是否成熟。成熟的柱头周围有乳状而且有黏液分泌。凡未成熟的柱头色青无光泽，不适宜作杂交用。

（3）授粉：在上午8～9时进行授粉，父本宜选择生长健壮、花刚开而龙骨瓣还没有分开的花朵，取下花朵去掉花萼和花冠，置于母本柱头上涂抹进行授粉。

（4）授粉完毕，用摘下的活茎叶将去雄花朵包好，并用大头针钉扣好，以防柱头干枯和异花授粉。

（5）挂牌，在杂交花序着生下的一节位上挂上纸牌，写明杂交组合名称，去雄、授粉日期和操作人员姓名。

（6）授粉后一星期，应将包住杂交花朵的大豆叶解开或除去，检查杂交结实率。待成熟时按杂交组合分别采收杂交种子，将豆荚连纸牌收下，每株放入一小纸袋内。

四、作业

（1）每人作20朵花的杂交。

（2）简述大豆杂交过程。

（3）杂交后一星期检查杂交结实率，将结果填入下表。

表40-1　杂交后期的结实率

杂交组合名称	去雄日期	去雄花朵数	授粉日期	结荚数	结实率（%）

实验 41 苎麻有性杂交技术

一、目的要求

了解苎麻开花的生物学特性,学习苎麻有性杂交及自交技术。

二、内容说明

1. 苎麻的花器构造

苎麻是雌雄同株异花授粉作物。雌花序着生在茎上部,雄花序着生在茎的中下部,中间的花序往往是混生雌、雄花。苎麻的花序为团伞状花序,在叶腋中生出一对花轴,向左右分开,每个花轴上又分出 3 ~ 7 个大分枝,在大分枝上又着生 3 ~ 5 个小分枝。每一个小分枝上着生花蕾,雄花在小分枝上着生 5 ~ 7 朵,雌花在小分枝上结在 1 ~ 3 个花球,每个花球有雌花 60 ~ 100 朵。雄花呈花蕾球形,直径 0.2mm,花萼黄绿色或黄白色,上有细毛,基部联合,上部分为 4 片,常有梨形退化子房,雄蕊 4 枚。花粉粒球形呈不正四方形,每个花药有花粉粒 20 万 ~ 25 万粒,花粉粒在低温、湿度不高的情况下能维持生活力 1 ~ 2 天。雌花黄绿色,花被筒形,呈绿、黄白、浅红、红或深红色,花柱细长,周围有显著的毛茸,开花时露出花萼之外,白色,受精后花柱次日萎蔫,子房发育成瘦果。

苎麻雄性不育性在少数苎麻品种中天然存在。其雄花发育不正常,花蕾少,不开花,不产生花粉。近年来,周瑞阳等还发现了光钝全雌性苎麻和光钝感雌雄同株苎麻。

2. 苎麻的开花习性

苎麻雄蕾出现后 20 ~ 30 天开花,雌蕾在现蕾后一星期左右开花,雌、雄花的开花期因品种而异,一般在 9 月中、下旬至 10 月上旬,同一株上的雄花开放期为 1 个月左右,始花后的 7 ~ 14 天为盛花期,雌花开放期约为 10 天左右。雄、雌花开花的顺序为,同一株上,雄花一般是中部花先开,渐次推向上、下开花;同一花穗上,一般小花枝尖端的先开。雌花按现蕾先后由下而上开。

开花时间:晴天为上午 6 时至下午 4 时,以 10 时至 13 时为开花盛期,阴雨天开花较少,时间延误。因此,采集花粉应在每天上午 10 时左右进行。

3. 亲本培育

为便于进行杂交,应将亲本相邻栽培,父本应适当多栽,以保证有足够的花粉。为使花期不同的品种也能进行杂交,常采用短日处理,以使花期相遇。同时应加强对亲本的肥水管理。

三、材料用具

1. 材料

苎麻品种材料数个。

2. 用具

剪刀,镊子,乙醇棉球,硫酸钠纸袋,竹支架,回形针,小纸牌,铅笔等。

四、方法步骤

1. 杂交技术

苎麻常用的杂交方法有以下三种。

（1）隔离区自然授粉。将父、母本的健壮麻栽种在土质肥沃、四周 100m 内没有苎麻栽培的隔离区内，一般父本的数量应大于母本的 10 倍左右。母本现雌蕾前，彻底去掉母本植株上的雄蕾，并经常检查，随时去掉雄蕾。为提高效率，可采取一父多母制自然授粉。

（2）套袋杂交。当附近栽有与父本不同的品种，不便于进行隔离杂交时采用此法。父母本相邻种植，在母本雌蕾现蕾前，去掉母本植株上的雄蕾，并对父本植株进行整理，除去分枝和矮小植株及多余的叶片，母本开花前，用支架将父母本紧紧相靠，然后套上硫酸钠纸袋，袋口要严密，防止外界花粉串入。挂上标签，注明父母本名称和杂交日期，半个月之后当雌花柱头由白转暗时，即可揭去套袋。

（3）套袋瓶插杂交。在父母本相距较远时可采用此法。当母本风出现雌蕾时，彻底除去母本植株上的雄蕾，在母株旁立上支架，支架应高出麻株 15～20cm，上再挂个广口瓶（或其他容器），当母本雌花柱头开始伸出呈白色时，取正在开放的父本雄花花序，剪去叶片，插入瓶内，套上玻璃纸或硫酸钠纸袋。以后每隔一天，于上午 9 时前，取新鲜父本花序插入瓶内，10 天左右即可停止。授粉停止后半个月左右即可揭袋。

杂交进行中每作一个组合要用乙醇棉球擦洗镊子、剪刀，以后要经常检查杂交袋，遇有破裂应立即更换。杂交种子一般 11 月底或 12 月初成熟，应按不同组合分收分藏。

2. 自交技术

（1）选株：选具亲本典型性状、生长正常无病虫害的单株。

（2）整序：去除老叶和雄蕊的花期不相遇的幼嫩雌蕾，留下部分生长健壮的雌蕾。

（3）套袋：对当选单株要求在雌蕾未露白时套袋，用回形针别紧袋口，写上品种名称、自交符号和自交日期。套袋时也可同时套几根茎，以增加授粉量。为防风害，还应在当选株旁立上支架。

（4）收获：分收分藏。

五、作业

每 2～3 人一组，每组作 2～3 个组合，将结果填入下表。

表 41-1　苎麻有性杂交记录

组合号	组合名称	去雄日期	授粉日期	结实量

实验42 作物雄性不育系鉴定

一、实验目的

学习和初步掌握雄性不育系的植物学形态特征和花粉育性鉴定技术，掌握水稻、油菜、玉米不育系鉴定的基本方法。

二、内容说明

雄性不育是指雌雄同株作物中，雄性器官发育不正常，不能产生有功能的花粉，但它的雌性器官发育正常，能接受正常花粉而受精结实的现象。雄性不育一般可分为三种类型：①细胞质雄性不育型，简称质不育型，表现为细胞质遗传；②细胞核雄性不育型，简称核不育型，表现为细胞核遗传；③核－质互作不育型，表现为核－质互作遗传。无论植物的不育性是哪种类型，它们都会在一定的组织中表现出来。

雄性不育系花粉的败育，一般出现在造孢细胞至花粉母细胞增殖期、减数分裂期、单孢花粉期（或单孢晚期）、双核和三核花粉期。其中出现在单孢花粉期较为普遍。雄蕊败育大概可分成以下几种类型：①花药退化型：一般表现为花冠较小，雄蕊的花药退化呈线状或花瓣状，颜色浅而无花粉；②花粉不育型：这一类花冠、花药接近正常，往往呈现亮药现象或褐药现象，药中无花粉或有少量无效花粉，镜检时，有时会发现少量干瘪、畸形以及特大花粉粒等，大多数是无生活力的花药；③花药不开裂型：这类不育型虽然能形成正常花粉，但由于花药不开裂，不能正常散粉，花粉往往由于过熟而死亡；④长柱型功能不育：这一类型花柱特长，往往花蕾期柱头外露，虽然能够形成正常花粉但散落不到柱头上去；⑤嵌合型不育：在同一植株上有的花序或花是可育的，而有的花序或花则是不育的，在一朵花中有可育花药，也有不育花药。

作物雄性不育系则是具有雄性不育现象，并能将雄性不育性遗传给后代的作物品系。

杂种优势普遍存在，在很多植物由于单花结籽量少，获得杂交种子很难，从而使杂交种子生产成本太高而难以在生产上应用。利用雄性不育系配制杂交种是简化制种的有效手段，可以降低杂交种子生产成本，提高杂种率，扩大杂种优势的利用范围。因此，雄性不育在杂交过程中有着重要的作用。当前，农作物杂种优势主要是利用不育系、保持系和恢复系等三系配套。一个优良的雄性不育系必须具备不育性稳定，且不育株率和不育度都达到100%，农艺性状整齐一致，柱头外露率高，开花习性良好，以利提高制种产量。

作物雄性不育系的鉴定，一般采用植株形态、花粉育性镜检、套袋自交鉴定等方法。

三、材料用具

1. 材料

水稻、玉米或油菜雄性不育系及其保持系或恢复系的植株。

2. 仪器用具

放大镜，显微镜，镊子，载玻片，盖玻片，回形针，透明纸带，标签，吸水纸等。

3. 药品试剂

1% I–KI 溶液。

四、方法步骤

(一) 雄性不育系和保持系植株形态特征观察和识别

在不育系繁殖田或杂交制种田对不育系及其保持系(或恢复系)进行逐行逐株的观察,比较株形、株高、分蘖、叶色、抽穗、开花时间、花药形态、颜色、开裂等情况和开颖角度等形态区别(表 42–1、表 42–2、表 42–3)。若是利用盆钵植株展示的,则按盆钵上的编号逐钵观察。

表 42–1 水稻雄性不育系与保持系植株形态比较

性 状	不育系	保持系
株形	较紧凑、植株较矮	较松散,植株较高
分蘖	分蘖力较强	分蘖力较弱
抽穗开花时间	较长，较分散	有明显高峰期
穗颈	有包颈现象	正常
花药形态、色泽和开裂情况	瘦小、干瘪，白色或淡黄色水渍状，不开裂	肥大、饱满，鲜黄色，开裂

表 42–2 玉米雄性不育系与保持系植株形态比较

性 状	不育系	保持系
雄穗	不发达	发达，松散
小穗着生	在主轴上着生,稀而扁平	饱满而个体大
颖花开放	关闭，不开放	开放，花丝伸长
花药形态	短小,干瘪,浅褐色,不伸出颖片外,不开裂	大而饱满，黄绿色，开花时伸出颖片，开裂散粉
花粉	无花粉或花粉败育，不散粉	花粉量很多，散粉

表 42–3 油菜雄性不育系与保持系植株形态比较

性 状	不育系	保持系
花蕾	短缩呈尖细状，色浅	肥大饱满，色泽深
花瓣	花冠短小，花瓣短缩，细窄，为正常的 1/2 左右，花瓣基端部突然束细，色浅	花冠大，花瓣长而宽，色深
花药	萎缩短小，约为正常的 1/2，顶端无钩，白色	长而肥大，鲜黄色
雌蕊	短，呈短颈瓶或柱状，有的弯曲	长，呈长颈瓶状

(二) 雄性不育系花粉育性镜检鉴定

当前生产上利用的雄性不育系多属于核质互作的花粉败育类型。败育花粉经 I–KI 染色处理,在显微镜下观察,按花粉粒的形状和染色反应可分为典型败育、圆形败育和染色败育型。在镜检过程中,为更准确地鉴定各种类型的花粉,将不育系败育花粉的三种类型和正常可育花粉的特点列成表 42–4。

雄性不育系花粉育性镜检鉴定方法如下。

表 42–4 雄性不育系败育型花粉与正常可育花粉的比较

项　目	典败型	圆败型	染败型	正常可育
花粉形状	不规则形	圆形	圆形	圆形
碘反应	不染色	不染色或少量浅蓝色	蓝色	蓝黑色
套袋自交结实情况	不结实	不结实	不结实	结实

1. 形态鉴定

（1）取样：分别从不育系、保持系或恢复系中随机选取即将开花的穗或花序 2～4 个，挂上标签，带回室内。从中选择花药已伸长达颖壳或花蕾 2/3 的花朵 3～4 个，剥开内外颖或花瓣，从每朵花中取花药 3 个左右，做镜检制片。

（2）制片：将花药分别置于载玻片上，用镊子轻轻捣碎，滴上一小滴 I–KI 溶液染色，去掉药壁后，盖好玻片，用吸水纸吸去多余的 I–KI 溶液，待镜检观察。

（3）镜检：将制好的玻片置于 100 倍显微镜下仔细观察。每片各选择有代表性的视野 2～3 个，观察花粉粒的形状和染色反应。正常花粉因有较多淀粉粒，遇 I–KI 呈蓝黑色，不正常花粉则染色浅或不染色。计数每个视野内不育花粉粒的数目，并按下式计算不育花粉的百分率：

不育花粉率 = 不育花粉粒数 / 总花粉粒数 × 100%

2. 染色鉴定

TTC 染色法：TTC 可用于检验花粉呼吸过程中脱氢酶的活性。具有生活力的花粉中含有脱氢酶，它催化底物使脱下的氢与 TTC 结合，生成红色化合物甲醛。因此，凡有生活力的花粉呈红色，生活力弱的呈浅红色，无生活力的不显色或呈黄色。

（1）取样：同“形态鉴定”。

（2）染色：取已成熟尚未开花的水稻花药 5～10 个，切断花药两端，放入小烧杯中，加 0.2 % TTC 溶液，使花药完全浸入反应液中，在 30℃左右温度下染色 30～60 分钟。

（3）压片镜检：取出花药，置于载玻片上，用解剖针压出花粉，去掉花药药壁组织，盖上盖玻片，镜检观察，取 5 个视野，统计着色花粉百分率。凡花粉粒变红有生活力，染色越深生活力越强。

不育花粉率 = 不育花粉粒数 / 总花粉粒数 × 100%。

表 42–5 水稻花粉不育性分级标准

不育等级	正常育	低不育	半不育	高不育	全不育
不育花粉率（%）	<50	50～69	70～94	>95	100

（三）雄性不育系套袋自交结实性鉴定

套袋自交是鉴定育性最准确、最可靠的方法。即在不育系中，选择刚抽穗或现花蕾而尚未开花的花序 3 个，套上牛皮纸袋，用回形针固定，让其自交结实。15 天后，取掉纸袋，分别统计其自交结实情况。凡套袋的株(穗)只要有一粒结实就算为结实株(穗)。再按公式计算不育株(穗)率和不育度：

不育株(穗)率 = 不育株(穗)数 / 套袋总株(穗)数 × 100%

不育度 = 不育花(朵)数 / 总花(朵)数 × 100%

表 42-6　**水稻、油菜不育系不育度分级标准**

不育等级	正常育	低不育	半不育	高不育	全不育
水稻不育度（%）	<20	20 ~ 49	50 ~ 89	90 ~ 99	100
油菜不育度（%）	<10	10 ~ 50	50 ~ 80	>80	100

表 42-7　**玉米雄花育性分级标准**

级别	雄花育性	育性分类
0	花药不外露,无花粉或花粉败育	不育
1	花药外露 5%左右，花药干瘪，花粉败育	高不育
2	花药外露 25%以下，花药小，半开裂，有少量可育花粉	半不育
3	花药外露 50%以下，花药稍小，半开裂，有较多可育花粉	半可育

五、作业

（1）在不育系繁殖田或杂交制种田中逐行逐株地观察比较不育系与其保持系植株的形态区别。若是利用盆钵植株展示的，则按盆钵上的编号逐钵观察；断定其是否是不育系，并选择你认为区分最明显的 3 ~ 4 个性状填入表 42-8 中，以此证实观察结果。

表 42-8　**根据观察结果鉴定作物的雄性不育性**

作　物	行号(钵号)	是否雄性不育	判断依据			
			性状 1	性状 2	性状 3	性状 4

（2）将水稻不育系、保持系花粉进行育性镜检鉴定，根据鉴定结果判定花粉不育等级，确定不育度等级（表 42-9、表 42-10），并对结果进行讨论。

表 42-9　**水稻花粉育性镜检鉴定结果**

类型	样品号	每视野花粉粒数				每视野不育花粉粒数				不育花粉(%)	是否雄性不育
不育系	1	1	2	3	平均	1	2	3	平均		
	2										
	3										
保持系	1	1	2	3	平均	1	2	3	平均		
	2										
	3										

表 42-10　**不育系育性鉴定结果**

不育系名称	不育株率（%）	不育度等级

实验 43 花粉生活力测定

一、目的要求

（1）学习和了解植物花粉生活力测定方法及原理。

（2）初步掌握稻、麦的花粉生活力测定方法。

二、内容说明

农业常规育种工作中，为了进行人工辅助授粉和杂交授粉，尤其是杂交育种工作，以解决亲本花期不一致和远距离杂交的问题，通常需要早期采集和储藏花粉。不同类群植物花粉在自然条件下的寿命，花粉的储藏条件，以及花粉生活力的测定有所区别，这一是由花粉本身的特征决定的，二是由贮藏条件决定的。一般来说，禾谷类作物花粉的寿命较短，自花授粉植物花粉的寿命尤其短，如小麦在花药开裂后 30 分钟花粉即由鲜黄色变为深黄色，此时已有大量花粉丧失活力。

通过花粉生活力的测定，可以了解花粉的可育性，并掌握不育花粉的形态和生理特征。

在作物杂交育种、作物结实机制和花粉生理的研究中，常涉及花粉活力鉴定。掌握花粉活力的快速测定方法，是进行雄性不育株的选育、杂交技术的改良以及揭示内外因素对花粉育性和结实率影响的基础。

花粉生活力有很多表述法，为了方便起见，现将各种表述方法列于表 43–1，以供参考。

表 43–1 花粉生活力的各种表述法

中文名称	英文名称	表述内容
花粉生活力	pollen viability	花粉具有存活、生长、萌发或发育的能力
可染性	stainability	花粉根据其酶的活性、胞质情况所表现出的着色能力
花粉质量	pollen quality	花粉酶的活性高低、胞质完整性以及萌发能力
活力	vigour	即花粉的生活力，指其存活和萌发的能力
萌发力	germinability	指花粉在适宜条件下萌发的能力
可育性	fertility	指花粉的发育和生殖能力
受精力	fertilization ability	指花粉包含有效精子及其受精能力

花粉生活力的测定方法较多，依据测定时花粉是否萌发可分为萌发测定和不萌发测定两大类，常用的有：

1. I_2–KI 碘染鉴定法

是一种简便的鉴定新采集花粉的方法。可通过直接观察花粉在形态上的差异来鉴定花粉有无生活力。通常发育不正常的花粉内含物不充实而空秕，形状也不规则，大小参差不齐；而正常花粉内含物充实饱满，形状规则，大小整齐，因内部含有较多淀粉粒而遇 I_2–KI 溶液呈深紫色反应，遇水易胀而破裂。一般适用于不育系及远缘杂交后代花粉形态和育性的鉴定。此方法简便，但只适用于要求不太严格的花粉活力检测。如有些形态上规则、碘染呈蓝紫色的花粉亦可能没有生活力，而有些形态上稍微有些不规则的花粉却具有较强生活力。

2. FCR 染色鉴定法

双乙酸荧光素(fluorescein diacetate，FDA)是一种荧光染料，其本身不产生荧光，无极性，可以自由地透过完整的原生质膜。当此种染料进入原生质后，即被酯酶作用而形成一种能产生荧光的极性物质——荧光素，并且这种物质不能自由出入原生质膜，而只在细胞内积累，所以，可以根据花粉产生荧光的情况判断花粉的生活力。此方法可同时反映酶活性和质膜情况两个指标。

3. TTC 染色法（2,3,5-Triphenyltetrazolium chloride，TTC）

具有活力的花粉呼吸作用较强，其产生的 NADH2 或 NADPH2 可将无色的 TTC（2,3,5- 氯化三苯基四氮唑）还原成红色的 TTF（三苯基甲）而使其本身着色。无活力的花粉呼吸作用较弱，TTC 的颜色变化不明显，故可根据花粉吸收 TTC 后的颜色变化深浅来判断花粉的生活力。

4. 花粉萌发测定法

许多植物花粉在合适条件下，约 0.5 小时即可萌发，3 ~ 4 小时达萌发高潮，在显微镜下可见花粉萌发孔处有管状结构伸出，即花粉管。以花粉管长度大于花粉粒直径为花粉萌发标准，计算一个视野中花粉总数和萌发花粉粒数，按以下公式计算萌发率。计算几个视野所得平均数，可得到较准确的花粉萌发率。萌发率越高，植株花粉活力越高。

萌发率 =（已萌发的花粉粒 / 花粉总数）× 100%

三、材料用具

1. 材料

当天采集的稻、麦任一种作物的新鲜花粉。

2. 仪器用具

冰箱，荧光显微镜，普通显微镜，恒温箱，载玻片，盖玻片，培养皿，滴管，镊子，解剖针，吸水纸，滤纸，标签，铅笔等。

3. 药品

KNO_3，NaOH，$MgSO_4$，$MnSO_4$，$Ca(NO_3)_2$，H_3BO_3，I_2-KI 溶液，双乙酸荧光素，TTC，丙酮，乳酸，苯酚，甘油，棉蓝，苯胺蓝，冰醋酸，蔗糖，琼脂，马铃薯淀粉，蒸馏水。

四、方法步骤

花粉的育性和生活力可由浅入深按以下顺序观察鉴定：外形观察→I_2-KI 测定内含物的充实度→染色法鉴定花粉酶学性质→花粉萌发试验→观察花粉在柱头上萌发和伸长情况。

（一）形态及碘染鉴定

（1）将少量正常的稻、麦的新鲜花粉用解剖针拨于一般载玻片上，于低倍显微镜下观察花粉形态。根据形态特征，判断花粉的生活力状况。一般来说，畸形、皱缩、小型化等均为无生活力花粉，而有光泽、饱满、具有本品种花粉典型特征等性状的均为有生活力花粉。

（2）与形态观察相同，但在有花粉的载玻片上滴 1 滴 1% I_2-IK，再观察花粉是否染色和染色深浅情况，以判断花粉内含物的充实度。正常花粉应有较多的淀粉粒，遇 I_2-KI 呈紫黑色，不正常的染色浅或不染色。

（二）FCR 测定法

荧光染色法可根据细胞质膜完整性判断花粉的生活力，迅速简便，与萌发测定有相关性，对亲本与 F_1 代的鉴别非常有效。由于花粉细胞质膜的完整性不同，经过荧光素双乙酸反应，活细胞发出绿色荧光，死细胞无荧光，可统计花粉细胞存活率(FCR 值)。

1. 试剂配制

（1）母液 1（SSl）的配制：称取 1.75mol/L 蔗糖，3.32mmol/L H_3BO_3，3.05mmol/L $Ca(NO_3)_2$，3.33mmol/L $MgSO_4$，1.98mmol/L KNO_3，然后蒸馏水定容。为了避免由渗透压引起的花粉管破裂，可以增加蔗糖浓度，若想得到更强的荧光反应，还可加大盐的浓度。

（2）母液 2(SS2)的配制：7.21mmol/L 双乙酸荧光素溶于丙酮中，放于 4℃冰箱保存。

（3）工作液：取 8 ~ 12 滴 SS2 于 10mL SS1 中，混匀直到此混合液变为轻乳状。

2. 染色

取已成熟尚未开花的水稻或小麦花粉 5 ~ 10 个，切断花药两端，放入小烧杯中，加 FCR 工作液，使花药完全浸入反应液中。

3. 压片镜检

取出花药，置于载玻片上，用解剖针压出花粉，去掉花药药壁组织，盖上盖玻片，2 分钟后在荧光显微镜镜检观察。取 5 个视野，统计荧光花粉百分率。

（三）TTC 染色法

TTC 可使有活力花粉变红，根据花粉吸收 TTC 后的颜色变化情况来判断花粉的生活力强弱。

（1）0.5%TTC 溶液配制：称取 0.5g TTC 放入烧杯中，加入少许 95%乙醇使其溶解，然后用蒸馏水稀释至 100mL。溶液避光保存，若发红时，则不能再用。

（2）染色：采集任何植物的花粉，取少许放在干净的载玻片上，加 1 ~ 2 滴 0.5%TTC 溶液，搅匀后盖上盖玻片，置于 35℃恒温箱中。

（3）镜检：35℃恒温箱放置 10 ~ 15 分钟后，凡被染为红色的花粉活力强，淡红色的次之，无色者为没有活力或不育花粉。观察 2 ~ 3 张片子，每片取 5 个视野，统计花粉的染色率，以染色率表示花粉的活力百分率。

（四）花粉萌发测定法

正常的成熟花粉粒具有较强的活力，在适宜的培养条件下便能萌发和生长，在显微镜下可直接观察计算其萌发率，以确定其活力。此方法准确可靠。

1. 置床萌发

取干净的单凹载玻片，在凹陷处加一滴 15%蔗糖水溶液，取新鲜成熟的花，用解剖针或镊子取出少许花粉置于玻片上的糖水中，并用解剖针将花粉分散，盖上盖玻片，放入下面铺有湿滤纸的培养皿内，盖好后将培养皿放入恒温箱中(水稻置于 27℃ ~ 29℃，小麦置于 22℃ ~ 26℃培养)。

2. 镜检观察

水稻在 27℃ ~ 29℃下保温保湿培养 5 分钟；小麦于 22℃ ~ 26℃下保温保湿培养 1 ~ 2 小时；然后进行镜检观察。凡花粉管伸长超过花粉粒直径的即为已萌发的花粉。统计花粉发芽率并填写表格 43-2。

五、作业

（1）测定花粉生活力的意义有哪些?

（2）观察荧光显微制片，比较不同作物花粉管伸长情况。

（3）用不同的方法测定花粉生活力，填写表 43-2，并对测定结果做出分析比较。

表 43-2 水稻花粉活力鉴定结果

具有生活力的花粉									
	供试品种	收集日期	测定日期	第一视野	第二视野	第三视野	第四视野	第五视野	备注
染色鉴定法									
形态鉴定法									
萌发测定法									

实验 44 水稻杂交后代的田间选择

一、目的要求

学习并初步掌握水稻杂种后代的田间选择一般标准和基本技术。

二、内容说明

杂交育种是国内外水稻各种育种方法中应用最普遍、成效最好的方法。根据育种目标，对杂种后代进行正确的田间选择是选育新品种的最重要环节之一，也是各种育种方法和技术的基本功，只有通过反复实践才能掌握。

（1）根据育种目标，掌握选择标准。水稻杂种后代田间选择的一般标准是：

①生育期适宜。一般早熟 100 天左右，中熟 110 天，迟熟 115 天，晚稻一般 120 天。

②株高适中，以中矮秆为好；一般在 90～100cm。

③株型较紧凑；叶片直挺而不披，叶片宽窄、长短适中。

④有效穗较多，主穗和分蘖穗生长整齐，成熟一致，成熟时落色好（籼稻青枝黄秆，粳稻叶青籽黄）。

⑤穗大粒多，着粒较密，结实率高，谷粒饱满。谷壳较薄，粒重较大；无芒，无枝梗、颖花退化现象。

⑥米质优良；腹白小，有粘牙感。

⑦抗性好，对病虫害具有中等以上抗性，表现剑叶无病斑，谷粒无麻壳；耐寒性较好，不麻秆、麻叶和早衰。

（2）根据目标性状和杂种的不同世代确定当选数量。F_1 只选优良组合，淘汰不良组合；F_2 在选择优良组合中选择较多的优良单株；F_3 在优良株系中再选择优良单株；F_4 及以后视性状优良情况和稳定程度选择合适数量的优良单株。

（3）对当选优良单株进行室内复选，对决定当选优良单株进行系谱选育或混合选育。

三、材料用具

1. 材料

水稻杂种后代的选种田，各种不同世代的、黄熟期的早稻或晚稻选育材料。

2. 用具

选种的田间记录本，镰刀，纸牌标签，麻绳，铅笔等。

四、方法步骤

(1) 先在选种田评选优良杂交组合或优良株系，而后在优良组合或优良株系内进行优良单株选择。

(2) 在进行单株选择时，应按选择标准(见以上的内容说明)，背着太阳顺着阳光，在小区走道或行间朝前行走，进行观察比较，物色优良单株。确定后，齐泥割起→单株捆扎→挂上标签(标明田间小区编号、操作者的姓名和选择日期)→小区选择完毕时，将各个初选优良单株进行复选，形状明显较差的单株淘汰，将当选优良单株以小区为单位捆成一把，挂上区号和标签，标明当选日期，带回室内晾干或晒干。

(3) 选择优良单株时，应注意：

①在物色优良单株时，对边行和缺株附近的单株应适当提高丰产性状的选择标准，以预防边际效应。

②细致观察比较，不能马虎从事，更不能搞错杂种后代的小区编号。

③田间行走时，应慢步轻动，不能随意乱走践踏损害育种材料。

④对当选优良株要齐泥面割起，按单株捆扎牢固，挂上纸牌标签(写清当选优良单株的田间小区编号、操作者姓名和日期)，不得乱丢重扔，以防损失穗粒。

五、作业

(1) 每人在田间至少应选择优良单株 3 ~ 5 株，并按要求捆扎牢固和挂好标签；将当选优良单株带回实验室，放在各自的座位台桌上，让教师验收和评定成绩。

(2) 你认为水稻杂种后代的低世代(F_3 以前)与高世代选育材料的田间选择各有什么特点？各应着重哪些性状的选择？

实验 45　小麦杂交后代的田间选择

一、目的要求

学习并初步掌握小麦品种间杂交后代的田间选株及评选优良品系的方法。

二、材料及用具

小麦育种试验田的杂交后代材料(F_1 ~ F_5 分离世代及稳定系统)，剪刀，纸牌，麻绳，布条，铅笔等。

三、方法步骤

根据育种目标，对杂交后代进行田间选择优良单株，评选优良品系，是能否选育出新品种的重要环节，也是小麦育种技术的基本功，需在育种理论的指导下，通过反复实践才能掌握。

(一) 杂种后代的田间选择

必须根据育种的任务确定明确而具体的育种目标，根据目标进行定向的选择。选择时应根据影响产量、品质、抗逆性以及生育期的各种经济性状的总体进行，但这些性状是分别在作物的各个不同生长和发育时期中表现的，只有在某些性状充分表现的时候，才能选择到这些性状表现优良的植株需进行分蘖、拨节、抽穗，成熟前的田间评选尤为重要，因为它反映了性状的最终表现。本实验宜在5月上、中旬进行。

1. 田间选择标准

①植株健壮（未感染病虫害或较标准品种轻）；②分蘖数多而整齐；③茎秆坚韧不倒，矮秆或中矮秆（90cm以下）；④穗大、小穗数较多，每穗粒数多；⑤成熟早、灌浆速度快；⑥植株清秀，耐渍，熟相好。

2. 田间选择的基本原则

①选择前，应先目测邻近种植的标准品种植株的成熟状态、穗部性状和病害感染情况等，以超过标准品种作为选择优株的标准；②在选择材料中：a.如果植株成熟期较其显著提早，在产量性状方面可略为放宽；b.如成熟期与其相似或稍晚，则在产量性状方面应较优些，在抗病性方面不弱于标准品种；c.在抗病育种中，如果抗病性特别强，那么早熟性和产量性状就可放宽些；③田间选择：根据上列性状用目测的方法仔细进行选择，选择的单株挂上纸牌，纸牌上注明区（行）号，以待下次实验时收获考种；在杂交后代中进行选择，由于世代的不同，选择方法亦有若干差别。本实验以系谱法为例，对不同世代的选择加以说明。

(二)系谱法选择杂种后代的工作内容

1. F_1代的选择

①由于F_1代植株表现型的一致性，一般不进行单株选择，主要是根据育种目标淘汰有严重缺点的杂交组合，例如成熟太迟、植株感病特重（这些都是遗传力强的性状）；②淘汰各组合中的假杂种植株和混杂植株；③F_1通常按组合分收，优异组合可按单株分收；④复合杂交情况下，F_1代开始分离，应根据育种目标选株，建立系谱（做法同F_2代选择）。

2. F_2代选择

①F_2代是性状开始强烈分离的世代，为选择提供了丰富的物质基础。所以这一世代的主要工作是从优良组合中选择优良单株，并继续淘汰不良组合。②选拔单株时，必须考虑不同性状的遗传力的大小，如抽穗期、开花期、穗长以及某些遗传行为比较简单的抗病性等，在早期世代遗传力较大，可在F_2代进行严格的单株选择，例如单株产量、单株分蘖数、穗粒数、穗粒重等在早代遗传力小，不宜作F_2代的主要选择依据，最好延至后期世代（F_3、F_4）进行选择。

3. F_3代的选择

①首先按目标性状选择优良株系，再在优良系中选择优良单株（每系统选5~10株）；②当选的单株收获和考种同F_2代。

4. F_4代的选择

①由F_3的一个株系中选的若干单株，在F_4组成一个系统群，首先选择优良的系统群；②在优良系统群中选出优良系统；③在所选优良株系中选优良单株。

5. F_5代以后的选择

F_5代以后的选择和F_4代相同。一般情况下，在F_4代中可能有少数系统遗传性基本稳定(即各种性状已达到整齐一致)，但大多数系统仍在分离中，到F_5代就会有较多系统达到稳定状态。因此，从F_4代起，就应注意系统的整齐性，凡优良而又整齐的系统，除继续选留少数单株外，即可全系当选，全系收获，下年入鉴定圃进行试验。

四、作业

将田间选择结果填入下表，见表45-1。

表45-1 田间选择结果表

姓名 专业年级班级 年 月 日

中选区号	中选株数	主要优点（与标准品种比）

实验46 单株选择和表型性状调查

一、目的要求

根据已学习的育种学选择理论，通过教师讲解和田间实际操作，熟悉和掌握主要农作物的选种技术和考种方法。

二、内容说明

单株选择(即选种)是杂交育种的重要环节，它是通过选择单株并进行后裔鉴定的一种选择方法。对杂种后代的选择必须根据明确的育种目标来进行，育种目标是指新品种应具备符合农作物生产需要的各种优良性状的总和，主要包括丰产性、抗病虫性、抗逆性、优良品质、适合的成熟期和理想的株型等。在育种实践中，选种需要有丰富的实践积累。异花授粉作物往往还要采用选株自交手段。

性状调查(即考种)是评判单株选择效果的重要依据。不同作物的性状表现固然不同，同一作物不同品种的性状表现也有差异。作物的表型性状可分为农艺性状、产量性状、品质性状和抗病虫性状几类。与株型相关的农艺性状主要根据育种家的经验在田间判断选择，一些农艺性状如株高、节间配置、叶长叶宽、出叶角度等也可通过直尺、量角器来测量。高产是作物育种的主要目标，但不同作物的产量构成因素(产量性状)不同。抗病虫性除根据田间的发病和昆虫为害情况进行选择外，还可通过接虫、接种来鉴定其抗性。不同作物、不同病害或虫害有不同的鉴定和调查方法。品质性状往往需要利用仪器设备在实验室内进行检测。不同作物对品质的衡量指标不同，如油料作物的含油量，糖类作物的含糖量，谷类作物注重食用品质，棉、麻等纤维类作物则注重纤维的品质。

三、材料仪器

（1）主要农作物（最好为自花授粉作物或异交率较低的常异花授粉作物）的选种圃。

（2）实验用品有小吊牌，扎绳，种子袋，考种表格，铅笔，直尺（长、短各一根），电子秤等（不同作物考种需要不同的仪器用品）。

四、方法步骤

（一）单株选择

1. 选择的标准

根据育种目标选择综合性状优良，丰产性好，符合生产需求的优良单株。例如，稻、麦作物一般要选分蘖性强、穗大粒多、子粒饱满的单株；棉花要选结铃性强、桃大、铃壳薄、吐絮畅的单株；豆类作物选节间短、结荚密、每荚粒数多的单株。同时，所选单株还需有较好的抗性和品质。

2. 选择的时期

一般在抽穗开花期初选，成熟期复选，室内考种决选。其中成熟期是关键时期。

3. 选择的方法

在抽穗开花期深入田间寻找符合育种目标的优良单株，并在植株上做好标记，一般挂上一个明显的牌子，在牌子上注明抽穗开花日期；成熟后再根据产量等性状复选，不中选的摘取牌子予以淘汰，将中选单株整株拔回（需捆扎好），带回实验室考种，也可在田间测量其株高，调查其有效穗数或铃数、荚果数，将调查结果和区号一并记在牌子上，然后将经济器官（穗、铃、荚果等）连同牌子一起收入种子袋带回考种；经考种不符合育种要求的，应予淘汰。入选单株分别脱粒、编号、保存。

选择时宜背着阳光，选择小区中部的优良单株。选择边行及缺棵附近的单株时，应适当提高选择的标准。

4. 选择时需注意的问题

（1）不同世代的选择目的不同。F_2是分离最严重的世代，也是选择的关键世代，株间差异较大，选择类型不能单一，各种优良变异单株都可以选择；自F_3以后的各个世代除要继续选拔优良单株外，还要注意不断发现和选拔性状整齐一致的优良株系，提供来年鉴定圃鉴定；对于鉴定品比试验和区域试验中的稳定品系以及生产应用的品种，为了保持原品种（系）的种性和纯度，也需要通过选择单株来建立株系谱，这时应强调选择典型性单株，剔除变异单株（不论优劣），而不是育种过程中的“优中选优”。

（2）不同性状和不同世代应掌握不同的选择压。不同性状在同一世代的遗传率不同，一般以生育期、株高、抗性等质量性状的遗传率较高，粒重虽属数量性状，但遗传率也较高，这些性状早代选择的效果较好，应严格选择；而穗数、每粒穗数等其他产量性状多为数量性状，遗传率较低，早代选择效果较差，应从宽选择。随着世代增加，同一性状的遗传率逐渐提高，选择的可靠性逐渐增大，应逐步加强对产量性状的选择压。

（3）掌握先观全体而后选择的策略。同一世代的同一性状，根据单株的表现选择可靠性最低，根据系统选择次之，根据系统群选择，可靠性最高。所以要先进行总体比较，而后进行选择。选择时首先选择组合，再在优良组合中选择优良的系统群，在优良系统群中选择优良系统，最后在优良系统中选择优良单株。

(4) 掌握田间选择为主、室内鉴定为辅的原则。应首先着重田间的仔细观察评定,因为在田间观察的是整个植株,其评定更全面、更可靠。所以,应在作物的关键时期对所选单株的相关性状分清主次,权衡轻重,综合考虑,做出确切的评价。室内考种所得结果只能作为参考,特别是分离的低世代,单株考种的结果的可信度更差。室内应以鉴定品质性状为主要目的。

(二) 性状调查

将所选单株带回实验室,调查与产量有关的主要表型性状(部分性状可以在田间调查)。由于不同作物的性状的表现不同,调查的方法也各不相同,此处仅以水稻、小麦、玉米、油菜、棉花等主要农作物为例。各作物的性状调查可按以下性状排列的顺序进行。

1. 水稻性状调查

(1) 株高。成熟前测量植株自地面至最高穗顶部(不包括芒)的高度,以 cm 表示。

(2) 有效穗数。单株有效穗数的总数,凡抽穗且穗粒数在 5 粒以上者均为有效穗。

(3) 穗总粒数。每个穗上的总颖花数,以全株所有有效穗平均计算。

(4) 穗实粒数。每个穗上的饱满粒数(总颖花数减去空粒数和瘪粒数),以全株所有有效穗平均计算。

(5) 结实率。穗实粒数与穗总粒数的比例,以%表示。

(6) 千粒重。随即取风干或烘干后的 1000 粒饱满粒所称的重量,不足 1000 粒时,按实际重量和粒数进行折算,以 g 表示。

(7) 单株产量。风干或烘干后单株饱满谷粒的总重量,以 g 表示。

2. 小麦性状调查

(1) 株高。成熟前测量植株自地面至最高穗顶部(不包括芒)的高度,以 cm 表示。

(2) 有效穗数。单株有效穗数的总数,凡抽穗且穗粒数在 5 粒以上者为有效穗。

(3) 每穗小穗数。每穗小穗总数,包括结实小穗和不孕小穗,以全株所有穗平均计算。

(4) 每穗结实粒数。植株脱粒后数其总粒数,再除以每株穗数,求其平均数。

(5) 千粒重。随即取 1000 粒干子粒所称的重量,不足 1000 粒时,按实际重量和粒数进行折算,以 g 表示。

(6) 单株产量。单株干子粒的总重量,以 g 表示。

3. 玉米性状调查

(1) 株高。开花后测量植株自地面至雄穗顶端之间的高度,以 cm 表示。

(2) 穗长。测量果穗基部至顶部(包括秃顶)的长度,以 cm 表示。

(3) 穗粗。果穗中部的直径,以 cm 表示。

(4) 每行穗数。果穗中部纵向排列子粒的行数。

(5) 穗行粒数。每穗数 1 行(中等高度)的子粒数。

(6) 单穗粒数。单个果穗脱下的干子粒的重量,以 g 表示。

(7) 出籽率。单穗粒重占果穗干重的比例,以%表示。

(8) 千粒重。1000 粒干子粒的重量,不足 1000 粒时,用单穗粒重和实际粒数进行折算,以 g 表示。

4. 油菜性状调查

(1) 株高。自子叶节至株顶的高度,以 cm 表示。

(2) 第一次有效分枝数。主茎上具有 1 个以上有效角果的第一次分枝数目。

(3) 主花序有效长度。主花序顶端不实段以下至花序基部着生有效角果处的长度,以 cm 表示。

(4) 主花序有效果数。主花序上具有 1 粒以上饱满或略欠饱满种子的角果数。

(5) 全株有效果数。全株具有 1 粒以上饱满或略欠饱满种子的角果数。

(6) 千粒重。1000 粒干子粒(含水量不高于 10%)的重量,以 g 表示。

(7) 单株产量。全株子粒的干重,以 g 表示。

5. 棉花性状调查

(1) 主茎高度。自子叶节至株顶的高度,以 cm 表示。

(2) 果枝数。主茎上着生的果枝数。

(3) 单株铃数。单株成熟铃的数目。

(4) 单株子棉产量。单株各次所收花的总干重量,以 g 表示。

(5) 单株重。单株子棉重量除以单株铃数,以 g 表示。

(6) 单株皮棉产量。单株各次所收子棉轧花后棉纤维的总重量,以 g 表示。

(7) 衣分。单株皮棉产量占单株子棉产量的比例,以%表示。

五、作业

1. 选株

每 2～4 人为一组,在成熟期分别对 F_3 以上选种圃不同株系进行评选,筛选性状优良、目测已基本稳定的株系,再在中选株系中选择优良单株若干(水稻、小麦选 10 株,大株作物适当少选)。另安排一组同学在同一田块的对照品种小区中选相同的株数,作为其他各组选择材料的对照。选好的单株要挂上吊牌,用铅笔注明区号、株号和操作者姓名,同一小区的单株扎成一束,带回室内风干考种。

2. 考种

按组对所选优良单株分株调查主要产量性状,将考种结果记录在考种表上,并计算每一性状的平均数和变异系数。

3. 分析

每人分别汇总全班各组的考种情况(包括对照),根据所选各株系不同性状的平均数和变异系数,与对照品种进行对比,并对选择效果进行评述:①就丰产性而言,哪些小区已较对照品种有所改进?②综合各产量性状的变异情况,哪些小区的性状已基本稳定?③是否有优良一致的品系可升级鉴定圃鉴定?完成实验报告。

第五章　作物田间测产及室内考种

实验47　水稻产量测定和室内考种

一、目的要求

学习和掌握水稻测产及室内考种的项目及其考察方法。

二、内容说明

在水稻收获之前,根据被测产田水稻产量构成因素的差异将其划分为不同等级,再从各等级中选定具有代表性的田块作为测产对象。从各代表性田测得的产量，分别乘以各类田的面积,就可以估算所测地区的当季稻谷产量。

在水稻育种过程中,从杂种后代优良单株挑选到新品系(种)的各级比较试验,都要进行室内考种,以便对其经济性状等取得数据,作为评定优劣、决定选留或淘汰的依据。水稻的各种性状不仅可作为鉴别品种的依据,还可作为判断不同品种生产潜力、抗倒伏及耐高(低)温能力的指标。如对抽穗期同处于高温时段的两个品种进行结实率考察,就可了解它们的耐高温能力的差异;通过对茎基部两个伸长节间的长度及茎壁厚度的考察,便可推测品种的抗倒能力等。在品种选育过程中,经过田间选择,结合在室内对植株进行系统考察,就可以从大量的选育材料中遴选出有实用价值的材料或配组的杂交组合。

三、材料及用具

1. 材料

当前生产上推广应用的同一类型(早籼或中籼),同等栽培条件下的两个水稻品种的成熟植株。

2. 用具

米尺,游标卡尺,量角器,电子天平,瓷盘,刀片,计算器等。

四、方法与步骤

(一) 水稻产量测定

水稻成熟期产量测定:代表性田的常用测产方法有如下两种。

1. 小面积试割法

在大面积测产中,选择有代表性的小田块,进行全部收割、脱粒、称湿谷重,有条件的则送入干燥设备中烘干称重。一般情况下则根据早、晚季稻和收割时天气情况,按 70% ~ 85%折算干谷或取混合均匀鲜谷 1kg 晒干算出折合率,并丈量该小田块面积,计算每亩干谷产量。

2. 穗数、粒数、粒重测产法

水稻单位面积产量是每亩有效穗数、每穗平均实粒数和粒重的相乘积,对这三个因子进行调查测定,就可求出理论产量。

选好测产田后即取样调查,根据田块大小及田间生长状况确定取样点(调查点),取样点力求具有代表性和均匀分布。常用的取样方法有五点取样法、八点取样法和随机取样法等。当被测田块肥力水平不均,稻株个体差异大时,则采取按比例不均等设置取样点的方法。

确定样点后,按照下列步骤进行调查:

(1)求每公顷穴数:测定实际穴、行距,在每个取样点上,测量 11 穴稻的横、直距离,分别以 10 除之,求出该取样点的行、穴距,再把各样点的数值进行统计,求出该田的平均行、穴距,再把各样点的数值进行统计,求出该田的平均行、穴距,则求得:

每公顷穴数 =10000m^2 ÷(平均行距 m × 平均穴距 m)

当被测田为抛栽秧田时,可用制作规范,面积为 1m^2 的木制方框在样点上框蔸计穴,求出平均每平方米实际穴数,再乘以 667 即为亩穴数。

(2)调查每穴有效穗数,求每公顷穗数:在每个样点上连续取样 10 ~ 20 穴(每亩田一般共调查 100 穴),求每穴有效穗数(具有 10 粒以上结实谷粒的稻穗才算有效穗),统计出各点及全田的平均每穴穗数,则求得:

每公顷穗数 = 每公顷实际穴数 × 每穴平均穗数

(3)调查代表穴的实粒数,求每穗的实粒数:在 1 ~ 3 个样点上,每点选取一穴穗数接近该点的平均每穴穗数的稻穴,数记各穴的平均每穗总粒数,统计每穴平均实粒数(可将有效穗脱去谷粒,投入清水中,浮在水面的谷粒为空粒,沉在水底的为实粒),以每穴的总穗数去除总实粒数,得出该点平均每穗实粒数,各点平均,则得出全田平均每穗实粒数,即:

每穗实粒数 = 每穴总实粒数 ÷ 每穴有效穗数

(4)理论产量的计算:根据穗数、粒数调查结果,再按品种及谷粒的充实度估计粒重,一般每千克稻谷 34000 ~ 44000 粒。

每公顷产量(kg)= 每公顷穗数 × 每穗实粒数 ÷ 每千克稻谷粒数

若已知该品种千粒重,则按下式推算产量:

每公顷产量(kg)= 每公顷穗数 × 每穗实粒数 × 千粒重(g)÷ 1000

(二)水稻成熟期性状考察与室内考种

每两人一组,于成熟期在田间选取 10 个有代表性的稻株,齐泥收割,取回室内挂藏晾干。然后按下列考察项目和标准逐项进行考察记载:

(1)株高:自地面茎基量至一株中最高植株的穗顶,不包括芒长,求其平均值,以 cm 为单位表示。

(2)株高整齐度:主穗与有效分蘖穗株高度的整齐程度,目测评定分为三级记载。

整齐——主穗与分蘖穗在同一层次内;

较整齐——主穗与分蘖穗分布在两个层次内;

不整齐——主穗与分蘖穗分布在三个层次内。

(3)单株有效穗:每穗结实颖花数在 10 粒以上者。

(4)茎粗(mm):以游标卡尺测量茎地上部分第二节间,大于 6.1mm 者为粗,4 ~ 6mm 者为中,小于 4mm 者为细。

(5) 剑叶长短及宽窄(cm)和伸展角度:选 10 株主茎测量剑叶长度(从剑叶枕至叶尖),求平均值,35cm 以上者为长,25cm 以下者为短,介于两者之间为中。叶宽:测量叶片最宽处,叶宽大于 1.5cm 者为宽,小于 1cm 者为窄,介于上两者之间为中。剑叶角度:指剑叶伸展和穗颈所成的角度,分三级:大——大于 60° ;中——31° ~ 59° ;小——小于 30° 。

(6) 剑叶下一叶的长与宽:测量方法同剑叶测量。

(7) 整齐度:即主茎穗与分蘖穗的高度相差程度。

(8) 穗颈长短:指主茎节间露出剑叶叶枕的长度。长于 8.5cm 的为长;2.2 ~ 8.5cm 的为中;小于 2.2cm 的为短。穗颈包在剑叶鞘内的为包颈。

(9) 穗长(cm):从穗颈节量至穗顶端(不包括芒的长度),测定所有有效穗的长度,取平均值。常分为三级,即 25cm 的为长,20cm 以下的为短,20 ~ 25cm 的为中。

(10) 穗枝梗数:计数全穗的枝梗数(有 2 粒谷以上的标示一枝梗),求其平均值。

(11) 复枝梗数:计数第二次枝梗数,求其平均值。

(12) 穗重:从每穗穗颈处剪下,称重,除以穗数,即得每穗平均重(g)。考查所有有效穗,穗重在 3.5g 以上者为大,2.3 ~ 3.5g 者为中;2.3g 以下者为小。

(13) 每穗总粒数:包括每穗上的实粒数、不实粒,以及已脱落粒的总数。白穗和半枯穗不计算在内,而落粒应作实粒计算。测定所有有效穗的总粒数,求平均值。151 粒以上为多,100 ~ 151 粒为中,100 粒以下为少。

(14) 着粒密度:平均每穗总粒数除以平均穗长度乘以 10,为 10cm 穗长内的着粒数(包括实粒、瘪粒和脱落粒),以粒 /10cm 表示。10cm 穗长内着粒 60 粒以上者为密,54 ~ 60 粒者为中,54 粒以下者为稀。

$$着粒密度 = \frac{平均每穗总粒数}{平均穗长} \times 10$$

(15) 结实率:指每穗平均实粒数占每穗平均总粒数的百分率。测定所有有效穗的总实粒数,除以总粒数。

(16) 单株谷粒重量:将单株谷粒脱下并收集称重,以 g 为单位表示,最后求其单株谷粒平均重量。

(17) 千粒重:测定 1000 粒种子的重量。千粒重在 30g 以上者为特大粒;27 ~ 29g 之间者为大粒;24 ~ 26g 之间者为中粒;21 ~ 23g 之间者为小粒;20g 以下者为特小粒。

(18) 芒的有无和长短:主穗中有芒谷粒数在 10%以下的为无芒,10%以上者为有芒。芒的长短分四级:即顶芒,其芒长在 10mm 以下者;短芒,芒长在 11 ~ 30mm 者;中芒,芒长在 31 ~ 60mm 者;长芒,芒长在 61mm 以上者。

(19) 落粒性:每个单株剪取 5 穗,一穗一穗地从离地 1.7m 处的高度自然落于地上或搪瓷盆内,每穗连续进行 3 次,全部处理后,收集脱落的谷粒称重,并脱下存留在穗上的谷粒称重,而后计算脱落率:

$$脱落率 = \frac{脱落的重量}{谷粒的总重量} \times 100\%$$

(20) 稃色:分秆黄色、褐斑色、茶褐色、红色、深红色、灰白色、紫色、紫黑色条斑纹等。

(21) 稃(谷壳)尖色:分秆黄色、延展褐色、红色、淡黑褐色、黑褐色等。

（22）谷粒长度：随机选取 10 粒，首尾相接排直，测量长度，除以 10，以 mm 表示。长于 8mm 为长，6.1～8.0mm 为中，短于 6mm 为短。

（23）谷粒宽度：随机选取 10 粒，背腹相接排直，测量长度，除以 10，以 mm 表示。宽于 3.6mm 为宽，2.6～3.5mm 为中，小于 2.5mm 为窄。

（24）谷粒形状：长宽比 >3.30 的为细长形，2.21～3.30 的为椭圆形，1.81～2.20 的为阔卵形，<1.80 的为短圆形。

（25）糙米色：分琥珀色，乳白色，红色，紫黑色等。

（26）腹白大小：任取 10～20 粒谷，去其谷壳，用目测法观测腹白大小，分为三级：

大——腹白占米粒体积的 2/10；

中——腹白占米粒体积的 1/10～2/10；

小——腹白占米粒体积的 1/10 以下。

（27）米质：根据腹白心白的大小等，分为上（米粒透明无腹白心白）、中和下（腹白心白大、米粒半粉质）三级。

五、作业

（1）根据穗数、粒数、粒重测产法，将测产步骤和测产结果写出。

（2）每两人一个小组，对实验材料按以上标准逐项考察，将考种结果填入考种表 47-1，并评价室内考种的单株品系（种）优良或差劣。

表 47-1　　水稻成熟期性状（育种材料）室内考种表

品系（种）名称（代号）：　　　　考种人：　　　　考种日期：　　年　　月　　日

株号	株高	整齐度	剑叶			穗长(cm)	枝梗		穗粒数			着粒密度	芒有无长短	落粒性	单株重(g)	千粒重(g)	粒形	粒色	腹白大小	米质	备注
			总数	有效数	有效率		总数	复枝数	总数	实粒数	空壳(%)										
平均																					

注：表中项目可根据需要酌情增减。

实验48 农作物遥感估产

一、目的要求

学习和了解农作物遥感估产的基本方法。

二、内容说明

遥感技术是精细农业中最重要的监测技术手段之一，是未来精细农业技术体系中获得田间数据的重要来源。目前遥感技术在农作物生长监测和产量预报方面已广泛应用。农作物遥感估产是近几十年发展起来的一门新兴技术，遥感用于农作物估产，能及时了解农作物种植面积、长势及产量，对于国家粮食政策的制定、价格的宏观调控以及对外粮食贸易都具有重要意义。遥感估产技术在农业发展中具有传统的统计方法不可比拟的优势，能及时客观地获得作物长势、产量等信息，特别是种植面积及其不同区域分布的信息，对于遥感估产农作物生产具有非常重要的作用。遥感估产具有宏观、客观、快速、准确、经济和信息量大等特点，在实际应用中显示出了独有的优越性。

（一）遥感估产的基本原理

遥感(Remote Sensing) 即遥远地感知，指在一定距离上，应用探测仪器不直接接触目标物体，从远处把目标的电磁波特性记录下来，通过分析，揭示出物体的特征性质及其变化的综合性探测技术。农作物遥感估产是根据生物学原理，在收集分析各种农作物不同生育期不同光谱特征的基础上，通过平台上的传感器记录地表信息，辨别作物类型，监测作物长势，建立不同条件下的产量预报模型，从而在作物收获前就能预测作物总产量的一系列技术方法。根据遥感资料来源的不同，农作物遥感估产可分为空间遥感作物估产和地面遥感作物估产。前者又包括以应用卫星资料为主的航天遥感作物估产和以应用飞机航测资料为主的航空遥感作物估产，估产的范围广、宏观性强。后者是根据地面遥感平台获取的农作物光谱信息进行估产，估产范围较小。

任何物体都具有吸收和反射不同波长电磁波的特性，这是物体的基本性质。遥感技术也是基于同样的原理，利用搭载在各种遥感平台（地面、气球、飞机、卫星等）上的传感器（照相机、扫描仪等）接收电磁波，根据地面上物体的波谱反射和辐射特性，识别地物的类型和状态。遥感估产包括作物识别和播种面积提取、长势监测和产量预报两项重要内容。遥感估产原理如图48-1所示。

（二）遥感估产的主要内容

1. 作物的识别及长势监测

任何物体都具有吸收和反射不同波长电磁波的特性。不同物体的波谱特性不同，利用卫星照片可以区分出农田和非农田、同种作物和非同种作物。用可见光和近红外波段的差值可区分农作物与土壤和水体。识别作物类型，一方面可以根据近红外波段反射率的差别，主要是因为不同作物叶片的内部结构不同；另一方面是利用多时相遥感。不同作物的播种、生长、收割的时间不同，利用遥感信息的季节、年度变化规律，结合区域背景资料，可以有效地识别作物。

而农作物长势监测指对作物的苗情、生长状况及其变化的宏观监测，即对作物生长状况及

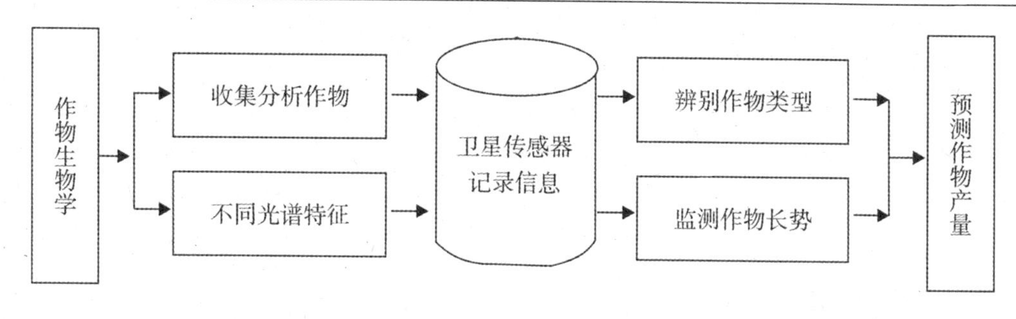

图 48-1 遥感估产原理框图

趋势的监测。作物长势包括个体和群体两方面的特征,叶面积指数 LAI(指反映冠层状态的指标,其为单位面积上植被叶片面积;LAI= 单株叶片面积 × 株数)是与作物个体特征和群体特征有关的综合指标,可以作为表征作物长势的参数。

利用红外波段和近红外波段的遥感信息,得到的归一化植被指数(NEVI)与作物的叶面积指数(LAI)和生物量呈正相关,可以用遥感图像获取作物的 NEVI 曲线反演计算作物的 LAI,进行作物长势监测。

2. 作物种植面积的提取和监测

不同作物在遥感影像上呈现不同的颜色、纹理、形状等特征信息,利用信息提取的方法,可以将作物种植区域提取出来,从而得到作物种植面积和种植区域。

在遥感估产中农作物面积提取是最重要的内容。用遥感方法测算一种农作物的种植面积主要有以下几种方法:

(1)航天遥感方法。包括卫星影像磁带数字图像处理方法(一般精度较高)和绿度——面积模式。

(2)航空遥感方法。可进行总面积的测量、作物分类及测算分类面积。

(3)遥感与统计相结合的方法。此方法是由美国农业部统计局在原面积抽样统计估产的基础上发展起来的,其原理是利用遥感影像分层,再实行统计学方法抽样。

(4)地理信息系统(GIS)与遥感相结合方法。此方法是在地理信息系统的支持下,利用遥感信息对不同农作物的种植面积进行获取。

3. 作物产量估算

遥感估产是基于作物特有的波谱反射特征, 利用遥感手段对作物产量进行监测预报的一种技术。利用影像的光谱信息可以反演作物的生长信息(如 LAI、生物量),通过建立生长信息与产量间的关联模型(可结合一些农学模型和气象模型),便可获得作物产量信息。在实际工作中, 常用植被指数(由多光谱数据经线性或非线性组合而成的能反映作物生长信息的数学指数)作为评价作物生长状况的标准。作物单产和总产遥感监测见图 48-2。

三、方法步骤

农作物遥感估产的过程大体上可以分为如下八个步骤。

1. 遥感信息获取与处理

遥感信息源的选取首先要考虑满足技术要求,同时也要兼顾经济效益,好的信息源对估产将起到事半功倍的效果。

2. 遥感估产区划

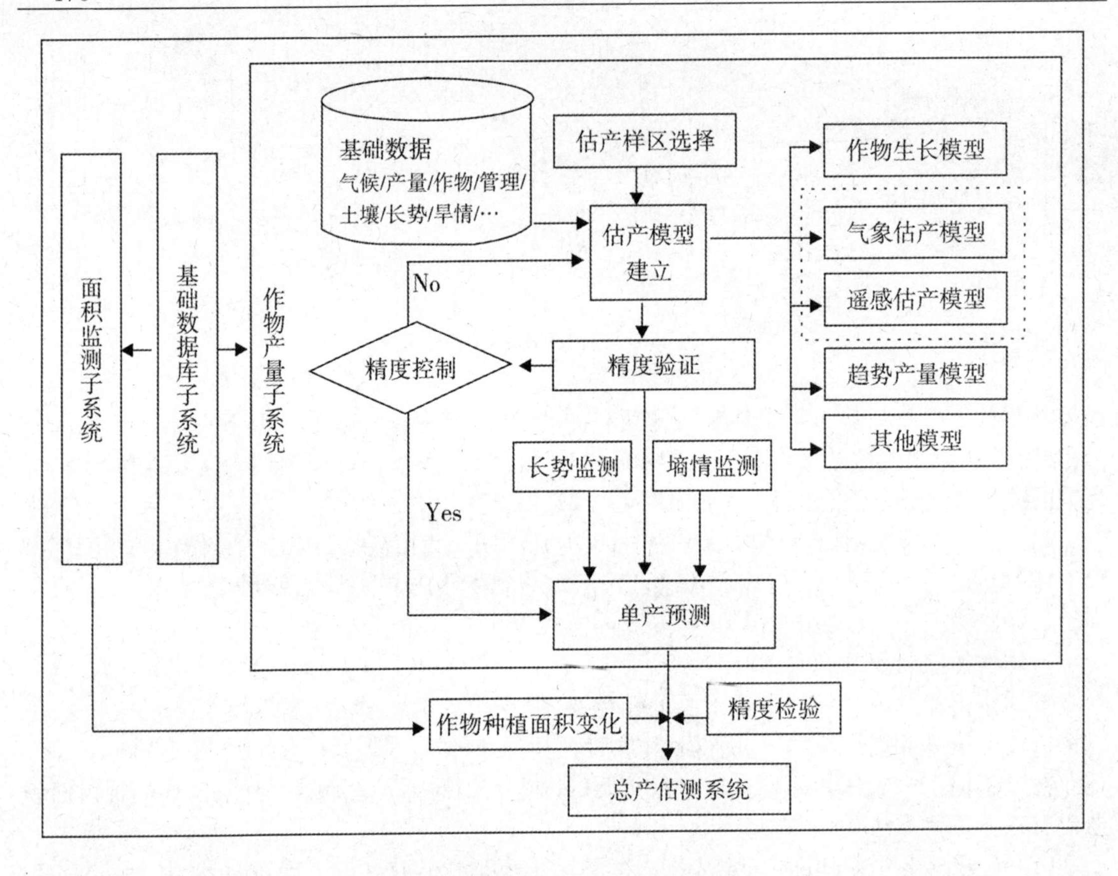

图 48–2　作物单产和总产遥感监测

遥感技术用于农作物生长的动态监测和估产需要将自然条件、社会环境以及农作物的生长状况基本相同的地区归类,以便于作物生长状况的监测与估产模型的构建。

3. 地面采集点布设及观测

遥感估产中的信息主要是来自于遥感信息,但是为了得到高精度的作物种植面积和产量,光靠遥感信息是不够的,必须在地面布设足够的样点监测作物实际生长状况和产量,作为遥感信息的补充和验证。

4. 建立背景数据库

在遥感估产中,建立数据库是一项重要的基础性工作,它收集和存储了估产区自然环境和社会环境等方面的信息。背景数据库主要有两个方面的作用:一是为遥感信息分类提供背景资料,使分类精度提高;二是在遥感信息难以获取时,它支持模型分析,从历史资料和实际样点采集的数据中综合分析,取得当年实际种植面积和产量。

5. 农作物种植面积的提取

农作物播种面积的提取是农作物估产中的关键。常利用 TM 资料进行计算机自动分类 NOAA 资料混合的分解,以及在 GIS 支持下的作物播种面积的提取方法。

6. 长势及灾害监测

监测的主要方法是对不同生长期的植被指数监测，根据植被指数的变化以及与资料的对比,就可以及时获得各种作物在不同生长期的长势,由长势情况就能预测出作物的趋势产量。而灾害对农作物产量的影响既具有突发性,又很直接。

应用遥感信息进行农作物估产，可按以下步骤进行：

(1) 分析作物冠层及其背景的反射光谱特征，引入和计算植被指数。

(2) 分析作物冠层反射光谱特征和冠层状态参数之间的关系，并进一步确定植被指数与叶面积指数 LAI 之间的关系，以及与作物产量的关系。

(3) 确定植土比（植土比决定发射光谱特性的独立因子，它是联系遥感植被指数与作物种植面积的中间参数），并根据植土比分析遥感植被指数与作物面积的关系。

(4) 分析遥感植被指数与植土比和叶面积指数的综合关系，并据此进行作物估产。

7. 建立遥感估产模型

建立遥感估产模型是农作物估产的核心问题，模型的好坏直接决定估产的精度。主要估产模型有遥感统计模型和综合模型。

8. 估算总产并对其精度进行评估

利用遥感估产集成系统对作物进行估产。另外，由于“精度”直接标志着整个估产结果的可信度，为了保证最终的精度要求，需要在每个环节上尽量减少误差的可能性。

实验 49　小麦测产和室内考种

一、目的要求

学习并掌握冬小麦田间测产的方法和小麦收获后室内考种的项目和方法。

二、内容说明及方法

麦田群体结构是指群体的大小、分布、长相及其动态变化。群体大小是指苗、茎蘖、穗的多少，叶面积指数的大小和根系发达程度等。群体的分布是指叶片的角度，叶层的分布，植株分布的均匀和整齐程度等。群体的动态，是指不同生育阶段群体叶面积变化和分蘖消长动态等。

在生产实践中，只有当群体大小、分布、长相及其动态变化等均适合品种特性和当地的气候条件时，使群体与个体、地上部与根系、营养器官与生殖器官等都能够比较健康而协调地发展，才能经济有效地利用光能和地力，达到高产、稳产、优质、低消耗的目的。

了解小麦群体发展变化，可从三方面进行：

(1) 从每亩基本苗数、年前茎蘖数，年后最高茎蘖数和每亩有效穗数入手进行分析。

(2) 对被测麦田定期进行叶面积指数考察，并于齐穗期考察植株上部 3～4 片绿叶的长、宽及其与主茎的夹角等。还可考察不同叶层的透光率。

(3) 成熟时对产量结构（穗数、粒数、粒重等）进行考察分析。

（一）小麦的田间测产

小麦单位面积产量由每亩穗数、每穗实粒数和千粒重三个因素构成。小麦灌浆以后，前两个因子固定，蜡熟末期粒重亦固定。麦田测产一般可进行两次：一次在乳熟期，能测得穗数和每穗粒数，粒重则根据当年小麦后期生育状况与气候条件，并参照该品种常年千粒重推断；另一次在临收割前（接近蜡熟末期），测得亩穗数、穗粒数后，再通过穗脱粒后晒干称重来测得千粒重。

大田测产一般可分以下三个步骤进行：

(1)掌握整个田块面积、地形及生育状况。

因为面积和地形关系到选点数目及样点分布，而生长状况则直接影响到测产结果的准确性。

要目测全田各地段麦株稀、稠、高、矮、麦穗大小和成熟度等指标的整齐度，如果各地段麦株生育差异很大，特别是测定大块土地上(几十亩到几百亩)的产量时，必须根据全段目测结果分类，并按类别计算面积比例，最后再分级选点取样和按比例测出全田或全地段产量。

(2)选点取样。

样点即小面积测产点的面积，仅为全田的几十分之一至几百分之一，因此样点应具有较高的代表性，这是测产的关键。具体数目要根据田块大小、地形及生长整齐度来确定，通常5亩以内生长较整齐的麦田，可采取对角线方法选取4～5个样点，面积再小时可采取3点取样，四周样点要距田边2m以上，个别样点如缺乏代表性应作适当调整。

(3)测量样点面积、穗数及单穗粒数，然后计算产量。每个样点取1m^{2}的样方一个，数清样方内的有效穗数，求出每亩穗数：

$$每亩穗数=样点内有效穗数/样点面积(m^2)\times 666.7$$

再在每个样点内随机数20株的每穗结实粒数，求出每穗实粒数。若在临近收获前测产，还需要测定籽粒千粒重，然后根据上述三因素的测定结果求出产量。或：取样面积为1m^2→数1m^{2}内总穗数。折合成公顷穗数→在样点内随机连续取20穗，数出其结实总粒数，求出平均单穗粒数→将样段内部分麦穗脱粒，数1000粒。称重求得千粒重，若麦粒未熟，可根据该品种常年千粒重，代入下式求得调查产量(理论产量)：

$$产量(kg/hm^2)=\frac{穗数(个/hm^2)\cdot 穗粒数(个)\cdot 千粒重(g)}{1000(粒)\cdot 1000(g/kg)}，或者，$$

$$产量(kg/hm^2)=\frac{穗数(万个/hm^2)\cdot 10000\cdot 穗粒数(个)\cdot 千粒重(g)}{1000(粒)\cdot 1000(g/kg)}$$

上述测产数值系每公顷净面积产量，又是毫无损失脱粒干净的数字，故属理论产量。麦田畦作时，畦埂、畦沟占地较多的应乘以土地利用率(%)，另外再乘95%(减去5%未脱净的数字)，则理论产量和实收产量可基本相符。

实际产量：实际收获的产量。试验田应分别单打单收，得出实际产量。如因条件限制不能单收单打时，可采取收割小区推算产量的方法。方法如下：成熟时，在试验田中选择有代表性的小区3～5区，小区面积4～6m^2。脱粒晒干后，称重推算出每平方米或每公顷产量。

(二)室内考种

小麦个体性状影响小麦的单株生产力，进而影响群体生产力。而植株各部分的性状亦因品种、种植环境和栽培技术的不同而有差异。因此，考察单株性状是科研和生产中评定品种、分析环境影响和栽培技术合理性的必不可少的步骤。

考察的项目，可以根据具体工作目的的要求而增减。如全部考察应包括下列内容：

1. 取样和分样

在同一块地上多点取样50～100株带回室内。将全部植株按单株穗数多少分开，按不同穗数的苗占样本总株数的比例取20～50株作为考种样本。同时要使所取考种样本的平均单株穗数与田间调查的单株穗数大致相等。

2. 考种

将分好的样本逐株考察以下内容,并填入表 49-1。

(1) 株号:按考察顺序排号。

(2) 次生根数。

(3) 株高(cm):从分蘖节到穗顶部的高度(不包括芒)。

(4) 主茎节间长度(cm):从穗颈节间向下逐个测量节间长度。

(5) 主茎基部节间直径(mm):用卡尺测量。

(6) 单株穗数:全株能结实的穗数。穗子上只要有 1 个小花结实就算有效穗。

(7) 穗号(以下各项逐穗考察)。

表 49-1　　小麦成熟期单株室内分析考察表

试验田(或地点):　　　　品种(或处理):　　　　年　月　日

株号	株高(cm)	次生根数	主茎节间长度(cm)					节间直径(mm)		单株穗数	穗号	穗长(cm)	总小穗数	不孕小穗数	穗粒数	千粒重
			倒 1(穗颈节)	倒 2	倒 3	倒 4	倒 5	基 1	基 2							
1											1					
											2					
											⋮					
2											1					
											2					
											⋮					
3											1					
											2					
											⋮					
4											1					
											2					
											⋮					
5											1					
											2					
											⋮					
⋮											1					
⋮											2					
⋮											⋮					
平均																

注:表中项目可根据需要酌情增减。

(8) 穗长(cm):自最下部小穗(含退化的)至穗顶部(不包括芒)的长度。

(9) 每穗总小穗数、不孕小穗数、结实小穗数。这3项的相互关系是:总小穗数＝结实小穗数＋不孕小穗数。因此,一般考察其中2项,另1项由其他2项的平均数相加(减)得到。

每小穗中只要有1粒种子,即为结实小穗。小穗中各小花均未结实为不孕小穗,不孕小穗多在穗的基部或顶部。

(10) 穗粒重(g):将考种的麦穗混合脱粒,风干后称重,除以总穗数得到。有时用穗粒数乘以粒重得到。

(11) 千粒重:从考种的样本风干籽粒中或大田收割后的风干籽粒中,随机数2组500粒并分别称重(精确到0.01g)。2份重量的差值除以2份重量的平均值的商不超过5%的,将2份重量相加即为千粒重。超过3%的再数第3份,将2份重量相近的相加即为千粒重。

(12) 谷草比:籽粒与谷草重量之比,谷草指茎秆即不带根的地上部茎、叶、麦壳和穗轴等。

(13) 经济系数:籽粒重量占该样本全部重量(不带根)的百分数。

$$\text{经济系数}=\frac{\text{种子干重}}{\text{种子干重}+\text{茎叶干重}}$$

三、材料和用具

1. 材料

①特性不同的小麦品种(大穗型、多穗型)2个以上;②肥力水平不同(高肥与低肥水平)的小麦试验地。

2. 用具

铁锨(或土铲),求积仪,牛皮纸袋,钢卷尺,皮尺,游标卡尺,细麻绳,纸牌,电子天平(感量0.01g),托盘天平,计算器,烘箱等。

四、作业

(1) 根据测产结果填写表49-2,计算冬小麦经济产量,并分析产量构成因素与产量的关系。

(2) 每2人一组,选10株进行考种;列表(表49-2)填写考察结果,并对考察结果进行分析。

表49-2 产量因素测产法记载表

品种名称	样点产量							每公顷穗数(万)	20穗粒数	每穗粒数	千粒重(g)	每公顷产量(kg)
	1	2	3	4	5	合计	平均					

实验50 玉米成熟期测产和室内考种

一、目的要求

学会玉米成熟期田间调查、测产和室内考种的方法。

二、内容和方法

(一)玉米测产

测产也叫估产,可以分为预测和实测。预测在蜡熟期进行,实测在收获前进行。

(1)选点取样:选点取样的代表性与测产结果的准确性有密切关系。为了取得最大代表性的样品,样点应分布全田。一般每块地按对角线取5点(根据地块大小和生长整齐情况增减),在点上选取有代表性的植株(即周围植株不过细过密或过高过矮),每点连续选取5~10株(实测取30~50株)。

(2)测定行、株距,计算每公顷实际株数。测定行距时,每块地量选取10~30行的距离,求出平均行距(m)。株距在已选好的取样点处,每点量1行,每行量10~30株的距离,求出平均株距(m)。根据行、株距,按下式求出每公顷株数:

$$每亩实际株数=\frac{666.7\text{m}^2}{平均行距(\text{m})\times平均株距(\text{m})}$$

$$每公顷实际株数=\frac{10000(\text{m})}{平均行距(\text{m})\times平均株距(\text{m})}$$

(3)测定单株有效穗数和每穗粒数:①单株有效穗数:计数每点所选取的植株(30~50株)的全部有效穗数(指结实10粒以上的果穗),除以植株数即得;②每穗粒数:每点可选有代表性的植株5~10株,将其每个有效果穗剥开苞叶数其粒数(可以由籽粒行数与每行籽粒数的乘积求得),最后求出每穗平均粒数。

(4)计算产量。采用下列公式计算,其中千粒重可按本品种常年千粒重计算或根据当年生育情况略加修正后计算。

$$单株粒重=\frac{单株平均粒数\times千粒重}{1000(粒)}\times单株有效穗数$$

$$籽粒产量(\text{kg/hm}^2)=\frac{单株粒重(\text{g})}{1000(\text{g})}\times每公顷株数$$

(5)实测:如需要实测,可在临收获前将每点所选取(30~50株)植株的全部有效果穗取下,脱粒晒干后称重,计算产量。

$$籽粒产量(\text{kg/hm}^2)=\frac{样品粒重(\text{kg})}{取样株数}\times每公顷株数$$

但是,由于条件限制或其他原因,往往不能等籽粒晒干后确定产量。在这种情况下,可依下式进行计算:

$$籽粒产量(kg/hm^2)=\frac{样品果穗重(kg)\cdot K}{取样株数}\times 每公顷株数$$

其中:样品果穗重为取样植株全部果穗去掉苞叶后的重量。

K 为一系数,是经验数字,即去掉果穗中穗轴重及晒干时多余的水分而剩下的籽粒重。春夏玉米数值不同,春玉米 K 值为 0.55 ~ 0.60,夏玉米 K 值为 0.50 ~ 0.55。

(二) 成熟期玉米植株性状考察

从大田选取的具有代表性的样点内,连续选取 10 ~ 20 株植株,进行下述性状的考察:

(1) 株高:自地面至雄穗顶端的高度(cm)。

(2) 双穗率:单株双穗(指结实 10 粒以上的果穗)的植株占全部样本植株的百分比。

(3) 空株率:不结实果穗或有穗结实不足 10 粒的植株占全部样本植株的百分比。

(4) 单株绿色叶面积:单株各绿色叶片面积 [单叶中脉长(cm) × 最大宽度(cm) × 0.75] 的总和(cm^2)。

(5) 叶面积指数

$$叶面积指数=\frac{平均单株叶面积(cm^2/株)\times 密度(株/hm^2)}{10000(cm^2/m^2)\times 10000(m^2/hm^2)}$$

(6) 穗位高度:自地面至最上果穗着生节的高度(cm)。

(7) 茎粗:植株地上部第 3 节间中部扁平面的直径(cm)。

(8) 果穗长度:穗基部(不包括穗柄)至顶端的长度(cm)。

(9) 果穗粗度:距果穗基部(不包括穗柄)1/3 处的直径(cm)。

(10) 秃顶率:秃顶长度占果穗长度的百分率(%)。

(11) 粒行数:果穗中部籽粒行数。

(12) 穗粒数:一果穗籽粒的总数。

(13) 果穗重:风干果穗的重量(g)。

(14) 穗粒重:果穗上全部籽粒的风干重(g)。

$$(15)\ 籽粒出产率(\%)=\frac{穗粒重}{果穗重}\times 100\%$$

(16) 穗轴率(%)=(果穗重－穗粒重)/ 穗重 × 100%

(17) 百粒重:自脱粒风干的种子中随机取出 100 粒称重(g),精确到 0.1 g,重复 2 次。如 2 次的差值超过 2 次的平均重量的 5%,需再做一次,取 2 次重量相近的值加以平均。在样品量大的情况下,最好做千粒重的测定。

(18) 穗整齐度:样品中按大、中、小穗分别计算其百分率(%)。

三、材料和用具

1. 材料

大田不同产量水平下的植株及不同栽培措施处理下的植株。

2. 用具

钢卷尺,皮卷尺,卡尺,1/10 天平,小台秤,瓷盘,剪刀,布袋或尼龙网兜等。

四、作业

(1)将测产结果整理归纳,求出单位面积平均产量。按表50–1的要求项目填写考察内容。

表50–1　　玉米田间测产统计表

处理及单位:　　品种:　　日期:　　调查人:

样点	行距(cm)	株距(cm)	每公顷株数	空秆率(%)	双穗率(%)	每公顷穗数	穗粒数	千粒重(g)	产量(kg/hm²)
1									
2									
3									
4									
5									
合计									
平均									

(2)每组取完整植株5~10株,分别考察以下项目并列表记载(表50–2);比较分析考察材料的结果。

表50–2　　玉米室内考种数据表

品种名称(代号)________　考种人姓名:________　考种日期:________

株号	穗长(cm)	穗粗(cm)	秃粒长度(cm)	穗行数	行粒数	穗粒数	穗粒重(g)	轴色	粒形	粒色	千粒重(g)	籽粒出产率(%)	备注
1													
2													
3													
4													
5													
6													
7													
8													
9													
10													
合计													
平均													

注:表中项目可根据需要酌情增减。

实验51 棉花测产及子棉性状室内考种

一、目的要求

（1）掌握棉花产量预测的方法。

（2）掌握棉花考种的基本方法和步骤。

二、材料用具

1. 材料

不同类型的棉田；棉株不同部位采摘的单铃子棉、正常吐絮的子棉。

2. 用具

小轧花机，尼龙种子袋，标签，皮尺，计数器，计算器，托盘天平，感量0.01 g电子天平，梳绒板，梳子，小钢尺，毛刷等。

三、内容和方法

（一）棉花产量预测

1. 确定预测时间

产量预测的时间必须适时。过早，棉株的结铃数目尚难以确定；过晚，达不到产量预测的目的。一般在棉株结铃基本完成，棉株下部1～2个棉铃开始吐絮时较为适宜。长江流域棉区一般在9月中旬进行。

2. 核实面积和分类

产量预测前，要对准备预测的棉田进行普查。根据不同品种、种植模式、管理技术等，分别按照棉花生长情况分为好、中、差三个类型，并统计各类型面积，然后在各类型棉田中选出代表性田块进行预测。代表性田块选取多少，要根据待预测棉田总面积确定。一般每类棉田最好选2块以上。

3. 取点

取点要具有代表性。样点数目取决于棉田面积、土壤肥力和棉花生长的均匀程度。样点要分布均匀，代表性强。边行、地头、生长强弱不均、过稀过密的地段均不宜取点。一般可采用对角线取点法，根据棉田面积分别用3、5、10、15、20等点取样。

4. 测定每公顷株数

（1）行距测定：每点数11行（10个行距），量其宽度总和，再除以10即得。

（2）株距测定：每点在一行内取21株（20个株距），量其总长度，再除以20即得。

为了准确，行距和株距在一个点上可连续测量3～5个样，取其平均值。

（3）计算每公顷株数：公式为

$$每公顷株数=\frac{10000\text{m}^2}{行距(\text{m})\times 株距(\text{m})}$$

5. 测定单株铃数

每个取样点调查 10 ~ 30 株的成铃数，求出平均单株铃数。测定时要注意，幼铃和花蕾不计算在内，烂铃数及其重量分别记载，以供计算单株生产力时参考。

6. 计算每公顷产量

产量预测时，棉花处在吐絮期，单铃重和衣分常采用同一品种、同一类型棉田的平均铃重和衣分，并结合当年棉花生长情况而确定。即：

$$子棉产量(kg/hm^2)=\frac{每公顷株数\times 平均单株铃数\times 平均单铃子棉重(g)}{1000(g)}$$

$$皮棉产量(kg/hm^2)= 子棉产量(kg/hm^2)\times 衣分(\%)$$

（二）棉花考种

考种就是对棉花的产量和纤维品质进行室内分析。考种项目和内容很多，本实验仅对与栽培技术有关的几项主要内容进行考察。

1. 单铃子棉重量（简称铃重）测定

一株棉花不同部位的铃重不同，不同类型不同产量的棉田，棉株不同部位的棉铃所占比重也不同。因此，测定单铃子棉重应以全株单铃子棉的平均重量来计算。预测产量时单铃子棉重的测定方法是：每点取 5 ~ 10 株棉花，记载其总铃数。采摘后称总重量，求出平均铃重。

$$平均单铃子棉重(g)=子棉总重量(g)\div 总铃数$$

铃重测定之前要充分晒干，含水量以不超过 8%为宜。

2. 衣分测定

皮棉占子棉的百分比即为衣分。衣分高低是棉花的重要经济性状。不同品种的衣分不同，同一品种的衣分随环境条件和栽培措施的不同亦有差异。衣分仅是一个相对的数值，测定方法是：将采摘的子棉混匀取样，一般每样取 500g 子棉（至少取 200g），称重后轧出皮棉。

$$衣分=(皮棉重\div 子棉重)\times 100\%$$

衣分测定一般需取样 2 ~ 3 个，求其平均数。

3. 衣指和子指的测定

100 粒子棉上产生的皮棉的绝对重量即为衣指（g）。100 粒棉子的重量为子指。衣指与子指存在着高度的正相关，即铃大，种子大，则衣指就高，反之就低。测定衣指和子指的目的，是为了避免因单纯地追求高衣分而选留小而成熟不好的种子。

（1）衣指：用小轧花机轧取 100 粒子棉上的纤维，称其重量，即为衣指。如测定时所用子棉不足 100 粒，采用 80 粒（或 30 粒以上），则按下列公式计算：

$$衣指(g)=\frac{棉纤维重(花衣重)}{子棉粒数}\times 100\%$$

（2）子指：即每 100 粒子棉除去纤维后，剩下的 100 粒棉籽的重量（g），即得子指（g）。棉花种子的大小直接关系到棉苗的强弱及含油量的高低，故在选种上颇为重要（陆地棉子指一般为 9 ~ 12g）。

衣指和子指测定 2 ~ 3 次，取其平均值。

$$子指(g)=\frac{棉子重(g)}{棉子粒数}\times 100\%$$

4. 不孕子率

胚珠还没有受精，或受精中由于营养条件不良等原因中途发育停止，便形成不孕子，不孕子多既影响棉花的产量，又影响纤维的工艺价值。不孕子率与品种和环境条件都有关系。

（1）测定方法：

在棉株上、中、下部取样 30～50 铃，检查不孕子粒数，计算它占总考察粒数的百分率。

$$不孕子率(\%)=\frac{不孕子粒数}{不孕子粒数+棉子粒数}\times 100\%$$

（2）如欲考察不孕子占子棉样品的重量比率，也可取 100g 子棉，挑出不孕子，称重，计算其重量百分率：

$$不孕子率(\%)=\frac{不孕子重}{子棉重(g)}\times 100\%$$

5. 棉纤维长度测定

纤维长度与纺纱质量关系密切（表 51-1）。当其他品质参数相同时，纤维愈长，其可纺支数愈高，可纺号数愈小。棉花不同种、品种的纤维长度差异很大，同一品种随生长的环境条件和栽培措施的不同亦有变化，同一棉铃不同部位棉子上的纤维长度亦有差异。

表 51-1 原棉纤维长度与可纺支数的关系

原棉种类	纤维长度（mm）	细度（m/g）	可纺支数
长绒棉	33～41	6500～8500	100～200
细绒棉	25～31	5000～6000	33～90
粗绒棉	19～23	3000～4000	15～30

棉花纤维长度的测量方法，可以分为皮棉测量和子棉测量两种。本次实验采用“左右分梳法”进行子棉纤维长度测定，其步骤如下。

（1）取样：在测定棉样中随机取 20～50 个棉瓤（取样多少依样品数量而定）。通常以棉瓤第Ⅲ位子棉为准（图 51-1）。

（2）梳棉：取子棉，用解剖针沿种子缝线将纤维左右分开，露出明显的缝线。用左手拇指、食指持种子并用力捏住纤维基部，右手用小梳子自纤维尖端逐渐向棉子基部轻轻梳理一侧的纤维，直至梳直为止，然后再梳另一侧。注意不要将纤维梳断或梳落。最后将纤维整理成束，呈“蝶状”。仔细地摆置在黑绒板上。如纤维尚有皱缩，可用小毛刷轻轻刷理平直。

（3）测定长度：在多数纤维的尖端处用小钢尺与种子缝线平行压一条切痕，切痕位置以不见黑绒板为宜。然后用钢尺测定直线间的长度，并除以 2，即为子棉纤维长度，以 mm 为单位表示。

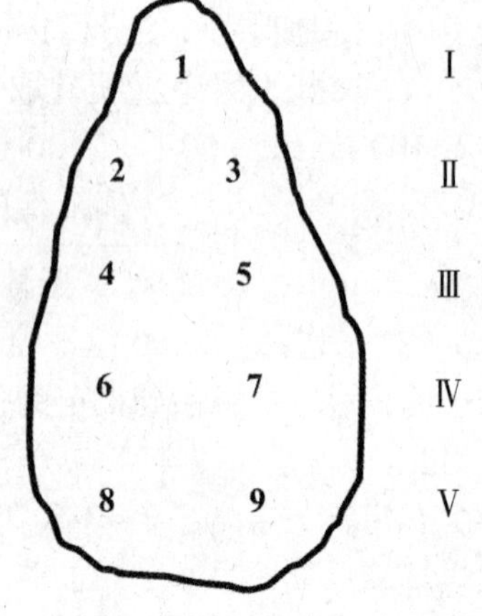

图 51-1 棉瓤中棉子位置排列图

注：①纺纱支数：用以表示纱的粗细的一种质量单位，以往用英制支数，现国家统一采用公制支数，分别指每 1 磅（英制）或 1 kg（公制）棉纱的长度为若干个 840 码（英制）或若干千米（公制）时，即为若干英支或若干公支。纱越细，支数越高；②纺纱号数：用以表示纱的粗细的另一种公制单位，即每

千米棉纱的重量为若干克。按其号数系列定位若干号，纱越细号数越小。

6. 纤维长度整齐度测定

纤维长度整齐的程度，以%或变异系数表示。

$$变异系数 = \frac{\sqrt{\frac{\sum (X-X)^2}{N-1}}}{X} \times 100 = \frac{S}{X} \times 100\%$$

纤维长度整齐度指标：90%以上为整齐，80%～89.9%为一般，79.9%以下为不整齐。

$$纤维长度变异系数(\%) = \frac{\sqrt{\frac{\sum \left(X-\overline{X}\right)^2}{N-1}}}{\overline{\overline{X}}} \times 100\% = \frac{S}{\overline{\overline{X}}} \times 100\%$$

X：各粒子棉的纤维长度；$\bar{X}$：子棉纤维的平均长度；N：测定子棉的纤维长度粒数；$\sum$：总和；S：标准差。变异系数越大，表示越不整齐。5%以下为整齐，6%～7%为一般，8%以上为不整齐。

四、作业

（1）5 人一组进行棉花测产，整理并计算本组的测产结果，见表 51–2。

（2）根据考种结果写出实验报告，分析比较不同棉种之间的差异。

表 51–2　　棉花试验材料考种结果表

品种名称	绒长（mm）	整齐度（%）	整齐度 变异系数	单铃重（g）	衣分（%）	子指（g）	衣指（g）	不孕子率（%）
xxx（陆地棉）								
中棉（亚洲棉）								

（3）试述棉花衣分、衣指、子指测定的意义。

实验 52　油菜测产和室内考种

一、目的要求

了解并掌握油菜室内考种各个项目的具体操作方法，认识油菜主要经济性状与产量的关系，掌握油菜理论产量的测定方法。

二、内容说明

油菜的每株角果数、每果粒数和千粒重是构成油菜产量的重要因素，这些因素受栽培条件、气候条件及病虫等的影响而发生变化，其中变化幅度最大的是每株有效角果数。因此，收获前进行油菜主要经济性状的考察，是总结经验，分析增产及减产原因，以供来年制定生产规划和栽培措施的重要依据。

三、材料用具

在当地推广的1~2个甘蓝型油菜品种中,各取5~10株备用;以及钢卷尺,剪刀,种子盘,天平,计数器,数粒板等。

四、方法步骤

(一) 油菜测产

油菜测产的原则:收获前对一块田进行测产,一般应用以下公式求得:

油菜产量 (kg/667m^2)=[单位面积株数×单株角果数×每果粒数×千粒重(g)]/1000×1000(g)

在以上4个产量构成因素中,单株的有效果数、每果粒数和千粒重因品种、密度、栽培条件不同而变化很大,植株间大小也差异大。每果粒数和千粒重要到近收获期才能稳定,取样估测时间不能过早,离收获期愈近愈准确,样点的数量和位置对估产也有很大的影响。因此,估产时必须选择好估产的时间、准确适合样点的数量和有代表性样点的位置。

油菜测产的方法有两种:一是用实测样点的产量估算产量;二是通过取一点样株考察其经济性状来估算产量。第一种方法比第二种方法费时且不能立即估算出产量,但准确性相对高些。

实测样点产量的测产方法:每一块田选3~5个样点,每样点取6m^2,将样点的植株全部收割,混合摊晒脱粒,晒干种子称重,计算单位面积产量。

取样株考种测产法:一块田选3~5个有代表性的样点,每个样点取有代表性的样株15~20株,分单株考察求其平均每株的有效角果数、每果粒数。同时在每个样点,量2m行长,数其中株数,求其平均株距,再求几个点的平均行距、平均株距,然后计算单位面积的株数。千粒重按品种以往的经验数据,最后按上述测产的公式计算出单位面积产量,再乘以0.7系数,得单位面积的理论产量。

(二) 油菜室内考种

1. 布点

在油菜收获前3~5天,根据油菜田间生产情况按田块形状及大小,以5点、4点或3点取样均可(选点应在田块四角和中心,不可取边行),每点随机取5~10株有代表性的植株备用,按以下各项标准逐一进行考种。

2. 考察项目及其标准

(1) 株高:自子叶节至植株主花序顶的长度,以cm表示。

(2) 茎粗:由地面至5cm高度处的主茎粗度,用测微尺测定,以cm表示。

(3) 有效分枝起点:指子叶节至主茎上第一个第一次有效分枝着生处的高度。

(4) 有效分枝数:主茎节有一个以上有效果的第一次分枝数。

(5) 无效分枝数;没有一个结实角果的第一次分枝数。

(6) 主花序有效长度:主花序基部着生有效角果处至主花序顶端最上一个结实角果着生处的长度。

(7) 主花序结果密度:主花序最下一个角果着生处到最上一个有效角果着生处的长度,去除总花序上总角果数,以果数/cm表示。

(8) 主花序有效角果数:指主花序上具有1粒以上正常种子的角果数。

(9) 全株有效果数:指全株含有一粒以上饱满或半饱满种子的角果数。

（10）结果密度：即主花序有效角果数 / 主花序长度 = 角果数 /cm，结果密度分成三级；凡此值大于 1.3 的为密，1.0 ~ 1.3 的为中，小于 1.0 的为稀。

（11）角果长度：取主花序上、中、下部共 10 个果角，计量其角果的平均长度（不包括果柄和喙突）以 cm 表示。

（12）每果粒数：剥出 10 个角果的种子，计数其总粒数，得其平均值，以粒表示。

或：以千粒重除单株产量乘 1000，得单株总粒数，再以单株角果数除之，即得平均每果粒数。按下列公式计算：

每果粒数＝[单株产量（g）× 1000/ 千粒重（g）]/ 单株角果数

（13）千粒重：数半饱满以上的晒干纯净种子 1000 粒称重，以 g 表示，重复 2 ~ 3 次，取其平均值。样品间差异不超过 3%。

（14）种子色泽：分黄、黑、红、棕等。

（15）单株产量：将全株的种子脱粒，晒干扬净后，在精度为 1/100 或 1/1000 天平秤上称重，以 g 表示。

五、作业

（1）每 4 人一组对取样植株分别进行考种分析，将考种结查逐项填入考种表内；并对考种材料的综合经济性状作出简要的评价，见表 52–1。

表 52–1　油菜考种登记表

材料名称：　　　　区号：　　　　考种日期：

株号	株高（cm）	茎粗（cm）	分枝（个）	第一次有效分枝数	主花序长度（cm）	结果密度（个/cm）	全株有效果数	角果长度（cm）	每果粒数	千粒重（g）	单株产量（g）	备注
1												
2												
3												
4												
5												
6												
7												
8												
9												
10												
总计												
平均												

注：表中项目可根据需要酌情增减。

（2）根据油菜的主要经济性状与产量的关系，阐述在栽培上应采取哪些相应措施？

实验 53 烟草测产与室内考种

一、目的要求

（1）学习烟草产量测定的标准与方法。

（2）熟悉烟草鲜叶经济性状测定的方法；初步了解烤烟干叶分级标准及其方法；识别几种烤坏烟叶叶片的症状及其原因；练习烤烟干叶“级指”和“产指”的计算方法。

二、内容说明

烟草的产量分为生物学产量和经济产量。生物学产量是指烟株各个器官的干重，经济产量是指所利用器官的干重。有一些黄花烟草的烟制品既利用叶又利用一部分茎和根，其经济产量应包括烟叶和所利用的茎和根。而其他类型烟草的主要经济产品是烟叶，其经济产量即是烟叶产量。烟叶产量的构成因素是：单位面积株数，单株叶数，单叶干重。单纯以数字计算，只要增加三个因素中任何一个因素的数量，都可以提高单位面积产量。影响烟叶产量构成的主要因素主要是品种、种植密度、水肥条件和调制技术。

烟叶质量是由许多因素汇合起来所表现出的综合效果，一般包括外观质量、内在质量、化学特性、物理特性和可用性等诸多方面。影响烟叶质量的因素较多，十分复杂，而且又是互相联系、互相影响的。

（一）烟草产量的构成

1. 单位面积株数

在保持单株留叶数不变的情况下，增加单位面积上的株数，产量持续增加。但是在产量达到一定程度以后，进一步增加株数，增产的效应就逐渐降低。这是因为株数超过一定限度，烟株间对营养的竞争作用将导致单叶重下降，烟叶内含物减少，烟叶品质也降低。

2. 单株叶数

在保持单位土地面积株数不变的情况下，增加单株留叶数，烟叶的产量将大幅度提高。但超过一定的叶数范围，产量将会降低。原因是单株叶数超过一定范围后，烟田群体的片层结构发生变化，单叶重会随单株留叶数的增加而逐渐下降。同时会造成叶小、叶薄、内含物质不充实，使烟叶品质降低。

3. 单叶重

把单株叶数控制在 18 ~ 22 片，栽烟密度 18000 株 /hm^2 左右，充分利用光照、温度、降雨条件，提高营养水平增加产量，是获得烟草优质丰产的重要途径。把单叶面积提高到约 $1000cm^2$，把单叶重提高到 6 ~ 10g，即可获得较为理想的烟叶产量。单叶重小于 6g 的烟叶，叶片色淡片薄；高于 14g 的烟叶叶片厚而粗糙，烟碱含量过高，烟气刺激性大，烟叶质量也是低的。

构成烟叶产量的三个因素之间是相互联系的，依靠单一因素虽然在一定程度上能够提高产量，但是超过一定范围之后都会降低质量。因此，提高烟叶的产量必须根据烟叶的生产特点，在质量最佳的前提下，尽可能地提高产量。

按照表 53-1 提供的指标，调查测产烟田的各指标数据，并根据样点实际调查的单位面积株数、单株叶数和单叶重折合成产量。

表 53-1　　测产烟田各点采摘数据记录

日期：　　月　　日

第n坑采摘	单叶干重（g）	单株采烤叶片数（片/株）	代表性五秆鲜叶数量（片）	五秆鲜叶重（kg）	五秆干叶重（kg）	鲜干比
1						
2						
3						
4						
5						
平均						
合计	鲜叶重（kg）	干叶重（kg）	鲜干比	单叶干重（kg）	产量（kg/hm²）	

（二）经济性状的测定

烟草是一种叶用经济作物，其经济价值依烟叶的产量和品质不同而异。烟草单位面积产量取决于单位面积内株数和单株有效生产力，而单株有效生产力又取决于单株上的叶片数和叶的大小及单位叶面积重量；叶面积重量又取决于叶片的厚薄、致密程度和干物质含量。烟叶品质的好坏取决于烟叶内部化学成分的种类、含量及其相对比例，以及某些物理性质。烟叶内所含化学成分很多，其中与品质关系最大的有总糖、蛋白质和烟碱等有机成分。烟叶的大小、厚薄和化学成分的含量，随生育时期、栽培技术及烘烤技术的不同而有很大变化。在生产上衡量某品种叶片经济性状的好坏，可分四个阶段进行。

1. 鲜叶经济性状的测定

测定鲜叶经济性状，通常在开花初期（或打顶后）取中部叶片进行。

（1）叶片大小。测定叶片大小有三种方法：

① 长 × 宽；

②长 × 宽 × 0.65 (折算指数因品种而异)；

③用求积仪或称重法（即用一已测知的叶面积称出干重，与全部待测叶干重，两者相比推算之）。

（2）叶重：测定单叶重或百叶重以表示之，或用单位面积的重量表示之。

$$叶重(g/cm^2)= 单叶重(g) / 单叶面积(cm^2)$$

（3）叶厚：将大小相似叶片重叠，用卡尺或螺旋测微尺在主脉附近的基部、中部、顶部，量其叶肉厚度，以平均值表示。

（4）主脉粗细：一般分粗、中、细三级，以粗细适中为好。

（5）主脉占叶片重量比，即(主脉重 / 叶片重) × 100%。

（6）叶色：鲜叶叶色分为深绿、浅绿、绿和黄绿四级，以浅绿和绿为生长正常。

2. 烤烟干叶分级

经过初烤后，干烟叶有好有劣，类型十分复杂。为分清干叶内烟质的性质、特点、优劣程度、叶的类型，进行分级是十分必要的，以便按质论价，以利工业加工使用。正确进行烟叶分级，按级论价收购，是一个重要的政策问题，必须引起重视。

烟叶的内在化学成分与外观质量有密切的相关性，因此某些外观性状就可以作为品质鉴定的指标。分级就是运用与化学成分密切相关的外观因素为依据，国家制定的烟叶分级标准。是根据叶片的着生部位、叶片的颜色和其他一些外观特征（包括油分、组织、光泽、杂色、残伤、破损等）三项指标划分等级。现将烤烟国家标准品质规定计为三等15级附表。

3. 烤坏烟叶的认识

烤房设备和烤制技术以及叶片的成熟程度等，对烤出烟叶的品质好坏有很大关系。由于烤制不当而造成对烟叶品质影响主要有以下几种：

（1）青烟：由于温湿度控制不当，或采摘叶片过生，影响叶绿素的分解和其他物质的变化，叶不能正常变黄，完全是青色，烟味较差。不会变黄的烟叶称为"死青"，有些烤成青黄色，以后虽能变黄，但品质却不如金黄或赤黄的好。

（2）挂灰：是指烟叶上有块状的灰褐色或黑色。挂灰严重的烟叶，烟味强烈，香气减少，杂气较重。主要原因是挂灰过多，变黄期温度太低，水汽不能及时排散出去，集结在叶面上，而发生"挂灰"。

（3）火红：在干燥阶段，温度过高，引起叶片发生一点点红色小点，称为"火红"，烟叶的弹性和吸收性降低。

（4）青筋、黑筋和活筋：烘烤时升温过急易出现青筋，升温过慢易出现黑筋。烟筋未完全干燥称为活筋，贮存中容易使烟叶霉烂。

（5）蒸片（烫片）：烤后烟叶出现棕色或褐黑色斑块，严重的遍及全片，这种叶片缺乏油分、弹性，容易破碎，没有香气，刺激性重，经回潮也不易变软。其原因是烟竿太密，湿气不能均匀流动，又没有及时排湿，因而把叶片蒸坏。

（6）阴片：烟叶沿主筋有一条黑斑，这是因为干燥期间温度忽然降低，主筋里的水分渗出到叶片上，温度升高后，这一部分水分又很快被烤干，成为黑色。这类烟叶颜色不好，且黑色部分烟味强烈，品质不好。

（7）糊片：烟叶颜色呈褐色，和老黄豆叶一样，烟叶重量减轻、香气减少，刺激性小，缺乏烟味，原因是变黄期排气不足或加温较慢，使叶片不能及时定色、干片，反而继续变色，变成红色甚至变成褐色。

4. "级指"和"产指"的计算

（1）级指：是烟叶品质好坏的指标，是将各级烟按价格换算成同一单位的商品价格指数。级指愈高，表示品质愈好。

计算方法：

①将分级后各等级烟叶产量，分别依照等级列表登记。

②求产量百分率：

某级烟叶产量(%) = 某级烟叶产量 / 试验小区产量 × 100%

③求级指：

品级指数 = 某级烟叶 100kg 的价格 / 一级烟叶 100kg 的价格

（2）产指：是衡量单位面积经济效益大小的指标，是级指与每亩产量的乘积，产指愈高表示总收益愈大。

产量指数 = 品级指数 × 产量

三、材料用具

当地主要推广品种1～2个的植株鲜叶；烤烟干叶分级标本及相当数量烘烤后未经分级的

干叶；几种烤坏烟叶标本；钢卷尺，求积仪，叶面积测定仪，卡尺（或螺旋测微尺），量角器，计算器等。

四、方法与步骤

（1）取中部叶 10 片，进行鲜叶经济性状测定。

（2）取未分级烟叶 2 把，拆散，按分级标准进行分级。

（3）详细观察几种烤坏烟叶。

（4）按照产量指标，计算“级指”和“产指”。

五、作业

（1）将鲜叶经济性状测定结果填入下表 53-2。

表 53-2 鲜叶经济性状测定结果

品种	叶片号	叶片大小（长×宽 cm^2）	单叶叶面积（cm^2）	叶厚（cm）	单叶重（g）	主脉粗细	叶色	叶肉组织	备注

注：叶肉组织分粗糙、中等、细致三级。

（2）将未分级烟叶进行分级的结果标明，并说明几种烤坏烟叶的外观表现。

（3）根据表 53-3 给出的条件，写出所计算的“级指”和“产指”结果(各级烟价可根据当地市场价格计算)。

表 53-3 烤烟收购等级

烤烟收购等级		每 100g 烤烟价（元）	各等级产量（kg）
中下部黄色	一级		2
	二级		19
	三级		32
	四级		27
	五级		9
	六级		15
上部黄色	一级		29
	二级		19
	三级		15
	四级		9
	五级		11
青黄色	一级		10
	二级		7
	三级		8
末级	—		5

实验54 大豆测产与室内考种

一、目的要求

(1)学习大豆产量测定的标准与方法。

(2)学会利用所测数据,结合当地的实际情况,分析当前生产中存在的问题,为进一步提高大豆产量提出建议。

二、材料及用具

1. 材料

成熟期的大豆品种种植田。

2. 用具

皮尺,钢卷尺,托盘天平,电子天平,大田大豆,尼龙种子袋,标签。

三、实验内容

(一)大豆田间测产

1. 理论测产

(1)取样方法:每小区量21条垄的距离(即20个垄距),除以20为垄距,1除以垄距算出每平方米种植面积的长度。

选代表性的2垄,量取相当于10m²的长度,查出每垄的株数,加和后除以20即为每平方米株数。

在小区对角线上选相当于1m长度的5个样点,数出每点的株数,收获所选样点的全部植株,连根拔起(注意地上部的完整性,尽量避免炸荚和田间损失),装入大网袋内,系上标签(植株上和袋口各一),标明试验地点、采样时间、采样人、处理和重复。风干后脱粒,去除虫食粒和秕粒,称量籽粒风干重量(可直接计算亩产)。把籽粒混匀,用四分法分出2个100粒称重(重量差不超过0.2g),计算百粒重。风干重量除以百粒重即为株粒数。

(2)产量计算:理论产量(kg/亩)=亩株数×株粒数×百粒重÷100。

2. 实收测产

采用收割机全区收获,现场记录大豆收获籽粒产量,并取样测定籽粒水分含量、含杂率。

计算公式:实测产量(kg/亩)=鲜粒重(kg/亩)×[1-籽粒含杂率(%)]×[1-籽粒含水率(%)]÷86%。

(二)大豆室内考种

1. 样品采集、分解、处理方法

于收获前2~3天在所选择每个小区中,避开田边,按对角线或“S”形采样法采样。采样区内采取5个样点的样品组成一个混合样,每个样点选择5~6株典型样株连根拔起(注意地上部的完整性,尽量避免炸荚和田间损失),直接装入大网袋内,系上标签(植株上和袋口各一),标明试验地点、采样时间、采样人、处理和重复,带回实验室后在子叶痕处剪掉根系,装回网袋,风干后脱粒，将籽粒、荚皮和茎秆称量各自风干重量，把荚皮和茎秆按比例取出 100g 左右，以及 100g 左右的籽粒各作为一个样品，分别烘干并称重，计算风干样含水量。

2. 产量构成因素的考察

从样株中任选 10～20 株，逐株考察其株高、分枝数、分枝起点、节数、每株荚数、每荚粒数、百粒重(g)。

(1) 株高：从子叶或地面测至主茎顶端生长点的高度(cm)。

(2) 分枝数：主茎上的有效分枝数目(凡结有有效荚的分枝均为有效分枝)。

(3) 分枝起点：从子叶节至第一个有效分枝着生处的长度(cm)。

(4) 主茎节数：自子叶节，至主茎顶端的实际节数(顶端花序不计在内)。

(5) 单株荚数：一株上有效荚的数目(凡荚内有 1 粒种子以上的荚均为有效荚)。

(6) 单荚粒数：用单株荚数去除单株总粒数。

(7) 百粒重：取晒干扬净种子 100 粒称重，重复 2～4 次，以 g 表示。

3.每小区选取代表性的植株 10 株，测定下列指标(表 54–1)。

表 54–1　大豆形态指标调查表

株号	株高	茎粗	分枝数	主茎节数	主茎节间长度	结荚高度
1						
2						
…						
9						
10						
平均						

4. 把 10 株大豆带入实验室风干，测定下列指标(表 54–2)。

表 54–2　大豆测产指标

株号	单株荚数	单株粒数	单株粒重	粒荚比	百粒重	虫食率	病粒率
1							
2							
…							
9							
10							
平均							

四、作业

(1) 根据大豆田间测定计算大豆的形态指标。

(2) 根据大豆考种结果计算大豆经济产量。

实验55 花生测产与室内考种

一、目的要求

学习花生测产方法，预测花生产量。掌握花生成熟期植株性状的调查和分析方法。

二、材料用具

1. 材料

不同品种或不同栽培处理的花生田。

2. 用具

铲（锹或镢），绳，纸牌，纸袋，箩筐，剪刀，烘箱，干燥器，天平，秤，布袋等。

三、内容说明

花生分枝及荚果特性与品种和栽培环境条件有密切关系。通过对花生成熟期进行产量测定和植株性状考察，了解花生品种特性、产量构成因素及影响产量的原因，对进一步改良品种、改善环境和栽培条件、提高花生产量具有重要意义。

四、方法步骤

（一）花生田间测产

1. 估产

在收获前半个月以上进行田间估产，其方法如下。

（1）调查行距、穴距及每穴株数。测量20行的行距，求平均行距，测量20～50穴的穴距，求平均穴距，同时数出20～50穴内实有株数，计算每穴株数。根据田间大小重复3～5次。按平均行距、穴距、每穴株数求出每公顷穴数及株数。

（2）调查每穴果数或每株果数及双仁果率、饱果率。在田间选3～5个点，每点5～10穴，挖出点上的植株，捡起落果，数清每点株数。将各点所有植株上饱果、秕果摘下，分别数出各点的双、单仁饱果和秕果数，求出平均每穴果数或每株果数及双仁果率、饱果率。

（3）计算理论产量。根据该品种常年每千克果数，考虑所测的双仁果率及饱果率，估计每kg果数的范围，按下式推算理论产量：

$$\text{理论产量}(kg/hm^2)=\frac{\text{每公顷株数}\times\text{每株果数}}{\text{每千克果数}}\text{ 或 }\frac{\text{每公顷穴数}\times\text{每穴果数}}{\text{每千克果数}}$$

2. 测产

（1）选点、取样

根据地块大小，选有代表性的测产点3～5个，每点实收13.33m²进行测产。取4～5行花生，测其宽度，再求出应有的长度（长度＝面积／宽度），做好标记，数出总穴数。然后收刨，数总株数，摘果，去杂（除去沙石、泥土、枯枝落叶、无经济价值的幼果，虫、芽、烂果，果柄等），称总鲜果重。再从鲜果中均匀取样1kg，用作烘干，求折干率。若同一地块测产点较多，可将各点鲜果样混匀后，再从中随机取 1kg 样 2 ~ 3 个，作烘干样。亦可在同一地块的所有测产点中，随机选取 2 ~ 3 个点的鲜果样作烘干样。

试验田小区测产应逐小区实测。方法是去掉小区边行和边穴，测量实收面积、穴数、株数，再收刨、摘果、去杂，称鲜果重，均匀取鲜果样 1kg 作烘干样。亦可把同一处理各重复的鲜果样混合均匀，从中再取 1kg 鲜果作烘干样。

小面积高产攻关田（如 0.1 ~ 0.2hm^2）应全部实收测产。先测量行穴距、实际面积，然后收刨、摘果、称重。均匀选取 10kg 鲜果样 2 ~ 3 个，分别去杂后再称重，再分别从中均匀选取 1kg 鲜果作烘干样。

（2）计算产量

①果样烘干。把测产时取的鲜果样当天放入烘箱，先用 105℃高温烘 4 ~ 6 小时，再用 80℃ ~ 90℃恒温箱烘 8 ~ 10 小时，然后称重，再继续烘 2 ~ 4 小时称一次，直到恒重为止。

②折干率的计算。按照统一规定的入库荚果含水量 10%的标准计算折干率，计算公式如下：

$$折干率(\%)=\frac{(烘干样干重/0.9)}{烘干样鲜重}\times 100\%。$$

③减去测产偏多误差。一般情况下，用小区推算出的公顷产量，比全收的实际公顷产量大约高出 10%。因此，将每个地片平均产量减去本身重量的 10%，再计算测产产量。试验小区测产和全部实收测产的，则不必减去 10%的误差。

④计算产量。按下列公式计算：

$$产量(kg/hm^2)=\frac{测产点平均鲜果重(kg)\times 折干率(\%)}{测定点面积(hm^2)}。$$

（二）花生成熟期植株性状考察

1. 取样

每一地块选有代表性的 3 ~ 5 个点，每点随机或选取代表性植株，取样应不少于 10 株，除去沙石、泥土、落叶、落果等。

2. 植株性状考察

测定项目应根据研究目的确定，一般应测定以下项目：

（1）植株营养器官性状考察。考种时应该逐株逐项调查，求其平均数。①主茎高：从子叶节到顶部最后一片展开叶叶节的长度，以 cm 表示；②第一对侧枝长：从子叶节到第一对侧枝顶部最后一片展开叶叶节的长度，以 cm 表示；③有效侧枝长度：又称结实范围，从子叶节到第一对侧枝上最远的一个结实（饱果或秕果）叶节的距离，以 cm 表示；④结实范围的节数：第一对侧枝上结实范围内的平均节数；⑤主茎叶数：不包括子叶在内全部展开的真叶数（脱落叶计算在内）；⑥总分枝数：植株上所有已长出的分枝总数，包括一、二和三次分枝，无展开叶的腋芽及主茎不计在内；⑦结果枝数：植株上所有着生有荚果的枝条总数，以个表示。

（2）植株生殖器官性状考察。将植株上的果针、各类荚果摘下来，分为饱果、秕果、芽果、烂果、幼果、空果（表 55–1）。果针稍有膨大（种子极小，败育）的不计入荚果。计入产量的荚果只含饱果与秕果。

植株生殖器官性状考察包括以下内容：①种子休眠性：花生正常成熟时，根据整株荚果的种子有无自然发芽的情况分为三级：强（无发芽）、中（发芽少）、弱（发芽多）。②单株果针数：已

表 55-1 花生考种时的荚果特征特性鉴别

类型	特征特性
饱果	果壳发育正常，颜色黄亮，网纹清晰、网格深粗，果壳内壁由白色海绵状转变为黑褐色硬质状；子仁发育饱满的成熟荚果。不论单、双、三仁果
秕果	果壳发育不充分，颜色发暗，网纹不清晰、网格浅细；子仁皱缩、不饱满的荚果。秕果还包括一室不饱满、其他室饱满的荚果
芽果	已自然发芽的饱果和秕果。因害虫蛀孔、咬断果针等非自然因素引起发芽的荚果，不计入芽果。荚果虽已发芽，但有虫孔的，若子仁霉烂，则记为烂果；若子仁完好，则记为饱果或秕果
烂果	子仁因病虫侵害而腐烂的饱果和秕果
幼果	子房已明显膨大，但果壳发育不充分，果壳内壁白色海绵状；子仁尚未发育到能食用的程度，即无经济价值的荚果
空果	果壳发育较正常或不充分，果壳内壁白色海绵状；子仁未发育或者败育而极小的荚果

伸长而子房尚未膨大的果针总数。亦可进一步区分已入土、未入土两类果针。③单株幼果数：幼果数／考种株数。④单株饱果数：饱果数／考种株数。⑤单株秕果数：秕果数／考种株数。⑥单株芽果数：芽果数／考种株数。⑦单株烂果数：烂果数／考种株数。⑧单株空果数：空果数／考种株数。⑨单株总果数：各类荚果数量之和。⑩单株结果数：饱果、秕果、芽果、烂果数的总和／考种株数，不包括幼果、空果。⑪单株饱果重：饱果重／考种株数，以 g 表示。⑫单株秕果重：秕果重／考种株数，以 g 表示。⑬单株生产力：（饱果重 + 秕果重）／考种株数，以 g 表示。或者：小区实产／小区收获株数。⑭百果重：从计入产量的荚果（只含饱果、秕果）中随机取 100 个典型的干饱果称重，以 g 表示。重复 2 次，重复间差异不得大于 5%。或者：考种的（饱果重 / 饱果数）× 100。⑮ 每千克果数：在栽培研究上用以表示荚果质量。在育种上可以反映品种的成熟早晚或成熟一致的程度。称取 1kg 计入产量的荚果，数计荚果总数。重复 2 次，重复间差异不得大于 5%。或者：考种的（饱果数 + 秕果数）÷（饱果重 g + 秕果重 g）× 1000。⑯单果重：千克果数的倒数，1 ÷ 千克果数 × 1000(g)。或者：考种的（饱果重 g + 秕果重 g）÷（饱果数 + 秕果数）。⑰子仁总重、饱仁重：全部饱果、秕果剥壳后得到的全部子仁称重，得到子仁总重。其中，饱满、大小正常的子仁记为饱仁，其余的记为秕仁。将饱仁计数、称重，得到饱仁数、饱仁重。⑱出仁率：将计入产量的 500g 荚果，剥壳后称子仁重计算。重复 2 次，重复间差异不得大于 5%。或者：考种的[子仁总重／（饱果重 + 秕果重）] × 100%。⑲百仁重：从饱仁重样本中取 100 粒典型的称重，以 g 表示。重复 2 次，重复间差异不得大于 5%。或者：考种的（饱仁重 / 饱仁数）× 100%。⑳饱果重率：[饱果重／（饱果重 + 秕果重）] × 100%。㉑饱仁重率：（饱仁重／子仁总重）× 100%。㉒荚果饱满度：[饱仁重 /(饱果重 + 秕果重)] = 出仁率 × 饱仁重率。百仁重：取饱满的典型干子仁 100 个称重，重复 2 次，重复间差异不得大于 5%。㉓荚果形状：普通形、斧头形、葫芦形、蜂腰形、茧形、曲棍形、串珠形等 7 种。㉔荚果粒数：以多数荚果粒数的平均数作为该品种的每荚果粒数。㉕荚果大小：根据典型荚果长度分为极大、大、中、小、极小 5 级。以 2 粒荚果为主的品种：26.9mm 以下为小，27.0 ~ 37.9mm 为中，38.0 ~ 41.9mm 为大，42.0mm 以上为极大。以 3 粒荚果为主的品种：36.9mm 以下为小，37.0 ~ 46.9mm 为中，47.0 ~ 49.9mm 为大，50.0mm 以上为极大。㉖子仁形状：分为椭圆形、圆锥形、桃形、三角形、圆柱形 5 种。㉗种皮色泽：分紫、紫红、紫黑、红、深红、粉红、淡红、浅褐、淡黄、白、红白相间等。

（3）植株产量计算。①生物学产量：植株全部营养体及生殖体的干物质重（烘干至恒重）。有时生物学产量亦可以植株的风干重表示;②理论产量:每亩株数×单株平均结果数×单果重×10^{-3}(kg/亩);③经济产量:一般指荚果产量。单株或单位面积内去掉果针、烂果、空果、枝叶、杂草、沙土后,有经济价值的饱果、秕果的总重量;④经济系数:烘干的荚果产量占生物产量的百分率;⑤子仁产量:荚果产量乘以出仁率。

五、作业

(1)根据田间估产方法进行田间测产调查,完成田间测产记录表。

花生田间测产记录表

田块(处理):　　品种:　　取样日期:　　年　月　日

取样点号	行距(cm)	穴距(cm)	每穴株数	每穴(株)果数							饱果率	双仁果数	千克果数	产量(kg/hm²)
				饱果			秕果			总果数				
				双	单	总	双	单	总					
1														
2														
…														

(2)根据田间测产方法,进行田间取样,称量鲜果重,计算折干率和产量。

(3)根据花生成熟期植株性状的考察,完成下表。

花生成熟期植株性状考察表

田块(处理):　　品种:　　取样日期:　　年　月　日

取样点号	株号	主茎高(cm)	侧枝长(cm)	主茎节数	主茎叶数	分枝数	结果枝数	果针数	幼果数	秕果数	饱果数	总果数	每千克果数	总仁数	百果重	百仁重	出仁率
1																	
2																	
…																	

第六章　作物产品品质性状分析

实验 56　稻谷碾米品质和精米外观品质测定分析

一、目的要求

通过实际操作,初步掌握稻谷碾米品质和精米外观品质的分析测定方法。

二、内容说明

稻谷碾米品质包括糙米率、精米率和整精米率。糙米率是稻谷脱去颖壳(谷壳)后所得糙米籽粒的重量占样本净稻谷重量的百分率。精米率是脱壳后的糙米碾成精度为国家标准一等大米时,所得精米的重量占样本净稻谷重量的百分率。整精米是糙米碾成精度为国家标准一等大米时,米粒产生破碎,其中长度仍达到完整精米粒平均长度的 4/5 以上(含 4/5)的米粒(GB 1350—1999)。整精米率是整精米占净稻谷试样重量的百分率(GB 1350—1999)。

精米外观品质,黏米包括垩白粒率、垩白度和透明度;糯米包括阴糯米率和白度。

垩白粒率是有垩白的米粒占整个米样粒数的百分率。垩白是米粒胚乳中的白色不透明部分,包括腹白、心白和背白。垩白度是垩白米的垩白面积占试样米粒面积总和的百分比,等于垩白粒率 × 垩白大小 × 100%。垩白大小是垩白米粒平放,米粒中垩白面积占整粒米投影面积的百分率。透明度是指整精米籽粒的透明程度,用稻米的相对透光率表示。阴糯米率是整精糯米中阴糯米粒占整个米样粒数的百分率。阴糯米是胚乳透明或半透明的糯米颗粒。白度是指整精米籽粒呈白的程度。

三、材料用具

1. 材料

收获晒干后存放 3 个月以上的长粒形籼稻、中粒形籼稻、短粒形籼稻和粳稻各 1 个品种的稻谷。

2. 仪器用具

实验室用小型胶辊电动稻谷出糙机或电动砻米机,小型精米机,天平(感量 0.1g),搪瓷盘,圆孔筛(孔径 0.2mm),铝盘(直径 20cm),镊子,游标卡尺,谷物轮廓投影仪(灯箱),黑布或黑色工作台桌。

四、方法步骤

（一）稻谷碾米品质测定

1. 糙米率的测定

（1）称取试样。从洁净的稻谷样品中称取试样 2 份，每份 100g。

（2）砻出糙米。先把实验砻谷机（出糙机）内接糙米和谷壳的两个抽屉清理干净，调整好两个橡皮辊之间的距离，调好控制风力大小的开关，确认皮带安全，然后开启电源，空转 10 秒，待出糙机运转正常后，用出糙机专用的小簸箕将稻谷试样缓慢地流入进料斗，一份试样脱壳完毕后关闭电源停机。

从糙米抽屉中取出糙米，放入铝盒中，吹去谷壳。如果糙米中有少量未脱壳谷粒，就用手挑出来重新脱壳，或用手剥去谷壳；如果糙米中有较多谷粒未能脱壳，则应把两个橡皮辊之间的距离调小些，重新脱壳。1 份试样全部脱成糙米后，称出糙米重量（精确到 0.1g）。

（3）计算糙米率：

糙米率 =（糙米重量 / 稻谷试样重量）× 100%。

2 次测定结果允许误差不超过 1%，求其平均数，保留 1 位小数。按农业部行业标准 NY/T 593—2002 确定糙米率等级（表 56–1）。

表 56–1　不同类型品种糙米率 5 个等级对应的百分数（%）（NY/T 593—2002）

品种类型		糙米率级别				
		1	2	3	4	5
籼稻（或籼糯稻）	长粒	≥81.0	79.0 ~ 80.9	77.0 ~ 78.9	75.0 ~ 76.9	<75.0
	中粒	≥82.0	80.0 ~ 81.9	78.0 ~ 79.9	76.0 ~ 77.9	<76.0
	短粒	≥83.0	81.0 ~ 82.9	79.0 ~ 80.9	77.0 ~ 78.9	<77.0
粳稻（或粳糯稻）	—	≥84.0	82.0 ~ 83.9	80.0 ~ 81.9	78.0 ~ 79.9	<78.0

注：完整无破损精米粒长>6.5mm 为长粒，5.6 ~ 6.5mm 为中粒，<5.6mm 为短粒。

2. 精米率的测定

（1）称取试样。称取新鲜糙米试样 2 份，每份 20g（水分含量不超过 15%）。

（2）碾出精米：①将实验碾米机（出白机）平稳放在工作台上，在未插电源的状态下，把转动块抽出，用毛刷将砂轮周围清扫干净，再插入转动块并旋转 90°，装好接料斗；②插上电源插头，定时 60 秒（试样 20g，碾白时间 60 秒是国家标准一等大米的精度）；③取出进料斗里的压砣，将 20g 糙米倒入进料口，任其流入碾白室内。先按下电源钮启动后，再放下压砣。到规定时间，碾米机自动停转。此时接料斗里仅有糠皮，取出接料斗将糠皮倒掉。再插上接料斗，取出压砣，将前面转动手柄向右转 90°，使碾白室里的精米落到接料斗内，将定时旋钮调到 0 位，按下电源按钮使砂轮空转数秒钟，使碾白室内的米粒全部掉落，然后拉出接米斗，将米粒倒入直径 1.0mm 的圆孔筛内，筛去糠层即得所测之精米。待精米冷却至室温后，称其重量（精确到 0.1g）。

（3）计算精米率：

精米率 =（精米重量 / 糙米重量）× 糙米率 × 100%

2 次测定结果允许误差不超过 1%。求其平均数，保留 1 位小数。按农业部行业标准 NY/T

593—2002 确定精米率等级(表 56-2)。

表 56-2　不同类型品种精米率 5 个等级对应的百分数(%)(NY/T 593—2002)

品种类型		精米率级别				
		1	2	3	4	5
籼稻（或籼糯稻）	长粒	≥73.0	71.0 ~ 72.9	69.0 ~ 70.9	67.0 ~ 68.9	<67.0
	中粒	≥74.0	72.0 ~ 73.9	70.0 ~ 71.9	68.0 ~ 69.9	<68.0
	短粒	≥75.0	73.0 ~ 74.9	71.0 ~ 72.9	69.0 ~ 70.9	<69.0
粳稻（或粳糯稻）	—	≥77.0	75.0 ~ 76.9	73.0 ~ 74.9	71.0 ~ 72.9	<71.0

注：完整无破损精米粒长>6.5mm 为长粒，5.6 ~ 6.5mm 为中粒，<5.6mm 为短粒。

3. 整精米率的测定

(1) 整精米的标准。糙米碾米成精度为国家标准一等大米时,米粒产生破碎,其中长度仍达到完整精米粒平均长度的 4/5 以上(含 4/5)的米粒定义为整精米(GB 1350—1999)。

(2) 整精米的挑选方法:①筛选法:把已称重的精米样品放入直径 2.0mm 的圆孔套筛中,上为筛盖,下为筛底。将套筛放在电动筛选器的托盘上,挂好拉杆,接通电源,打开启动开关,让选筛自动按顺时针方向和逆时针方向各筛 1 分钟。停留在直径 2.0mm 圆孔筛筛面上的和卡在筛孔中间的为整粒精米和大碎米,按上述标准分拣出整精米,称重(精确到 0.0lg)。;②手选法:把已称重的精米样品,置于干净的桌面上,或干净的搪瓷盘内,用手直接挑出整精米,称重(精确到 0.0lg)。

(3) 整精米率的计算。

整精米率 =(整精米重 / 混合精米重) × 精米率 × 100%

二次测定结果允许误差不超过 1.0%,求其平均数即为检测结果。按农业部行业标准 NY/T 593—2002 确定整精米率等级(表 56-3)。

表 56-3　不同类型品种整精米率 5 个等级对应的百分数(%)(NY/T 593—2002)

品种类型		整精米率级别				
		1	2	3	4	5
籼稻	长粒	≥50.0	45.0 ~ 49.9	40.0 ~ 44.9	35.0 ~ 39.9	<35.0
（或籼糯稻）	中粒	≥55.0	50.0 ~ 54.9	45.0 ~ 49.9	40.0 ~ 44.9	<40.0
粳稻	短粒	≥60.0	55.0 ~ 59.9	50.0 ~ 54.9	45.0 ~ 49.9	<45.0
（或粳糯稻）	—	≥72.0	69.0 ~ 71.9	66.0 ~ 68.9	63.0 ~ 65.9	<63.0

注：完整无破损精米粒长>6.5mm 为长粒，5.6 ~ 6.5mm 为中粒，<5.6mm 为短粒。

(二) 精米外观品质测定

1. 垩白粒率的测定

从供试精米样品中随机数取整精米试样 2 份,每份 100 粒。目测拣出垩白米粒。按下式计算垩白粒率:

垩白粒率 = 垩白米粒数 / 试样总粒数 × 100%。

2 次测定结果允许误差不超过 5%。求其平均数,即为检测结果。垩白粒率≤10%为 1 级;

11%~20%为2级;21%~30%为3级; 31%~60%为4级; >60%为5级(NY /T 593—2002)。

2. 垩白度的测定

从拣出的垩白米粒中,随机取10粒(不足10粒者按实有数取),米粒平放,正视观察,逐粒目测垩白面积占整个籽粒投影面积的百分率,求出10粒(或实有粒数)垩白米的垩白面积百分率的平均值。垩白面积百分数的平均值 =∑各米粒垩白面积百分率 / 试样米粒数。重复一次。2次测定结果允许误差不超过10%。2次测定结果的平均值为垩白大小。垩白度(%)按下式计算:

垩白度 = 垩白粒率 × 垩白大小。

籼稻品种垩白度≤2.0%为1级;2.1%~5.0%为2级;5.1%~8.0%为3级;8.1%~15.0%为4级;>15.0%为5级。粳稻品种垩白度≤1.0%为1级;1.1%~3.0%为2级;3.1%~5.0%为3级;5.1%~10.0%为4级; >10.0%为5级(NY/T 593—2002)。

3. 透明度的测定

透明度采用DWY-A型数字式稻米透明度测定仪测定。接通电源,按下测定钮,调节仪器的内参标准透明度为1.00。把整精米样品尽可能均匀地装入样品杯内,在透明度测定仪上测出其透明度。重复测定一次,2次测定相差应不大于2%。透明度 >0.70%为1级;0.61%~0. 70%为2级;0.46%~0.60%为3级;0.31%~0.45%为4级;<0.31%为5级(NY/T 83—1998)。

4. 阴糯米率的测定

从糯米样品中随机数取100粒整精米,拣出阴糯米,按下式求出阴糯米率。重复一次,取两次测定结果的平均值,即为阴糯米率。

阴糯米率 = 阴糯米粒数 / 试样总粒数 × 100%。

阴糯米率 <2%为一级;2%~5%为2级;6%~10%为3级;11%~15%为4级;>15%为5级(NY/T 593—2002)。

5. 白度的测定

从糯米中随机取出白度计所需用量的整精糯米,用白度计测量。规定以镁条燃烧发出的白光为白度标准值,即100%。白度 >50.0%为1级; 47.1%~50.0%为2级;44.1%~47.0%为3级;41.1%~44.0%为4级;<41. 1%为5级(NY/T 593-2002)。

五、作业

(1) 碾米品质测定:全班分成2个大组,一个大组测定粘稻,一个大组测定糯稻。大组内2人一小组,测定长粒、中粒、短粒籼稻(或长粒、中粒、短粒籼糯稻)和粳稻(或粳糯稻)各1个品种稻谷样品的糙米率、精米率和整精米率,评定各品种的碾米品质等级。

(2) 外观品质测定:测定长粒籼米、中粒籼米、短粒籼米、粳米各1个品种的垩白粒率、垩白度、透明度;测定长粒籼糯米、中粒籼糯米、短粒籼糯米、粳糯米各1个品种的阴糯米率和白度,评定各品种的外观品质等级。填写下表(表56-4)。

表 56-4 稻谷碾米品质和精米外观品质测定分析

品种		稻谷重(g)	糙米重(g)	糙米率(%)	糙米等级	精米重/供试糙米重(g)	精米率(%)	精米等级	整精米重/供试精米重(g)	整精米率(%)	整精米等级
	长粒					/			/		
籼稻	中粒					/			/		
	短粒					/			/		
粳稻	—					/			/		
	长粒					/			/		
籼糯稻	中粒					/			/		
	短粒					/			/		
粳糯稻	—					/			/		

品种		垩白粒率(%)	垩白粒率等级	垩白度(%)	垩白度等级	透明度范围	透明度等级	阴糯米率(%)	阴糯米率等级	白度范围	白度等级
	长粒										
籼米	中粒										
	短粒										
粳米	—										
	长粒										
籼糯米	中粒										
	短粒										
粳糯米	—										

实验 57 精米糊化温度和胶稠度的测定分析

一、目的要求

通过实际操作,初步掌握精米糊化温度和胶稠度的测定分析方法。

二、内容说明

精米的糊化温度和胶稠度以及直链淀粉含量是决定精米蒸煮品质的重要理化指标。糊化温度是淀粉颗粒在水中受热产生不可逆膨胀(糊化)、双折射现象消失时的温度。糊化温度的高低与蒸煮时间长短及吸水多少呈正相关,与直链淀粉含量有一定关系。精米的糊化温度在 55℃~79℃。测定方法有多种,如双折射法、光度计法、黏滞计法、碱消值法等,其中以碱消值法最为经济、简易、常用。碱消值大小可间接表示糊化温度的高低,碱消值越大,糊化温度越低。

胶稠度是指精米粉碱糊化后的米胶冷却后的流动长度(GB/T 17891—1999)。冷米胶流动长度大小与米饭软硬程度呈正相关,流动长度越长,米饭越软,可作为衡量米饭软硬的指标。胶稠度的测定,一般用米胶延伸法。

三、材料用具

1. 材料

粳稻和三种粒型的籼稻各 1 个品种的整精米，粳糯稻和三种粒型的籼糯稻各 1 个品种的整精米，每品种 lkg。

2. 仪器

糊化温度测定需要直径 60mm 的培养皿，10mL移液管，吸耳球，镊子，玻璃棒，恒温箱。胶稠度测定需要坐标纸，水平尺，水平工作台桌，冰箱，冰水浴箱（0℃左右），沸水浴箱（电热恒温水浴锅），试管架，圆形铁丝笼（能放入水浴锅中），玻璃试管[13mm × 100mm，内径（11 ± 0.2）mm]，直径为 15mm 的玻璃弹子球，1mL和 2mL的移液管，吸耳球，分析天平（感量 0.0001g），60mL 玻璃磨口广口瓶，孔径为 0.15mm（即 100 目）的样品筛，高速样品粉碎机。

3. 药品试剂

①糊化温度测定：1.7%的 KOH 溶液。称取颗粒状 KOH（85%化学纯）20.00g，溶于 1000mL 新鲜冷却的重蒸馏水中。放置至少 24 小时后使用；②胶稠度测定：95%乙醇麝香草酚蓝溶液。称取麝香草酚蓝 125mg，溶于 500mL 95%乙醇（分析纯）中，摇动即成；③0.2moL/L 的 KOH 溶液，称取 KOH（分析纯）11. 20g，溶于 1000mL蒸馏水中并标定。

四、方法步骤

（一）糊化温度的测定

选取完整无破损、大小一致的整精米 6 粒，放入直径为 60mm 的培养皿内，重复 2 次。用 10mL刻度移液吸管和吸耳球，吸取 1.7%的 KOH 溶液 5mL，放入装有米粒的直径为 60mm 的培养皿内（若用直径为 90mm 的培养皿，则加 KOH 溶液 10mL；若用小培养皿，则要根据直径计算需液量）。将培养皿内 6 粒米排列均匀，使各米粒之间留有同等的间隙。盖上皿盖。把培养皿小心地放在（30 ± 0.5）℃的恒温箱中，静置 23 小时。到规定时间，小心翼翼地从恒温箱中把培养皿取出（千万不要使样品摇晃），放在垫了黑布的或黑色的桌面上，目测胚乳的外观和消化扩散程度（图 57–1）。按表 57–1 的分级标准，观察记载每粒米的碱消值等级。等级评定以整粒精米的散裂度为主，参考清晰度。

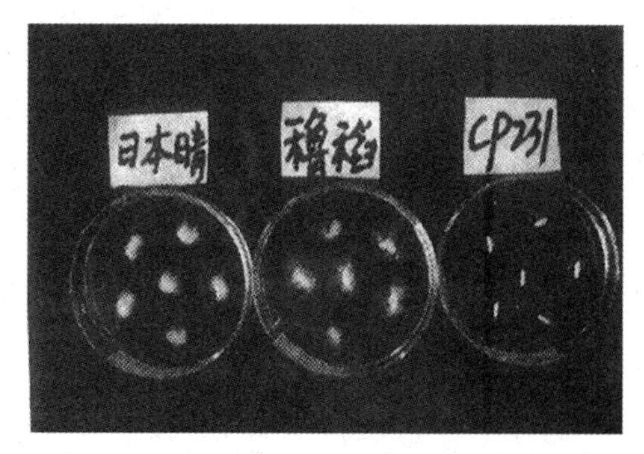

图 57–1 精米处理 23 小时后胚乳消化扩散程度

按下式计算每个重复 6 粒米的碱消值(级)平均数：

碱消值（级）= $\sum$ 各米粒的碱消值级别 / 6

重复试验允许误差不超过 0.5 级，求两重复的平均数，即为测定结果。在测定每批样品糊化温度的同时，用已知糊化温度的标准样品一套（包括高、中、低三种糊化温度）作为内标样一起进行测定。内标样实测的数值与已知标准数值相对误差应在 0.5 级以内。测试样品碱消值在 1 ~ 3 级的为高糊化温度类型，糊化温度在 75℃以上；碱消值在 4 ~ 5 级的为中等糊化温度类型，糊化温度在 70℃ ~ 74℃；碱消值在 6 ~ 7 级的为低糊化温度类型，糊化温度在 69℃以下。按照农业部行业标准 NY/T 593—2002，不同类型品种糊化温度分级标准如表 57–2。

表 57-1 精米糊化温度(碱消值)分级标准

等级	散裂度	清晰度
1	米粒无影响	米粒似白垩状
2	米粒膨胀，不开裂	米粒白垩状，有不明显粉状环
3	米粒膨胀，少有开裂，环完整或狭窄	米粒白垩状，有明显粉状环
4	米粒膨胀，开裂，环完整并宽大，可见米粒形状	米心棉絮状，环云状
5	米粒开裂或分离，环完整并宽大	米心棉絮状，环渐消失
6	米粒分解，与环结合	米心云状，环消失
7	米粒完全消散混合	米心及环均消失

表 57-2 不同类型品种糊化温度 5 个等级对应的碱消值(NY/T 593—2002)

品种类型	糊化温度级别				
	1	2	3	4	5
籼 稻	≥6.0	5.0 ~ 5.9	4.0 ~ 4.9	<4.0	<3.0
粳 稻	7.0	6.0 ~ 6.9	5.0 ~ 5.9	4.0 ~ 4.9	<4.0
籼糯稻	7.0	6.0 ~ 6.9	5.0 ~ 5.9	4.0 ~ 4.9	<4.0
粳糯稻	7.0	6.0 ~ 6.9	5.0 ~ 5.9	4.0 ~ 4.9	<4.0

(二) 胶稠度的测定

(1) 粉碎精米样品。将供试精米样品放在室内条件下 2 天以上,使样品含水量一致。粉碎前,测定精米样品含水量并记录。称取含水量 12%左右的精米样品 2g,用粉碎机将精米碾成细米粉,过 100 目筛,把米粉装于小磨口广口瓶中,塞好瓶盖,放在干燥器内备用。

(2) 称取米粉试样。称试样 2 份,含水量 12%时,每份试样称 100mg;含水量不等于 12%时,应根据实际含水量折算,增减试样重量。将称好的 2 份米粉试样分别倒入 2 支试管中,注意不要使米粉蘸附在试管口壁上,以免影响淀粉浓度。

(3) 溶解样品和制胶:①每支试管中加入 0.2mL 95%乙醇麝香草酚蓝溶液,轻轻摇动试管,使米粉充分分散而不沉淀结块(乙醇的作用在于防止碱糊化时米粉结块,麝香草酚蓝的作用在于使碱性胶糊着色,便于观测米胶的前沿)。然后再加入 0.2moL/L 的 KOH 溶液 2.0mL,置于旋涡混合器上使米粉充分混合均匀;②把试管放入铁丝笼中,在试管口上放一个玻璃弹子(防止加热时蒸汽逸散),再把铁丝笼放入沸水浴锅中,加热 8 分钟。注意在放入沸水浴锅之前,应再次摇动试管,以防米粉结块。在放入水浴锅之后,试管内液面应低于水浴锅的水面,要求沸腾的米胶高度始终维持在试管长度的 2/3 左右,过高将会溢出。如试管内溶液上升过快有溢出的危险时,可把该试管向上提升,以降低其温度;如发现试管内溶液不上升时,可能是米粉结块于试管底部,应立即摇动该试管,否则测定结果不准确。

(4) 冷却。加热结束后,取出试管放在试管架上,拿掉玻璃球,在室温下冷却 5 ~ 10 分钟。再把试管放入冰水浴箱内,在冰水浴(0℃左右)中冷却 20 分钟。

(5) 水平放置试管 1 小时,观察记载米胶长度。在水平的桌面上铺上一张坐标纸。将从冰浴中取出的试管平放在坐标纸上,注意把试管底部排列在同一基准线上。在室温(25 ± 2)℃条件下静置 1 小时。之后立即测量试管内冷米胶的流动长度,即从试管底至冷米胶前沿的长度,以 mm 为单位。

2 次重复的允许误差，硬胶稠度试样不大于 3mm，中等胶稠度试样不大于 5mm，软胶稠度试样不大于 7mm。求出平均数，即为检测结果。米胶长度≤40mm 的试样为硬胶稠度，41 ~ 60mm 的为中等胶稠度，≥61mm 的为软胶稠度。按照农业部行业标准 NY/T 593—2002，不同类型品种胶稠度分级标准如表 57–3 所示。

表 57–3　不同类型品种胶稠度 5 个等级对应的米胶长度（NY/T 593–2002）

mm

品种类型	胶稠度级别				
	1	2	3	4	5
籼稻	≥70	60 ~ 69	50 ~ 59	40 ~ 49	<40
粳稻	≥80	70 ~ 79	60 ~ 69	50 ~ 59	<50
籼糯稻	100	95 ~ 99	90 ~ 94	85 ~ 89	<85
粳糯稻	100	95 ~ 99	90 ~ 94	85 ~ 89	<85

五、作业

8 人一组，每人测定表 57–4 中所列的 1 种类型品种的糊化温度和胶稠度，2 次重复。组内 8 人测定数据共享，每人填写 1 份完整的表 57–4，并指出操作中要特别注意哪些细节。

表 57–4　精米糊化温度和胶稠度的测定分析结果

品种		重复	单粒整精米碱消值/级						重复内平均/级	重复间平均/级	糊化温度等级
			1	2	3	4	5	6			
籼稻	长粒	1									
		2									
	中粒	1									
		2									
	短粒	1									
		2									
粳稻	—	1									
		2									
籼糯稻	长粒	1									
		2									
	中粒	1									
		2									
	短粒	1									
		2									
粳糯稻	—	1									
		2									

品种		米胶长度（mm）			胶稠度等级
		重复1	重复2	平均	
籼米	长粒				
	中粒				
	短粒				
粳米	—				
籼糯米	长粒				
	中粒				
	短粒				
粳糯米	—				

实验 58 稻米精米直链淀粉含量的测定分析

一、目的要求

通过实际操作,初步掌握精米直链淀粉含量的测定分析方法。

二、内容说明

精米中的淀粉有直链淀粉和支链淀粉两种。它们的相对含量与蒸煮品质和食味品质密切相关。直链淀粉含量是指直链淀粉重量占淀粉总量的百分率或直链淀粉重量占样品干重的百分率。

测定直链淀粉含量的原理是直链淀粉和支链淀粉与碘反应形成的碘淀粉复合物具有不同的颜色。直链淀粉与碘反应生成深蓝色复合物,支链淀粉与碘反应生成棕红色复合物。

测定直链淀粉含量常用的方法有两种,一种是脱脂法,另一种是不脱脂法。脱脂法又称国标法(中华人民共和国国家标准测定方法 GB/T 15683—1995)、精确法。脱脂法的做法是,先用甲醇脱去米粉试样中的脂肪,再用氢氧化钠溶液分散试样中的淀粉,加碘显色,用分光光度计测出 620nm 处的吸光度值,由吸光度值在标准曲线上查出相对于试样干重的直链淀粉含量。标准曲线的绘制方法是,用纯直链淀粉(来自马铃薯)和纯支链淀粉(来自蜡质大米)标准分散液,按不同比例混合,形成标准系列混合液,再与碘反应显色,在分光光度计 620nm 波长下,测出标准系列混合液的吸光度值,用吸光度值作纵坐标,直链淀粉含量作横坐标,绘出标准曲线。不脱脂法又称改进简化法,其做法是,米粉样品不脱脂,直接用氢氧化钠溶液和热水分散淀粉,以后步骤同脱脂法,只是标准曲线是用已知直链淀粉含量的未脱脂标准样品(其直链淀粉含量预先经 GB/T 15683—1995方法准确测定过)的吸光度值绘制的。本实验练习不脱脂法测定直链淀粉含量。

精米 90%的干物质是淀粉。淀粉是葡萄糖的聚合体,其中直链结构与支链结构的比例,关系到米饭的质地。在蒸煮米饭时,直链淀粉含量对蒸煮品质有重要的影响,其含量与米饭的黏性、柔软性及光泽等食味品质呈负相关。水稻品种根据直链淀粉含量可分为糯稻(直链淀粉含量在 2%以下),低含量(8%~20%),中等含量(21%~25%)和高含量(25%)四级。含直链淀粉低的品种蒸煮后米饭潮而黏,较有光泽,过熟则易散裂。高含量的品种蒸煮时干燥而蓬松,色暗,冷却后变硬。中等含量具有似高含量的蓬松性,而在冷却后仍能保存柔性又不变硬,所以一般都喜欢中等直链淀粉含量的品种。

三、材料用具

1. 材料

粳稻和三种粒型的籼稻各 1 个品种的整精米, 粳糯稻和三种粒型的籼糯稻各 1 个品种的整精米,每品种 500g。

2. 仪器

实验室用磨粉机,样品筛(60 目,孔径 0.25mm),100mL容量瓶,5mL移液管,电热恒温水浴锅,分光光度计,分析天平(感量 0.0001g)。

3. 药品试剂

①1.00mol/L 的氢氧化钠水溶液:用氢氧化钠(分析纯)配制并标定;②0.09mo1/L 氢氧化钠水溶液:取 90mL 1.00mol/L 氢氧化钠水溶液,用蒸馏水稀释至 1000mL;③碘试剂:用具盖称量瓶称取(2.000 ± 0.005)g 碘化钾(分析纯),加适量的水溶解成饱和溶液;再加入(0.20 ± 0.001)g 碘,搅拌加热溶解。碘全部溶解后将溶液定量移至 100mL容量瓶中,加水至刻度,摇匀。每天用前现配,避光保存;④1.00mol/L 乙酸溶液:量取 57.8mL冰乙酸(分析纯),用蒸馏水稀释至 1000mL;⑤95%乙醇(分析纯)。

四、方法步骤

(一) 样品的测定

称取待测整精米样品 2 ~ 3g,用磨粉机磨成米粉。再用 0.25mm 孔径的样品筛将米粉筛下。

称取筛下米粉 0.1000g,置于 100mL容量瓶中。

加入 95%乙醇 1.0mL,轻摇容量瓶,使样品湿润分散。再加入 9.0mL 1mol/L 的氢氧化钠溶液,使碱液沿瓶颈壁缓慢流下,旋转容量瓶,使碱液冲洗黏附于瓶壁上的样品。

将容量瓶置沸水中煮 10 分钟后取出,冷却至室温后加蒸馏水定容。吸取 5.0mL样品溶液,加入盛有半瓶蒸馏水的 100mL容量瓶中,再在此容量瓶中加入 1.00mol/L 的乙酸溶液 1.0mL,使样品酸化(减少支链淀粉的干扰)。再加入 1.50mL碘液,充分摇匀,用蒸馏水定容,静置 20 分钟。

用 5mL的 0.09mol/L 的氢氧化钠溶液代替样品,配制空白溶液。

用空白溶液于分光光度计波长 620nm 处调节零点,并测出有色样品的吸光度值。

(二) 标准曲线的绘制

称取与待测样品保存在同样条件下 3 天以上的已知直链淀粉含量的 4 个标准样品(其直链淀粉含量预先经 CB/T 15683—1995 方法准确测定,分别在 1%、10%、20%和 30%左右)各 0.1000g,用上述改进简化法与待测样品同时进行测定。以直链淀粉含量为纵坐标,吸光度值为横坐标,绘制标准曲线。

也可根据 4 个标样的直链淀粉含量(y)和相对应的吸光度值(x)建立标准曲线的回归方程:

$$y = a+bx$$

式中,a 为标准曲线的截距;b 为标准曲线的斜率。

(三) 直链淀粉含量的计算

精米样品中直链淀粉含量可用样品的吸光度值从标准曲线上直接读出,也可把样品的吸光度值代入标准曲线的回归方程中求出。

两次重复的测定结果允许误差应小于 1%。两次重复的平均数即为测定结果。

不同类型品种直链淀粉含量分级标准如表 58-1 所示。

五、作业

每个班级由 2 人测定 4 个标准样品,绘制标准曲线。其余同学 8 人一组,每人测定表 58-2 中所列的一种类型品种的直链淀粉含量,2 次重复。组内 8 人测定数据共享,每人填写一份完整的表 58-2。并指出直链淀粉含量测定过程中要特别注意哪些细节。

表 58-1 不同类型品种直链淀粉 5 个等级对应的含量(NY/T 593—2002) %

品种类型	直链淀粉级别				
	1	2	3	4	5
籼 稻	17.0 ~ 22.0	15.0 ~ 16.9 或2.1 ~ 24.0	13.0 ~ 14.9 或24.1 ~ 26.0	11.0 ~ 12.9 或26.1 ~ 28.0	<11.0 或>28.0
粳 稻	15.0 ~ 18.0	13.0 ~ 14.9 或18.1 ~ 20.0	11.0 ~ 12.9 或20.1 ~ 22.0	9.0 ~ 10.9 或22.1 ~ 24.0	<9.0 或>24.0
籼糯稻	≤1.0	1.1 ~ 2.0	2.1 ~ 3.0	3.1 ~ 4.0	>4.0
粳糯稻	≤1.0	1.1 ~ 2.0	2.1 ~ 3.0	3.1 ~ 4.0	>4.0

表 58-2 精米直链淀粉含量测定结果

品 种		直链淀粉含量(%)			直链淀粉含量等级	备注
		重复 1	重复 2	平均		
籼稻	长粒					
	中粒					
	短粒					
粳稻	—					
籼糯稻	长粒					
	中粒					
	短粒					
粳糯稻	—					

实验 59 糙米蛋白质含量测定与品种理化品质等级评定

一、目的要求

通过实际操作,初步掌握糙米蛋白质含量测定与品种理化品质等级评定方法。

二、实验原理

主要化学反应式如下:

(1)有机物(米粉)+H_2SO_4+ 催化剂 →$(NH4)_2SO_4$(内室)+ CO_2↑ + SO_2↑ + H_2O↑;此步骤为“消化”。

(2)$(NH4)_2SO_4 + 2NaOH \rightarrow 2NH_3$↑ + $2H_2O + Na_2SO_4$(冷凝);此步骤为“蒸馏”。

(3)$NH_3 + H_3BO_3$(紫红色)→ $H_2BO_3NH_3$(蓝绿色); 此步骤为“吸收”。

(4)$H_2BO_3NH_3$(蓝绿色)+ HCl → $NH_4Cl + H_3BO_3$(红褐色); 此步骤为“滴定”。

凯氏定氮法测定的含氮量乘以一个(蛋白质)系数,即可得到蛋白质含量。由于测定的总氮量为包括蛋白质氮和非蛋白质氮两类含氮物质的总氮量,因而称为粗蛋白质含量。不同来源的蛋白质含氮量不同，因此，不同植物材料的蛋白质系数也有差异。如麦类、豆类蛋白质系数为5.70，水稻为5.95，高粱为5.83，玉米与其他谷物为6.25，花生为5.46，芝麻、向日葵为5.30。

三、内容说明

在以大米为主食的人群中，从大米中摄取的蛋白质量占20%左右。糙米中含有全部的4种蛋白质，包括溶于微酸和微碱的谷蛋白（约占胚乳总蛋白的80%），溶于乙醇的醇溶蛋白（约占胚乳总蛋白的10%），溶于盐类的盐溶蛋白（约占胚乳总蛋白的8%）和溶于水的白蛋白（约占胚乳总蛋白的2%）。糙米蛋白质含量是指蛋白质重量占糙米重量的百分率，通常采用"半微量凯氏法"进行测定。食用稻品种品质等级评定包括碾米、外观、蒸煮特性和蛋白质含量等10项理化指标和米饭色泽、适口性、滋味、冷饭质地等9项感官指标。本实验测定糙米蛋白质含量，结合前面的测定结果，对品种的理化品质进行等级评定。

四、材料用具

1. 材料

粳稻和三种粒型的籼稻各1个品种的糙米，粳糯稻和三种粒型的籼糯稻各1个品种的糙米，每品种500g。

2. 仪器

实验室用粉碎机，分析天平（感量0.0001g），半微量凯氏蒸馏装置，半微量滴定管（容积10mL），硬质凯氏烧瓶（容积25mL、50mL），锥形瓶（容积150mL），电炉（600W）。

3. 药品试剂

①盐酸或硫酸（分析纯）：0.02mol/L盐酸或0.01mol/L硫酸标准溶液（邻苯二甲酸氢钾法标定）；②氢氧化钠（工业用或化学纯）40%溶液（m/V）；③硼酸－指示剂混合液：硼酸（分析纯）2%溶液（m/V）；混合指示剂：溴甲酚绿0.5g，甲基红0.1g，分别溶于95%乙醇中，混合后稀释至100mL。将混合指示剂与2%硼酸溶液按1∶100比例混合，用稀酸或碱调节pH为4.5，使呈灰紫色，即为硼酸－指示剂混合液。此溶液放置时间不宜过长，需在1个月之内使用；④加速剂：五水合硫酸铜（分析纯）10g，硫酸钾（分析纯）100g，在研钵中研磨，仔细混匀，过40目筛；⑤浓硫酸（比重1.84），无氮；⑥30%过氧化氢（分析纯）；⑦30%过氧化氢－硫酸混合液（简称混液）：30%过氧化氢、浓硫酸、水的比例为3∶2∶1，即在100mL蒸馏水中慢慢加入200mL浓硫酸，待冷却后，加入到300mL 30%过氧化氢中，混匀。此混液可一次配制500～1000mL贮藏于试剂瓶中备用，夏天最好放入冰箱或阴凉处贮藏，室温20℃左右时不必冷藏，贮藏时间不超过一个月；⑧蔗糖（分析纯）。

五、方法步骤

（一）糙米蛋白质含量测定（半微量凯氏定氮法）

1. 样品制备

选取有代表性的干净糙米，按四分法缩减取样，取样量不得少于20g。然后将糙米样品放进60℃～65℃烘箱中干燥8小时以上，用粉碎机磨碎，95%通过40目筛，装入磨口瓶备用。

2. 测定步骤

（1）称样。称取0.1g试样2份（含氮1～7mg），准确至0.0001g，同时测定试样的水分含量。

（2）消煮。将试样置于25mL凯氏瓶中，加入1g加速剂粉末。然后加3mL浓硫酸，轻轻摇动凯氏瓶，使试样被硫酸湿润。将凯氏瓶倾斜置于电炉上加热，开始小火，待泡沫停止后加大火力（应加热有硫酸部位的瓶底，不使瓶壁的温度过高，以免铵盐受热分解造成氮的损失），保持凯氏瓶中的液体连续沸腾，沸酸在瓶颈中部冷凝回流。待溶液消煮到无微小的碳粒并呈透明的蓝绿色时，继续消煮30分钟。

（3）蒸馏。消煮液稍冷后加少量蒸馏水，轻振摇匀。移入半微量蒸馏装置的反应室中，用适量蒸馏水冲洗凯氏瓶4~5次。蒸馏时将冷凝管末端插到盛有10mL硼酸－指示剂混合液的锥形瓶中，向反应室中加入40%氢氧化钠溶液15mL，然后蒸馏，当馏出液体积约达50mL时，降下锥形瓶，使冷凝管末端离开液面，继续蒸馏1~2分钟，用蒸馏水冲洗冷凝管末端，洗液均需流入锥形瓶中。

（4）滴定。以0.02mol/L盐酸或0.01mol/L硫酸标准溶液滴定，至锥形瓶内的溶液由蓝绿色变成灰紫色为终点。

（5）空白。用0.1g蔗糖代替样品做空白测定。消耗酸标准溶液的体积不得超过0.3mL。

3. 测定结果的计算与分级

（1）计算。

$$蛋白质(干基)=[(V_2-V_1)\times N\times 0.0140\times K\times 100/m\times(100-X)]\times 100\%。$$

式中，V_2为滴定试样时消耗酸标准溶液的体积（mL）；V_1为滴定空白时消耗酸标准溶液的体积（mL）；N为酸标准溶液的当量浓度（mol/L）；K为氮换算成蛋白质的系数，水稻糙米K＝5.95；m为试样重量(g)；X为试样的水分含量(%)；0.0140为每毫克当量氮的克数。

（2）结果表示。平行测定的结果用算术平均值表示，保留2位小数。

（3）精度要求。平行测定结果为15%以下时，其相对误差不得大于3%；15%~30%时为2%；30%以上时为1%。

（4）样品分级。不同类型品种糙米蛋白质含量分级标准如表59-1所示。

表59-1 不同类型品种糙米蛋白质含量5个等级对应的百分数(NY/T 593—2002) %

品种类型	蛋白质级别				
	1	2	3	4	5
籼稻(或籼糯稻)	≥10.0	9.0~9.9	8.0~8.9	7.0~7.9	<7.0
粳稻(或粳糯稻)	≥9.0	8.0~8.9	7.0~7.9	6.0~6.9	<6.0

（二）半自动凯氏定氮测定方法

1. 试剂

浓硫酸（化学纯，摩尔浓度18.4mol·L^{-1}），高氯酸HClO（分析纯），氢氧化钠，硼酸，盐酸，混合指示剂等。

2. 主要仪器设备

凯式定氮仪（1套），消煮炉，分析天平，稍多于样品数量的三角瓶（100mL）和容量瓶（50mL、100mL）。

3. 操作步骤

（1）消化。①称取过100目筛的米粉样品0.1g（称准至0.0001g）装入50mL消化管的底部，编号，加浓H_2SO_4 5mL，摇匀（宜放置过夜）。如果是植物叶片等称取样品0.5g（称准至0.0001g）；②首先在样品中加入高氯酸10滴左右，把样品摆放到消煮炉上，先小火（200℃）加热，待浓

H_2SO_4 发白烟后再升高温度至 350℃～380℃；③在消煮过程中，样品如果不变清亮，把样品拿出来冷却一下，加 10 滴左右的高氯酸，如此重复数次，每次添加的高氯酸逐次减少。消煮至溶液呈无色清亮或略带微黄色后，再加热 10 分钟，除去剩余的高氯酸，取下冷却。

（2）蒸馏。①蒸馏装置的 3 个塑料瓶分别装满蒸馏水、氢氧化钠溶液、硼酸溶液（瓶上贴有标签），水和溶液不要装得太满，齐瓶肩；②打开水龙头；③打开电源开关；④装上干净的长柱形玻璃管，固定好，关好门；⑤首先将样品转移到专门的玻璃杯中，用蒸馏水润洗消化管 2～3 次，润洗的水倒入玻璃杯中；然后将玻璃杯放入蒸馏装置中；⑥在蒸馏装置的电子显示屏上，按"自动"或"手动"键，进行参数设置，通过上、下、左、右键移动完成设置，硼酸体积为 25mL，加碱体积为 40 mL，其他参数自动设置；⑦按"确认"键。

（3）滴定。①将配制好的盐酸溶液装入塑料瓶中；②打开电源开关；③将蒸馏好的样品放入滴定装置中；④将弹珠沿玻璃杯壁缓缓放入玻璃杯中；⑤参数设置：样品编号、样品重量、滴定酸摩尔数、粗蛋白转换系数、定标系数、空白值；⑥按"确认"键；⑦记录粗蛋白质的含量，或者根据公式计算粗蛋白质的含量。

$$蛋白质(干基)=[(V_2-V_1)\times N\times 0.0140\times K\times 100/m\times(100-X)]\times 100。$$

式中，V_2 为滴定试样时消耗酸标准溶液的体积（mL）；V_1 为滴定空白时消耗酸标准溶液的体积（mL）；N 为酸标准溶液的当量浓度（mol/L）；K 为氮换算成蛋白质的系数，水稻糙米 K＝5.95；m 为试样重量(g)；X 为试样的水分含量(%)；0.0140 为每毫克当量氮的克数。

（三）品种理化品质等级评定

各类食用稻品种品质均划分为 5 个等级（NY/T 593—2002），各等级的标准列于表 59-2 至表 59-5。其中最后一列"质量指数"是品种品质综合评价的参数，表示本批次样品质量的整体水平，以本批次样品的各品质指标（包括品种品质的理化指标和感官指标）实测结果得分总和占该稻类品质最高总分的百分率表示。

表 59-2　籼稻品种品质 5 个等级的标准

等级	整精米率（%）			垩白度（%）	透明度（级）	直链淀粉（%）	质量指数（%）
	长粒	中粒	短粒				
1	≥50.0	≥55.0	≥60.0	≤2.0	1	17.0～22.0	≥75
2	≥45.0	≥50.0	≥55.0	≤5.0	≤2	17.0～22.0	≥70
3	≥40.0	≥45.0	≥50.0	≤8.0	≤2	15.0～24.0	≥65
4	≥35.0	≥40.0	≥45.0	≤15.0	≤3	13.0～26.0	≥60
5	≥30.0	≥35.0	≥40.0	≤25.0	≤4	13.0～26.0	≥55

表 59-3　粳稻品种品质 5 个等级的标准

等级	整精米率（%）	垩白度（%）	透明度（级）	直链淀粉（%）	质量指数（%）
1	≥72.0	≤1.0	1	15.0～18.0	≥85
2	≥69.0	≤3.0	≤2	15.0～18.0	≥80
3	≥66.0	≤5.0	≤2	15.0～20.0	≥75
4	≥63.0	≤10.0	≤3	13.0～22.0	≥70
5	≥60.0	≤15.0	≤4	13.0～22.0	≥65

表 59-4 籼糯稻品种品质 5 个等级的标准

等级	整精米率（%）			阴糯米率（%）	白度/级	直链淀粉（%）	质量指数（%）
	长粒	中粒	短粒				
1	≥50.0	≥55.0	≥60.0	≤1	1	≤2.0	≥75
2	≥45.0	≥50.0	≥55.0	≤5	≤2	≤2.0	≥70
3	≥40.0	≥45.0	≥50.0	≤10	≤2	≤2.0	≥65
4	≥35.0	≥40.0	≥45.0	≤15	≤3	≤3.0	≥60
5	≥30.0	≥35.0	≥40.0	≤20	≤4	≤4.0	≥55

表 59-5 粳糯稻品种品质 5 个等级的标准

等级	整精米率（%）	阴糯米率(%)	白度(级)	直链淀粉(%)	质量指数(%)
1	≥72.0	≤1	1	≤2.0	≥85
2	≥69.0	≤5	≤2	≤2.0	≥80
3	≥66.0	≤10	≤2	≤2.0	≥75
4	≥63.0	≤15	≤3	≤3.0	≥70
5	≥60.0	≤20	≤4	≤4.0	≥65

质量指数(I)的计算公式为：

$$I = [(T_1+T_2) / \mathrm{K}] \times 100\%。$$

式中，T_1 为该样品品质的理化指标总分(分)；T_2 为该样品品质的感官指标总分(分)；K 为常数，为理化指标和感官指标最高总分，这里为 200 分。

籼稻和粳稻品种品质理化指标 5 个等级的记分标准列于表 59-6。籼糯稻和粳糯稻品种品

表 59-6 籼稻和粳稻品种品质理化指标 5 个等级的记分标准

指标级别	碾米			外观			蒸煮			蛋白质
	糙米率	精米率	整精米率	垩白粒率	垩白度	透明度	碱消值	胶稠度	直链淀粉	
1	10.0	5.0	15.0	5.0	15.0	10.0	5.0	10.0	15.0	10.0
2	8.0	4.0	12.0	4.0	12.0	8.0	4.0	8.0	12.0	8.0
3	6.0	3.0	9.0	3.0	9.0	6.0	3.0	6.0	9.0	6.0
4	4.0	2.0	6.0	2.0	6.0	4.0	2.0	4.0	6.0	4.0
5	2.0	1.0	3.0	1.0	3.0	2.0	1.0	2.0	3.0	2.0

表 59-7 籼糯稻和粳糯稻品种品质理化指标 5 个等级的记分标准

指标级别	碾米				外观	蒸煮			蛋白质
	糙米率	精米率	整糯米率	阴糯米率	白度	碱消值	胶稠度	直链淀粉	
1	10.0	5.0	15.0	15.0	15.0	5.0	10.0	15.0	10.0
2	8.0	4.0	12.0	12.0	12.0	4.0	8.0	12.0	8.0
3	6.0	3.0	9.0	9.0	9.0	3.0	6.0	9.0	6.0
4	4.0	2.0	6.0	6.0	6.0	2.0	4.0	6.0	4.0

质理化指标5个等级的记分标准列于表59-7。

等级判定:食用稻品种品质等级根据该批次稻谷样品检验的结果综合评定,以全部符合相应稻类的等级标准条件的最高等级判定。即凡检测结果达到品种品质等级标准中一等5项指标(表59-2,表59-3)的,定为一等;有1项或1项以上指标达不到一等,则降为二等;有1项或1项以上指标达不到二等的,则降为三等,依此类推。

品质分类:品种品质三等及以上为优质食用稻品种;四等和五等为普通食用稻品种;低于五等为等外食用稻品种。

六、作业

8人一组,每人测定表59-8中所列的1种类型品种的蛋白质含量,2次重复。组内8人测定数据共享。根据碾米品质、外观品质、蒸煮品质和蛋白质含量的测定结果,按照表59-2~表59-5的分级标准和表59-6~表59-7的记分标准,评定所测8个品种的理化品质等级(质量指数计算公式中略去感官指标,K值取100)。每人填写一份完整的表59-8。并指出蛋白质含量测定过程中要特别注意哪些细节。

表59-8 糙米蛋白质含量测定与品种理化品质等级评定

品种		蛋白质含量(%)			蛋白质含量(等级)	综合评定品种理化品质等级
		重复1	重复2	平均		
籼稻	长粒					
	中粒					
	短粒					
粳稻	—					
籼糯稻	长粒					
	中粒					
	短粒					
粳糯稻	—					

实验60 小麦面筋含量和面筋品质的测定

一、目的要求

掌握测定小麦面筋含量和面筋品质的方法。

二、内容说明

小麦是人类的主食之一,它富含淀粉、蛋白质和B族维生素。尤其是蛋白质含量一般达11%~15%,高于稻米和玉米,所以它的营养价值较高。特别是蛋白质吸水后强烈水化,生成一种结实而具有弹性的软胶状面筋。面粉能加工成多种食品,就是利用了面筋的黏性、弹性和延伸性。小麦面粉的面包烤制价值基本上取决于面筋的数量和品质,因而面筋的含量及其品质是衡量小麦品质的一个重要指标。

三、材料用具

l. 材料

特制一等粉,特制二等粉,标准粉,普通粉或小麦籽粒。

2. 器具

电热烘箱,电子天平(感量 0.01g),搪瓷碗,脸盆或玻璃缸,圆孔筛(直径 1.0mm),玻璃板(9cm × l6cm,厚 3 ~ 5mm)2 块,玻璃棒,表面皿及滤纸等。

四、方法步骤

(一) 小麦湿面筋含量的测定

1. 称样

称取不同类型的面粉试样(W),特制一等粉 25g,特制二等粉 25g,标准粉 25g,普通粉 25g(或称取籽粒 100g 磨成面粉,过筛),分别置于洁净搪瓷碗中,并贴上标鉴;加入相当于试样一半的室温水(20℃ ~ 25℃),用玻璃棒搅和,再用手和成面团,并仔细地将玻璃棒和瓷杯上的残留面收集下来,把面团搓成小球状,直到不沾碗、不沾手为止,然后放入盛有水的烧杯中,在室温下静止 20 分钟,以便面粉微粒被水浸润和组成面筋的蛋白质膨胀起来。

2. 洗涤面筋

将面团放入具有圆孔筛的面盆水中,用手轻轻揉捏,洗去面团内的淀粉、麸皮等物质。在揉洗过程中注意更换脸盆中清水数次(换水时注意筛上是否有面筋散失),反复揉洗,至面筋挤出的水遇碘液无蓝色反应为止。

3. 排水

将洗好的面筋放在洁净的玻璃板上,用另一块玻璃板压挤面筋,排出面筋中游离水,每压一次后取下并擦干玻璃板。反复压挤直到稍感面筋有黏手或黏板为止(约压挤 15 次)。也可采用离心排水,可控制离心机转速在 3000r / min,离心 2 分钟。手指常用毛巾擦干,直到将面筋挤压到不黏手时为止。

4. 称重计算

排水后的面筋放在预先烘干称重的表面皿或滤纸(W_0)上,称得总重量(W_1)。计算湿面筋含量(%):

$$湿面筋含量(\%)=(W_1-W_0)/W\times 100\%。$$

式中:W_0—表面皿(或滤纸)重量,g;

W_1—湿面筋 + 表面皿(或滤纸)总重量,g;

W—试样重量,25g。

上述测定的面筋含量为湿面筋含量。根据含量多少分为 4 个等级,即:高面筋含量,其湿面筋含量大于 30%,中等面筋含量为 26% ~ 29.9%,次等面筋含量为 20% ~ 25.9%,低面筋含量小于 20%。面筋含量的多少反映面粉质量的好坏,面筋含量高,面粉的质量好,反之则次。

(二) 小麦干面筋含量的测定

(1) 将上述已称量的湿面筋在表面皿或滤纸上摊成一薄层状,放入 105℃电烘箱内烘 2 小时左右,取出冷却称重,再烘 30 分钟,冷却称重,直至 2 次重量差不超过 0.0lg,得干面筋和表面皿(或滤纸)共重(W_2)。

(2)结果计算。

干面筋含量(%)=(W_2-W_0)/W×100%。

式中:W_0—表面皿(或滤纸)重量,g;

W_2—干面筋+表面皿(或滤纸)总重量,g;

W—试样重量,g。

双试验结果允许差,湿面筋不超过1.0%,干面筋不超过0.2%。求2次结果的平均数,测定结果取小数点后第1位。

(三)小麦面筋品质(物理性质)的测定

(1)颜色:在洗涤后立即确定,分透明和暗灰色两种。

(2)弹性的测定:弹性是指面筋在拉长和压缩之后恢复原状的能力。

测定方法:将洗好的面筋4g,放入20℃~30℃水中浸泡15分钟,取出后立即用手指按压面筋团,看按下的凹陷能否复原,再用手指将圆球拉长并立即放松,看能否恢复原来的状态。正常的面筋有弹性,变形后可复原,不黏手。

弹性:用手指挤压和拉长面筋来确定。弹性良好——在面筋内表现出很大的抗拉力,用手指挤压过的地方,迅速地恢复为原来的形状;脆弱弹性——面筋拉长时几乎没有抗力,它可以下垂,有时因本身重量而断裂;适中弹性——介于上述两者之间。

(3)延伸性的测定:延伸性是指面筋拉到某种程度而不致断裂的能力。分三种类型:

强力面筋:拉长时容易断裂,伸长度为8cm以下。

中力面筋:拉伸时具有中等延伸性,伸长度在8~15cm。

软力面筋:具有很大的延伸性,伸长度为15cm以上。

测定方法:将测定过弹性的面筋搓成5cm的长条,在标有刻度的尺子旁用两手的拇指、食指、中指捏住面团,并均匀地向相反方向拉长,拉长时不允许其扭转,至中断为止(拉长时间约10秒钟)。记录中断时被拉长的长度,确定其延伸度。

(4)比延伸性的测定:比延伸性是表示面筋筋力的另一种方法,以cm/min表示,分三种类型:

强力面筋:比延伸性在0.4cm/min以下。

中力面筋:比延伸性在0.4~1.0cm/min。

软力面筋:比延伸性在1.0cm/min以上。

测定方法:取洗好的面筋2.5g,浸入15℃~20℃水中15分钟,取出穿在量筒上部特殊挂面上,面筋的下端钩一5g砝码(注意勿使两钩接触),一起放入盛满500mL、30℃清水的量筒中,记下时间和面筋长度。以后每20分钟记一次面筋团伸展的长度,至面筋团断裂为止。若不断裂,以2小时为限。

结果计算:比延伸性(cm/min)=A-B/T。

式中:A—面筋拉至断裂时(或2小时)总长度(cm);

B—湿面筋原始长度;

T—从开始计时至面筋断裂止所需时间。

五、作业

将测定结果填入下表,并进行比较分析和评定。

小麦不同品种面筋品质测定结果

品种名称	湿面筋含量（%）	干面筋含量（%）	面筋弹性	面筋延伸性	面筋比延伸性

实验61 玉米种子赖氨酸含量测定:茚三酮比色法

一、目的要求

掌握茚三酮比色法测定氨基酸含量的原理和方法,测定谷物种子蛋白质中赖氨酸含量。

二、实验原理

蛋白质中的赖氨酸具有一个游离的 $\varepsilon-NH_2$,它与茚三酮试剂反应生成蓝紫色物质,其颜色的深浅在一定范围内与赖氨酸的含量成线性关系。因此,用已知浓度的游离氨基酸制作标准曲线,通过比色分析(530nm)即可测定出样品中的赖氨酸含量。

亮氨酸与赖氨酸的碳原子数目相同,而且仅有一个游离氨基($\varepsilon-NH_2$),所以通常用亮氨酸配制标准液。但由于这两种氨基酸分子质量不同,以亮氨酸为标准计算赖氨酸含量时,应乘以校正系数1.1515,最后再减去样品中游离氨基酸含量。

三、材料用具

1. 材料

待测玉米种子若干。

2. 器具

电子分析天平(1/1000),可见分光光度计,恒温水浴箱,干燥器,移液器,试管架,具塞试管,具塞三角瓶,细口瓶、漏斗(或0.45μm滤膜)、吸管等。

3. 试剂

①0.4mol/L柠檬酸缓冲液:称取4.202g柠檬酸和5.88g柠檬酸三钠,溶于100mL蒸馏水中;②茚三酮试剂:称40mg二氯化锡(防腐)溶于25mL柠檬酸缓冲液中;称1g茚三酮溶于25mL 95%乙醇中;将上述两液混合摇匀,滤去沉淀,上清液置冰箱中保存备用;③0.02mol/L盐酸:取12mol/L盐酸0.17mL,用蒸馏水稀释定容至100mL;④亮氨酸标准液:准确称取20mg亮氨酸,加数滴0.02mol/L盐酸使之溶解,然后用蒸馏水稀释定容到100mL,则得浓度为200μg/mL的标准液;⑤60%乙醇;⑥4%碳酸钠:称取4g无水碳酸钠,溶于100mL蒸馏水;⑦2%碳酸钠。

四、方法步骤

1. 标准曲线的制作

取 7 支具塞试管，按表 61–1 进行编号，加入试剂，顺序操作。以第 1 管为空白，在 530nm 波长下比色，读取吸光度值，并以吸光度值为纵坐标，亮氨酸含量(μg)为横坐标，绘制标准曲线。

2. 样品前处理

不同品种的玉米种子，用粉碎机粉碎，过 80～100 目筛子，收集过筛后的细粉，放入广口瓶中，加入沸程 60℃～90℃的石油醚，使其淹过粉面，浸泡 8 小时，不时摇动进行脱脂。然后过滤，并用石油醚淋洗沉淀若干次，弃去滤液。将脱脂玉米粉晾在干净的滤纸上，置阴凉通风处吹干石油醚。

收集干粉，置于干燥容器内，保存备用。

3. 样品的测定

取 15mg 已粉碎脱脂的玉米样品于具塞干燥试管内，加 2%碳酸钠 1.0mL，于 80℃水浴中提取 20 分钟，然后加茚三酮试剂 2.0mL，继续保温显色 30 分钟，冷却后加 60%乙醇 3.0mL，混匀后过滤或离心，然后在 530nm 波长下比色，记录吸光值，根据标准曲线查出对应样品含量。测定试剂添加程序参照表 61–1。每样品测定 3 次重复，取平均值为最终值。

表 61–1　标准曲线的制作及样品测定参考表

试剂	试管号						
	1(空白)	2	3	4	5	6	7(样品)
亮氨酸标准液(mL)	0	0.1	0.2	0.3	0.4	0.5	—
蒸馏水(mL)	0.5	0.4	0.3	0.2	0.1	0	—
亮氨酸含量(μg)	0	20	40	60	80	100	—
4%碳酸钠(mL)	0.5	0.5	0.5	0.5	0.5	0.5	—
脱脂样品(mg)	—	—	—	—	—	—	15
2%碳酸钠(mL)	—	—	—	—	—	—	1.0
	—	—	—	—	—	—	80℃水浴 20 分钟
茚三酮试剂(mL)	2.0	2.0	2.0	2.0	2.0	2.0	2.0
	混匀，加塞，80℃水浴 30 分钟，冷却至室温						
60%乙醇(mL)	3.0	3.0	3.0	3.0	3.0	3.0	3.0
	—	—	—	—	—	—	过滤
	混匀						
A530							

4. 结果分析

样品中赖氨酸的含量(%)=[从标准曲线上查得值(μg)×10^{-3}/(样品重 mg)]×1.1515×100%—C

校正系数：1.1515；C：游离的氨基酸含量。

五、注意事项

(1)各种作物种子中游离氨基酸含量是:玉米0.01%、小麦0.05%、水稻0.01%、高粱0.04%。

(2)茚三酮显色反应受温度、pH、时间影响较大,如果要使实验结果能很好重复,必须严格控制上述条件。样品中如含有大量盐酸,会使氨基酸不易显色。

六、作业

(1)玉米赖氨酸含量测定的方法有哪些? 各有何优缺点?

(2)茚三酮比色法测定赖氨酸含量受到哪些因素的影响?怎样避免这些因素对检测准确度的影响?

实验62 玉米籽粒糖分含量测定

一、目的要求

了解甜玉米(*sweet corn*)和普通玉米(*grain corn*)籽粒糖分含量的大概范围,掌握手持糖量计的测定原理和使用方法。

二、内容说明

(一)甜玉米的类型

甜玉米是玉米的一类突变类型,由于控制胚乳糖分的遗传基因不同,甜玉米又分为超甜玉米(*super-sweet corn*)、普通甜玉米(*common-sweet corn*)和加强甜玉米(*enhanced sweet corn*)三种类型。普通甜玉米中控制胚乳糖分性状的基因为susu,其籽粒含糖量为10%~15%,水溶性多糖(water-soluble polysaccharides,WSP)含量比较多;超甜玉米主要由sh2sh2或btbt基因控制,其籽粒含糖量为20%~25%,其中大部分是蔗糖,水溶性多糖含量很少;加强甜玉米则是双隐性基因控制及互作的结果,由于基因se对基因su的修饰作用,其籽粒蔗糖含量可达到超甜玉米的水平,同时水溶性多糖仍维持很高含量,从某种意义上可以说它集中了普通甜玉米和超甜玉米品质上的优点。

(二)几种糖的概念和糖分含量测定方法

(1)还原性糖:包括葡萄糖、果糖、半乳糖、乳糖、麦芽糖等。

(2)非还原性糖:有蔗糖、淀粉、纤维素等,但它们都可以通过水解生成相应的还原性单糖。

(3)水溶性多糖:高度分支的小分子量淀粉。

(4)可溶性糖(water-soluble carbohydrate,WSC):包括葡萄糖、果糖、麦芽糖、蔗糖。

(5)总糖:包括还原性糖和蔗糖。

糖分含量测定有三种方法,分别是蒽酮法、手持糖量计法和近红外漫反射光谱法。本实验学习手持糖量计测定方法。

(三)手持糖量计测定籽粒糖分含量的原理

光线从一种介质进入另一种介质时会产生折射现象,且入射角正弦之比恒为定值,此比值称为折光率。汁液中可溶性固形物含量与折光率在一定条件下(同一温度、压力)成正比,故测定籽粒汁液的折光率,可求出籽粒汁液的浓度(含糖量的多少)。由于总的可溶性固形物中可能含有非常少量的其他可溶性固形物如矿物质等,因此测得的糖浓度比实际含糖量可能略高。

三、材料用具

1. 材料

甜玉米籽粒,普通玉米籽粒。

2. 仪器

手持糖量计(WYT–4、PAL–1),榨汁钳,培养皿,不同规格的移液器,指形管,纱布或卷纸。

四、方法步骤

(一) 手持糖量计的使用方法

打开手持式折光仪盖板,用干净的纱布或卷纸小心擦干棱镜玻璃面。在棱镜玻璃面上滴2滴蒸馏水,盖上盖板。于水平状态,从接眼部观察,检查视野中明暗交界线是否处在刻度的零线上。若与零线不重合,则旋动刻度调节螺旋,使分界线面刚好落在零线上(非常重要)。打开盖板,用纱布或卷纸将水擦干,然后如上法在棱镜玻璃面上滴上含糖汁液进行观测,读取视野中明暗交界线上的刻度,即为可溶性固形物含量(%,糖的大致含量)。重复3次。

(二) 实验步骤

(1) 籽粒汁液准备:取15(粒)大玉米籽粒~20(粒)小玉米籽粒,用榨汁钳榨取汁液(分次)存于培养皿中,用移液器吸取500μL存于指形管中,5000r/min、2分钟离心,上清液待用。

(2) 测定用移液器吸取上清液50μL,用手持糖量计测定,重复3次,取其平均值。

五、作业

依据测定结果对甜玉米和普通玉米作出判断,填写下表。

表62–1　玉米籽粒糖分含量的测定

样品编号	甜玉米(%)	普通玉米(%)
1		
2		
3		
平均值		

实验63 棉花纤维品质分析测定

一、目的要求

学习棉花纤维品质的鉴定方法,掌握有关测定仪器的使用原理和测定技术。通过实验了解棉纤维长度、水分和细度的测定方法,以及不同棉纤维细度的差异;熟悉有关仪器及其测定原理。通过实验掌握棉纤维成熟度和扭曲数的测定方法,了解不同棉种的成熟状况,观察不同成熟度的纤维形状。

二、材料用具

不同类型的棉纤维及标样,气流仪,天平,光电长度仪,水分电测仪,气流式纤维测定仪,显微镜,解剖针,载玻片等。

三、内容说明

棉纤维的长度是指纤维伸直后两端间的长度,一般以mm表示。一般细绒棉的纤维长度为25~33mm,长绒棉多在33mm以上。不同品种、不同棉株、不同棉铃上的棉纤维长度有很大差别,即使同一棉铃不同部位的子棉间,甚至同一棉籽的不同籽位上,其纤维长度也有差异。一般来说,棉株下部棉铃的纤维较短,中部棉铃的纤维较长,上部棉铃的纤维长度介乎两者之间;同一棉铃中,以每瓣子棉的中部棉籽上着生的纤维较长。棉纤维长度是纤维品质中最重要的指标之一,与纺纱质量关系十分密切。当其他品质相同时,纤维愈长,其纺纱支数愈高。目前国内主要棉区生产的陆地棉及海岛棉品种的纤维长度,分别以25~31mm及33~39mm居多。

棉花储存及保管中要求30℃以下,最高不得超过35℃,相对湿度不超过70%,保管中的棉花含水率不得超过10%(相当于电测器回潮率9.66%)。

棉纤维细度通常用一定重量的纤维长度或一定长度纤维的重量来表示。公制支数就是按一定重量的纤维长度来表示的,即每克纤维的米数或每毫克纤维具有的毫米数。按一定长度纤维的重量表示有:马克隆值,即长度1英寸纤维的重量(微克数);纤维量,即1km纤维的mg数。

棉纤维成熟度是指纤维细胞壁加厚的程度。细胞壁愈厚,其成熟度愈高,纤维扭曲多,强度高,弹性强,色泽好,相对的成纱质量也高;成熟度低的纤维,各项经济性状均差,但过熟纤维也不理想,纤维太粗,扭曲也少,成纱强度反而不高。棉纤维成熟度用成熟系数或成熟纤维百分率表示。测定棉纤维成熟度的方法有中腔胞壁对比法,偏光测定法,氢氧化钠处理法,气流测定法等。

棉纤维扭曲数是指1cm长纤维中所包含的扭曲个数。在显微镜下利用测微尺进行观察测定,再换算成扭曲数(注意:棉纤维中一个完整的“8”字才是一个扭曲)。棉纤维扭曲数是影响成纱强力的一个重要因素。一般来说,扭曲越多,纤维在成纱中抱合力越强,拉力也就越好,有利于纺纱,提高产品的质量。

四、方法步骤

棉花纤维长度的测定采用:Y 146-3B型光电长度仪法GB 6098.2(本方法适用于棉纤维长

度范围 25~31mm）；水分测定采用 Y412 型水分电测仪法；细度测定采用 Y145 型气流仪测定法；棉纤维成熟度测定采用中腔胞壁对比法 GB 6099.1（不同的指标有不同的测定仪器和方法，同一项指标也有不同的仪器和方法）。

（一）纤维长度的测定

纤维长度一般使用 Y146-3B 棉花纤维光电长度仪进行测定。

1. 原理

因棉纤维长度是随机分布的，透过棉纤维束的光强度，与纤维束截面内纤维根数呈负相关；光电长度仪是按此原理设计的。随机取梳好的一束纤维，从根部到梢部作光电扫描，透过这束纤维的强度，即可作为纤维根数的量度。

对棉纤维试验须丛从根部到顶部作光电扫描，以透过须丛的光强度作为伸出梳子不同距离处纤维根数的量度，从而求得光电长度。

试验须丛：将纤维沿长度方向随机抓取，在梳子上形成一个须丛。

光电长度：用光电法测得的棉纤维长度，以 mm 为单位，相当于手扯长度。

2. 方法与步骤

使用前仪器的调整和校验→取样→试样准备→测试→结果计算。

（1）使用前仪器的调整和校验。接通电源，放下灯架，预热 15~20 分钟，调满度值 100 为透光率满度值（先细调后粗调）；试验前用标准棉样校准，其结果应落在校正棉样的范围内，即 ±0.5mm（检查电表的机械零点是否准确。如有偏离，用螺丝刀调节电表下部的调零螺丝，使电表指针指到 0 刻度上。接通仪器电源，试验前仪器预热不少于 20 分钟，使仪器达到稳定状态。调节仪器面板右侧的旋钮，将电表指针调到 100μA）。试验前用长度标准棉样或长度校准棉样试验一次。试验长度结果应在其标定值的允许差异范围内。如果超过上述差异范围，则应调整仪器的长度，调节电位器。

（2）取样。从制备的样品中取出 5g 左右的实验样品，将每份试样混匀，制成棉条状试样备用（海岛棉和陆地棉各准备 1 份）。

（3）试样准备。①从棉条状试验样品中顺序取出正好够一次测试用的棉纤维，稍加整理使成束状，去掉紧棉束和杂质，但不宜把纤维过分拉直；②一只手握持一把梳子，梳针向上。另一只手握持稍加整理后的纤维束，握力适中。将全部棉纤维平直、均匀、一层一层地梳挂在梳子上，不得丢掉纤维；③一只手握持挂有试验须丛的梳子，梳针向下。另一只手握持另一把梳子，梳针向上，进行对梳。然后两手交换梳子反复进行梳理。梳理时，必须从须丛的梢部到根部，逐渐深入，平行梳理，并且要循序渐进，用力适当，以免拉断纤维。直至两把梳子上梳挂的纤维数量大致相等，纤维平直、均匀。其间若发现疵点、不孕子或小紧棉束时应予剔除。

（4）测试。①翻上灯架，将两把挂有梳理后纤维的梳子，按左右标志分别安放在梳子架上；②用小毛刷比较轻地自上而下分别将两把梳子上的试验须丛压平、刷直，并刷去纤维梢部明显的游离纤维，刷的次数为 2~3 次（小毛刷上的纤维应随时清除干净，以备下一次试验用）；③翻下灯架（每次灯架必须放到底，以保证电流一致）。此时电表指针应指在表盘左边的“品”字形区域的某处，并要记住该处位置。如果指在该区域之外，即表明纤维数量过多或过少，则应取下梳子，去掉纤维，重新按上述方法梳取试样，以保证结果准确；④向左转动手轮，试验试样逐渐上升，通过光路的试验须丛由厚逐渐变薄，电表指针随之向右偏移，当指针指在表盘右边的“品”字形区域的相应位置时，停止转动手轮。此时即可从长度刻度盘上直接读出该试验试样的光电长度，单位是 mm；⑤翻上灯架，取下梳子，随即再翻下日光灯架（以保证光电池始终工作在稳定状态),然后向右转动手轮,降下梳架,使长度刻度盘上的起始红线与红色指针重合。

(5)结果计算。以3次试验结果的算术平均值作为该棉样的光电长度值。

3. 相关解释

(1)该试验结果要求有一定的精密度,即具有重复性和再现性。重复性:如果同一试验室内,对同一棉条状试验样品,在重复性条件下试验的3个试验试样试验结果的极差大于0.97mm,则应增试一次(3个试验试样,其结果极差的临界值为0.97mm)。对同一棉条状试验样品,制作两个试验试样,在相同条件下进行试验,光电长度结果之间差值的绝对值应小于0.81mm。再现性:同一试验样品,在不同条件下(实验室、操作者、设备均不同)各完成一次单独试验,结果之间差值的绝对值应小于1.40mm。

(2)光电长度仪正中间窗(位于转动手轮的正上方)为机械长度刻度盘。

表 63-1 光电长度仪左侧的光电读数(黄绿色数字显示)起终点值对照表

起点	33	34	35	36	37	38	39	40
终点	87.8	88	88.3	88.6	88.8	89	89.2	89.5

如果显示的读数不在33～40范围内,例如读数低于33(如为31.5)则表示所梳制成的棉纤维须丛样的重量多了,高于40(如为45.2)则表示所梳制成的棉纤维须丛样的重量少了,这样应分别减少(梳去)或增加(挂上)少量纤维,重新梳理,直至光电读数落在33～40范围内。如待测样起点的读数为37.9,则相对应的终点值约为89,记下读数,用转动手轮调整(仪器正中间下部的圆盘),向左边转动,直至左边光电读数显示"89"为止,这时,仪器正中间窗口的机械长度刻度盘的读数(以上面的刻度数为准)值则为待测纤维样的长度。

(3)棉花纤维长度分级:棉花分为长绒棉和细绒棉;细绒棉的长度一般在23～33mm,长绒棉的长度在33mm以上。我国棉花主要是细绒棉。

棉花纤维长度以1mm为级距。细绒棉从25mm至31mm分为七个长度级,28mm为长度标准级。除25mm外,其他均为保证长度。也就是说,28mm表示棉花纤维长度为28.0～28.9mm,以此类推。同时规定五级棉花长度大于27mm,按27mm计;六、七级棉花长度均按25mm计。

彩棉从24mm至30mm分为七个长度级,27mm为长度标准级。

海岛棉从33mm至39mm分为七个长度级,36mm为长度标准级。

(二)棉纤维水分的测定(Y412型水分电测仪法)

1. 原理

棉花由有机纤维组成,纤维中含有水分。水分多则导电率增高、电阻减小;反之,水分少则导电性能低、电阻大。当棉纤维的密度和湿度一定时,棉花不同含水率和指示仪表进行对照,并刻在表盘上,仪表所指示的电流数,就代表了供测棉花的含水率。

2. 测定步骤

(1)满度调整:将校验开关扳至"满度调整",接通电源,表头指针即指向右偏转,旋转"满度调整"电位器旋钮,让指针与表盘底边线重合,此时上层测水、下层测水、温差测量的满度均已调整好。

将检验开关拨至"上层测水"或"下层测水"。棉纤维含水率一般在6%～12%范围内。使用上层测水,含水率在8%～15%范围内;使用下层测水,测量值一般在25%～75%的测量范围中最为可靠。然后开启电源开关,指针立即偏转,待指针稳定后,记下读数。再将检验开关拨至"温差测量",待指针稳定后,记下读数,此时表上指针所指读数就是温差修正值。将此数值与测定原棉水分时记下读数进行修正，即得原棉的含水率，再查表折成回潮率。

（2）水分测量：从试样中随机取 50g 棉样。用镊子将棉样均匀地置入两极板之间，盖好玻璃盖板，旋紧压力器，使压力器指针指到小红点。测量时，试感棉纤维含水率的大小，若棉纤维含水率在 6%～12%范围内使用上层；含水率在 8%～15%范围的使用下层。接通电源，看指针停在水分刻度线上的位置，记下读数。

（3）含水量计算："温差测量"读数＋1.5%。

（三）棉纤维细度的测定（Y145 型气流式纤维测定仪）

棉纤维细度通常用一定重量的纤维长度或一定长度纤维的重量来表示。公制支数就是按一定重量的纤维长度来表示的，即每克纤维的米数或每毫克纤维具有的毫米数。按一定长度纤维的重量表示有：马克隆值，即长度一英寸纤维的重量（微克数）；纤维量，即 1km 纤维的毫克数。

马克隆值是英文 Micronaire 的音译，马克隆值是反映棉花纤维细度与成熟度的综合指标，是棉纤维重要的内在质量指标之一，与棉纤维的使用价值关系密切。马克隆值分为 A、B、C 三级，B 级为标准级。A 级取值范围为 3.7～4.2，品质最好；B 级取值范围为 3.5～3.6 和 4.3～4.9；C 级取值范围为 3.4 及以下和 5.0 及以上，品质最差。具体测量方法是采用一个气流仪来测定恒定重量的棉花纤维在被压成固定体积后的透气性，并以该刻度数值表示，数值越大，表示棉纤维越粗，成熟度越高。马克隆值与成纱质量有密切的关系。马克隆值高的棉纤维能经受机械打击，易清除杂质，成纱条干均匀，外观光洁，疵点少，成品的制成率高。但马克隆值过高，会影响成纱强力。马克隆值过低的棉纤维往往成熟度差，容易产生有害疵点，染色性差。所以只有马克隆值适中的棉花，才能兼顾两方面，获得较全面的经济效益。

1. 原理

棉纤维细度的测定分为直接方法（显微镜法、纤维投影测量法、激光细度测试法、微机图像自动测量法等）和间接方法（中段切断称重法、气流法、振动法等），本实验采用气流法。在一定容积的容器内放置一定重量的纤维，当有一定压力差的空气流过容器时，空气的流量与纤维表面积的平方成反比，从而间接测定纤维的细度。

2. 方法步骤

（1）调试仪器：①调整仪器至水平状态；②检查气流调节阀，使其保持在关闭状态。③开动电动机，观察抽气泵运转是否稳定。

（2）取样：取 20g 左右的棉样，在原棉杂质分析机上进行开松除杂（一般原棉开松除杂 1 次，若原棉在三级以下，应开松除杂 2 次）。将开松后的试样放置在标准大气下平衡 4 小时，然后用电子天平称准试样 5±0.01g，每个试样称取 2 份。

（3）测试：①将试样密度均匀地放入试样筒内，将压样筒插入试样筒并旋紧，使压样筒紧紧卡住在试样筒的项圈上；②缓慢地按逆时针或顺时针（根据仪器说明书确定）方向开启气流调节阀，使气流通过试样而被吸入。同时，注意压力计水柱面逐渐下降，直到与下刻度线对齐为止；③观察转子流量计的转子与顶部细度值刻度尺上的读数就是棉纤维马克隆值或公制支数。如温度不符合标准（20±3℃），则先读出流量读数，根据温度用表加以修正，然后再根据修正流量在细度值刻度尺上读出纤维马克隆值或公制支数并记录之。修正计算用公式如下：修正流量＝流量读数×温度修正系数（见气流量读数修正系数 K 值表）；④关闭气流调节阀，取出试样。一次测试完毕后，重复上述操作，继续测试。最后，切断电源，使仪器状态复原。

（四）棉纤维成熟度的测定（腔壁对比法）

纤维：直径一般为几 μm 到几十 μm，而长度比直径大百倍、千倍以上的细长物质。

棉纤维：是由受精胚珠的表皮细胞经伸长、加厚而成的种子纤维(非韧皮纤维,是由纤维素积累而成,韧皮纤维由次生生长发育而成)。每根纤维是一个单细胞,其生长特点是:先伸长长度,然后充实加厚细胞壁。整个棉纤维的形成过程可分为三个时期:①伸长期;②加厚期;③转曲期。

棉纤维的结构较复杂，每根纤维可分为基部、中部、梢部(顶端)三个部分。

成熟的棉纤维呈扭曲状,中间是空的,所以棉花保暖效果好。

基部:靠近种子表皮的一端,基部纤维细胞壁薄（所以轧花时纤维易断裂），基部的中腔内凹,直径小。中部:直径大,胞壁厚,中腔小,纤维扭曲(未成熟的纤维不扭曲)。顶部:纤维顶端瘦细(像蛇尾巴),没有中腔,不扭曲(图 63-1)。

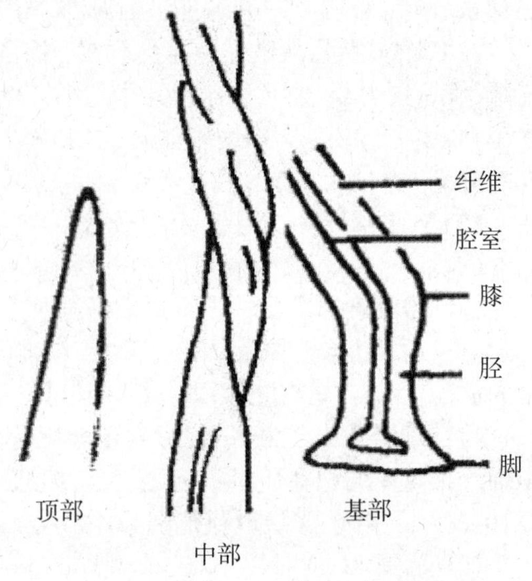

图 63-1 棉纤维的上、中、下三部分示意图

成熟度好的纤维,细胞壁愈厚,其中淀积的纤维素愈多,但细度变粗;成熟度不好的纤维,细胞壁薄,但细度值高,故测细度时须测定成熟度。

1. 原理

棉纤维成熟度是指纤维细胞壁加厚的程度,同一品种的棉纤维外圆周长基本相同,因而纤维细胞壁厚度可作为纤维成熟度的量度。胞壁愈厚,成熟度愈好。

中腔胞壁对比法：由纤维细胞中腔的宽度和纤维细胞壁的厚度的比值表示,纤维的成熟度用成熟系数表示。该比值愈小,成熟系数愈大,表示愈成熟。

棉纤维截面并非圆形,加上由于光线的折射与透射产生的特殊情况,使腔壁比发生变化,在显微镜下所观察到的一边细胞壁厚度差不多是双层胞壁厚度，同时观察的中腔也比真实的中腔宽度小些,所以在实际测定中是以显微镜下观察到的可见中腔和双层胞壁厚度(实际为双层胞壁厚度)的比值(e/δ =中腔 / 单壁厚;一边单壁厚观察时实际为双层胞壁厚度)来规定(求得成熟系数)。

正常成熟的棉纤维在显微镜下观察时,由于中腔内空无物质而胞壁厚,所以光线易透过中腔;显微镜下察看纤维的中腔与胞壁一分为二,很清楚。

2. 棉纤维成熟度测定步骤

(1) 整理棉束:从制备好的试验棉条中取出(纵向取样)重 4 ~ 6mg 的样品。用手扯法加以整理使成一端整齐的小棉束;手指捏住试验样品整齐一端,先用稀梳,后用密梳梳理另一端,舍弃棉束两旁纤维,留下中间一部分 100 根以上的纤维。

(2) 制片:将干净的载玻片放在黑绒板上,在玻片边缘涂些胶水,用夹子从梳理好的棉束中夹取数根纤维均匀地排列于载玻片上,胶干后把纤维拉直,再用胶水固定纤维另一端,轻轻盖上盖玻片;在载玻片的反面从纤维的整齐端开始画一条约 10mm 的蓝线。

(3) 调整显微镜焦距:样品放于显微镜载物台上,调整焦距,能清楚看到纤维腔壁后,在 300 × 或 400 × 倍下观察(安放并校准目镜测微尺,有的显微镜中有)。

(4) 观察:在蓝线范围内观察,逐根记录中腔和胞壁厚度;估计和测定中腔宽度和胞壁厚度时,应在纤维每一扭曲中部最宽处进行。每样品要求测定 20 根,每根测定 3 次,将 3 次结果

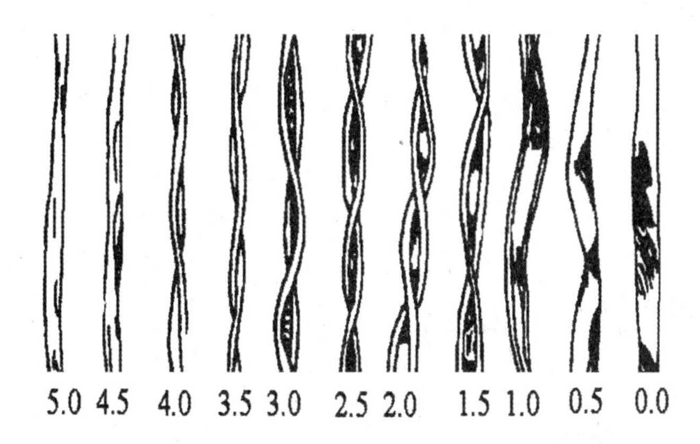

图 63–2　棉纤维的纵面特征(从左至右成熟加强)

求平均。

成熟度与纤维的形态:在显微镜下观察,成熟棉纤维有较多丰满的绳状扭曲,胞壁较厚,中腔较小,截面呈腰圆形;未成熟棉纤维纵向扭曲少,胞壁较薄,中腔明显,腔宽大于胞壁厚度;极不成熟的棉纤维纵向呈扁平带状,无扭曲或有极少折转,胞壁极薄,截面形态很不规则;过成熟棉纤维呈棒状,极少扭曲,中腔不明显(图 63–2)。

成熟度与纤维的品质:同一品种棉纤维的外圆周长基本相同,因而纤维胞壁厚度可作为纤维成熟程度的量度。胞壁愈厚,成熟度愈好。成熟度高的纤维强度高、纤维粗、扭曲多、颜色洁白、光泽明亮、富有弹性、染色性能好、纤维间抱合力大,成纱质量高;过成熟纤维胞壁过厚,纤维刚硬,成纱质量差;未成熟纤维较细,强度低,颜色滞白,光泽暗淡,缺乏弹性,吸湿快,回潮率高,常易黏附较多夹杂物,纺织时易断裂,质量较差;极不成熟纤维胞壁很薄,染色性能很差。

(5)结果计算:试样平均成熟系数=(各组根数 × 成熟系数的总和)/ 测定的总根数。

观察测量时,应在每根纤维的最宽处进行,如:最宽处的刻度共有 14 格,中腔的宽度为 5 格,则纤维的胞壁厚为:(14–5)/2=4.5,所以,中腔 / 单壁厚=5/4.5=1.11;然后再查表折算成成熟系数。

成熟度系数愈大,表示棉纤维愈成熟。一般正常成熟的细绒棉平均成熟度系数为 1.5 ~ 2.0。成熟度系数在 1.7 ~ 1.8 时,对纺纱工艺和成纱质量都较理想。一般认为较理想的纤维成熟系数,陆地棉在 1.75 左右,海岛棉在 2.00 左右,成熟系数在 1.50 以下的纤维不能供纺织用。过成熟的纤维转曲少,纺用价值也低(图 63–3、表 63–2)。

(五)棉纤维扭曲数的测定

棉纤维扭曲数是指 1cm 长纤维中所包含的扭曲个数。在显微镜下利用测微尺进行观察测定,再换算成扭曲数。注意:棉纤维中一个完整的“8”字才是一个扭曲。

棉纤维扭曲数是影响成纱强力的一个重要因素,一般来说,扭曲越多,纤维在成纱中的抱合力越强,拉力也就越好,有利于纺纱,提高产品的质量。

棉纤维扭曲数测定步骤:固定和校准测微尺→制片→扭曲数的观察→结果计算。

(1)固定和校准测微尺:将目镜测微尺和物镜测微尺安装于显微镜上,在 150 倍下(或 100 倍下),先找到物测微尺中间的黑色圆圈边线(观察前先将物测微尺中间的中心圆对准显微镜的通光孔),再调整载物台的上下或左右旋钮,找到圆中心 1mm 长的刻度尺;转动有目镜测微尺的目镜筒,调整好目镜测微尺使其与物镜测微尺平行;上下两尺平行后,再调整载物台移动

表 63–2 成熟系数与腔宽壁厚比值对照表

成熟度系数	0.00	0.25	0.50	0.75	1.00	1.25
腔宽壁厚比值	32 ~ 30	21 ~ 13	12 ~ 9	8 ~ 6	5	4
成熟度系数	1.5	1.75	2.00	2.25	2.50	2.75
腔宽壁厚比值	3.0	2.5	2.0	1.5	1.0	0.72
成熟度系数	3.00	3.25	3.50	3.75	4.00	5.00
腔宽壁厚比值	0.50	0.33	0.20	0.00	不可察觉	

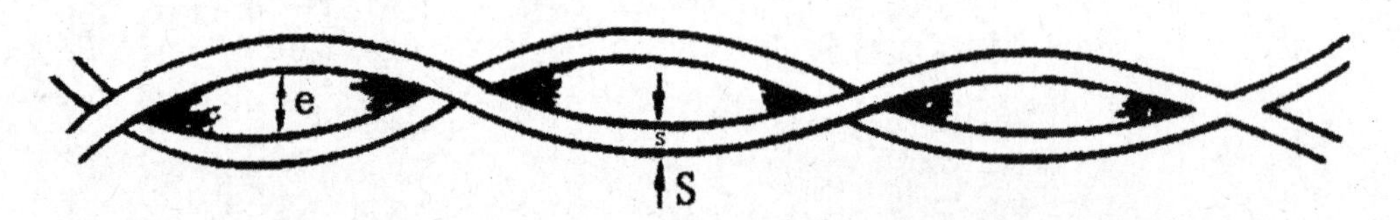

图 63–3 在显微镜下棉纤维中腔(e)、细胞壁厚度(s)及扭曲示意图

旋钮,使两尺一端对齐;最后换算目镜测微尺每格长度(mm)。物镜测微尺量度为 1mm,分为 100 格刻度,每一格等于 0.01mm;目镜测微尺的总长度是依不同的放大倍数换算出来的。物镜测微尺安放在载物台上的玻片上,注意观察测量时千万不要被镜头压坏;校准后不可变换倍数或将目镜拿到其他显微镜上观察。

(2) 制片:将约 10 根纤维置于干净的载玻片上,横放(因要求观察每根纤维的基部、中部、梢部;摆 10 根较困难,可先摆 2 根后观察,再摆 2 根……直至 10 根),加上 1 ~ 2 滴甲基蓝染色固定,用吸水纸吸去多余的甲基蓝液;再用解剖针将每根纤维整理平直,盖上盖玻片即可。

(3) 扭曲数的观察和计算:将制好的玻片放于载物台上;使目测微尺与纤维方向平行,然后观察每根纤维的尖、中、基各部分在 100 格内扭曲数。

(4) 将观察的纤维扭曲数填入记载表中(表 63–5),计算出 1mm 内的扭曲数。

纤维转曲:一根成熟纤维上有许多螺旋状扭转,称为转曲或扭曲。一般以 1cm 纤维长度中扭转 180° 的个数表示。正常成熟的棉纤维扭曲数最多,不成熟的纤维扭曲最少,过成熟的纤维扭曲也少。棉纤维的扭曲数因不同棉种而异;棉纤维的经济性状中,正常成熟的细绒棉的扭曲数为 50 ~ 80 转 /cm,海岛棉为 100 ~ 200 转 /cm。

注意:用显微镜测量棉纤维扭曲数时,是在一定倍数下用目镜测微尺进行度量的,因此需校正目测微尺长度。一般情况下,物镜测微尺量度为 1mm,分为 100 格刻度,即每一格等于 0.01mm。而目镜测微尺只有格数,没有具体的长度;目镜测微尺的格数有不同的种类:有 40 格的,有 60 格的,也有 100 格的,目镜测微尺的总长度是依不同的放大倍数通过物镜测微尺换算出来的。当目镜测微尺长度超过物镜测微尺时,则要数出目测微尺的 1 格(或几格)相当于物测微尺的具体多少格,再换算出目测微尺的长度。

如:150 倍下经校准,目镜的 60 格正好与物镜 7.7 格重合,即目测微尺的长度为 0.077mm,(100 : 1mm=7.7 : X),表示目镜 60 格总长度在该显微镜 150 倍下为 0.077mm。又如:目镜 100 格正好与物镜 56 格重合,即目镜 100 格的长度为 0.56mm,在长度为 0.56mm 的目测微尺中观察得到的扭曲数,再换算成 1cm 内的扭曲个数。例如在目镜 100 格内观察到扭曲数有 1.5 个,则:0.56 : 1.5=10 : X,其中“10”表示 1cm=10mm;X=15/0.56=26.8 转 /cm。

五、作业

（1）根据实验指导所列项目，逐项鉴定各棉样（或纤维）的品质，记录鉴定结果并填写下表（表 63-3、表 63-4、表 63-5）；比较优劣，并进行综合评价，写出鉴定意见。

（2）根据鉴定结果，你认为应该如何提高棉花纤维的品质？

表 63-3　待测棉样纤维长度、细度、水分含量结果

待测样	纤维长度（mm）	马克隆值 1	马克隆值 2	平　均	水分含量（上层测水）	温差测定	校准值
1 号							
2 号							
3 号							
…							
…							

表 63-4　棉纤维成熟度记录表

样品号项目	1	2	3	4	5	6	7	8	9	10	…	20	各级根数		
													A	B	C
腔宽（μm）															
壁厚（μm）															
腔宽/壁厚															

表 63-5　棉花纤维扭曲数测定记录表

纤维部位	1	2	3	4	5	…	10	各部总和	各部平均
尾　部									
中　部									
基　部									
全纤维扭曲总数									
全纤维扭曲平均数									
1cm 内扭曲个数									

实验 64 油菜籽含油量、硫代葡萄糖苷、脂肪酸组成测定

一、目的要求

学习利用近红外分析仪测定油菜籽含油量、硫代葡萄糖苷和脂肪酸组成的方法。

二、原理与特点

近红外分析技术需针对不同测试对象和测试目标参数建立相应的预测模型。模型的建立是利用油菜籽中有机化合物分子含有的N-H,C-H,O-H,C-O,C-C等化学键泛频振动或转动对近红外光的吸收特性,获得在近红外区的吸收光谱,通过偏最小二乘法、人工神经网等化学计量学方法建模,建立油菜籽品质指标与近红外光谱的对应关系,从而实现利用近红外光谱仪对油菜籽待测成分含量的快速测定。

近红外分析方法具有无损、快速、多组分、绿色环保等优点。

三、仪器设备与环境

近红外光谱分析仪应配备相应的模型,仪器与计算机连接并工作状态正常。

仪器使用环境条件:温度10℃~30℃,相对湿度:<80%。

注:目前油料领域中常用的近红外分析仪按分光系统分类,主要包括光栅色散型(如FOSS 3750/5000,波通DA 7250等)和傅里叶变换型(如BRUKER Vector 22/33等)。

四、方法与步骤

1. 仪器开机预热

开机,预热30分钟,进行仪器自检,待自检通过后方可进行样品测定。

2. 样品准备

样品的取样和分样按照GB 5491的规定执行。将充分干燥的油菜籽(水分含量不超过10%)样品按四分法分样,并去除样品中的杂质和破碎粒。

3. 样品测定

取5g左右油菜籽样品装入样品杯中,置入近红外光谱分析仪扫描近红外光谱,选用相应模型测定含油量、硫代葡萄糖苷和脂肪酸,在计算机上读数并保存光谱和结果数据。每个油菜籽样品应重复测定2次,第一次测定后的样品应与原待测样品混匀后,再次取样进行第二次测定。

4. 结果计算

计算2次测定数据的平均值,保留小数点后一位小数。计算结果即为油菜籽含油量、硫代葡萄糖苷和脂肪酸含量。

附注:对于超过定标模型成分范围和仪器报警的测定结果,所得测定数据应作为异常样品进行标示。

5. 异常样品的确认和结果处理

(1) 造成异常测定结果的原因，一般主要包括以下几个方面：①样品测定指标含量超过了该仪器定标模型的范围；②样品中杂质过多或者水分含量异常；③光谱扫描过程中样品发生了位移；④选用的预测模型采用不当；⑤环境温湿度条件异常。

(2) 对造成测定结果异常的原因进行分析和排除后，再次进行近红外分析确认，如仍出现报警，则确认为异常样品。异常样品所测数据不应作为有效测定数据，应对该样品进行化学值测定后，用于将来完善模型。

五、作业

列出不同油菜籽材料测定的结果，并进行含油量、硫代葡萄糖苷和脂肪酸组成比较分析。

实验 65　菜籽油芥酸含量测定

一、目的要求

学习测定菜籽油中芥酸含量的技术，为菜油的品质鉴定和油菜的优质育种提供依据。

二、内容说明

芥酸是菜籽油中 10 多种主要脂肪酸之一。是由 22 个碳原子组成的直链结构，有一个双键。由于碳链较长，所以在动物体内分解代谢较慢。这可能是造成某些动物器官（如白鼠心肌）出现脂肪积聚的原因。芥酸的凝固点高，4℃便可硬化，不易被消化吸收，直接影响菜籽油的营养价值。

芥酸在普通油菜品种中（即高芥酸油菜的菜籽油）含量高达 30%～50%。在加拿大培育的低芥酸品种中，菜籽油的芥酸含量已降至 2%以下。除油菜籽外，其他十字花科植物，如芥菜，也含有较多的芥酸。自从国际上规定食用的菜籽油中芥酸含量应低于 5%以来，我国各地均在开展培育高油分、低芥酸和低硫代葡萄糖苷的油菜新品种。因此芥酸含量的测定对油菜育种及品质鉴定都有重要意义。本实验介绍气相色谱测定菜籽油中的芥酸含量的方法（NY/T 2002—2011）。

菜籽油芥酸含量测定的工作原理：试样中芥酸甘油酯经氢氧化钾－甲醇在加热条件下甲酯化后，以气相色谱分离，氢火焰离子化检测器检测，峰面积归一化法定量。

三、材料用具

1. 试剂

除非另有说明，均使用分析纯试剂，水为 GB/T 6682 规定的二级水。

(1) 无水乙醇：色谱纯。

(2) 石油醚：沸程为 60℃～90℃。

(3) 无水甲醇（CH_4O）。

(4) 氢氧化钾（KOH）。

(5) 氯化钠(NaCl)。

(6) 石油醚－无水乙醚混合液(体积百分比为 1∶1);取等体积的石油醚和无水乙醚混合。

(7) 氢氧化钾－甲醇溶液[(cKOH=0.5mol/L)]:称取 2.8g 氢氧化钾,加入 100mL无水甲醇。

(8) 脂肪酸甲酯标准品:$C_{12:0}$、$C_{14:0}$、$C_{16:0}$、$C_{16:1}$、$C_{17:0}$、$C_{18:0}$、$C_{18:1}$、$C_{18:2}$、$C_{18:3}$、$C_{20:0}$、$C_{20:1}$、$C_{20:2}$、$C_{22:0}$、$C_{24:0}$、$C_{24:1}$,纯度不低于 99%。

(9) 脂肪酸甲酯标准品工作溶液:脂肪酸甲酯标准品,用石油醚稀释,配制成各单个脂肪酸甲酯标准工作溶液和混合脂肪酸甲酯标准工作溶液,其浓度为 100μg/mL,该标准工作溶液在 -18℃下可以稳定储藏 1 个月。

2. 主要仪器

(1) 气相色谱仪:带有氢火焰离子化检测器(FID)。

(2) 电子天平:感量 1mg。

(3) 电热恒温水浴锅:室温至 95℃。

(4) 漩涡振荡器。

(5) 具盖螺口试管:25mL。

四、方法步骤

1. 油脂试样甲酯化

称取 25mg 精确到 1mg 菜籽油样品,置于 25mL具盖螺口试管中,加入石油醚－无水乙醚混合液 2mL,漩涡振摇,待油样溶解后,再加入氢氧化钾－甲醇溶液 1mL,漩涡混匀,60℃反应 30 分钟;取出冷却至室温后,沿管壁加水静置分层,取上清液待测。

2. 色谱分析

(1) 测定:取 1mL样液于进样瓶,用以下色谱条件于气相色谱检测,得到样液每个脂肪酸甲酯的峰面积和保留时间,通过与脂肪酸甲酯标准溶液图谱比对定性,峰面积归一化法计算出样液中芥酸甲酯的含量。

(2) 色谱参考条件:①色谱柱:(50%－氰丙基)－甲基聚硅氧烷,强极性毛细管柱,30m×0.25mm×0.25μm,或相当者;②进样口温度:250℃;③检测器温度:280℃;④柱温箱温度梯度:初始温度 100℃, 以 5℃/min 升温至 180℃保持 30 分钟, 再以 3℃/min 升温至 240℃保持 8 分钟;⑤载气:氮气;⑥载气流速:1.0mL/min;⑦分流比:30∶1;⑧进样量:1μL。

3. 结果计算

试样中芥酸的含量($W_{C22:1}$)以面积百分数(%)表示,按下式计算:

$$W_{C22:1}=(A_{C22:1}/\Sigma A_i)\times 100。$$

式中:

$W_{C22:1}$—— 试料中芥酸的含量,单位为面积百分率(%);

$A_{C22:1}$—— 样液中芥酸甲酯的峰面积;

ΣA_i—— 样液中脂肪酸甲酯 i 的峰面积。

测定结果取其 2 次测定的算术平均值,计算结果保留至小数点后一位。

4. 精密度

(1) 重复性:在重复性条件下,获得的 2 次独立测试结果,对于面积分数大于 5%的结果,绝对差值应不大于 1%;对于面积分数≤5%的结果,绝对差值应不大于 0.2%。

(2) 再现性:在再现性条件下,获得的 2 次独立测定结果,对于面积分数大于 5%的结果,绝对差值应不大于3%;对于面积分数≤5%的结果,绝对值应不大于0.5%。

五、作业

比较分析用气相色谱法测定不同类型或品种的菜籽油芥酸的结果有何不同?

实验66 甘薯品质分析

一、目的要求

了解并初步掌握甘薯淀粉分类及质量简易评判方法。

二、内容说明

甘薯是我国重要的粮食和经济作物,其品质包括营养品质、食用品质、饲用品质、加工品质、贮藏品质和市场品质等内容。淀粉是甘薯的主要营养成分之一,一般将淀粉含量作为衡量淀粉工业用品质的主要指标。

甘薯淀粉生产出来之后,在进入下一阶段加工工序前或在进入市场后,生产厂家(含加工农户)、经营部门、客户等都需要对淀粉的质量作出正确的评估,以便以质论价、选择用途、决定贮藏方法和贮藏期长短。

甘薯淀粉目前还没有国家标准,只有部级和企业标准,个体户、小作坊大都没有标准,在条件许可时,应按标准划分等级。但也有很多简易方法对甘薯淀粉进行判定,作用很大,有重要的参考价值。

三、材料用具

1. 材料

不同种类甘薯淀粉以及掺有滑石粉、小麦面粉、玉米面粉、大米面、泥沙、灰尘、植物叶屑、黑色沙石等杂质的甘薯淀粉。

2. 仪器用具

无色透明玻璃板,白纸,塑料袋,烧杯,种子瓶,锅,电炉等。

四、方法步骤

(一)甘薯淀粉分类

(1)按原料含水分多少划分:分为鲜甘薯淀粉和甘薯干淀粉。

(2)按淀粉制造工艺划分:可分为毛淀粉(粗淀粉)、精白淀粉(细淀粉)和黄粉。毛淀粉是在加工中只沉淀一次的淀粉,含蛋白质、细渣(粗纤维)、脂肪、色素及泥沙等,杂质较多,往往不能直接用来加工食品,必须经过再处理才能使用。

(3)按淀粉加工的机械化程度划分为全机制淀粉、半机制淀粉和手工制淀粉。全机制淀粉生产过程是从洗薯、粉碎、分离到脱水干燥全部是机械化操作,所制淀粉一般质量较高,多能达到出口标准。半机制淀粉和手工制淀粉,一般杂质去除不净,多采用自然干燥,在干燥过程中易受二次污染,故多为普通淀粉,加工水平高的也可生产出优质淀粉。

(4)按淀粉直观质量划分:分为优质淀粉、普通淀粉和劣质淀粉。优质淀粉色白,无杂质,干燥度高,适于加工高档粉丝、粉皮和作工业加工原料。普通淀粉多为手工或半机械化加工,色泽较好,杂质较少,适于一般粉条、粉皮的加工;若生产高档制品,需要净化。劣质淀粉多为手工加工,而且操作极不规范,产品色泽差、杂质多,或湿度大、有霉变,再加工性能差,不适宜再加工成粉条和粉皮。若要使用,必须经过净化,与普通淀粉搭配使用。

(5)按淀粉含水量划分:分为干淀粉和湿淀粉。干淀粉是经过自然干燥或机械干燥的淀粉。湿淀粉一般是分离纤维、蛋白质和泥沙后的淀粉乳经吊滤24小时以上,或经离心机脱水甩干的淀粉。干淀粉含水量一般为13%~15%,适宜贮藏和远途运输。湿淀粉含水量一般为50%左右,适于随时加工、随时利用,不便于长期保存和远途运输。

(6)根据淀粉卫生标准划分:分为食用淀粉、工业用淀粉及药用淀粉。

(二)甘薯淀粉质量简易评判方法

(1)目测法:淀粉色泽鲜而白,说明杂质少、较纯净。白度越高,品质越好;反之,杂质多,品质差。评判时,取5~10g淀粉,在洁净玻璃板上摊开,用另一块厚玻璃将淀粉块压碎,并把样品刮成薄薄的一层,观看淀粉颜色是否洁白、有无光泽,看斑点夹杂物多少。观看时,将样品置于无色、透明、洁净的玻璃板上,下面衬白纸,避开直射光,利用反射光,带色杂质如灰尘、植物叶屑、黑色沙石等清晰可辨。

(2)指捻手握法:凭借手指感官检测出淀粉水分的大约含量。方法是手指用力捻捏淀粉,能捻捏成薄片,离桌面20cm高处把手指上的淀粉薄片抖落到桌面上观察:如果呈散粉状为干燥,含水量在15%以下;如果呈小碎片状,含水量为15%~20%;如果薄片基本不散,含水量在20%以上。用手抓半把淀粉紧握,松手能散为淀粉比较干燥;手握成团,松手难散,说明淀粉含水过多。

(3)耳听法:用手隔袋搓捏袋中淀粉,若听到"咔咔"的声音,或用手指直接用力捻捏淀粉,发出"吱吱"的声音,是纯淀粉;若在淀粉中掺有滑石粉、小麦面粉或玉米面粉,搓捏和捻捏时就听不见响声,或响声很小。

(4)口感法:取少量淀粉送入口中,凭口感辨别淀粉是否有异味和有杂质。如果酸味浓,说明淀粉加工采用酸浆工艺时发酵过度,沉淀后未用清水洗涤(洗涤即酸浆上清液去掉后,再加清水搅匀后沉淀),这样的淀粉制成的粉条筋力稍差;如果淀粉有酸霉味,说明淀粉在干燥前湿度大时存放时间长,发生了霉变,或在干燥后淀粉含水量超标,保存过程中发生了霉变,用这种淀粉加工粉条时易断条;如有滑石粉味、麦面味等,说明掺有这些物质;用牙齿细嚼时若有牙碜感,说明淀粉中含沙量较多。淀粉无异味、细嚼不牙碜为优质淀粉。

(5)堆粉看堆尖法:用手把淀粉堆成圆锥状,看堆尖的钝圆程度。纯淀粉堆尖低而缓,掺假淀粉堆尖高而陡。

(6)水沉法:取50g淀粉,放在烧杯或白瓷碗中,加水150~200mL搅匀,再按一个方向搅1分钟,静置5分钟,慢慢倒出淀粉乳,注意观看底层有无泥沙或泥沙多少。再将淀粉乳置于无色透明玻璃杯或烧杯中沉淀3小时,观察沉淀情况。如果淀粉沉淀快且下沉整齐,上层液清、底层无细沙,为优质淀粉;如果沉淀慢,上层水较黄,沙多,为劣质淀粉;如果掺有玉米面、大米面等,在水中不易下沉,上层水极浑。将淀粉加水稀释搅拌后,观察悬浮液上面的杂质,如果杂质过多则对粉条质量影响较大。

(7)标准样品比对法:把通过检验确定的不同质次类别的淀粉,分别装入无色玻璃种子瓶或长形无色玻璃瓶中,分别贴上标签,注明样品等级、时间、来源等。在对不同来源和不同加工批次的淀粉进行评判时，可与标准样品进行对比，以便对不同质次的淀粉进行归类处理和使用，确保淀粉再加工产品质量有连续的稳定性。

(8)搅熟法:为了检测样品是否为甘薯淀粉及淀粉质量优劣,最好的方法是取100g淀粉加水500mL,搅匀后倒入锅内加热搅熟,冷却后即成凉粉,可以从凉粉的色泽、透明度、亮度、滋味、筋力、弹性等方面进行审评。若是甘薯淀粉,则凉粉柔软,韧性好,筋力较强,无异味;若是玉米淀粉,则凉粉硬脆,筋力极差;若是米粉或玉米粉,则凉粉黏性特强,筋力差,难切成片;若是优质甘薯淀粉,则凉粉洁白、透亮,味纯正,无甘薯味;若是劣质甘薯淀粉,则凉粉有酸馒头味、霉味和牙碜等。

五、作业

(1)按照不同的分类方法和标准,对几种甘薯淀粉进行分类。

(2)采用几种方法分别对不同种类甘薯淀粉质量进行评判,完成实验报告。

(3)将甘薯品质鉴定结果填入下表,并对鉴定结果做出评价。

表66-1　甘薯品质鉴定

品种名称	烘(晒)干率(%)	淀粉含量(%)	薯干质量	熟食食味					综合评定
				气味	肉色	干湿度	甜味	纤维素	
1									
2									
3									
4									
5									

实验67　花生粗脂肪含量分析

一、目的要求

初步掌握花生籽仁中粗脂肪含量的分析方法。

二、内容说明

花生籽仁的营养物质包括脂肪、蛋白质和糖类物质等。籽仁含脂肪50%左右。脂肪酸是花生脂肪的重要组成部分,包括饱和脂肪酸(棕榈酸、硬脂酸、花生酸等)和不饱和脂肪酸(油酸、亚油酸等)。籽仁含25%~32%的蛋白质。花生蛋白质的营养价值与动物蛋白质相近,蛋白质含量比牛奶和猪肉都要高,且基本不含胆固醇。籽仁含15%~23%的糖类物质。

花生籽仁用无水乙醚或石油醚等溶剂抽提后,蒸去溶剂所得的物质称为粗脂肪,粗脂肪包括游离脂肪酸、磷脂、蜡、色素及脂溶性维生素等类似脂肪的物质。

三、材料用具

花生籽仁,索式抽提器,分析天平(感量0.0001g),电热恒温箱,电热恒温水浴锅,滤纸筒,广口瓶,脱脂棉,脱脂线,无水乙醚或石油醚。

四、方法步骤

(1) 准确称取已干燥恒量的索式抽提器接收瓶重量 m_1。

(2) 准确称取粉碎均匀的干燥花生籽仁 2～3g,用滤纸筒严密包裹好后(筒口放置少量脱脂棉),放入抽提筒内。

(3) 在已干燥恒量的索式抽提器接收瓶中注入约 2/3 的无水乙醚，并安装好索式抽提装置,在 45℃～50℃的水浴中抽提 4～5 小时,抽提的速度以每小时回馏 3～5 次为宜,直到用滤纸检验提取管中的乙醚液无油迹为止。

(4) 抽提完成后冷却。将接收瓶与蒸馏装置连接,水浴蒸馏回收乙醚,无乙醚滴出后,取下接收瓶置于 105℃烘箱内干燥 1～2 小时,取出,冷却至室温后准确称重 m_2。

(5) 计算。按下式计算样品中粗脂肪的百分含量:

粗脂肪含量$=[(m_2-m_1)/m]\times 100\%$。

式中,m_1 为接收瓶重(g);m_2 为接收瓶重(g)+脂肪重(g);m 为籽仁重(g)。

五、作业

每人用两个脂肪含量不同的花生品种进行分析,计算不同品种的粗脂肪含量,并比较两品种粗脂肪含量的差异。完成实验报告。

实验 68 甘蔗品质分析测定

一、目的要求

了解甘蔗品质所包含的技术指标,清楚各品质指标间的相互关系,初步掌握甘蔗品质的分析技术。

二、内容说明

(一) 甘蔗蔗茎的主要化学成分

甘蔗植株由水分、有机化合物和无机化合物组成。一般成熟的甘蔗,含水分为 70%～77%,蔗糖 12%～18%,葡萄糖 0.4%～1.5%,纤维 9.5%～12.0%,无机物 0.5%～1.4%,非糖有机物 0.7%～1.0%。蔗汁成分以水分为主,通常超过 78%,其次为蔗糖 17%～20%。

(二) 甘蔗品质指标

1. 甘蔗蔗糖分

蔗糖($C_{12}H_{22}O_{11}$)是一种糖类物质,属二糖类,甘蔗蔗糖分是指 100kg 蔗茎中含有纯蔗糖的重量,也就是纯蔗糖重量对甘蔗重量的百分比。

2. 甘蔗纤维分

纤维是指甘蔗组织中不溶于水的干物质。纯净纤维对甘蔗重量的百分比叫做甘蔗纤维分。

3. 蔗汁锤度

蔗汁锤度是指蔗糖、还原糖及其他可溶性的固形物在蔗汁中的百分比，它是用来衡量甘蔗成熟度的指标。锤度一般为在20℃时用锤度计测得的纯糖溶液中蔗糖重量百分率（1g溶质/100g溶液）；对于不纯糖溶液，则近似地表示溶液中可溶性固体物的重量百分率，用符号BX代表。

4. 蔗汁纯度

蔗汁中固形物含有纯净蔗糖的百分比称为纯度，蔗汁纯度是衡量甘蔗品质的重要技术指标之一。通常有两种表示方法，在快速检查中，多采用简纯度；在分析蔗汁品质的标准中，多采用重力锤度。

简纯度=(蔗汁旋光度 / 蔗汁锤度)× 100%；

重力锤度=(蔗汁蔗糖分 / 蔗汁锤度)× 100%。

此外，甘蔗的品质指标还包括蔗渣、非蔗糖分、夹杂物等。

(三) 甘蔗品质指标间的相互关系

甘蔗在含水量与非糖有机物含量不变的情况下，蔗糖分越高，相应的锤度也就越高，蔗汁浓度也越高。重力锤度的高低主要取决于蔗糖分与非蔗糖分的比例关系，即蔗糖分高，非蔗糖分低，则纯度高；反之，蔗糖分低，非蔗糖分高，则纯度低。纤维分高的甘蔗榨出蔗汁的量较低；相反，纤维分低的甘蔗榨出蔗汁的量较高。它是决定蔗汁含量的主要因素。甘蔗纤维分是农艺性状之一，它与品种的关系较大，有的品种纤维分较高，有的纤维分较低。大茎品种的纤维分一般比小茎品种的低。锤度的量值代表蔗汁中固溶物所占比例，研究表明在这些固溶物中大部分是蔗糖。锤度与蔗糖分存在显著的正相关关系。

三、材料用具

1. 材料

不同甘蔗类型(品种)。

2. 仪器用具

手持糖量计(WYT-4、PAL-1)，阿贝折射仪，锤度计(分度值不大于0.10BX)，小型压榨机(或榨汁钳)，台秤，培养皿，不同规格的移液器，指形管，纱布或卷纸。

3. 药品试剂

碱性乙酸铅(化学纯)。

四、方法步骤

(一) 甘蔗称重

从田间砍取健壮甘蔗若干条，去头、去尾，并除尽蔗叶和黏附在甘蔗上的杂质，台秤上称重。

(二) 榨汁

将称重后的甘蔗置于压榨机进行全样压榨一次(若整条甘蔗不好压榨，可从中间劈成两半再压榨)，收集所有初压汁并称重。

(三) 糖分测定

手持糖量计的使用方法：打开手持式折光仪盖板，用干净的纱布或卷纸小心擦干棱镜玻璃面。在棱镜玻璃面上滴2滴蒸馏水，盖上盖板。于水平状态，从接眼部观察，检查视野中明暗交界线是否处在刻度的零线上。若与零线不重合，则旋动刻度调节螺旋，使分界线面刚好落在零线上(非常重要)。打开盖板,用纱布或卷纸将水擦干,然后如上法在棱镜玻璃面上滴上含糖汁液,进行观测,读取视野中明暗交界线上的刻度,即为可溶性固形物含量(%,糖的大致含量)。

本测定方法,用榨汁钳榨取的蔗汁,将汁液混匀后存于培养皿中,用移液器吸取 500μL 存于指形管中,5000r/min、2 分钟离心,上清液待用。测定时,用移液器吸取上清液 50μL,用手持糖量计测定,重复 3 次,取其平均值。

(四) 锤度测定

1. 折光锤度测定法

将折光仪棱镜表面擦干,把调匀的待测糖液用滴管或圆头玻璃棒滴加 2~3 滴于折光棱镜的磨砂面上,闭合棱镜,锁紧扳手。要求糖液匀布而无气泡,调节反光镜,使目镜视野明亮,旋转旋钮使棱镜组转动,在目镜中观测上下移动的明暗分界线,同时旋转色散棱镜旋钮,使视野中除黑白两色外无其他颜色。继续调节明暗分界线在十字线中心时即为终点,由读数目镜读取读数。如测定时糖液温度不是 20℃,需进行修正。

2. 比重锤度测定法

将蔗汁样本调匀后,先以少许样本洗涤量筒的内壁,然后盛满样液,静置,使样液内部气泡逸出,泡沫浮上液面后,将泡沫除去。把锤度计抹干,然后徐徐插入量筒中(如锤度计不附温度计,则加行插入温度计)。当温度计正确表示样液的温度时,以水平视线按样液的真正液高度读取观测锤度,如读数时温度不是 20℃,应予以修正。

(五) 转光度测定

利用蔗糖的旋光性质,用一次旋光法测得糖品中蔗糖重量百分率的近似值,称为旋光度(习惯称转光度)。

取调匀的蔗汁样本约 100mL于干净的 250mL锥形瓶内,加入适量碱性乙酸铅,摇匀,过滤。最初的少量滤液洗涤烧杯,然后再收集滤液,将滤液缓慢移至 200mL观测管并达最大刻度处,在旋光仪中测定其观测转光度,观测管需先用滤液洗涤 2~3 次。

转光度 =(260.73－观测锤度)× 观测转光度 /1000。

(六) 简纯度测定

根据蔗汁转光度和锤度计算蔗汁简纯度。

(七) 实验数据处理及结果分析

整理实验数据,对实验结果进行分析,对所测甘蔗的品质进行评价,见表 68-1。

表 68-1 甘蔗糖分含量的测定

样品编号	品种1	品种2	品种3
1			
2			
3			
平均值			

五、作业

(1) 3~5 人一组,设计实验对几个甘蔗品种的品质进行测定。

(2) 查找资料,分析影响甘蔗品质的因素。

实验 69　烟叶质量分析

一、实验目的

学习和初步掌握确定烟叶等级的基本技能和制备国家烟叶分级标准的样品。

二、内容说明

烟叶质量是指烟叶这一产品的优劣程度(好坏、水平、档次)和特征特性(风格)的综合状态。烟叶质量与烟农收益和工业使用价值密切相关。烟叶质量分为外观质量和内在质量。外观质量包括部位、颜色、成熟度、叶片组织结构、身份、叶片大小等因素;内在质量包括化学成分含量、香气、劲头、吃味等因素。按烟叶的调制方法和主要用途,烟草商品有烤烟、晒烟、晾烟等多种类型。本实验学习烤烟外观质量分级技术。烤烟国家标准(GB2635—92)是烟叶外观质量分级的依据。先以部位、颜色分为 13 个组,再以成熟度、身份等分为 42 级。

三、材料用具

1. 材料

42 级制烤烟国家分级标准仿制样品。

2. 仪器用具

钢卷尺。

四、方法步骤

烤烟国家标准(GB 2635—92)将烤烟烟叶外观质量分为 42 级。分级过程是先分组、后分级,步骤如下。

(一) 分组

首先根据烟叶在烟株上着生的位置,将烟叶分为下部烟叶、中部烟叶和上部烟叶。三个部位烟叶的外观特征如表 69-1 所示。

表 69-1　不同部位烟叶的外观特征

烟叶部位	外观特征
下部烟叶	主脉较细，遮盖，近叶尖处弯曲；叶形较宽圆，叶尖较钝；叶面皱缩，叶片薄至稍薄；叶脉发白，颜色浅淡，有一种内含物的缺乏感，组织疏松，油分较少，弹性较弱
中部烟叶	主脉粗细适中，遮盖至微露，叶尖处稍弯曲；叶面稍皱缩，叶形较宽；叶尖较钝，厚薄适中，颜色深浅适中，介于上、下部位之间；组织疏松，油分多，弹性强
上部烟叶	主脉较粗或粗，较显露至突起；叶片窄长，叶尖尖锐；叶面稍皱褶至平坦，常有蜡质；叶片较厚或厚，颜色较深，组织紧密；油分较多，弹性较强，介于中部和下部之间

注：国内也有人把烟叶着生位置分成五个部位的。五个部位自下而上分别为脚叶、下二棚、腰叶、上二棚和顶叶。三个部位的下部叶对应于脚叶和下二棚，中部叶对应于腰叶，上部叶对应于上二棚和顶叶。

根据烟叶经正常调制(烘烤)后的颜色,分为以下 8 个主组:下部柠檬黄组、下部橘黄组;中部柠檬黄组、中部橘黄组;上部柠檬黄组、上部橘黄组和上部红棕色组;完熟叶组。

主组是为正常条件下生产的生长发育正常、采收烘烤得当的大部分烟叶而设置的。对于因生长发育不良或采收烘烤不当以及其他原因造成的少部分低质量烟叶,划分为以下 5 个副组:中下部杂色叶组、上部杂色叶组、光滑叶组、微带青叶组、青黄色叶组。这样,按照烤烟国家标准首先把烤烟烟叶外观质量分成 13 个组。

柠檬黄是指烟叶表面呈现纯正的黄色或微现不明显的红色。橘黄是指烟叶表面以黄色为主,也呈现较明显的红色。红棕色是指烟叶表面有明显红色。这 3 种颜色是烟叶基本色彩。

杂色是指烟叶表面含有的非基本色彩的色斑块(青黄烟除外)。杂色的种类包括烤红、潮红、挂灰、蒸片、青痕、洇筋、蚜虫损害,全叶受污染等。杂色面积达到或超过 20%的烟叶,均视为杂色叶。

光滑是指烟叶组织平滑或僵硬。光滑面积达到或超过 20%的烟叶,均列为光滑叶。

微带青是指黄色烟叶上叶脉带青或叶片含微浮青面积在 10%以内者。

青黄色是指黄色烟叶上含有任何可见的青色,且不超过 30%者。

(二) 分级

分级(grading)就是把同一组内的烟叶,按照 7 个因素划分成不同的级别。这 7 个因素是:成熟度、叶片结构、身份、油分、色度、长度和残伤。

1. 成熟度

成熟度是指调制后烟叶的成熟程度,包括田间鲜叶成熟度和调制成熟度。成熟度分为完熟、成熟、尚熟、欠熟和假熟 5 个档次。①完熟是指上部烟叶在田间达到高度的成熟且调制后成熟充分;②成熟是指烟叶在田间及调制后均达到充分成熟;③尚熟是指烟叶在田间刚达到成熟,生化变化尚不充分或调制失当,后熟不够;④欠熟是指烟叶在田间未达到成熟;⑤假熟泛指脚叶外观似成熟,但未达到真正成熟。

2. 叶片结构

是指烟叶细胞排列的疏密程度,分为疏松、尚疏松、稍密、紧密 4 个档次。①疏松:正常发育成熟的中下部叶及完熟叶,叶片细胞排列间隙大,松弛程度高;②尚疏松:正常发育成熟的上部叶或尚熟的中下部叶,叶片细胞排列间隙尚大,松弛程度尚高;③稍密:正常成熟的上部叶或尚熟、欠熟的中下部叶,叶片细胞排列间隙较小;④紧密:多指上部烟叶,细胞间隙小,排列致密。

3. 身份

身份是指烟叶厚度、细胞密度或单位叶面积的重量,以厚度表示。国标将烟叶身份划分为中等、稍厚、稍薄、厚、薄 5 个档次。生产正常的情况下,中部烟叶的身份为中等,下二棚为稍薄,脚叶为薄,上二棚和顶叶为稍厚或厚。

4. 油分

油分是指烟叶内含有的一种柔软液体或半液体物质。但在烤烟分级中,并非指烟叶内含油的多少,而是指烟叶外观油润的感觉。可以通过烟叶的韧性或弹性来判断。油分分为多、有、稍有、少 4 个档次。①多:表观油润,烟叶韧性强,弹性好,手握松开后恢复能力强,耐撕裂力强;②有:表观有油润感,叶片有韧性,弹性较好,耐撕裂力尚好;③稍有:表观尚有油润感,尚有一定的韧性和弹性,尚有撕裂拉力;④少:表观无油润感,韧性及弹性差,耐扯拉力弱。

5. 色度

色度是指烟叶表面颜色的饱和程度、均匀程度和光泽强度。饱和程度指单位体积烟叶色素量的多少；均匀程度指烟叶色素分布的均匀与否；光泽强度指颜色的鲜亮程度。色度是一种综合状态，是烟叶色素状态的综合概念。色度被划分为浓、强、中、弱、淡5个档次。①浓：颜色均匀、色泽饱和；②强：颜色均匀、饱和度略逊；③中：颜色尚匀，饱和度一般；④弱：颜色不匀，饱和度低；⑤淡：颜色不匀，色泽淡薄。

6. 长度

叶片长度指烟叶从叶片主脉柄端至尖端的距离（cm）。叶片长度分为大于或等于45cm、40 ~ 44cm、35 ~ 39cm、30 ~ 34cm、25 ~ 29cm 5个档次。中部叶短于35cm者在下部叶组定级。

表69-2　烤烟国家标准品质规定表（GB 2635—92）

	组别	级别	代号	成熟度	叶片结构	身份	油分	色度	长度（cm）	残伤（%）
下部X	柠檬黄L	1	X1L	成熟	疏松	稍薄	有	强	40	15
		2	X2L	成熟	疏松	薄	稍有	中	35	25
		3	X3L	成熟	疏松	薄	稍有	弱	30	30
		4	X4L	假熟	疏松	薄	少	淡	25	35
	橘黄F	1	X1F	成熟	疏松	稍薄	有	强	40	15
		2	X2F	成熟	疏松	稍薄	稍有	中	35	25
		3	X3F	成熟	疏松	稍薄	稍有	弱	30	30
		4	X4F	假熟	疏松	薄	少	淡	25	35
中部C	柠檬黄L	1	C1L	成熟	疏松	中等	多	浓	45	10
		2	C2L	成熟	疏松	中等	有	强	40	15
		3	C3L	成熟	疏松	稍薄	有	中	35	25
		4	C4L	成熟	疏松	稍薄	稍有	中	35	30
	橘黄F	1	C1F	成熟	疏松	中等	多	浓	45	10
		2	C2F	成熟	疏松	中等	有	强	40	15
		3	C3F	成熟	疏松	中等	有	中	35	25
		4	C4F	成熟	疏松	稍薄	稍有	中	35	30
上部B	柠檬黄L	1	B1L	成熟	尚疏松	中等	多	浓	45	15
		2	B2L	成熟	稍密	中等	有	强	40	20
		3	B3L	成熟	稍密	中等	稍有	中	35	30
		4	B4L	成熟	紧密	稍厚	稍有	弱	30	35
	橘黄F	1	B1F	成熟	尚疏松	稍厚	多	浓	45	15
		2	B2F	成熟	尚疏松	稍厚	有	强	40	20
		3	B3F	成熟	稍密	稍厚	有	中	35	30
		4	B4F	成熟	稍密	厚	稍有	弱	30	35
	红棕R	1	B1R	成熟	尚疏松	稍厚	有	浓	45	15
		2	B2R	成熟	稍密	稍厚	有	强	40	25
		3	B3R	成熟	稍密	厚	稍有	中	35	35
完熟叶H		1	H1	成熟	疏松	中等	稍有	强	40	20
		2	H2	成熟	疏松	中等	稍有	中	35	35

（续表）

组别		级别	代号	成熟度	叶片结构	身份	油分	色度	长度（cm）	残伤（%）
杂色K	中下部 CX	1	CX1K	尚熟	疏松	稍薄	有	—	35	20
		2	CX2K	欠熟	尚疏松	薄	少	—	25	25
	上部 B	1	B1K	尚熟	稍密	稍厚	有	—	35	20
		2	B2K	欠熟	紧密	厚	稍有	—	30	30
		3	B3K	欠熟	紧密	厚	少	—	25	35
光滑叶 S		1	S1	欠熟	紧密	稍薄、稍厚	有	—	35	10
		2	S2	欠熟	紧密	—	少	—	30	20
微带青V	下二棚 X	2	X2V	尚熟	疏松	稍薄	稍有	中	35	15
	中部 C	3	C3V	尚熟	疏松	中等	有	强	40	10
	上部 B	2	B2V	尚熟	稍密	稍厚	有	强	40	10
		3	B3V	尚熟	稍密	稍厚	稍有	中	35	10
青黄色 GY		1	GY1	尚熟	尚疏松至稍密	稍薄、稍厚	有	—	35	10
		2	GY2	欠熟	稍密至紧密	稍薄、稍厚	稍有	—	30	20

注：国标采用了国际通用的分组、分级方法。表中代号便于国际交流和出口贸易。

7. 残伤

残伤是指烟叶组织受到破坏，失去成丝强度和坚实性的叶片面积占整张叶片面积的百分数。导致烟叶组织受到破坏的因素有：由于烟叶成熟度的提高而出现的病斑、焦尖和焦边；由于局部挂灰、烤红、潮红、洇筋、蒸片等杂色透过叶背。每张叶片的完整度低于50%者列为级外烟。

根据上述7个分级因素，按国标规定，将烤烟烟叶分为下部柠檬黄色4个级，下部橘黄色4个级；中部柠檬黄色4个级，中部橘黄色4个级；上部柠檬黄色4个级，上部橘黄色4个级，上部棕红色3个级；完熟烟叶2个级；中下部杂色2个级，上部杂色3个级；光滑叶组2个级；微带青4个级；青黄烟2个级，共计42级（表69–2）。

五、作业

（1）烤烟42级分级标准中分为哪几个组？

（2）教师在42级制烤烟国家分级标准仿制样品中随意抽取5个等级的烟叶，让每位学生根据烟草的分级标准，确定所取烟叶样品的等级。完成实验报告。

实验 70　烟叶主要化学成分的分析

一、目的要求

进行烟草化学成分的分析研究，可以鉴定烟叶品质，对于指导烟草的工农业生产具有重要意义。本实验要求学生掌握烟碱、可溶性糖、总糖、氯、总氮、钾等的分析方法。

二、内容说明

（一）烟草化学成分等基本概念

烟草质量是一个综合概念，主要包括外观质量、内在质量、物理特性、化学成分和安全性。

化学成分包括烟叶化学成分和烟气化学成分。烟叶中主要化学成分的含量和比值，在很大程度上确定了烟叶及其制品的烟气特性，因而直接影响着烟叶品质的优劣。烟叶的化学成分十分复杂，概括起来可以分为如下三大类：

（1）非含氮化合物：非含氮化合物包括单糖、双糖、淀粉、有机酸、石油醚提取物、萜烯类、多酚类、纤维素和果胶质等。

（2）含氮化合物：包括烟碱、氨基酸、蛋白质和叶绿素等。

（3）矿物质：主要有钾、磷、硫、钙、镁、氯等。由于人们抽吸的烟气是叶片化学成分燃烧时，经过蒸馏、干馏、热解产生的，烟叶的化学成分影响烟气特性，因而化学成分可以作为鉴定烟叶品质的指标。烟叶主要化学成分要有适宜含量，同时，几个主要成分间还要有一个相互协调的比值。

化学成分是烟叶质量的内涵，烟草及其制品的品质主要是由其内在化学成分的组成含量所决定的，因此，烟叶化学成分是常用的评价烤烟品质的指标之一。总糖、还原糖、总氮、总碱、氯、钾等化学成分因为对烟叶质量有重要影响，而成为烟草行业日常的检测指标，一般称作“烟叶常规化学成分”。一般认为，优质烟的糖含量在 16% ~ 20%，氮素含量 0.4% ~ 0.8%，总糖和还原糖含量的差值在 3% ~ 5%，氮碱比以 1%左右，钾氯比≥4.0，糖碱比以 6 ~ 10，施木克值≤2 为宜。化学成分含量高低与烟草的质量有关，但烟草的质量在于一系列有关物质的相对比例及彼此间的协调关系，因此很早以来就有人研究各种化学成分之间的比值和品质的关系，并提出各种比值作为评价烟叶品质的指标，主要有：糖碱比、氮碱比、糖蛋比、钾氯比等。糖碱比即还原糖/烟碱，它是在分析氮、碳化合物的相对平衡时最常用的一个指数，在质量好的烤烟中，比值通常在 8 ~ 10；氮碱比即总氮 / 烟碱，以 1 或略小于 1 为宜，一般都认为比值过高时烟叶化学成分不平衡，而比值较低的烟叶通常烟碱含量较高；糖蛋比即总糖 / 蛋白质，也就是我们通常所说的施木克值，以（2 ~ 2.5）∶1为宜；钾氯比以大于 4 为宜。

优质烟叶和烟制品具有完美的外观特征、优良的内在品质（即香气和吃味）、完善的物理特性、协调的化学成分、无毒无害相对安全等特性。烟叶和烟制品的质量概念具有地域性、时间性和适应性。烟叶化学成分的含量与烟草类型、品种、栽培技术、调制加工等有密切关系，可以据此来鉴定烟叶的内在质量。通常对烟叶化学成分的分析，主要包括总糖、还原糖、总氮、蛋白质、烟碱等。

（二）分析样品的制备

对需要分析的样品，先用软毛刷将烟叶片上的细土或细沙刷去，然后将主脉抽去不要，将叶片剪成碎片或切丝，放入低温烘箱内，保持在35℃～40℃的温度下烘3～4小时。如果空气湿度过高，烘的时间可适当延长，直到用手指能捻碎即可。烘干后的叶片或烟丝，立即放入研钵或球磨机内，全部磨成能通过40mm孔筛的粉末。将筛好的粉末状样品立即装入已洗净干燥的广口瓶中密闭起来。如果暂时不分析样品，可用石蜡封闭瓶口。

三、烤烟的烟碱含量分析

烟碱又名尼古丁(Nicotine)，是一种无色至淡黄色透明油状液体，是烟草中含氮生物碱的主要成分，它能迅速溶于水及乙醇中，通过口、鼻、支气管黏膜，很容易被人体吸收。烟碱具有生理刺激作用，它是影响烟草质量的主要化学成分之一，也是卷烟中主要的品质指标之一。在烟气中若烟碱含量过低则劲头小、吸味平淡；若烟碱含量过高则劲头大、刺激性增强，产生辛辣味。烟叶中的烟碱的含量应当适中，过高或过低都会降低其使用价值，从而降低其经济价值。不同土壤、施肥量、品种类型，同一品种不同生长部位烟碱含量都各不相同，因此对烟碱含量的测定在鉴定烟质方面具有一定的意义，也为烟草育种、栽培、调制工作方面提供一定的依据。

烟叶中烟碱主要测定方法有：硅钨酸重量法（沉淀法，经典法）、紫外分光光度法（国标法）、提取脱色法（快速法）、气相色谱法等。现就硅钨酸沉淀法说明如下。

1. 原理

(1) 烟草中植物碱（一般为总烟碱或总植物碱）含量的测定方法，是在强碱性介质氢氧化钠存在下进行蒸汽蒸馏，使全部植物碱挥发逸出，然后用硅钨酸沉淀法加以检定。

(2) 烟碱在酸性溶液中能为硅钨酸所沉淀，生成烟碱的硅钨酸盐，化学反应如下：

$$2C_{10}H_{14}N_2 + SiO_4 \cdot 12WO_3 \cdot 26H_2O \rightarrow SiO_2 \cdot 12WO_3 \cdot 2H_2O \cdot 2(C_{10}H_{14}N_2) \cdot 5H_2O \downarrow + 19H_2O$$

硅钨酸盐在800℃～850℃的高温下烧灼，剩余的是不能氧化的无水硅钨酸残渣$SiO_2.12WO_3$。根据化合物的定量比例关系，称其重量，即可计算总烟碱含量。

2. 材料用具及试剂

(1) 材料用具：不同品种或不同栽培条件下烤烟样品，天平，烘箱（普通），高温炉（1000℃），40mm孔筛，长颈圆底烧瓶（500mL），滤纸，烧杯，酒精灯，三角瓶，刻度吸管，广口瓶，试管，研钵（或球磨机等）。

(2) 试剂。①0.1N HCl；②0.1N NaOH；③混合指示剂（0.125%甲基红的乙醇溶液及0.083%次甲基蓝的乙醇溶液各一份混合而成）；④12%硅钨酸（$SiO_2 \cdot 12WO_3 \cdot 26H_2O$）溶液；⑤1：4 HCl；⑥1：1000 HCl；⑦H_3PO_4-KOH缓冲液，pH＝8。

3. 实验方法

精确称取研磨的烟样2～4g，置于500mL长颈圆底烧瓶中，加入少量沸石或其他类似物质如碎瓷片、毛细管、小的磨砂玻璃珠等，及缓冲液75mL，在蒸馏装置中进行蒸汽蒸馏。在蒸馏前先将蒸馏水倒入蒸汽锅内煮沸，驱除CO_2，用移液管吸取标准0.1NHCl 15mL于1000mL的三角瓶中，冷凝管末端用玻璃管连接，浸入三角瓶内液面下，然后开始蒸馏。在蒸馏过程中，为使蒸汽进入蒸馏瓶中，不致因冷凝而积累，可在蒸馏瓶底部用酒精灯加热，使馏出液速度保持与蒸汽进入速度大致相等。待蒸出约800mL之后，用试管盛取蒸馏液数滴，加1：4 HCl及硅钨酸各一滴，如不混浊，即可停止蒸馏，蒸馏液加混合指示剂8～10滴，用标准0.1N NaOH溶液滴定至无色或浅灰色，即为滴定终点。

将滴定后的蒸馏液移入1L的容量瓶中，用蒸馏水洗涤三角瓶3～4次，洗液并入容量瓶中，加水至刻度，混合均匀。若溶液混浊不清，可用干燥滤纸过滤，用移液管吸出200mL置于烧杯中,加 1∶4 HCl 6mL及 12%硅钨酸溶液 5mL,搅拌均匀,在水浴锅上加热至乳浊沉淀消失,溶液变为清澈透明,然后使之缓慢冷却,并静置过夜,将沉淀用无灰滤纸过滤,用 1∶1000HCl溶液洗涤 5~6 次,至硅钨酸洗净为止。检测是否洗净,可取洗涤液数滴加入几滴蒸馏液,观察有无混浊现象产生。然后将滤纸和沉淀物置于已知重量的坩锅内,小心将滤纸在低温灰化后,继续在 800℃~850℃的高温下烧灼 30 分钟,冷却后称重。

为准确起见,在每次使用所配制的缓冲溶液前,做空白试验,酸碱滴定之差不应超 0.020mg 当量。

4. 计算

烟碱%= 硅钨酸重量 × 5 × 0.114 × 100 / W(1- 含水率)。

式中,W 为样品重。

注意事项:①配制缓冲溶液所用试剂要纯,溶液的 pH 要测准;②整个蒸馏装置必须密闭不漏气。

5. 作业

将分析结果列表说明,并作样品内在质量的鉴定。

四、烟草组织中可溶性糖的测定:蒽酮法

植物体内的碳素营养状况以及农产品的品质性状,常以可溶性糖和淀粉的含量作为重要指标,本实验学习定量测定烟草组织中可溶性糖的方法。

(一)原理

糖在浓硫酸作用下,可经脱水反应生成糠醛或羟甲基糠醛,生成的糠醛或羟甲基糠醛可与蒽酮反应生成蓝绿色糠醛衍生物。在一定范围内,颜色深浅与糖含量成正比,故可用于糖的定量。

该法的特点是几乎可测定所有的糖类物质,不但可测定戊糖与己糖,且可测所有寡糖类和多糖类,包括淀粉、纤维素等(因为反应液中的浓硫酸可把多糖水解成单糖而发生反应),所以用蒽酮法测出的糖类物质含量,实际上是溶液中全部可溶性糖类物质总量。在没有必要细致划分各种糖类物质的情况下,用蒽酮法可以一次测出总量,省去许多麻烦,因此有特殊的应用价值。但在测定水溶性糖类物质时,应注意切勿将样品的未溶解残渣加入反应液中,不然会因为细胞壁中的纤维、半纤维素等与蒽酮试剂发生反应而增加了测定误差。此外,不同的糖类与蒽酮试剂的显色深度不同,果糖显色最深,葡萄糖次之,半乳糖、甘露糖较浅,五碳糖显色更浅。故测定糖的混合物时,常因不同糖类的比例不同造成误差,但测定单一糖类时则可避免此种误差。

糖类与蒽酮反应生成的有色物质在可见光区的吸收峰为 630nm,故在此波长下进行比色。

(二) 仪器用具、试剂

(1) 仪器用具:分光光度计;电炉;铝锅;20mL(15mL)刻度试管;刻度吸管 5mL 1 支,1mL 2 支;25 mL容量瓶、记号笔;吸水纸。

(2) 试剂:①蒽酮乙酸乙酯试剂:取分析纯蒽酮 1g,溶于 50mL乙酸乙酯中,贮于棕色瓶中,在黑暗中可保存数周,如有结晶析出,可微热溶解;②浓硫酸(比重 1.84)。

(三) 实验方法

1. 标准曲线的制作

取 20mL刻度试管 11 支,从 0~10 分别编号,按表 70-1 加入溶液和水。

表 70–1 各试管加溶液和水的量

管 号	0	1 ~ 2	3 ~ 4	5 ~ 6	7 ~ 8	9 ~ 10
100 μg/mL蔗糖液(mL)	0	0.2	0.4	0.6	0.8	1.0
蒸馏水(mL)	2.0	1.8	1.6	1.4	1.2	1.0
蔗糖量(μg)	0	20	40	60	80	100

然后按顺序向试管中加入 0.5mL蒽酮乙酸乙酯试剂和 5mL浓硫酸，充分振荡，立即将试管放入沸水浴中，逐管均准确保温 1 分钟，取出后自然冷却至室温，以空白作参比，在 630nm 波长下测其光密度，以光密度为纵坐标，以糖含量为横坐标，绘制标准曲线，并求出标准线性方程。

2. 可溶性糖的提取

取新鲜烟叶叶片，擦净表面污物，剪碎混匀，称取 0.10 ~ 0.30g，共 3 份，或干材料。分别放入 3 支刻度试管中，加入 5 ~ 10mL蒸馏水，塑料薄膜封口，于沸水中提取 1 小时，提取液过滤入 25mL容量瓶中，反复冲洗试管及残渣，定容至刻度。

3. 显色测定

吸取样品提取液 0.5mL于 20mL刻度试管中(重复 2 次)，加蒸馏水 1.5mL，分别加入蒽酮乙酸乙酯试剂 0.5mL、浓硫酸溶液 5mL，以下步骤与标准曲线测定相同，测定样品的光密度。

4. 计算可溶性糖的含量

由标准线性方程求出糖的量，按下式计算测试样品中糖含量：

$$\text{可溶性糖含量 (mg/g)} = \frac{C \times \frac{v}{\alpha} \times n}{W \times 10^3}\text{。}$$

式中：C 为标准方程求得糖量(μg)；α 为吸取样品液体积(mL)；V 为提取液量(mL)；n 为稀释倍数；W 为组织重量(g)。

(四) 作业

(1) 简述苯酚法与蒽酮法测定可溶性糖的基本原理。

(2) 干扰可溶性糖测定的主要因素有哪些？怎样避免？

五、烟叶中水溶性总糖和还原糖的测定：伯川法

烟叶中糖类的特点为糖占烟草干重的 25% ~ 50%，按结构特点分为三类，即单糖、低聚糖和多糖。按照糖的化学特性分：还原糖，主要有麦芽糖、果糖和葡萄糖；水溶性糖，主要包括还原糖和蔗糖；总糖，主要包括水溶性糖、淀粉和糊精。

其中水溶性糖含量高，烟叶物理特性好，柔软，有弹性，色泽好；水溶性糖燃烧产生酸性反应，抑制烟气中部分碱性物质的形成，使吸味柔顺，烟气酸碱平衡；水溶性糖含量高，烟气焦油释放量高，影响安全性。另外，水溶性多糖含量影响烟叶的燃烧性；水溶性糖在燃吸时会释放出许多香气物质。

(一) 实验方法

测定步骤包括：1.乙醇提取→2. 除去杂质→3. 将蔗糖转化为葡萄糖和果糖→4.按照还原糖方法测定。

(二) 原理分析

(1) 烟叶中的水溶性总糖用乙醇溶剂浸出，进一步将溶出的双糖酸解为单糖。

(2) 利用还原性糖的醛基和酮基与斐林试剂作用,把二价铜还原为氧化亚铜。

(3) Cu_2O 为红色沉淀,当硫酸存在时,它被硫酸高铁氧化为二价铜,而三价的高铁则被还原为二价铁。

$$Cu_2O+Fe_2(SO_4)_3=2CuSO_4+2FeSO_4+H_2O。$$

(4) 用高锰酸钾溶液来滴定硫酸亚铁,根据高锰酸钾的用量,计算出铜的量,再由铜的量查出与其相当的葡萄糖的含量。

$$10FeSO_4+2KMnO_4+8H_2SO_4=5Fe_2(SO_4)_3+2MnSO_4+K_2SO_4+8H_2O。$$

(三) 注意事项

(1) 所用醋酸铅必须是中性的,若是碱性,会把糖沉淀。

(2) 所制备糖液需呈中性或微碱性,不可呈酸性,否则部分蔗糖被水解,碱性过强,会产生沉淀。

(3) 糖液加酸转化后,用 NaOH 中和必须适当,过量会产生沉淀。

(4) 制备铝乳时,应充分洗涤,以消除 SO_4^{2-} 离子。

(5) 本法只限于测定糖液中含糖量在 20~80mg,如糖分过高时,应减少糖液用量或减少样品称样量。

(6) 过滤。Cu_2O 过滤时最好用古氏坩埚或 G4 玻璃坩埚,因受碱液作用会使滤孔增大,用时需检查,如遇穿滤,应换新坩埚。

六、烟叶中氯离子含量的测定:莫尔法(硝酸银容量法)

氯对烟草燃烧性阻碍很大,烟草为忌氯作物。烟叶中氯含量为 0.6%~0.9%对烤烟来讲比较适宜,Cl>1.5%影响助燃持火力,Cl>2%,烟制品会发生熄火现象。若烟叶中 Cl 含量过低,也会影响烟草品质,因为 Cl 能提高烟株的抗旱抗病的能力,使烟株健壮生长。通过增施 Cl 肥达到提高烟叶质量,使 Cl 含量达 0.6%~0.9%。

1. 实验目的

掌握烟叶样品中氯含量的测定意义和莫尔法测定烟叶样品中氯含量方法原理,学会并熟练掌握半微量滴定管的使用和烟叶样品中氯含量测定的实验操作技能及结果计算。

2. 方法原理

烟叶经过碱性干灰化后,所得灰分用水溶解,Cl^- 即溶于水中。根据分步沉淀原理,在 pH 为 6.5~10.5 的溶液中,以 K_2CrO_4 作指示剂,用 $AgNO_3$ 标准溶液滴定 Cl^-。等当点前,Ag^+ 首先与 Cl^- 生成乳白色 AgCl 沉淀,等当点后,Ag^+ 与 CrO_4^{2-} 生成 Ag_2CrO_4 砖红色沉淀,指示到达终点。由反应消耗的标准 $AgNO_3$ 用量,计算出氯的含量。

3. 主要仪器设备及试剂

主要仪器设备及用具:电子天平,水浴锅,低温电炉,高温电炉,100mL容量瓶,150mL 三角瓶,25mL移液管,半微量滴定管。

试剂:

①5%(1:2)的 Na_2CO_3 与 KNO_3 溶液:称取 1.67gNa_2CO_3 和 3.33gKNO_3 溶于 100mL 水中。

②10%NH_4NO_3 溶液:10gNH_4NO_3 溶于 100mL水中。

③10% H_2SO_4 溶液:将 10mL浓 H_2SO_4 注入 90mL 水中混匀备用。

④12%$NaHCO_3$ 溶液:12g$NaHCO_3$ 溶于 100mL水中。

⑤0.5%酚酞指示剂:0.5g 酚酞溶于 100mL 95%的乙醇中。

⑥5% K_2CrO_4 作指示剂：5g K_2CrO_4 溶于少量水中→滴加 1N 的 $AgNO_3$ 至有砖红色沉淀生成→过滤后将滤液稀释至 100mL。

⑦0.02N 的 NaCl 标准溶液：1.1690gNaCl（基准试剂，120℃烘干 4 小时），溶于水后定容至 1000mL。

⑧0.02N 的 $AgNO_3$ 标准溶液：3. 3978g $AgNO_3$（AR）用蒸馏水溶解→转入 1000mL 容量瓶→定容至刻度→摇匀后避光保存于棕色瓶中备用，并用 0.02N 的 NaCl 标准溶液标定。

4. 实验项目内容及操作步骤

（1）称量（电子天平的操作和使用）：称取烟样 2～3g 放于 30mL瓷坩埚中。

（2）Cl^-的固定：滴加 5%（1∶2）的 Na_2CO_3 与 KNO_3 溶液（约 40 滴）湿润之（切勿搅拌样品）→置于沸水浴锅上加热 1 小时后取下。

（3）低温炭化：在低温电炉上缓缓加热至灰分不再燃烧（表面灰白不冒烟）。

（4）高温灰化（马福炉的操作与使用）：将低温炭化后的烟样放入 500℃的电炉中灰化→高温灰化 15 分钟 后可取出→若在高温电炉中还没使炭粒燃烧尽→待冷却后可滴加 10% NH_4NO_3 溶液于炭粒上（增加灰化速度）→再移入高温电炉中灰化→如此反复直至灰分变成白色或灰白色为止。

（5）灰化物的溶解和定容：将灰化完全的灰化物用热蒸馏水反复溶解→过滤于 100mL容量瓶中（残渣和坩埚要反复冲洗）→冷却至室温后用蒸馏水定容→摇匀后备用。

（6）Cl_- 的滴定（半微量滴定管的使用、滴定终点的确定）：

①调节酸碱度：吸取待测液 25mL于 150mL 三角瓶中→加 0.5%酚酞指示剂 1 滴→用 10% H_2SO_4 溶液及 12% $NaHCO_3$ 溶液调至待测液呈微碱性（pH 6.5～10.5，微红色）。

②滴定：将已调好酸碱度的待测液加 0.5mL 5%的 K_2CrO_4 指示剂→摇匀后用 0.02N 的 Ag-NO_3 标准溶液滴定→在充分摇动下滴至溶液有砖红色沉淀出现不消失为止→记下 $AgNO_3$ 耗用体积（mL）。

5. 结果计算

$$烟叶中的氯(\%)=\frac{NV\times0.0355\times分取倍数}{W\times(1-含水率)}\times100\%$$

6. 结论

编号	W（g）	V($AgNO_3$)（mL）	N	氯（%）	均值	相对偏差（%）	钾氯比	1-含水率

7. 注意事项

（1）灰化温度必须在 500℃左右。

（2）铬酸钾作指示剂，只能在中性或微碱性溶液中进行，测定溶液应在 pH 6.5～10.5。

（3）氯离子含量高时，因生成白色氯化银沉淀过多而影响终点，此时可减少待测液吸取量。

（4）大量硫酸盐存在会对测定发生干扰，一般<32mg 时对本测定无干扰。

（5）滴定时要充分摇动待测液。

8. 作业

(1) 简述烟叶中氯的测定意义。

(2) 什么是莫尔法？简述莫尔法测定氯的原理。

(3) 为什么要在微碱性条件下进行氯离子的滴定？滴定过程中为何要充分摇动待测液？

(4) 莫尔法测定氯的过程中应注意些什么？

七、烟叶样品中总氮的测定：H_2O_2–H_2SO_4 消化 – 蒸馏法

烟草样品（干烟叶）中主要的含氮化合物是蛋白质（8%）和生物碱（1.5% ~ 3.5 %），其次是游离氨基酸（0.8%）等。烟叶中总氮量和其中各型的氮化合物含量之间有着密切的相关性。烟叶中总氮含量高，则其他氮化物含量往往也高，蛋白质和烟碱也高，因此测定氮的总含量对了解烟叶氮化合物的特性具有代表性。

总糖和总氮比是评价烟叶的指标。总氮含量高低与烟叶燃吸时的香味好坏有密切关系：总氮含量较高的烟叶，燃吸时所产生的烟气往往刺激性强，香气质较差，余味欠佳；总氮含量过低时，其劲头不足，一般以 1.5% ~ 3.5%为宜。而总氮量和其中各种类型的氮化合物含量之间也有着密切的相关性。

1. 实验目的

掌握烟叶样品中总氮的测定意义和原理，学会并熟练掌握总氮测定的操作技能及结果计算。

2. 方法原理

用强氧化剂过氧化氢和浓硫酸高温消煮植物样品，以氧化植物样品中的有机碳等有机化合物，使成为二氧化碳等，从而使植物中的氮素比较完全地释放出来，并与硫酸结合成硫酸铵，再用定氮蒸馏方法测定或扩散法测定。

3. 主要仪器设备及试剂

主要仪器：电子天平，KDN–2C 定氮仪，红外消煮炉，消化管，酸式滴定管，100mL容量瓶。

试剂：浓硫酸，30%H_2O_2、pH=5.0 的 2%H_3BO_3– 指示剂（含甲基红 – 溴甲酚乙醇液），0.02N 的 H_2SO_4 标准液，40%NaOH。

4. 操作步骤

(1) 称样：称取烟样 0.6000g 于 200mL消化管中。

(2) 加浓硫酸：滴加少量水润湿烟叶样品→加浓硫酸 10mL轻轻摇匀后上置一小漏斗（最好放置过夜）。

(3) 样品消煮（在消煮样品的同时，做 2 份空白试验）：

①低温消煮：在消煮炉上先低温慢慢加热至开始冒出大量白烟，微沸约 5 分钟，待溶液呈均匀的棕黑色时升至高温（320℃ ~ 340℃）。

②高温（320℃ ~ 340℃）消煮：取下稍微冷却（约 30 秒），滴加 7 ~ 10 滴 30% H_2O_2，摇匀后继续加热微沸约 5 分钟，取下稍微冷却（约 30 秒），滴加 6 ~ 9 滴 30% H_2O_2。如此反复多次（H_2O_2 用量依次减少），直到消煮液完全清亮为止，再继续微沸 5 ~ 10 分钟，以除尽剩余的 H_2O_2。

(4) 消煮液的冷却、转移与定容：取下消化管冷却后加入 10mL蒸馏水，冷却后无损失地转移到 100mL 容量瓶中，用蒸馏水多次洗涤消化管及小漏斗，混匀后冷却至室温，用蒸馏水定容至刻度，摇匀后备用。

(5) 定氮蒸馏：

①KDN–2C 定氮仪的操作：连接并打开冷凝水水龙头开关→将定氮仪蒸汽发生器的蒸馏

水进入管插入蒸馏水桶中→接通电源通电(绿灯亮)→待红灯亮时即可开始进行氨的蒸馏。

②空蒸：将250mL三角瓶置于定氮仪右侧馏出液导出管下的托盘上→再将消化管加蒸馏水10mL后放在定氮分析仪左侧蒸汽导出管下的托架上→打开“开汽”开关空蒸馏5分钟后取下→开始进行待测液蒸馏。注:每一个样品蒸馏结束后都要空蒸馏一次。

③待测液(氨)的蒸馏:

①用移液管吸取15mL 2%H_3BO_3指示剂于250mL三角瓶中→然后将三角瓶置于定氮仪右侧馏出液的托盘上吸收蒸馏挥发逸出的氨(馏出液导出管下端要浸入液面下)。

②用移液管吸取待测液10mL于消化管中→再加40%NaOH 5mL以使溶液呈碱性（切勿摇动消化管)→立即将消化管放在定氮仪左侧蒸汽导出管下的托架上（切勿让消化管漏气)→打开“开汽”开关通汽蒸馏→待馏出液达150mL左右时→停止蒸馏,并用少量蒸馏水冲洗浸入液面下的馏出液导出管。

(6)氨的滴定:取下三角瓶→立即用H_2SO_4标准溶液滴定至溶液由绿色变为紫红色即为滴定终点→记下H_2SO_4标准溶液的耗用体积(mL)→同时做空白试验。

5. 结果计算

$$全氮（\%）=\frac{N(V-V_0)\times 0.014\times 分取倍数}{W\times(1-含水率)}\times 100\%$$

$$蛋白质（\%）=6.25\times（总氮-烟碱氮）$$

$$=6.25\times（总氮-烟碱\times 0.1727）$$

6. 结论

编号	W (g)	V (mL)	V_0 (mL)	N	总氮 (%)	均值 (%)	相对偏差 (%)	氮碱比	蛋白质 (%)	1-含水率

7. 注意事项

(1)消化开始时应低温加热,待泡沫及烟雾消失,溶液呈均匀的棕黑色后才可增大火力使之沸腾,沸腾温度应保持在338℃左右。

(2)蒸馏液达150mL时应停止蒸馏,若继续蒸馏,微量的碱蒸汽被馏出液带入接收瓶,造成含氮量偏高。

8. 作业题

(1)总氮的主要成分有哪些?

(2)简述总氮的测定意义。

(3)何为凯氏定氮法？近百年来凯氏定氮法进行了哪些改进?

(4)过氧化氢-硫酸法消煮烟叶样品,在消煮过程中溶液颜色发生了哪些变化?

(5)如何对蛋白质进行间接换算？为何测出的蛋白质为粗蛋白质?

(6)总氮的测定过程中要注意些什么?

八、烟叶样品中全钾的测定:火焰光度法

1. 实验目的

掌握烟叶样品中钾的测定意义和火焰光度法测定钾的原理，学会并熟练掌握火焰光度计的操作技能及测定结果计算。

2. 方法原理

如果单独测定烟样的钾，可采用 1N 的 NH_4OAC 浸提，直接用火焰光度法测定最为快速方便。钾的待测液用压缩空气使溶液喷成雾状与燃气混合后燃烧，钾元素的原子受火焰激发后能发射该元素所特有波长的光谱线，用火焰光度计测量其光谱线强度，进而根据光谱线强度与其浓度成正比的关系，来测定钾元素的浓度（从标准曲线上查得或回归方程求得待测液的钾浓度 μg/ mL），从而算出钾元素的含量。

3. 主要仪器设备及试剂

主要仪器设备及用具：电子天平，红外消煮炉，消化管，6420 型火焰光度计，5mL刻度移液管，50mL、100 mL容量瓶。

试剂：

（1）100ppm（μg/mL）钾标准溶液：称取 0.1907g 氯化钾（AR，110℃烘干 2 小时）溶于水中，定容至 1L，即为 100ppm（100μg/mL 的钾标准液），存于塑料瓶中。

（2）配制 0、2.5、10、20、40、60ppm（μg/mL）的钾标准溶液：分别吸取 100ppm 钾标准溶液 0、2.5、10、20、40、60mL→分别放入 100mL容量瓶中→加入与待测液等量的 H_2SO_4（若为湿灰化各加 5mL空白消煮液）→用蒸馏水定容至刻度，摇匀后备用。

4. 实验内容及操作步骤

（1）钾标准曲线或回归方程的建立：$y=a+bx$。

x(ppm)	0	2.5	10	20	40	60
y（检流计读数）	0					

（2）定容：吸取测氮待测液 5mL于 50mL容量瓶中→用蒸馏水定容至刻度→摇匀后备用。

（3）火焰光度计操作：

①开机：打开火焰光度计和空气压缩机的电源开关；

②调整火焰光度计上的点火和燃气开关：将火焰光度计上的点火和燃气开关调节至最小位置（关闭）；

③打开煤气罐开关和煤气调节阀；

④点火：用右手用力按住点火开关→左手调节点火阀→火焰点燃后（火焰高 4～6cm）→松开左右手→用右手慢慢调节燃气阀直至点燃蓝色火焰→左手将点火阀关闭→右手慢慢调节燃气阀直至蓝色火焰柱周围出现 12 个小火焰柱→预热 15～20 分钟即可测定。

（4）钾浓度的测定：

①钾标准溶液的测定：用钾标准溶液的 60ppm 和 0ppm 分别调节火焰光度计检流计的 100 和 0→然后按低浓度到高浓度顺序进行测定→记录检流计的读数（y）→以记录检流计的读数（y）为纵坐标→钾浓度（x）为横坐标→绘制标准曲线或建立回归方程。

②待测液的测定：用钾标准溶液的 60ppm 和 0ppm 分别调节火焰光度计检流计的 100 和 0→将稀释后的待测液直接在火焰光度计上测定→记录检流计的读数（y）。

③求钾浓度：从标准曲线上查得或回归方程 $y=a+bx$ 求得待测液的钾浓度（μg/mL）。

5. 结果计算

$$全钾（\%）=\frac{x(ppm)\times 测读液体积\times 分取倍数}{W\times(1-含水率)\times 10^6}\times 100\%$$

$$K_2O（\%）=\frac{x(ppm)\times 测读液体积\times 分取倍数\times 1.205}{W\times(1-含水率)\times 10^6}\times 100\%$$

6. 讨论

编号	W（g）	检流计的读数(y)	待测液钾浓度 x(μg/mL)	全钾（%）	K_2O（%）	均值（%）	相对偏差（%）	1−含水率

7. 注意事项

（1）总灰分制备的待测液吸取2～5mL于100mL容量瓶中（钾的浓度最好控制在10～30ppm），用蒸馏水定容摇匀。

（2）用湿灰化制备的待测液测钾，应注意：

①溶液中的酸度大小对测定结果有很大的影响，待测液中酸度如超过0.25mol/L，会使读数降低。一般酸度 <0.05mol/L；②电离干扰：电离电位较低的元素，如钾为4.34V，在火焰中有较大的电离，电离的结果使原子数目减少，并降低了特征光谱强度，故被测元素在试液中的含量限制在一定范围，浓度不能过低，以免产生电离干扰；③自吸干扰：用发射法测定易电离元素时，往往会遇到纯盐溶液的标准曲线呈"S"形，因为低浓度时电离作用明显，出现曲线下凹；而高浓度时产生自吸作用，即火焰中心发射的被测元素的共振线遭到火焰外围"冷区"中该元素的基态原子所吸收，使发射强度减弱。故试样被测元素含量高时，可通过稀释，使被测元素在试液中限制在一定范围，而又不使其浓度过低，以免产生电离干扰，又能减少自吸干扰；④标准液和待测液的组成应尽量相同，故可在钾标准溶液系列中加入相当量的空白消煮液（5mL）；⑤标准溶液配制时间过久浓度会有变化或混入杂质，应现配现用，以减少误差。

8. 作业

（1）简述烟叶中钾的测定意义。

（2）简述烟叶中钾的存在特性及对烟叶燃烧性的影响。

（3）烟叶中钾的测定方法主要有哪几种？目前最常用的是哪几种？

（4）简述火焰光度法测定钾的原理。

（5）火焰光度法测定烟叶样品钾的过程中应注意些什么？

实验 71　禾谷类农产品重金属含量分析测定:原子吸收法

一、目的要求

掌握禾谷类农产品重金属(铅、镉、砷、汞、铬)含量测定的原理和方法。

二、内容说明

土壤重金属污染,不仅严重影响作物的生长发育,而且还通过作物食用部分产品进入食物链,危害人类健康。目前我国部分地区土壤重金属污染严重威胁着作物安全生产,尤其是我国南方禾谷类作物种植地区受重金属污染影响形势严峻。选育耐重金属胁迫和重金属低富集的作物品种是解决农产品重金属威胁的重要手段。目前农产品重金属含量测定的方法主要有紫外－可见分光光度法、原子发射光谱法、原子吸收光谱法、原子荧光光谱法和等离子质谱法等方法。

原子吸收光谱法是利用物质的气态原子对特定波长的光的吸收来进行分析的方法。其原理是当适当波长的光通过含有基态原子的蒸气时，基态原子就可以吸收某些波长的光而从基态被激发到激发态,从而产生原子吸收光谱。根据测定样品的吸光度与标准曲线进行比对,可以计算出待测样品中重金属的含量。

原子荧光光谱法测定元素含量的原理是利用惰性气体氩气作为载气，将待测元素气态氢化物和氢气引入原子化装置(石英炉)中,氢气和氩气在特制火焰装置中燃烧加热,氢化物受热以后迅速分解,被测元素离解为基态原子蒸气,这种基态原子蒸气吸收合适的特定频率的辐射后,其中部分受激发态原子在去激发过程中以光辐射的形式发射出特征波长的荧光,检测器测定原子发出的荧光而实现对元素的痕量测定。本实验将介绍原子吸收光谱法和原子荧光光谱法检测禾谷类农产品中重金属(铅、镉、砷、汞、铬)含量的程序和方法。

三、材料用具

1. 材料

市面上购买不同来源稻谷若干(以稻米中重金属检测为例)。

2. 试剂

硝酸,高氯酸,盐酸,过氧化氢;铅,镉,砷,汞,铬(1000μg/mL)标准储备液。

铅、镉、砷、汞、铬标准工作液:将 1000μg/mL的铅、镉、砷、汞、铬标准储备液逐级稀释成 100μg/mL标准工作液，然后分别取标准工作液 0.00mL(0.00μg/mL)、1.00mL(1μg/mL)、3.00mL(3μg/mL)、5.00mL(5μg/mL)、7.00mL(7μg/mL)、10.00mL(10μg/mL)、15.00mL(15μg/mL)、20.00mL(20μg/mL)加入到 100mL容量瓶中,用 2.0%的 HNO_3 定容至刻度,用于标准曲线绘制。

3. 仪器

稻谷脱壳机,磨样粉碎机,80/40/20 目过滤筛,消解罐,电加热器,微波炉,容量瓶,恒温干燥箱,瓷坩埚,原子吸收光度计,原子荧光光度计等。

四、方法步骤

1. 样品前处理

将稻谷样品去杂后，利用脱壳机将稻壳去掉，用磨样机将稻米磨成粉，对无机砷测定的样品过 80 目筛，总汞测定样品过 40 目筛，总铅、镉、铬测定样品过 20 目筛后，收集粉末用于样品消解。

2. 样品消解（四种方法选其一）

（1）微波消解

称取 0.5g 粉碎米样放于消解罐中，加 7.0mL HNO_3、3.0mL H_2O_2 放置于控温电加热器上（120℃）加热；当溶液中无明显颗粒状物时，放入微波炉中消解。消解程序：第一步，微波火力 4%（微波火力根据仪器生产厂家定义设置），微波压力 5atm，微波时间 2 分钟，温度 130℃；第二步，微波火力 5%，微波压力 10atm，微波时间 2 分钟，温度 170℃；第三步，微波火力 7%，微波压力 8atm，微波时间 4 分钟，温度 200℃（注:微波火力取自仪器生产厂家自定义）。消解完后将消解液冷却，然后将微波消解罐放在电加热器上加热去除氮氧化物，直至白烟冒尽溶液澄清，待消解液冷却后转移至 50mL容量瓶中，用 2.0%硝酸定容待测，同时做试剂空白。

（2）普通高压消解

称取 0.5g 粉碎米样于聚四氟乙烯内罐中，加 7.0mL HNO_3 浸泡过夜，再加 3.0mL H_2O_2，盖好内盖，旋紧不锈钢外套，放入恒温干燥箱内 130℃保持 3.5 小时，在箱内自然冷却至室温，转移至 50mL容量瓶中，定容待测，同时做试剂空白。

（3）湿法消解

称取 1.0g 粉碎米样于锥形瓶中，放数粒玻璃珠，加 10.0mL混合酸（4∶1的 HNO_3–$HClO_4$），加盖浸泡过夜，放在电热板上中档加热；当剩下 2mL左右时，再加入 5.0mL硝酸继续消化，直至白烟冒尽溶液呈无色透明近干为止。取下锥形瓶，待其冷却后将消解液用水转移至 50mL容量瓶中，并定容待测，同时做试剂空白。

（4）干法消解

称取 1.0g 粉碎米样试样于瓷坩埚中，在可调电炉上小火炭化至无烟，后移入 500℃箱形电阻炉内灰化 6～8 小时，取出后冷却，若个别试样灰化不彻底，则加 1.00mL混合酸在可调电炉上小火加热，反复多次直到消化完全，放冷，用硝酸（0.5mol/L）将灰分溶解，过滤于 50mL容量瓶中，用 2.0%硝酸定容待测，同时做试剂空白。

3. 标准溶液测定

利用原子吸收分光光度计测定不同浓度的铅、镉、铬标准工作液的吸光度，利用原子荧光光度计测定不同浓度砷、汞标准工作液的荧光强度，用于标准曲线绘制（原子吸收分光光度计和原子荧光光度计测定时相关参数，根据不同型号仪器使用说明书进行设置和优化）。

4. 样品测定

利用原子吸收分光光度计测定待测样品溶液和空白样品溶液中铅、镉、铬的对应吸光度，根据标准曲线，由测得的吸光度计算样品中铅、镉、铬的含量。

利用原子荧光光度计测定待测样品溶液和空白样品溶液中砷、汞的对应荧光强度，根据标准曲线计算砷、汞含量。

5. 样品中重金属含量计算

将各元素标准使用液配制成系列浓度的标准溶液，以荧光强度或吸光度（A）为纵坐标，浓度(C)为横坐标,绘制标准曲线,计算回归方程($A=kC+p$)、线性范围和相关系数,用于试样中元素含量的计算。试样中元素含量计算公式如下:

$$CT=\frac{(A-p)\times V}{k\times W}$$

式中:CT 为待测样品中元素含量,A 为测得的样品溶液的吸光度或者荧光强度,p 为标准曲线中常数,V 为测定样品溶液总体积,k 为回归曲线的斜率,W 为待测样品的总重量。

五、作业

(1) 原子吸收光谱法和原子荧光光谱法测定元素含量的原理是什么?

(2) 稻米样品消解的程序是什么?各有何优缺点?

实验 72　禾谷类农产品农药残留物分析测定:酶抑制率法

一、目的要求

掌握酶抑制率法测定禾谷类农产品有机磷和氨基甲酸酯类农药残留的原理和方法。

二、内容说明

根据有机磷和氨基甲酸酯类农药能抑制乙酰胆碱酯酶的活性原理,向禾谷类农产品提取液中加入反应底物碘化乙酰硫代胆碱和乙酰胆碱酯酶,如禾谷类农产品不含有机磷或氨基甲酸酯类农药残留或残留量低、酶活性不能被抑制,加入底物时就能被酶水解,水解产物与加入的显色剂反应生成黄色物质。如禾谷类农产品提取液含农药并残留量较高时,酶活性被抑制,底物不能被水解,当加显色剂时不能显色或颜色变化很小。用分光光度计在 412nm 处或农药残毒快速检测仪测定吸光值,根据计算出的抑制率,判断禾谷类农产品中含有机磷或氨基甲酸酯类农药残留量的情况。

三、材料用具

1. 材料

市面上购买水稻种子或者稻米若干(以水稻为例)。

2. 试剂

pH 8.0 缓冲液:分别称取 11.9g 无水磷酸氢二钾与 3.2g 磷酸二氢钾,溶解于 1000 mL蒸馏水中。

乙酰胆碱酯酶:根据酶活力用缓冲溶液溶解,3 分钟内吸光值变化 ΔA_0 值应控制在 0.3 以上。摇匀后,0℃ ~ 5℃冰箱中保存,保存期不超过 4 天。

底物碘化乙酰硫代胆碱:称取 25.0 mg 碘化乙酰硫代胆碱,用 3.0 mL缓冲溶液溶解,0℃~5℃冰箱保存,保存期不超过 2 周。

显色剂:分别称取 160 mg 二硫代二硝基苯甲酸和 15.6 mg 碳酸氢钠,用 20 mL缓冲溶液溶解,4℃冰箱保存(以上试剂配制可购买相应的试剂盒,乙酰胆碱酯酶的 ΔA_0 值应控制在 0.3 以上)。

3. 仪器

分光光度计或相应的农残快速检测仪，天平(0.01g)，恒温水浴或恒温培养箱。

四、方法步骤

1. 样品处理

将稻谷去壳后，称取待测米样品 1 g，用磨样机磨碎后，放入烧杯或提取瓶中，加入 5 mL缓冲液，振荡 1 ~ 2 分钟，倒出提取液，静置 3 ~ 5 分钟，待用。

2. 对照溶液测试

先向试管中加 2.5 mL缓冲液，再加 0.1 mL酶液和 0.1 mL显色剂。摇匀后放于 37 ℃恒温水浴或者恒温箱中 15 分钟以上(每批样品时间应一致)。加 0.1 mL底物摇匀，此时反应液开始显色反应，应立即放入比色皿中，记录反应 3 分钟的吸光度的变化值 ΔA_0。

3. 样品溶液测定

先向试管中加 2.5 mL样品提取液，其他操作与对照测定相同，再加 0.1 mL酶液和 0.1 mL显色剂。混匀后，放 37 ℃恒温 15 分钟以上(每批样品时间应一致)。然后加 0.1 mL底物摇匀，立即将反应液放入比色皿中，记录反应 3 分钟的吸光度的变化值 ΔA_t。

4. 结果分析

$$抑制率(\%)=\frac{\Delta A_0-\Delta A_t}{\Delta A_0}$$

式中，ΔA_0 为对照液反应 3 分钟吸光度的变化值；ΔA_t 为样品溶液反应 3 分钟吸光度的变化值。

5. 实验结果评价

当测试样品提取液对酶的抑制率大于 50% 时，表示样品中有高剂量的有机磷或氨基甲酸酯类农药残留，可判定样品为阳性结果。对检验结果阳性的样品需重复检验 2 次以上。

6. 注意事项

(1) 对检验阳性结果样品，需用其他方法进一步确定残留农药的种类和定量测定。

(2) 酶抑制率法对部分农药的检出限见表 72–1。

表 72–1　酶抑制率法对部分农药的检出限

农药名	检出限（mg/kg）	农药名	检出限（mg/kg）
呋喃丹	0.05	氧化乐果	0.8
丁硫克百威	0.05	对硫磷	1.0
敌敌畏	0.1	甲胺硫	2.0
灭多威	0.1	乐果	3.0
辛硫磷	0.3	马拉硫磷	4.0
敌百虫	0.2	甲基异柳磷	5.0

(3) 当温度低于 37℃，酶反应速度随之放慢，加液后反应的时间应相对延长，延长时间以胆碱酯酶空白对照测试的吸光度变化 ΔA_0 在 0.3 以上为准。注意样品放置时间应与空白对照溶液放置时间一致才有可比性。酶的活性不够和温度太低都可能造成胆碱酯酶空白对照液 3 分钟的吸光度 ΔA_0 变化值<0.3。

（4）该法适用于大量禾谷类农产品样本的筛检，不适用于最后的仲裁检测。

五、作业

（1）胆碱酯酶抑制检测法受哪些因素影响？怎样解决？

（2）对胆碱酯酶抑制检测法检验出的阳性样品，还可采用哪些方法进行进一步的定性和定量分析？

第七章　作物生长与营养诊断

实验 73　水稻叶面积指数变化动态测定

一、目的要求

掌握水稻叶面积测定的原理与方法，以及叶面积指数计算方法。

二、原理与说明

叶面积指数是指单位土地面积上的叶面积，是衡量水稻栽培管理过程中评价群体生长状况的重要参考指标。叶面积测定的方法主要有长宽系数法、复印称重法、打孔称重法、叶面积仪测定法和方格纸法。本实验主要介绍长宽系数法和叶面积仪测定法两种叶片测定方法。

三、材料用具

1. 材料

待测水稻样品。

2. 仪器

铅笔，卷尺，天平，打孔器，LICOR-3100 叶面积仪。

四、方法步骤

1. 取样

分别在分蘖中期、幼穗分化始期、孕穗期、齐穗期、齐穗后 7 天、齐穗后 15 天和成熟期取样。取样采取五点取样法，各小区取 5 蔸(株)用于测定。

2. 叶面积测定

(1) 长宽系数法。将每蔸水稻所有绿叶摘下来，依次测量每张绿叶的长度和最大宽度(单位为 cm)，按下列公式计算单叶面积：

秧苗期和收获期：单叶面积＝叶长 × 最大宽度 × 0.67

本田期除秧苗期和收获期：单叶面积＝叶长 × 最大宽度 × 0.75

(2) 叶面积仪测定法。将每蔸水稻所有绿叶摘下来，依次通过 LICOR-3100 叶面积仪自动测定，获得每张叶片的面积、叶片长度和平均宽度。

(3) 叶面积指数计算：叶面积指数＝每蔸绿叶面积 × 每亩蔸数 × 15×10^{-8}

(4) 叶面积指数变化动态分析：根据各个时期测得的叶面积指数数据，绘制叶面积指数变化动态图，评价水稻群体生长状况。

五、作业

（1）水稻叶面积测定的方法有哪些？各有何优缺点？
（2）水稻健康群体对叶面积指数变化有什么要求？

实验 74　作物干物质积累动态测定

一、目的要求

学习作物干物质测定原理、方法及干物质积累动态分析方法，掌握水稻、油菜的干物质积累动态测定方法。

二、内容说明

作物干物质是作物光合作用形成的最终产物。干物质的积累、转运和分配直接影响着作物的最终经济产量。通过测定和分析田间作物干物质积累动态，有利于及时采取有效调控措施，构建作物合理株型和田间群体结构，提高作物光能利用率和产量。作物干物质测定是将作物生长各时期的一定代表性植株各器官分离分装，经烘干后称重，然后计算单位面积上所有植株的干重。

三、材料用具

1. 材料
待测水稻、油菜样品。
2. 仪器
记号笔，剪刀，牛皮纸袋或信封袋，天平，烘箱。

四、方法步骤

1. 取样
分别在水稻生长分蘖中期、幼穗分化始期、孕穗期、齐穗期、齐穗后 7 天、齐穗后 15 天和成熟期；油菜为苗期、初花期、盛花期、角果期、成熟期，取地上部分样品用于实验。取样采取五点取样法，各小区取 10 蔸（株）用于测定。
2. 样品处理和鲜重称量
将水稻叶片、叶鞘、茎秆、穗、枝梗、籽粒，或者油菜叶片、叶柄、茎秆、角果、籽粒各器官分开，分别包装。称取各个时期水稻、油菜样品各部分器官鲜重。
3. 样品烘干和干物质重测定
将称好鲜重的水稻、油菜样品，放置烘箱，105℃杀青 60 分钟，然后 70℃烘干至恒重，称量各部分干物质重。
4. 干物质积累分析
干物质积累动态分析主要分析测定作物各时期干物质总重、各器官干物质总重、绝对生长率、相对生长率和干物质分配率等指标。

干物质总重是指各时期测定土地面积上作物(或各器官)干物质的总重量。计算方法为:水稻、油菜干物质重 = 单株干重(各器官干重) × 单位面积株数 × 测定土地面积。

作物绝对生长率是指单位时间内作物(各器官)干物质绝对增长量。计算方法为:水稻、油菜绝对生长率 =(本次测定作物干重 – 前次测定作物干重)/(2 次测定间隔时间 / 测定土地面积)。

作物干物质分配率是指作物各器官干物质增加重量占植株干物质增加总重的比例。计算方法为:水稻、油菜干物质分配率(%)=(本次测定作物各器官干重 – 前次测定作物各器官干重)/(本次测定作物干重 – 前次测定作物干重) × 100%。

五、作业

(1) 水稻、油菜干物质分配与产量形成有什么关系?

(2) 水稻、油菜健康群体结构对干物质生产有什么要求?

实验 75 作物净同化率测定

一、目的要求

学习作物净同化率测定的原理与分析方法,掌握测定水稻、玉米的净同化率。

二、内容说明

作物净同化率是指单位叶面积在单位时间内的干物质积累量,是评价作物光合作用能力的重要指标,也是作物产量形成的重要基础。作物单株净同化率主要受光照强度、叶片叶绿素含量、品种类型等因素影响。作物群体净同化率除了受光照强度、叶片叶绿素含量、品种类型等影响外,还受叶面积指数、群体空间结构等因素影响。如当作物叶面积指数过高时,叶片相互荫蔽,导致光合能力下降而引起净同化率的下降。

三、材料用具

LICOR–3100 叶面积仪,记号笔,剪刀,牛皮纸袋或信封袋,天平等。

四、方法步骤

1. 叶面积测定:参照实验七十三方法测定。

2. 干物质积累测定:参照实验七十四方法测定。

3. 净同化率计算:净同化率[($g/m^2/d$)]=(本次测量单株植物干物质重 – 前次测量单株植物干物质重)/[(本次测量单株植物叶面积 – 前次测量单株植物叶面积) × 2 次测定间隔天数]。

五、作业

(1) 影响作物净同化率的因素有哪些?

(2) 作物净同化率与叶面积指数和干物质重之间有什么关系?

实验 76　水稻光合特性测定

一、目的要求

掌握 LI-6400 光合测定仪测定水稻光合特性的原理与分析方法。

二、内容说明

光合作用是作物生长发育和产量形成的生理基础，也是作物产量高低的决定因素。水稻干物质积累的 90%来自于光合作用，提高水稻光能利用率是提高水稻单产的最有效途径。目前研究水稻光合特性的主要测定手段是利用光合作用测定仪，本实验将介绍美国 LI-COR 公司的 LI-6400 便携式光合测定仪的测定原理和使用方法。

三、材料用具

1. 材料

田间种植水稻。

2. 仪器

LI-6400 光合测定仪。

四、方法步骤

1. 测定时期与时间

测定时期：于水稻分蘖期、抽穗期、灌浆期和成熟期分别测定水稻光合特性。

测定时间：选择风和日丽、天气晴朗的上午 9:00 ~ 11:30 和下午 3:00 ~ 5:00 进行。最佳测定时间为上午 9:00 ~ 11:30。

2. 光合特性测定与分析

利用美国 LI-COR 公司生产的 LI-6400 型便携式光合测定仪进行测定。测定参数设置参照仪器使用说明书进行。在田间试验小区选择叶位一致、叶色和大小相近的叶片进行测定。测定部位选择叶片中部最宽处，每片叶片重复测定 3 次。每小区选取 3~5 片叶片进行测定。

3. 光合特性数据分析

将测定数据从 LI-6400 光合测定仪中导出，分别分析蒸腾速率（参数 Trmmol）、气孔导度（参数 Cond）、净光合同化速率（参数 Photo）和胞间 CO_2 浓度（参数 Ci）。

五、作业

（1）水稻的光合作用受哪些因素的影响？

（2）怎样通过栽培调控措施提高水稻的光合作用效率？

实验 77 水稻秧苗生理障碍诊断

一、目的要求

掌握浸种催芽过程的各种异常情况，秧苗生长期间的烂秧和水稻各种类型僵苗的诊断技术及相应的防治措施。

二、内容说明

(一) 浸种催芽期间的诊断

催芽方法较多,这里主要指稻种堆积催芽方法,一般分浸种与催芽两个过程。其稻种吸水适宜的指标是:谷壳颜色变深,胚部膨大突起,胚乳变软,手捻米粒呈粉状,折断米粒无响声,稻米中心不显白色。若谷壳保持黄白色且谷壳坚硬,表示吸水不足;若谷壳黄色变深且显光泽,说明浸种时间过久。正常生长的种芽要求:芽齐芽壮芽色白,根芽比例适宜,气味清香无酒味,3 天之内发齐芽。若种子吸水不足或过多,催芽过程中温、水、气条件控制不当,则种芽生长不正常,出现下述各种障碍,应及时诊断,并采取补救措施。

1. 哑谷多

哑谷即不发芽的谷粒,播后不仅难以出苗,且易招致病害,降低秧苗质量。正常发芽的种子,哑谷率应不超过 5%,引起哑谷的原因归纳如下。

(1) 种子质量低劣:如贮藏不善;造成霉变降低发芽率;后熟不良,使发芽能力变差等。为防止这种情况发生,应在播前搞好种子质量检查及种子处理,如晒种、选种等。

(2) 浸种时间不够,吸水不足:表现为谷粒硬实,谷壳发白,温度不能上升或上升很快,引起烧包。补救的办法是催芽时淋一些温水。

(3) 谷堆温度不均匀,外围种子因温度低不能破胸:催芽时应注意翻拌谷堆,同时注意增加覆盖物保温。

2. 高温烧芽(烧包)

(1) 症状表现:高温烧芽多发生在破胸阶段,表现为发芽不整齐,哑谷多;种芽出现畸形,如幼芽弯曲,幼根根毛少等;严重受伤的种芽,根尖和芽鞘变黄呈枯死状,谷芽有酒味。

(2) 产生原因:破胸阶段种子量堆积过多,谷堆中心升温过高,持续时间过长;或因上堆前,种子预热起点温度太高(堆中心在 40℃以上),上堆后因谷堆太大,堆中心温度下降困难。高温烧芽的机制是:高温可使酶蛋白变性,破坏酶的活性;高温形成初期,使种子呼吸作用旺盛,造成谷堆内部严重缺氧,导致无氧呼吸而产生酒味。

3. 滑壳起涎

(1) 症状表现:谷壳潮湿起滑,谷粒黏手,有酒味,若处理不及时,易招致微生物大量繁殖而使谷粒发霉。

(2) 产生原因:谷堆水分过多,氧气不足,升温缓慢,催芽时间拉长;种谷进行无氧呼吸时,形成的中间产物外渗使谷壳发涎,并有酒味。

4. 根芽不齐

根芽不齐包括有根无芽或有芽无根，根长芽短或芽长根短等类型。引起根芽不齐的原因，主要是催芽时湿度、温度不适宜。在水分过多、温度不足的情况下，根生长慢，芽鞘生长较快，造成根短芽长，此时宜轻翻拌稻种以便散失水分。在水分不足，温度较高的情况下，根生长快，芽鞘生长较慢，造成根长芽短，温室催芽常出现此种现象。此时应增加水分，适当降低温度，使根芽生长协调。

上述几种现象在其他催芽方法中发生的程度有差异。

(二) 秧苗生理障碍的诊断

秧苗生理障碍主要表现为烂种、烂芽和死苗，在早季低温育秧期间最为常见，对双季稻区早稻生产的影响较大。因此，及时进行诊断，查明原因，采取有效防治措施，是培育壮秧的关键。

1. 烂种

引起烂种的主要原因有：种子质量差；浸种催芽不良，种芽质量差；秧田糊烂，播种过深，造成淤种烂种；秧板过硬、种子外露，造成缺水晒芽；或因播后暴雨冲洗，种芽暴露，引起烂芽。防止烂种的方法主要是提高种子质量、催芽质量和播种质量(搞好塌谷)。针对产生烂种的原因采取补救措施，如种子外露应及时补用覆盖物促进出苗。烂种严重的应考虑补种。

2. 烂芽

播种后种子虽然能发芽，但未到显青即死亡的称烂芽，主要表现有：

(1) 翻根倒芽：播种后长期淹水，造成低温缺氧，致使发根不良，芽鞘徒长，形成翻根倒芽。另外，蚯蚓为害也可引起翻根倒芽。防治办法是坚持芽期湿润管理，防止前期灌水。

(2) 长期阴雨，病菌为害引起烂芽：长期低温阴雨，种芽生活力降低，根系生长停滞，一些弱寄生性的腐霉菌等微生物侵染造成烂芽。防止烂芽时要注意提高秧田整地质量，抓住晴天播种，坚持前期湿润管理。烂芽补救措施，可在开始发生烂芽时，用500倍敌克松和1000倍硫酸铜混合液，以粗雾点喷于厢(畦)面，喷时先让床面稍许落干，使土壤易于吸收药液。

(3) 有毒物质引起烂芽：秧田施用新鲜有机肥或用草子和青苔等覆盖物，如遇上长期阴雨天气或畦面积水，有机物腐烂产生有毒物质，使种芽死亡。这种情况在阴雨过后的转晴时表现更为突出，补救办法是及时灌水(即一面灌水，一面排水)洗毒去污，然后露田通气，结合喷药防治。

3. 死苗

(1) 黄枯死苗：又叫立枯病，属慢性生理病，多在一至二叶期成簇发生，弱苗和缩脚苗最易感病，发病顺序从老叶到嫩叶，由外到内逐渐变黄枯死，称为“剥皮死”。病苗基部为病菌寄生腐烂，手拉秧苗，根部易脱离。低温伤害是产生黄枯病的直接原因，低温期间秧苗生活力弱，根系吸收能力差，光合能力低，植株营养缺乏，抗逆能力下降，易受病菌侵害而致死。由于秧苗受伤和死亡过程缓慢，体内发生蛋白质和叶绿素的再分配，营养物质由老叶向嫩叶转移，因而产生剥皮死的现象。防止黄枯死苗的根本措施是培育壮秧，提高秧苗素质，做好薄膜秧的炼苗工作等，减少死苗。

(2) 青枯死苗：青枯死苗为急性重病害，多成片发生于二至三叶期，徒长苗发病更为严重。特别是寒潮过后，气温剧烈变化时期，由于苗床水分管理不当，病苗从幼嫩的心叶部分开始萎蔫卷筒，然后整株萎蔫死亡，病苗叶色暗绿，故称“青枯病”。青枯死苗主要受不良气候条件的影响造成生理缺水死苗。腐霉等病菌侵染也是发病原因之一。防止青枯死苗应注意天气剧变，掌握好薄膜育秧揭摸时的水分管理。例如寒潮过后转晴，秧田要逐步排水通气，不要急剧排水引起青枯死苗，薄膜秧要坚持先灌水后揭膜的做法。

(3) 冷害苗：多出现在二、三叶期的嫩苗，最明显的症状是叶片尖端部分斑白，嫩叶受害较重,甚至可全叶变白,根系纤细黄褐色,吸收能力减弱。产生的原因是由于瘦弱柔嫩的秧苗,遇低温晚霜危害,使叶绿素的形成受到破坏而引起白叶,补救不及时会造成死苗。防止措施是加强水分管理。遇低温霜冻,应注意灌水保温。

(三)水稻僵苗诊断

僵苗又称发僵、坐蔸等,是水稻分蘖期出现的各种生理病害的总称。僵苗的类型很多,根据其发生的原因不同,一般分为中毒发僵,缺素发僵,冷害发僵和泡土僵苗等类型。

1. 中毒发僵

主要发生在施用大量新鲜有机肥料而又严重缺氧的土壤上,土壤中累积了大量的 Fe^{2+}、H_2S 和有机酸等有毒物质,引起根系中毒变黄、发黑,甚至根表皮破裂产生融根现象。由于根系受害,养分吸收严重受阻,植株矮小,叶片短、窄,甚至死叶。由于毒害物质不同,根系受害的症状不一。有机酸毒害的表现:根为黄褐色,老化无生气,新根少,活力低,严重时根表皮脱落,根尖几乎枯死;有的根透明乃至腐烂,但无明显的黑根现象,新根不发,叶片呈卷曲状,伸展延缓,中毒时间过久,下部出现枯尖和死叶的现象。亚铁毒害的现象:首先老叶变成黄褐色,叶尖呈现不规律的棕褐斑块,进而斑块遍及全叶,叶鞘也有斑块发生,根为黄褐色,少数根段上出现局部锈斑,不发新根,但根端附近往往有许多须状分枝,严重时病症向上部叶发展,老叶变灰褐色。硫化氢和硫化物对根系的毒害主要是根系变黑。

2. 缺素发僵

主要发生在排水不良和含沙或粉沙较多的稻田。由于土壤中速效养分比较缺乏,供应不及时或养分不平衡引起僵苗。植株病症的表现:缺氮,植株矮小,叶片黄瘦细小;缺磷,叶片暗绿,叶片叶枕错位;缺钾,叶片初呈锈褐斑,边缘失绿,以后逐渐坏死;缺锌,轻度发病的植株,叶片基部和叶鞘边缘失绿发白。严重时,叶片变短变窄呈现小叶病,心叶卷筒,不能开展,并伴随失绿白化,甚至整个心叶呈白条状。由于营养失调,植株体内生理代谢紊乱,酶系统不协调是造成僵苗的生理原因。

3. 冷害发僵

多发生在移栽后,气温低于15℃,阴雨时间较长,气温骤变且变幅很大的情况下。由于低温缺光,植株生理代谢不能正常进行,酶活性低,叶片光合作用功能下降,糖类物质和能量的供应不足,从而降低植株的抗寒性和生长速度。在低温冷害条件下,抗寒性弱的品种,土壤严重缺氧和素质差的秧苗,首先出现冷害病症,其表现主要是迟发、不能产生分蘖,植株矮小,如低温期间伴随有西北风时,叶片生理失水严重,出现叶尖和叶缘枯黄现象。

4. 泡土僵苗

多发生在地势低洼、地下水位高和经常渍水的土壤,如烂湖田、深泥脚田等。植株病症的表现是植株短小,叶片黄化,根系软绵无弹性,禾苗瘦黄不分蘖。导致僵苗的原因主要是土壤缺氧,根呼吸受阻,吸收能力下降,营养元素供应不足,植株表现为"营养缺乏症"。

防治僵苗必须采取综合措施,主要措施有:改革耕作制度,实行水旱轮作;开沟抬田,降低地下水位;培育壮秧,提高秧苗素质;增施磷钾肥,促进养分平衡,缺锌引起的僵苗应注意施用锌肥;犁耙适度,泥不过烂;选用抗性强的品种,以提高抗逆能力;提高栽培水平,加强田间管理。

三、方法步骤

(1)现场考察:进行全面考察,了解各种症状具体表现,察看当地当时的周围环境条件。

(2)调查访问:向当地群众调查访问,了解田间管理情况及发生异常现象的原因。

(3) 科学分析:根据现场考察和调查访问,针对可能引起异常情况的障碍因素进行分类归纳,排除干扰因子,进行确诊。

(4) 试验验证:找出主要影响因素之后,在条件许可的情况下设置辅助试验,通过实践检验诊断的准确度。

(5) 制定措施:在上述工作的基础上提出防治的措施,并及时采取应急办法。

四、作业

根据诊断和分析原因,写出全面防治的实验报告。

实验78 水稻不同生育阶段看苗诊断

一、目的要求

初步掌握水稻栽培中看苗诊断的技术。学会在不同情况下判断苗情好坏的标准,及时采取相应的栽培技术,调控水稻的叶色和长势长相,使之群体处于最佳状态,最后获得高产。

二、内容说明

水稻的叶色、长势、长相在其不同的生育阶段均有变化。叶色是指水稻在正常情况下的黄、黑交替的阶段性变化;长势是指水稻植株生长快慢,主要是指分蘖发生的迟早、分蘖数的多少,以及出叶速度的快慢和各叶长度的变化;长相则是指稻苗生长的姿态,包括株形和群体结构。这三个诊断指标各有其独立的内容,但又是互相联系的。因此,田间看苗诊断要全面地综合考虑。

(一) 苗期的长势长相

(1) 健壮苗:插秧前苗高适中,苗基宽扁,秧苗叶片挺直有劲,不披而具弹性;叶鞘短粗,叶枕距较小;秧苗叶色绿,带有分蘖;白根多;秧苗单位长度干物质重大。

(2) 徒长苗:苗细高,叶片过长,有露水时或下雨后出现披叶,苗基细圆,没有弹性,叶枕距大,叶色过浓,根系发育差。

(3) 瘦弱苗:苗短瘦,叶色黄,茎硬细,生长慢,根系差。

(二) 分蘖期的长势长相

(1) 健壮苗:返青后,叶色由淡转浓,长势蓬勃,出叶和分蘖迅速,稻苗健壮。早晨有露水时看苗弯而不披,中午看苗挺拔有劲。分蘖末期群体量适中,全田封行不封顶(封行是顺行向可见水面在1.5~2.0m之内),晒田后,叶色转淡落黄。

(2) 徒长苗:叶色黑过头,呈墨绿色;出叶,分蘖末期叶"一路青",封行过早,封行又封顶。

(3) 瘦弱苗:叶色黄绿,叶片和株形直立,呈"一炷香",出叶慢,分蘖少,分蘖末期群体量过小,叶色显黄,植株矮瘦,不封行。

(三) 幼穗分化期的长势长相

(1) 健壮苗:晒田复水后,叶色由黄转绿,到孕穗前保持青绿色,直至抽穗。稻株生长稳健,基部显著增粗,叶片挺立清秀,剑叶长宽适中,全田封行不封顶。群众对此种长相总结为四句话:“风吹禾叶响,叶尖刺手掌,下田不缠脚,禾秆铁骨样。”

(2) 徒长苗:叶色乌绿,贪青迟熟,秕谷多,青米多。

(3) 瘦弱苗:叶色枯黄,剑叶尖早枯,显出早衰现象,粒重降低。

(四) 结实期的长势长相

(1) 健壮苗:青枝蜡秆,叶青子黄,黄熟时早稻一般有绿叶 1 ~ 2 片,连作晚粳剑叶坚挺,有2片以上的绿叶,穗封行,植株弯曲而不倒。

(2) 徒长苗:叶色乌绿,贪青迟熟,秕谷多,青米多。

(3) 瘦弱苗:叶色枯黄,剑叶尖早枯,显出早衰现象,粒重降低。

三、方法步骤

选择各类代表田或在教学实习田中,人为地创造不同生长类型的稻田,在水稻几个主要的生育时期进行诊断。

(一) 成秧率调查

调查某一品种(或处理)的成秧率,宜在插秧前 1 ~ 2 天进行。调查前先检查各秧厢(畦)秧苗生长是否一致,若比较一致即可用三点或五点取样方法取样,若秧厢(畦)间生长差异大,则可按生长情况,将秧厢(畦)分上、中、下三等,算出各占秧田面积的成数,再在各等秧厢(畦)中取样 2 ~ 3 点,每个取样点的面积为 15cm × 6cm 或 15cm × 15cm。取样时将各样点的秧苗及表层土壤一齐取出,装在网筛内,用水洗去泥土,分别统计大苗(即为成秧数)、小苗(不到大苗高度 1/2 的小苗)以及未出苗的种谷数(注意清洗中要轻巧,以免谷壳秧苗分离,不要把秧苗上脱落的种谷壳算成未发芽出苗的种谷),然后计算成秧率,记入表 78–1。

表 78–1 成秧率调查表

处 理	1	2	3	4	5	6	7	8	9	10	平均
大苗数											
小苗数											
未出苗种谷数											
成秧率											

(二) 秧苗质量考察

(1) 取样:从调查样品中每个处理任选成秧秧苗 50 株(或在秧田中随机取 50 ~ 100 株),对下列各项进行考察,并填入表 78–2。或者:移栽前 1 ~ 2 天,在确定秧苗素质鉴定的秧田中五点取样。每点选择有代表性的秧苗 20 株,五点共取 100 株。洗净根部泥土,即可供室内进行鉴定。

(2) 测算叶片数:在出苗后即定点观察 20 株,每出一叶用红漆标志。进行秧苗素质鉴定时,计其完全展开叶为整数,未展开心叶以小数表示。假设心叶的长度为 n,其下一叶的长度为 M,则心叶叶龄可按如下标准计算:①心叶露尖卷曲如筒状,$n<1/3M$ 时,记为 0.1 ~ 0.2;②心叶顶端开始展开,$1/3M \leq n<1/2M$,记为 0.3;③心叶长度超过其下一叶长度的一半,$1/2M \leq n<3/4M$,记为 0.5;④心叶与下一叶等长,$3/4M \leq n \leq M$,记为 0.7 ~ 0.8;⑤心叶长度超过下一叶长而尚未完全抽出,$n>M$,记为 0.9。若事先没有定株标记叶龄的,可将秧苗连谷壳一起拔出,按奇数叶(1、3、5 等)与谷粒方向相同,偶数叶(2、4、6 等)与谷粒相反的方法,确定叶龄。最后,计算出单株平均叶龄。

（3）测定最长叶的长度和宽度，取秧苗20~100株，量取最长叶片的长度（从叶枕到叶尖）和叶片宽度（叶片中部最宽处）。然后求出单株平均值（cm）。

（4）测定叶绿素含量，用便携式叶绿素仪测叶片中部1/3处的SPAD值，测定3次，取平均值。

（5）测定株高。株高是指从秧苗基部到最高叶尖端的距离。

（6）测定秧苗基部宽（假茎宽）。从样株中任取20株秧苗，每10株平放在桌上紧靠在一起，量茎鞘最宽处宽度（不包括分蘖），求平均值。

（7）测定分蘖数。取秧苗50~100株，数计分蘖株数和单株蘖数，计算分蘖百分率及单株平均分蘖数。

（8）测定根数和发根力。取秧苗20株，数计总根数（根长不到0.5cm的不计），求单株平均值。再任取秧苗5株，将其根全部剪去，然后插入田中，8天后观察发根数，求平均值，计算发根力。公式是：

发根力＝发根数×根长（cm）。

（9）测定地上部烘干重。取秧苗100株，剪去根系，放在105℃的烘箱中杀青30分钟，然后在80℃下烘至恒重称重。

从成秧率的调查样品中每个处理任选成秧秧苗50株（或在秧田中随机取50株），对下列各项进行考察，并填入表78-2。

表78-2　水稻秧苗素质考察表

处理	1	2	3	4	5	6	7	8	9	10	平均
株高											
叶龄											
绿叶数											
茎基宽											
总根数											
白根数											
叶长											
鲜重											
干重											

四、作业

（1）在学校教学实习田中，人为地创造不同生长类型的作物群体，在作物主要的生育时期进行诊断，确定田间管理关键技术。

（2）根据各个阶段的看苗诊断结果，结合最终产量结果进行分析。写出实验报告，并分析产生不同类型苗情的原因，提出相应的改进措施。

实验 79 玉米主要营养元素缺素症诊断

一、目的要求

掌握玉米常见缺素的典型症状,加深其缺素症状的认识;对症施肥进行管理,为玉米生产服务。

二、内容说明

(一) 不同营养元素缺乏的病因

(1) 缺氮:有机质含量少,低温或淹水,特别是中期干旱或大雨易出现缺氮症。

(2) 缺磷:低温、土壤湿度小利于发病,酸性土、红壤、黄壤易缺有效磷。

(3) 缺钾:一般沙土含钾低,如前作为需钾量高的作物,易出现缺钾,沙土、肥土、潮湿或板结土易发病。

(4) 缺镁:土壤酸度高或受到大雨淋洗后的沙土易缺镁,含钾量高或因施用石灰致含镁量减少土壤易发病。

(5) 缺锌:系土壤或肥料中含磷过多,酸碱度高、低温、湿度大或有机肥少的土壤易发生缺锌症。

(6) 缺硫:酸性沙质土、有机质含量少或寒冷潮湿的土壤易发病。

(7) 缺铁:碱性土壤中易缺铁。

(8) 缺硼:干旱、土壤酸度高或沙土易出现缺硼症。

(9) 缺钙:是因为土壤酸度过低或矿质土壤,pH 在 5.5 以下,土壤有机质在 48mg/kg 以下或钾、镁含量过高易发生缺钙。

(10) 缺锰:pH 大于 7 的石灰性土壤或靠近河边的田块,锰易被淋失。生产上施用石灰过量也易引发缺锰。

玉米生长中后期干旱或大雨后淹水,土壤沙质,缺少有机肥,或土壤板结、根系生长受阻等都有利于缺素症病害发生。

高产长势的形态识别:发育良好的玉米植株,一般:叶色浓淡适中,叶片大小适宜,田间整齐度高,无虫害,茎粗系数(茎粗 / 株高)1% ~ 1.2%,叶片长宽比 10 左右,穗位系数(穗高 / 株高)40%左右。

(二) 防治方法

(1) 根据植株分析和土壤化验结果及缺素症状表现进行正确诊断。

(2) 采用配方施肥技术,对玉米按量补施所缺肥素。提倡施用日本酵素菌沤制的堆肥或腐熟有机肥。①亩产高于 500kg 的地块,亩施尿素 35 ~ 38kg、重过磷酸钙 20 ~ 23kg;亩产 400 ~ 500kg 的地块,亩施尿素 25 ~ 35kg、重过磷酸钙 17 ~ 20kg;亩产 300 ~ 400kg 的地块,亩施尿素 17 ~ 24kg、重过磷酸钙 12 ~ 17kg;亩产 400kg 以上的地块,每亩还应增施硫酸钾 12 ~ 16kg;②玉米生长后期氮磷钾养分不足时,可于灌浆期亩用尿素 1kg、磷酸二氢钾 0.1kg(或过磷酸钙 1 ~ 1.5kg 浸泡 24 小时后滤出上清液、氯化钾或硫酸钾 0.5kg),对水 50 ~ 60kg 喷雾。当发现有缺乏微量元素症状时,可用相应的微肥按 0.2%的浓度喷雾(硼肥浓度为 0.1%)。每 7 ~ 10 天喷施一次，喷施时间以晴天效果较好，若遇烈日应在下午 3 时后喷施，阴雨天气应在雨后叶片稍干后喷施。注意肥液要随配随施。

（3）叶面施肥。也可在缺素症发生初期，在叶面上对症喷施叶肥。用惠满丰多元素复合有机活性液肥 210～240mL，对水稀释 300～400 倍或促丰宝活性液肥 E 型 600～800 倍液、多功能高效液肥万家宝 500～600 倍液。

三、方法步骤

玉米缺磷、缺氮、缺钾、缺锌、缺镁等是常出现的，且影响玉米正常生长发育直至产量。在生产中，一般根据其在植物体上的反应特征，作为诊断的依据。

1. 缺氮

症状：缺氮，植株生长矮小，瘦弱，直立、分蘖分枝少，叶色淡绿，但失绿较为均一，一般不出现斑点。较老的叶子，叶柄首先失绿。茎秆呈淡黄或橙黄色，有时呈红色或暗紫红色，叶片易脱落，花少，籽实（果实）少而小，提早成熟。缺氮的玉米植株生长缓慢，叶片狭小，茎秆细弱，株矮小。叶片颜色变为淡黄绿色，下部老叶发黄枯焦，叶片早衰。叶片退绿一般从叶片尖端开始，继之沿着中脉向叶鞘发展，看上去似一个倒 V 字形。

2. 缺磷

症状：苗期表现生长缓慢，根系发育差，茎秆细弱，茎和叶带有红紫的暗绿色，其紫色主要是缺磷而引起的，叶上常呈现从叶尖沿着叶缘达叶鞘呈深绿而带紫色。玉米苗期缺磷，叶片和茎呈紫红色，茎部的茎叶更为明显，卷叶。

3. 缺钾

症状：禾本科作物缺钾，茎叶柔软，易倒伏和受病虫害，早衰，根系生长不良。色泽黄褐，早衰坏死。玉米缺钾，茎节间变短，叶片 / 茎秆比失调，叶长秆短，叶尖和叶缘发黄焦枯，老叶更为严重。缺钾：幼苗生长发育延缓，叶片呈淡绿色或带黄色条纹，叶尖和边缘坏死。缺钾能使叶尖部开始坏死，沿着叶缘向叶鞘发展，然后再进入叶的中部，致使整个叶片枯萎。缺钾与缺氮的玉米叶片区别：玉米缺钾，叶片焦枯，症状沿叶缘向叶基伸展，呈倒 V 字形；玉米缺氮，叶尖枯黄，症状沿中脉向基部伸展，呈 V 字形。

4. 缺钙

症状：玉米苗期缺钙，新生长的叶尖和心叶相互粘连，变形弯曲。

5. 缺镁

症状：镁是叶绿素的重要组成成分，镁还参与体内各种主要含磷化合物的生物合成。缺镁出现叶色退淡，脉间失绿，但叶脉仍呈现清晰的绿色。症状先在中下部老叶上出现，并逐步向上发展。禾本科的叶片开始往往在叶脉上间断地出现串珠状的绿色斑点。玉米缺镁，叶片失绿症状从老叶开始，逐渐向上发展，老叶叶脉失绿严重，呈紫红色的花斑叶；或在老叶脉中间呈现出黄色或橙色条纹，这种条纹出现后形成念珠状白色坏死斑点，最后叶细胞组织坏死。而新叶较为正常，只是叶色较淡。

6. 缺硫

症状：玉米缺硫，新生的叶片和基部呈淡绿色。

7. 缺铁

症状：玉米缺铁，新生叶片黄化，中部叶片脉间失绿，呈清晰条纹状，但下部叶片仍保持绿色。

8. 缺硼

症状：缺硼时，易出现“穗而不实”，生育延迟；缺硼症状，首先出现在新生组织如根尖、茎尖生长受阻或停滞，严重时生长点萎缩或坏死。叶片皱缩、根茎短，茎萎缩呈褐色心腐或空心，硼素过量时，易引起毒害，使其叶片及边缘发黄焦枯，叶片上出现棕色坏死组织。玉米缺硼，果穗退化，很少吐丝，受精不正常，不结实。

9. 缺锰

症状：缺锰时，幼嫩叶片上脉间失绿发黄，呈现清晰的脉纹，植株中部老叶呈现褐色小斑点，散布于整个叶片，叶软下披，根系细而弱，但锰过多时也会使植物产生失绿现象，叶缘及叶尖发黄焦枯，并有褐色坏死斑点。玉米缺锰，叶片脉间失绿黄化，而后出现棕褐色小斑点，并逐渐向基部扩展，叶尖焦枯。

10. 缺锌

症状：玉米缺锌，中上部的叶片脉间失绿，出现淡黄色和淡绿色的条纹或出现条状黄色斑块。玉米苗期新生的叶片失绿呈白色，产生白苗，又称“白芽病”。玉米生长早期，上中部叶片呈暗淡黄色条纹，并由叶基部向中部和叶尖发展，叶的中脉和叶边缘仍保持绿色。

四、作业

于玉米田中观察长势长相不同的玉米，判断是否存在常见缺素的典型症状。

实验 80　棉花缺氮、缺硼营养诊断

一、目的要求

学习棉花营养诊断指标及测定方法，掌握棉花缺氮、缺硼营养诊断技术。

二、棉花氮素营养诊断

（一）内容说明

为了及时了解棉田土壤的供肥能力，棉花吸肥与需肥的情况，以及它们之间是否协调，常借助于土壤和植株的营养诊断，用以预测棉花的营养状况和预报施肥期，为经济、合理施肥提供依据。采用的诊断技术主要有土壤养分测定技术、叶片长势长相测定技术、比色卡技术、叶绿素仪技术、叶柄硝酸盐含量测定技术、叶鞘碘液染色技术、DRIS 技术、多光谱和高光谱遥感技术等。

测定硝态氮是棉花氮素营养诊断普遍采用的方法，这种方法可以测定取样当时棉株从根部吸收而运向叶部的硝态氮和土壤对作物有效的氮素。土壤硝态氮含量随施肥和棉花吸肥过程而发生很大变化，棉花叶片中的硝态氮含量不仅受施用氮肥的时间和数量的影响，而且还随发育时期而变化，一般在苗期和初蕾期含量较高，至盛蕾初花期是一明显下降阶段，花铃期后又有一些降低。施用氮肥后其变化趋势仍相同，但对其升降幅度有所影响。农业上一般都采用轻便、快捷、环保的叶绿素仪读数(SPAD 值)作为叶片全氮指标来估计作物需氮量。叶绿素测定仪诊断技术的实现依赖于对作物不同时期 SPAD 临界值的确定和相应的推荐施肥量的确定，这些数据的取得必须经过多年精心设计的试验来完成。

表 80-1　叶绿素仪测定临界值

作物	测定时期	测定部位	临界值(SPAD)
棉花	现蕾期	最上部完全展开叶	39.1
	初花期	最上部完全展开叶	49.1
	开花中期	最上部完全展开叶	47.1

注：官春云主编《现代作物栽培学》。

使用叶绿素测定仪来测量叶片中 SPAD 值，再按照临界值来进行氮含量计算，研究表明：叶绿素含量测定仪读数与常规方法测得的叶绿素含量、叶片全氮含量、植株全氮含量、吸氮量呈极显著的线性相关关系。SPAD 值与施氮量之间呈极显著线性相关，各生育期 SPAD 值与产量也具有极显著相关性。采用 SPAD 进行氮肥推荐，比常规施肥减少氮肥用量 10%以上，而使作物在生长过程中并没有表现出氮素的缺乏，获得了与常规施氮处理相同或更高的产量。

土壤和棉株叶片硝态氮含量之间是有明显联系的，一般是土壤硝态氮含量首先变化，而后引起叶片硝态氮含量的变化。其时间上的间隔为 3 ~ 10 天，因此可根据土壤硝态氮含量变化预测叶片硝态氮的变化。反之，也可根据叶片硝态氮的变化结合植株长势来判断土壤硝态氮含量的临界浓度及其潜在供肥能力。同时测定土壤和叶片的硝态氮，则不仅可以较早地预测棉株的需氮情况，而且可对氮素营养的供需作更全面的诊断。

（二）方法步骤

1. 土壤中氮含量的测定

在施肥行内均匀地切取耕层土壤一片，5 点取样，混合均匀后立即称取新鲜土壤 4g（以烘干重计，潮湿土壤应加含水量），放在试管中，加入 5% K_2SO_4 溶液 4mL（湿土应扣除含水量，K_2SO_4 作凝聚剂用）。加塞后剧烈振荡 1 分钟，静置澄清（如不易澄清，也可过滤），以皮头滴管吸取澄清液约 1mL，置直径为 1.5cm 的指形管中，加入硝酸试粉少许（约 0.1g），振荡半分钟，静置 5 分钟，待溶液充分显色后，与标准色阶比色。比色结果乘以 2，则为土壤硝态氮含量。

2. 棉花叶片中氮含量的测定（叶绿素仪技术）

（1）测定原理。叶绿素对不同波长的光存在吸收差异，在红光区叶绿素 a 和 b 都有最大吸收峰，而在近红外区几乎没有吸收。因此，SPAD – 502 采用双波长发光二极管（LED）光源，一个为红光 LED，波长为 650nm，另一个为近红外 LED，波长为 940nm。仪器的光线接收系统为硅光二极管，它将光信号转换为模拟电信号。电信号经放大器放大后再由 A/D 转化器转化为数字信号。数字信号通过微处理器处理，计算出相对叶绿素读数（SPAD）值。计算结果通过液晶显示器显示，同时储存在内存中，可以通过仪器面板上的控制键进行调出、删除、求平均值等操作。每次测定样品后，微处理器同样计算两种波长光的光密度比值，通过对比有无待测样品时光密度的差异来计算 SPAD 值。这个值是一个无量纲数值，与供测样品中叶绿素含量呈正相关。

（2）测定方法。仪器的光源固定在测定头上，打开开关，当测定头闭合时，光源开启，LED 发出的光线通过待测样品进入接收器。测定时只需用测定头夹住待测部位，表示该部位叶绿素含量的 SPAD 值会立即读出。测定的迅捷和记忆、计算功能是叶绿素测定仪技术的突出优点。

（三）材料准备

在试验基地（或标本园）设置三种施氮水平小区（不施氮、中氮、高氮）以供测试时取样，其他设备及药品参见测定方法。

(四) 作业

(1) 整理测定结果,比较三种施氮水平土壤及叶柄硝态氮差别。

(2) 分析棉株外部形态与土壤和叶片硝态氮的关系,提出各施氮处理的施肥方案。

三、棉花硼素的营养诊断

(一) 内容说明

棉花缺硼的外部症状,根据其缺硼程度的不同可分为严重缺硼和潜在性缺硼两种类型。严重缺硼的棉株出现蕾而不花,其典型症状是:出苗后子叶小,植株矮,生长点发育受阻,第一片真叶出现期常比施硼处理晚 1 ~ 2 周,在真叶未出现之前,子叶肥大加厚,顶芽颇似棉蓟马为害症状。真叶出现后,叶片特小,出现速度显著加快,最后总叶数反而超过施硼处理的棉株。有的棉株顶芽死亡,侧芽丛生,形成多头棉。叶面症状首先从上部嫩叶开始,新叶边缘和中脉失绿,叶片皱缩,向上卷曲呈杯状,或向下卷曲呈凸状。叶柄比正常的短而肥大,表面粗糙多毛,有暗绿色环带。环带处组织肿胀稍凸起,使叶柄呈结节状,严重时,主茎上部亦出现环带。叶柄和叶片主脉往往不在一条直线上,而呈明显的弯曲或扭弯。下部老叶肥厚,暗绿色,变脆,叶脉凸起,严重时叶脉木质化坏死。虽能大量现蕾,但落蕾极严重,开花成桃极少。潜在性缺硼棉株是指外表症状不明显,但施用硼肥后,仍有不同程度的增产效果,其唯一的症状是在盛蕾期由顶部向下第 4 ~ 5 片叶开始出现叶柄环带,出现的比率(环带叶柄数 × 100/ 叶柄总数)与土壤速效硼和棉苗含硼量均有密切关系。根据华中农业大学(1981)125 个点的调查和分析表明:棉叶柄环带率(y)的多少与土壤有效硼含量(X)高低呈负相关(r=−0.6:58),回归方程式 y=6.033x−1.1865。棉苗功能叶的全硼量和棉叶柄环带率之间亦存在负相关(r=−0.55),因此,可将叶柄环带作为棉株潜在性缺硼的形态指标。

棉花缺硼的土壤速效硼临界指标。研究证明,土壤热水溶性硼与植物对硼的吸收有良好的相关性,故一般都称热水溶性硼为有效硼(或速效硼)。土壤速效硼含量 0.50mg/kg(风干土)为缺硼临界指标,小于 0.25mg/kg 为严重缺硼,大于 3.0mg/kg,对于硼敏感的作物即可引起硼中毒,0.6 ~ 1.5mg/kg 为较适宜的范围。土壤速效硼含量在 0.8mg/kg 上下为棉花潜在性缺硼的临界指标。棉株初蕾期完全展开的功能叶中,全硼含量低于 15 mg /kg(干重)为缺乏; 15 ~ 20mg /kg 为可能缺乏,适宜的含硼量为 20 ~ 100mg /kg,大于 200mg /kg 为硼中毒。严重缺硼条件下,施用硼砂 0.4 ~ 0.5kg/ 亩(与细土拌和施于播种沟中),可增产达数倍甚至几十倍。潜在性缺硼的棉株一般可增产 7% ~ 10%。

(二) 材料准备

不同生育时期,严重缺硼和潜在性缺硼棉株(盆栽),土壤有效硼测定所需仪器设备。

(三) 方法步骤

(1) 进行缺硼外部形态观察,调查蕾铃脱落率,测量株高,观察叶色、叶柄环带、叶片症状,记入调查表中。

(2) 在严重缺硼和潜在性缺硼棉株附近取耕作层土壤,混合均匀,测定土壤有效硼。

(四)作业

分析调查结果,针对不同缺硼症状及土壤有效硼含量提出针对性措施。

四、棉花叶柄硝态氮的测定:硝酸试粉比色法

(一) 实验原理

硝酸试粉中的锌,在酸性条件下产生氢气,使硝酸根还原为亚硝酸根,亚硝酸与对氨基苯磺酸、甲萘胺作用,生成玫瑰红色的偶氮染料,其颜色深浅与硝态氮含量在一定范围内成正比关系。其反应如下式:

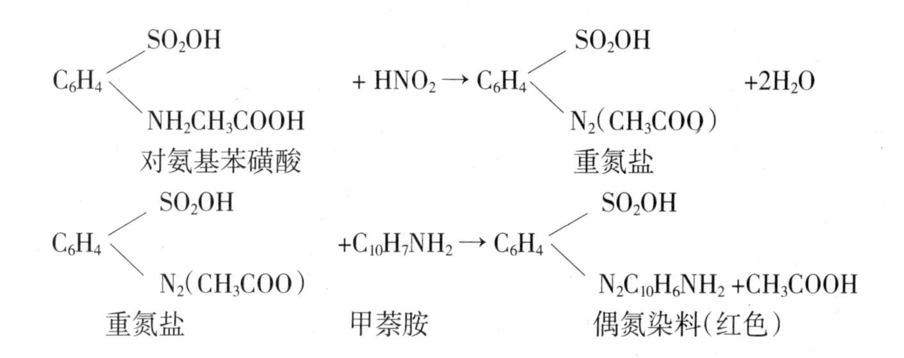

(二)材料用具

1. 材料

棉花植株倒数第4叶叶柄。

2. 仪器

榨汁钳,滴管,注射针吸管,1000mL容量瓶,滤纸,小试管。

3. 药品

硝酸试粉,pH 5柠檬酸缓冲液,硝态氮标准溶液。

硝酸试粉:称硫酸钡50g,分成数份,分别与硫酸锰($MnSO_4 \cdot H_2O$)5g,锌粉1g,对氨基苯磺酸2g,甲萘胺(即α-萘胺)1g,在研钵中研细混匀,最后与37.5g柠檬酸一起研磨均匀,藏于暗色瓶中,防潮避光。此试粉呈灰白色,若变为粉红色,则不能使用。

pH 5柠檬酸缓冲液:称取化学纯柠檬酸4.31g,柠檬酸钠6.86g,溶于500mL蒸馏水中(溶液必须新鲜配制)。

硝态氮标准溶液:称取7.22g分析纯硝酸钾,加水定容到1000mL,即为1000ppm(NO-N)。

(三)方法步骤

1. 试纸比色法

(1)取样:于棉花的蕾期和花期,在上午7~8时,到田间选取不同类型有代表性的植株各10株,取主茎展开叶倒数第3或第4的叶片,带回实验室,用干净纱布擦拭干净后,从叶柄着生处开始将叶柄剪成大小约2mm×2 mm的小块,混合均匀,用榨汁钳榨汁于点滴板上备用。

(2)测定:用注射针头(或自制滴管)吸取各种不同类型的棉花叶柄汁液分别滴于小试管中,各加入1mL pH 5的柠檬酸缓冲液稀释,并摇匀,将一耳勺硝酸试粉(约半粒麦粒大小)分别放于滤纸上,在其上各滴上一滴汁液稀释液,当1分钟后呈玫瑰红色时,与用同样方法制成的标准溶液比重卡进行比较。

2. 试管比色法

(1)取样:同试纸比色法。

(2)测定:取一支10mL刻度试管(或用普通试管在5mL处用记号笔画一标记横线),用注射针头自制滴管滴入1滴叶柄液,再加入pH 5的柠檬酸缓冲液至5mL,摇匀后加入约0.2g硝酸试粉(一小勺),用橡皮塞塞紧试管,用力纵向摇动1分钟,静置20分钟后,和同一方法制成的系列标准比色阶比较测定之。

（四）作业

1. 写出实验报告。

2. 不同类型的棉株基叶柄 NO-N 的含量有何差异？试分析其原因，栽培上应采取哪些相应的措施？

五、棉田土壤耕作层硼的测定

（一）浸液

汁液 NO	N 含量（ppm）	含 N 水平
	100	极低
	250	较低
	500	中等
	1000	高量

在小天平上称取 10g 风干并通过 2mm 筛孔的土样，置于 250mL带塞的锥形瓶中，加入 50mL 0.5%HCl 溶液，在 1 小时内摇荡 50 次，静置几分钟后过滤。将溶液置于 50mL带塞的锥形瓶中供测定使用。

（二）硼测定原理（BO_3）

在浓硫酸中与洋红酸（胭脂红酸）反应可产生从红色到暗紫色的变化。比较反应后溶液的颜色来确定含硼量。

水分对颜色的影响很大，所用的比色管应尽量干燥。

（三）试剂

硼试剂 0.025%洋红浓硫酸溶液（在分析天平上称取 0.125g 洋红，溶于 500mL浓硫酸），浓硫酸比重 1.84。

硼标准溶液：在分析天平上称取 0.2858g 硼酸（H_3BO_3）溶于少量水中，再稀释至 100mL，此为溶液 A，稀释至 100mL，每毫升含硼量 50ppm。

吸取 2mL溶液 A，稀释至 100mL，此为溶液 B，每毫升含硼 10ppm。→

1 ppm：将 10mL 10ppm 溶液 B，定量至 100mL；

2 ppm：将:20mL 10ppm 溶液 B，定量至 100mL；

3 ppm：将:30mL 10ppm 溶液 B，定量至 100mL；

7 ppm：将:70mL 10ppm 溶液 B，定容至 100mL。

标准系列溶液：含硼量分别为 1ppm、2ppm、3ppm、5ppm、7ppm、10ppm。

（四）方法

原标准 B 量（ppm）	管号	1	2	3	4	5	6	7（样品）
稀释 10 倍后相当的 ppm		1	2	3	5	7	10 ppm	相当于 1 号管全 B 含量均为 0.1ppm
（加入 5mL浓 H_2SO_4 和 5mL 洋红浓 H_2SO_4 即稀释 10 倍）		0.1	0.2	0.3	0.5	0.7	1 ppm	

吸取土壤浸提液及标准系列溶液各 1mL，注入比色管中，各加入浓硫酸 5mL，冷却至室温，再各加 5mL洋红浓硫酸溶液，1 小时比色定 B 量。

一般旱土硼含量 2～5ppm 为正常值。

（五）计算

$B(ppm)=0.1\times(V/W)\times(V_2/V_1)=0.1\times(50/10)\times(10/1)=5ppm$。

式中，V 为 50mL，V_2 为显色液体积，V_1 为 1mL，W 为样品重。

实验 81 油菜主要营养元素缺素症诊断

一、目的要求

了解油菜生产中的缺素症状特点及其病因，为油菜高产栽培打下基础。

二、内容说明

（一）不同营养元素缺乏的病因

（1）缺氮：油菜要求氮肥适量。据试验在中等肥力地块，667m^2 施五氧化二磷 6kg 基础上，增施氮肥，产量随施氮量增加而提高。当产量升至最高点后，再增加氮肥反而减产。生产上在 667m^2 施五氧化二磷基础上施氮 10kg，667m^2 最高增产 67.8kg，生产上低于这个水平易出现缺氮。

（2）缺磷：当土壤中速效磷含量低于 10mg/kg，每千克 P_2O_5 平均增产油菜籽 1.5kg。磷肥单施，每千克 P_2O_5 平均增产菜籽 3.1kg。在中等肥力条件下，每 667m_2 适宜施磷量为 6～7kg，是一般禾本科作物的 2 倍。生产上低于这个标准就会出现缺磷症状。

（3）缺钾：经试验土壤速效钾含量小于 100mg/kg 的中下等土壤肥力水平，施钾比对照增产 16.1%～20.7%，且含油量提高 5%～12.4%。土壤中缺钾影响产量、质量及千粒重。但在褐土上施钾增产效果不明显。

（4）缺镁：系土壤中含镁量低，有时土壤中不缺镁，但由于施钾过多或在酸性及含钙较多的碱性土壤中影响了油菜对镁的吸收，有时植株对镁需要量大，当根系不能满足其需要时也会造成缺镁，生产上早春气温低，尤其是土温低时，也会影响根对镁及磷酸的吸收。此外偏施氮肥也会诱发缺镁症发生。

（5）缺硫：生产上长期连续施用没有硫酸根的肥料易发生缺硫病。

（6）缺硼：油菜对硼最为敏感。我国大部分油菜产区土壤中水溶性硼含量低于 0.5mg/kg，小于常规缺硼临界值，北方油菜区含硼量略高，但也没有达到 0.5～1mg/kg 适量的标准。一般 0.5mg/kg 表示缺硼，小于 0.3mg/kg 为严重缺硼。

（7）缺钙：酸性土施适量石灰；碱性土施适量石膏，后期叶面喷 0.2%硝酸钙。

（8）缺锌：土壤含锌量一般在 10～300mg/kg，我国土壤含锌量 pH 的升高，有效锌含量降低，植株缺锌常发生在 pH>6.5 的土壤上。此外，土壤中含有效磷高或施用大量磷肥常使缺锌加重。

（9）缺锰：土壤黏重、通气不良的碱性土易缺锰。

（二）防治方法

（1）缺氮：缺氮地块，提倡施用酵素菌沤制的堆肥或充分腐熟的有机肥。提倡施用尿素、长效碳铵，控制缓释肥料。应急时，每 667m^2 可追施尿素 7～8kg 或碳酸氢铵 15～20kg，天旱时追肥后要浇水，防止烧苗。提倡施用“垦易”微生物活性有机肥 300 倍液或绿丰生物肥 50～80kg/667m^2 穴施。此外还可施用惠满丰、促丰宝、保丰收等叶面肥。施用惠满丰液肥时，667m^2 用量 250～500mL，稀释 400～600 倍液，喷叶 2～3 次。也可用 1%～2%尿素水溶液 40～50kg 喷洒叶面。

（2）缺磷：提倡施用以钙镁磷肥为包裹剂的包裹肥料或 667m^2 施过磷酸钙 20～30kg，施后及时灌水，必要时叶面喷洒促丰宝液肥 1 号 400～500 倍液或叶面喷磷酸二氢钾，每 667m^2 200～250g，对 50kg 水，配成 0.4%～0.5%的水溶液，共喷 2～3 次。

（3）缺钾：提倡施用硅酸盐细菌生物钾肥或每 667m^2 追施硫酸钾或氯化钾 5～10kg 或草木灰 100kg。也可于叶面喷施磷酸二氢钾 200～250g 对水 50kg，配成 0.4%～0.5%的水溶液。

（4）缺镁：叶面喷 0.1%～0.2%的硫酸镁溶液，每 667m^2 50kg，连续进行 2～3 次。

（5）缺锰：追施含锰化合物。一般每 667m^2 追施硫酸锰 3~5kg 或叶面喷施 0.1%的硫酸锰溶液，每 667m^2 50kg，连续进行 2～3 次。

（6）缺硫：采用配方施肥技术或严重缺硫时每 667m^2 追施硫酸钾 10～20kg。

（7）缺硼：对症追施硼肥，每 667m^2 施 21%高效速溶硼肥 100g 或施硼砂 0.5～1kg，对严重缺硼地区要重施，一般与氮、磷、钾混合使用，或 667m^2 中喷施硼砂 100～200g 对水 50～60kg，连续进行 2～3 次。

（8）缺锌：对症追施硫酸锌，每 667m^2 3～4kg 或叶面喷施 0.3%～0.4%的硫酸锌溶液 50kg。

三、方法步骤

（1）缺氮：油菜缺氮时新叶生长慢，叶片少，叶色淡，逐渐褪绿呈现紫色，茎下叶变红，严重的呈现焦枯状，出现淡红色叶脉；植株生长瘦弱，主茎矮、纤细、株形松散，角果数很少，开花早且开花时间短，终花期提早。

（2）缺磷：缺磷时叶片呈暗蓝绿色至淡紫色，叶片小，叶肉厚，无叶柄，叶脉边缘有紫红色斑点或斑块，叶数量少，下部叶片转黄易脱落，严重的叶片边缘坏死，老叶提前凋萎，叶片变成狭窄状，植株矮小，茎变细，分枝少，植株外形瘦高而直立，根系小，发育差，侧根少，推迟油菜成熟期 1～2 天。

（3）缺钾：幼苗呈现匍匐状，叶片暗绿色，叶片小，叶肉似开水烫伤状，叶缘下卷，叶面凹凸不平，松脆、易折断。叶片边缘或叶脉间失绿，开始时呈现小斑点，后发生斑块状坏死。严重缺钾叶片全部枯死，但不脱落。缺钾首先表现在新陈代谢旺盛的叶片上，老叶上不易见到。缺钾的主茎生长缓慢，且细小，易折断倒伏。角果短小，角果皮有褐色斑。

（4）缺镁：常使叶片呈现缺绿，但叶脉仍然呈现绿色，其基部老叶发黄；开花往往受到抑制，花瓣呈现苍白色，植株大小变化不明显。

（5）缺锰：油菜对锰反应很敏感，缺锰时幼叶呈现黄白色，叶脉仍绿色，开始时产生褪绿斑点，后除叶脉外全部叶片变黄，植株一般生长势弱，黄绿色，开花数目少，角果也相应减少，芥菜型油菜则发生不结实现象。

（6）缺硫：症状与缺氮症状基本相似，幼苗窄小黄化，叶脉缺绿，后期逐渐遍及全叶及抽薹和开花时的茎和花序上；淡黄色的花往往变白色，开花延续不断，成熟期植株上除存在有成熟和不成熟的角果外还有花和花蕾。角果尖端干瘪,约有一半种子发育不良。植株矮小,茎易木质化或折断。

(7)缺硼:发生花而不实症状。

油菜苗期缺硼,根变褐色,新根少,根颈膨大,个别根端有小瘤状突起;茎生长点变白枯萎;叶暗绿、皱缩,呈现紫红色斑块或全部叶片紫红色,严重时引起死苗。

蕾薹期缺硼,中、下部叶片有紫红色斑点;花蕾枯萎变褐,薹细且短,薹茎生长缓慢,甚至株型矮化。顶部花蕾失绿枯萎,花色暗淡,花瓣皱缩干枯,不能正常开花和结实,出现花而不实,且不利形成正常角果。幼果大量脱落,个别畸形发育的角果籽粒少,大小成熟不一。

花期,花蕾失绿甚至枯萎,花瓣枯干皱缩,花朵色泽不鲜艳。

角果期,胚珠萎缩,角果脱落或畸形发育为节形角果,荚角粒数减少。此时还能抽出丛生分枝,并继续开花,但不结实。

(8)缺钙:新叶凋萎,老叶枯黄;叶缘、叶脉间发白,叶缘下卷,顶端叶芽基部弯曲或死亡。

(9)缺锌:首先从叶缘开始,叶色褪绿变灰,随后向中间发展。叶片小,略增厚,叶肉呈黄白色,有病斑,中下部病叶外翻,叶尖下垂,根细小。植株一般生长矮小,生长势弱。

(10)缺钼:叶片凋萎或焦枯,呈螺旋状扭曲,厚度增加,植株丛生。

(11)缺铁:新生叶片脉间失绿黄化,但老叶仍保持绿色。

四、作业

在油菜的生长期,调查和观察大田油菜的营养状况,判断是否存在主要营养元素缺乏,在生产中做出相应指导。

实验 82　油菜越冬前苗期的田间诊断

一、目的要求

掌握油菜苗床期田间观察记载和苗情考察的方法;熟悉冬季不同苗情的长相指标。

二、内容说明

油菜的种植方式有育苗移栽和直播两种。育苗移栽能在苗床中适时早播,充分利用有利生产季节,有效地解决作物多熟制农田土壤管理中油菜与前作的季节矛盾,又便于集中精细管理,有利于培育壮苗。壮苗的含义,一方面是指在移栽时有足够适宜的苗龄,长足一定数量的绿叶数;另一方面还要求一定的长势长相。油菜的长势长相看苗诊断的中心内容和外观依据,通过苗诊断,采取相应的技术措施,可使不利于高产的长相向有利于高产方向转化。

油菜苗床期常见有四种类型秧苗长相,即壮苗、旺苗、弱苗和僵苗。壮苗株型矮健紧凑,叶密集丛生,根颈粗短;叶数多,叶大而厚,叶色正常,叶柄粗短;主根粗壮,支根、细根多;无病虫害;具本品种固有特征。旺苗叶数虽然较多,但叶柄过长,虽然根颈也较粗,但缩茎部明显伸长,称为“高脚苗”或叫“长茎苗”。瘦苗叶数较少,叶片细长,缩茎开始伸长,根颈粗度小,又叫“细线苗”。僵苗叶数少,叶片小而短,缩茎短,根颈小,俗称“马兰头”秧苗。

应用生长调节剂可以培育矮壮苗。通常用得较多的有多效唑、稀效唑,两种调节剂的作用原理一样,但稀效唑接触土壤后易分解,无土壤残留问题,对后作物无影响,因而近年来在油菜中的应用有所增加。一般于三叶期叶面喷施 150~200mg/L 的多效唑,50~100mg/L 的稀效唑显著矮化,根颈横向增粗,分枝数目明显增加,叶色变为深绿。

三、材料用具

1. 材料

供观察的油菜苗床或油菜田,设置不同播量、定苗早迟、喷施多效唑等处理。

2. 用具

米尺,游标卡尺,手持折光计,烘箱,铅笔等。

四、方法步骤

于油菜移栽前或到设置对比试验的油菜田现场进行苗情考查,调查项目如下。

(1)根据油菜苗的高矮、大小、叶片多少的差异程度,判断油菜苗生长的整齐度,分整齐(80%以上的植株生长一致)、中(60%~80%的植株生长一致)、不整齐(生长整齐的植株不足60%)。也可用目测判断。

(2)在目测判断的基础上,每组取 10 株(同一品种的,有代表性的,不同苗情的)进行观察比较:

①叶片生长情况:脱落叶数、黄叶数、绿叶数(已展开叶);

② 最大叶片生长情况:取单株最大叶片,量叶柄最长与最宽处的宽度;

③根颈粗度:于子叶下测量;

④植株开展度:以油菜苗上部叶片开展的最大直径为准;

⑤细胞汁液浓度:取其最大叶片压挤叶汁,用手持折光计测定细胞汁浓度,浓度大者苗壮,越冬耐寒力强,反之则差;

⑥单株干鲜重:用代表植株,从子叶片切断,分别测地上部、地下部的干鲜重。先称鲜重,再放入 105℃~120℃的烘箱中烘烤 15~20 分钟,再在 80℃中烘干到恒重,求干重。

五、作业

(1)将不同时期油菜苗考察结果填入下表:

项目 苗类	根茎粗 (cm)	植株开展度 (cm)	叶片生长情况		最大叶	叶细胞	单株鲜重		单株干重	
			脱落数	黄叶数	绿叶数	长/宽	汁浓度	地上部	地下部	地上部	地下部
壮苗											
旺苗											
弱苗											
僵苗											

(2)生产实践中培育油菜壮苗的主要技术措施有哪些?

第八章　作物抗性鉴定

实验 83　水稻苗期稻瘟病症状识别和抗性鉴定

一、目的要求

学习和掌握水稻苗期稻瘟病症状识别和抗性鉴定方法。

二、内容说明

稻瘟病(*Pyricularia oryzae*)是水稻主要真菌病害之一,分布广,危害大,严重地影响水稻的高产稳产。虽然有些水稻品种有较高的抗病特点,但是稻瘟病病菌生理小种变异频繁,使有些抗病品种容易丧失抗性而造成灾害。

稻瘟病的抗性鉴定方法可分自然诱发鉴定和人工接种鉴定两种。前者适于对穗颈瘟和枝梗瘟鉴定,后者一般适于苗瘟和叶瘟的鉴定。一般来说,苗瘟与穗颈瘟有极显著正相关,因而抗瘟性鉴定常采用苗期人工接种鉴定。我国稻瘟病菌有 7 群 43 个生理小种,其中 ZA 群有 16 个小种,ZB 群有 12 个小种,ZC 群有 18 个小种,ZD 群有 4 个小种,ZE 群有 2 个小种,ZF 群和 ZG 群各有 1 个小种。ZG 小种为优势小种,出现频率为 43%,分布最广(11 个省、直辖市、自治区),其次为 ZF 小种。因此,人工接种鉴定时,一般应用多个种群代表小种的混合菌种。

稻瘟病发生和流行的环境条件,以 24℃ ~ 28℃对菌丝发育、分生孢子形成最为适宜;饱和的空气湿度是形成分生孢子的最适条件,病菌孢子必须在相对湿度 96%以上,同时有水滴存在的情况下才能萌发;光照对于孢子形成、萌发及侵入都有抑制作用;缺氧时孢子不能萌发。在饱和温度和适温条件下,病菌侵入稻叶后经 4 天的潜育期,就可出现病斑。

稻株易感病的生育时期是四叶期、分蘖盛期和始穗期。偏施过量氮肥或灌排不良能促进稻瘟病的发生和流行。

三、材料用具

1. 材料

供试水稻育种材料若干以及抗病对照品种和感病对照品种各一个。供试稻瘟病菌菌种,应选当地分布广、致病力强的主要种群的代表性生理小种若干个。分小种培养繁殖,进行混合接种。

2. 仪器用具

病菌培养器具包括高压灭菌锅,超净工作台,酒精灯,恒温培养箱,三角瓶(或茄子瓶),培养皿,接种环,搪瓷盘,纱布等。菌液接种和制备器具包括显微镜,载玻片,盖玻片,搪瓷盆,普通专用喷雾器或医用喉头喷雾器,医用皮下注射器,橡胶管和保温、保湿的遮阴设备。

3. 病菌培养基

酵母淀粉琼脂培养基(酵母 2g,可溶性淀粉 10g,琼脂 15~20g,加水 1000mL),大麦或高粱种子。

四、方法步骤

(一) 症状识别

秧苗在三叶期前发病的,一般不形成明显病斑,病苗基部灰黑色,上部变褐,卷缩枯死。湿度大时,基部病部产生大量灰色霉层(分生孢子)。三叶期后发病的,最初在叶片上产生褐色或暗绿色小点,逐渐扩大成梭形病斑,两端常有向叶脉延伸的褐色线(坏死线)。病斑中央灰白色,边缘褐色,其外围常有淡黄色晕圈,背面有灰色霉层。这种病斑扩展较慢。淡黄色晕圈是叶片受病菌分泌的毒素影响而呈现的中毒部;褐色部分是细胞中毒坏死而尚未崩解的坏死部;中央灰白色部分是细胞内含物及细胞壁都已崩解的崩解部。叶上病斑多时可互相愈合形成不规则大斑,发病严重时叶片死亡。感病品种在适宜的发病条件下叶片常产生暗绿色近圆形至椭圆形的病斑,正反两面都有大量灰色霉层。这种病斑的出现往往是此病流行的预兆。

(二) 抗性鉴定

1. 菌种的准备

(1) 菌种。应选用当地分布广、致病性强的主要种群的多个代表性生理小种,按小种分别培养,进行混合接种。

(2) 病原菌培养繁殖。先对供试菌种进行一级培养繁殖,即将琼脂 10~15g 放入 1000mL水中加热溶化,再加可溶性淀粉(或蔗糖)10g、酵母 2g,装入试管,经消毒灭菌后,取出制成斜面,接种病原菌,放在 26℃~28℃恒温箱中培养 10 天左右即可取用。

为繁殖大量病菌孢子,可将病原菌转移到大麦(或高粱)粒培养基上进行二级培养扩大繁殖。其方法是将大麦粒加水后煮到半熟状态或用水浸泡 24 小时,然后倒去多余的水分,装入三角瓶(或茄子瓶)内,高压灭菌,灭菌后立即将麦粒摇散,防止结块。然后在无菌操作条件下接种病菌,放在 26℃~28℃恒温箱内培养。培养 4~5 天时应摇动三角瓶内的大麦粒,使菌丝生长均匀。待灰色菌丝长满大麦粒并开始变黑时,用自来水冲洗大麦粒上的菌丝,随后将大麦粒薄薄地摊在搪瓷盘中,盘上覆盖 1~2 层纱布以保湿,置于 25℃~28℃变温条件下培养 2 天左右,即可见到麦粒上产生大量灰色的分生孢子,就可供接种使用。扩大繁殖时,应注意搪瓷盘内的湿度不宜过高,否则只长菌丝,较少产生分生孢子。

2. 稻苗的培育

(1) 适时播种。既要考虑到在自然条件下的温度和湿度最利于病菌的侵入、发病与流行,又要使供试材料处于最易感病的生育时期。一般在 3~4 叶期,日平均气温 25℃~28℃和阴雨高湿、叶面长时间(12 小时以上)有水珠的时期,最有利于发病。

(2) 育秧方式。采用育秧盘育秧,每盘中最好都安排感病品种对照,整个鉴定材料中还应安排抗病品种对照。采用注射接种方法,可以在秧田育秧,随后移植于本田。

(3) 增施氮肥。接种前 4~5 天苗床上要适施氮肥,使秧苗嫩绿,以利发病。

3. 人工接种

当供试秧苗达 3~4 片完全叶时即可喷雾接种病菌。

(1) 孢子悬浮液的配制。将上述产生孢子的大麦粒放入盛有自来水的烧杯中经搅拌制成孢子悬浮液,其孢子浓度为每毫升20万～25万个孢子。此浓度在100倍显微镜下观察,平均每个视野有20万～25万个孢子。随后将不同小种的孢子悬浮液混合成混合孢子悬浮液。

(2)接种。用专用的普通喷雾器或医用喉头喷雾器喷雾接种,喷雾时要使叶片上布满均匀的雾点。接种最好是在专用接种室内进行,便于保温保湿。

(3)保温、保湿和遮强光。喷雾接种后,秧苗应在26℃～28℃和保持叶片上有水珠的湿度条件下黑暗生长24小时,而后移出室外,在20℃～30℃和高湿下经4天左右即可发病。

4. 病情鉴定

一般在接种后7天即可进行病情鉴定,或当感病对照品种达到高度发病时调查。按全国水稻稻瘟病抗病性鉴定分级标准(表83-1)逐株鉴定和记载,然后用加权法求其平均病级。苗叶瘟抗性分级标准见表83-2。

表83-1 苗瘟和叶瘟抗性分级标准

级别	抗性类型	症 状
R	抗病	叶片上未见病斑，或产生针头状或稍大褐点
M	中抗	叶片上产生圆形或椭圆形病斑，中间灰白色，边缘黄褐色，病斑大小在两叶脉之间， 病斑直径在3mm以内
S	感病	叶片上产生典型梭形病斑，中心灰白色，边缘黄褐色，病斑超过两条叶脉间的宽度

表83-2 苗叶瘟抗性分级标准(韩龙植等,2006)

病级	受害情况	抗性水平
1	无病斑	高抗(HR)
2	仅有针头大小的褐点或稍大的褐点	抗(R)
3	圆形稍长的灰色小病斑，边缘褐色，病斑直径1～2mm	中抗(MR)
4	典型纺锤形病斑，长 1～2cm，通常局限于两条叶脉之间，受害面积不超过叶面积的2%	中感1 (MS1)
5	梭形病斑，受害面积为叶面积的2%～10%	中感2 (MS2)
6	梭形病斑，受害面积为叶面积的11%～25%	感1 (S1)
7	梭形病斑，受害面积为叶面积的26%～50%	感2 (S2)
8	梭形病斑，受害面积为叶面积的51%～75%	高感1 (HSl)
9	梭形病斑，受害面积大于叶面积的75%，或叶片全部枯死	高感2 (HS2)

五、作业

(1)2人一组,分组进行稻瘟病的苗期人工喷雾接种鉴定。先配制病菌孢子悬浮液,在100倍显微镜下检查孢子液浓度,即检查3个视野内的孢子数,明确是否符合要求。进行喷雾接种和接种后的保温、保湿和遮光等管理工作。

(2)接种后7天,每组调查30株,每株调查3张叶片的病级,填入下表83-3,确定品种抗性。指出水稻苗期抗瘟性鉴定应注意哪些问题。

表 83-3 水稻苗期稻瘟病症状识别和抗性鉴定

品种: ,孢子液浓度: 万个 /mL,喷雾接种日期: ,调查日期:

株号	3 个接种叶片的病级			单株平均病级
	1	2	3	
1				
2				
…				
30				
30 株平均病级		抗性类型		

实验 84 水稻白叶枯病症状识别和抗性鉴定

一、目的要求

学习和初步掌握水稻白叶枯病症状识别和抗性鉴定方法。

二、内容说明

水稻白叶枯病(*Xanthomonas orzyae*)是华东、华中和华南稻区的一种主要细菌性病害。水稻发病后,常引起叶片干枯、不实率增加、米质松脆、千粒重降低,病害流行时,可造成严重减产。典型的白叶枯病,病原菌多从叶片的水孔或伤口侵入,主要在维管束内繁殖,危害症状多表现为叶片被害部分由黄褐色变为白色,而后枯死。水稻品种间对白叶枯病的抗性有显著差异,而且品种的抗性表现比较稳定。水稻最易感病的时期是分蘖期和孕穗期。品种对白叶枯病的抗性可表现为苗期抗性或成株期抗性,也有两个时期都表现抗性的。最适宜发病的条件是气温 26℃ ~ 28℃,相对湿度 85%以上。气温高于 35℃或低于 17℃则发病受抑制。白叶枯病抗性鉴定有人工接种鉴定和病区自然诱发鉴定两种方法。人工接种目前普遍采用剪叶法。

三、材料用具

1. 材料

待鉴定的水稻育种材料(性状分离群体),品种(系)以及抗病和感病对照品种,当地致病力最强的白叶枯病菌株。

2. 仪器用具

高压灭菌锅,超净工作台,酒精灯,接种环,试管,恒温培养箱,大小相同的具塞刻度磨口试管,移液管,吸耳球,比浊(或比色)计,烧杯或量杯等,医用手术剪刀,试管(直径 15mm,长度 150mm)。

3. 药品

1% H_2SO_4 溶液。

四、方法步骤

(一) 症状识别

识别田间发病症状。

（二）抗性鉴定

1. 供试水稻秧苗的培育

（1）根据水稻最易感病生育期和病菌最易侵染流行的环境条件确定适宜的播种时期。

（2）根据被鉴定水稻育种材料的稳定程度确定种植数量，即稳定的品种（系）种植30株（穴）左右，分离的选育材料可适当增加株数。将所有供试材料登记编号，按编号顺序种植，每个材料种一个小区，并种植抗病和感病品种作为对照。

（3）对供试秧苗要适当偏施氮肥，以利充分发病。

2. 供试菌种的培养

（1）马铃薯琼脂培养基的配备。称取去皮、切成小块的马铃薯300g，放1000mL水中加热煮烂，过滤去残渣，取其滤液；加入琼脂17g，加热溶解，再依次加入 $Ca(NO_3)_2 \cdot 4H_2O$ 0.5g，$Na_2HPO_4 \cdot 12H_2O$ 2g，蛋白胨5g，蔗糖15g，pH为6.8～7.0。将其装入试管，经高压灭菌，取出试管制成斜面培养基。

（2）菌株繁殖。将供试菌种在无菌操作条件下接种到培养基上，置于26℃～28℃下培养2～3天即可用于制备悬浮液。菌龄过长，病菌的致病力减弱。

3. 细菌悬浮液的制备

将已培养2～3天的白叶枯病菌种，每管加入适量的自来水，用接种环或玻璃棒轻轻刮下培养基表面的黄色菌落，倒入烧杯，再用玻璃棒搅拌细菌悬浮液。

4. 细菌悬浮液浓度的测定

细菌浓度大小与水稻发病的严重程度密切相关。选用大小相同的具塞刻度玻璃试管11支，依次排列在试管架上，将其中10支依次编号。各试管按表84-1规定加入不等量的1% H_2SO_4 和1% $BaCl_2$，使每管总量为10mL。盖紧盖子，将试管充分振荡。根据标准 $BaSO_4$ 的浑浊度与细菌悬浮液浑浊度对比观察，用自来水配制细菌悬浮液到所需要的浓度，供接种用。剪叶接种鉴定所使用的病菌浓度一般为3亿～9亿个细菌/mL。

表84-1　各标准液浑浊度与细菌数浓度关系表

试管编号	1	2	3	4	5	6	7	8	9	10
1% H_2SO_4/mL	9.9	9.8	9.7	9.6	9.5	9.4	9.3	9.2	9.1	9.0
1% $BaCl_2$/mL	0.1	0.2	0.3	0.4	0.5	0.6	0.7	0.8	0.9	1.0
亿个（细菌）/mL	3	6	9	12	15	18	21	24	27	30

在没有病菌培养条件时，也可采用田间新鲜白叶枯病叶浸出液接种。即选择白叶枯病的新鲜病叶，去掉无病斑及老病斑部分，再将新鲜病叶剪成3mm长的碎片，放入烧杯中，以加水浸没病叶为度。当碎病叶片浸泡20分钟后，捞去碎片，得到的细菌悬浮液即可供接种用。

5. 接种病菌

在水稻秧苗5～6叶期或孕穗期，于下午3时以后，用医用手术剪刀浸沾菌液后，再剪去供试品种各株最上部3片展开叶的叶尖，剪去的叶尖长度为1～2cm。每浸沾一次菌液，可剪叶3～5片。剪叶时要注意使剪刀尖向下倾斜，以保证剪口处有足够的菌液。每个供试材料剪叶接种30片叶即可。接种后，田间保持10cm左右的水层。

6. 病情鉴定

接种后 14 天（苗期）或 21 天（成株）鉴定病情。也可根据感病品种已达到高感程度时，逐株、逐叶地鉴定病级（表 84–2）。

表 84–2 水稻抗白叶枯病分级标准

级别	抗病程度	发病情况
0	免疫	剪口下无病斑，仅有伤痕
1	高抗	剪口处有很小病斑，不扩展或向下稍有扩展，病斑长度在1mm以内
2	抗	病斑向下扩展，病斑长度占全叶长的1/4以下
3	中抗	病斑长度占全叶长度的1/4 ~ 1/2
4	感	病斑长度占全叶长的1/2 ~ 3/4
5	高感	病斑长度占全叶长的3/4以上

7. 病情计算

根据发病鉴定情况和需要，对供试材料按下式计算平均病级和病情指数：

平均病级＝∑（各病级数 × 各相应病级的叶数）/ 鉴定总叶数；

病情指数=｛∑（各病级数 × 各相应病级的叶数）/（鉴定总叶数 × 发病最高级数）｝× 100%。

再根据平均病级确定抗性类型，其分类标准见表 84–3。

表 84–3 白叶枯病抗性分类标准

级别	平均病级	抗性类型及表示符号	级别	平均病级	抗性类型及表示符号
0	0	免疫（IM）	5	2.1 ~ 3.0	中抗(MR)
1	0.1 ~ 1.0	高抗（HR）	7	3.1 ~ 4.0	中感(MS)
3	1.1 ~ 2.0	抗(R)	9	4.1 ~ 5.0	高感(HS)

五、作业

（1）2 人一组，先在实验室配制细菌悬浮液，然后到水稻田进行逐株剪叶接种，每株接种 3 片叶，每组接种 30 株。

（2）苗期接种的 14 天后，孕穗期接种的 21 天后，调查水稻品种或品系的白叶枯病抗性。每份材料调查 10 个植株的病级，每个植株调查 3 个叶片的病级。数据填入下表 84–4，指出在配制细菌悬浮液和剪叶接种过程中要特别注意哪些环节。

表 84–4 水稻白叶枯病症状识别和抗性鉴定

（品种名称或区号：　　）

株号	3个接种叶片的病级			单株平均病级
	1	2	3	
1				
2				
…				
10				
10株平均病级		抗性类型		

实验 85　玉米叶斑病抗性的鉴定

一、目的要求

识别玉米大斑病和小斑病的症状,初步掌握玉米对大斑病和小斑病抗性的鉴定方法。

二、内容说明

(一) 玉米大斑病

玉米大斑病又称玉米条斑病、玉米煤纹病、玉米斑病、玉米枯叶病,是由真菌侵染引起的病害。主要危害玉米的叶片、叶鞘和苞叶。叶片染病先出现水渍状青灰色斑点,然后沿叶脉向两端扩展,形成边缘暗褐色、中央淡褐色或青灰色的大斑,病斑大小可达(15～20)mm×(1～3)mm,后期病斑常纵裂。严重时病斑融合,叶片变黄枯死。潮湿时病斑在叶片正反面产生大量灰黑色霉层,即病菌的分生孢子梗和分生孢子。通常植株下部叶片先发病。

玉米大斑病菌美国报道有 4 个生理小种。我国已发现 1 号、2 号和 3 号小种。病菌由田间侵入玉米植株,经 10～14 天在病斑上可产生分生孢子,借气流传播进行再侵染。玉米大斑病的流行除与玉米品种感病程度有关外,还与当时的环境条件关系密切。温度 20℃～25℃、相对湿度 90%以上利于病害发展。气温高于 25℃或低于 15℃,相对湿度小于 60%的天气持续几天,病害的发展就受到抑制。在春玉米区,从拔节到出穗期间,气温适宜,又遇连续阴雨天,病害发展迅速,易大流行。玉米孕穗、出穗期间氮肥不足时发病较重。低洼地、密度过大、连作地也易发病。

(二) 玉米小斑病

玉米小斑病又称玉米斑点病,是由真菌 *Helminthosporium maydis* Nisik et Miyake 侵染引起的病害。是世界玉米产区普遍发生的叶部病害,也是我国玉米产区重要病害之一,在黄河和长江流域的温暖潮湿地区发生普遍而严重。夏玉米区发生重于春玉米区。一般造成减产 15%～20%,减产严重的达 50%以上,甚至无收。

玉米小斑病常和大斑病同时出现或混合侵染,因主要发生在叶部,故统称为叶斑病。发生地区以温度较高、湿度较大的丘陵地区为主。此病除危害叶片、苞叶和叶鞘外,对雌穗和茎秆的致病力也比大斑病强,可造成果穗腐烂和茎秆断折。其发病时间比大斑病稍早。发病初期,在叶片上出现半透明水渍状褐色小斑点,后扩大为椭圆形褐色病斑,边缘赤褐色,轮廓清楚,病斑大小为(10～15)mm ×(3～4)mm,有时可见 2～3 层同心轮纹。病斑进一步发展时,内部略褪色,后渐变为暗褐色。天气潮湿时,病斑上生出暗黑色霉状物(分生孢子盘)。叶片被害后,使叶绿组织受损,影响光合功能,导致减产。发病适宜温度为 26℃～29℃,产生孢子最适温度为 23℃～25℃。孢子在 24℃条件下,1 小时即能萌发。遇充足水分或高温条件,病情迅速扩展。玉米孕穗、抽穗期降水多、湿度大,容易造成小斑病的流行。低洼地、过于密植荫蔽地、连作田发病较重。

三、材料用具

对叶斑病抗性有差异的玉米材料。

四、方法步骤

(一) 玉米大斑病抗性鉴定

1. 玉米大斑病接种抗性鉴定

通过田间接种玉米大斑病病菌,进行抗性鉴定。

2. 大田自然发病鉴定

在大多数材料抽雄15天至乳熟时,在田间观察植株中部叶片发病级别,进行抗性鉴定。

3. 发病级别的划分标准

1级(高抗,HR):全株叶片无病斑或仅在穗位下部叶片上有零星病斑,病斑面积占总叶面积比例少于5%。3级(抗病,R):穗位下部叶片上有少量病斑,占总面积的6%~10%,穗位上部叶片有零星病斑。5级(中抗,MR):穗位下部叶片上病斑较多,占总面积的11%~30%,穗位上部叶片有少量病斑。7级(感病,S):穗位下部叶片或穗位上部叶片有大量病斑,病斑相连,占总面积的31%~70%。9级(高感,HS):全株叶片基本被病斑覆盖,叶片枯死。

(二) 玉米对小斑病抗性鉴定

1. 玉米小斑病接种抗性鉴定

同玉米大斑病接种抗性鉴定。通过田间接种玉米小斑病病菌,进行抗性鉴定。

2. 大田自然发病鉴定

同玉米大斑病的自然发病鉴定。在大多数材料抽雄15天至乳熟时,在田间观察植株中部叶片发病级别,进行抗性鉴定。

3. 发病级别的划分标准

0级(高抗,HR):全株叶片无病斑。0.5级(高抗,HR):植株下部叶片有零星病斑,占叶面积的10%以下。1级(高抗,HR):植株下部叶片有少量病斑,占叶面积的10%~25%。2级(抗病,R):植株下部叶片有中量病斑,占叶面积的25%~50%;中部叶片有少量病斑,占叶面积的10%~25%。3级(中抗,MR):植株下部叶片有多量病斑,占叶面积50%以上,出现大片枯死现象;中部叶片有中量病斑,占叶面积的25%~50%;上部叶片有少量病斑,占叶面积的10%~25%。4级(感病,S):植株下部叶片基本枯死;中部叶片有多量病斑,占叶面积的50%以上,出现大片枯死现象;上部叶片有中量病斑,占叶面积的25%~50%。5级(高感,HS):全株基本枯死。

玉米叶斑病抗性的鉴定

病害名称	病株号	病斑面积占叶片总面积的比例(%)	病级
大斑病	1		
	2		
	3		
	4		
	5		
	平均		

病害名称	病株号	病斑面积占叶片总面积的比例(%)	病级
小斑病	1		
	2		
	3		
	4		
	5		
	平均		

五、作业

(1)描述玉米叶斑病的症状。
(2)调查并记载10株玉米植株的叶斑病发病级别,大斑病和小斑病分别调查5株。填写上表。

实验86 油菜菌核病田间病害调查和抗性鉴定方法

一、目的要求

观察油菜田间菌核病发病情况,掌握田间菌核病发病症状,了解菌核病抗性鉴定的几种方法,通过比较了解各种方法特点。

二、内容说明

油菜菌核病[由 *Sclerotinia sclerotiorun*(Lib.)Debary 引起]是油菜的主要病害,一般情况下,可导致油菜减产10%~20%;严重情况下可减产80%,甚至绝收。目前,油菜中还没有发现抗性品种,所有品种经过接种菌核病菌后,均表现为发病。不同品种的生育期不同,发育进程中遇到的发病条件不同,发病程度也就不同。我国冬油菜区,早熟品种油菜菌核病发病最严重,中熟品种次之,晚熟品种最轻;白菜型比甘蓝型易发病;旱田比水田易发病。

该病菌通过菌核混在土壤里、采种株上或混杂在种子中,越冬或越夏。冬播油菜田间菌核3~5月萌发,产生子囊盘;子囊孢子成熟后从子囊里弹出,借气流传播,侵染叶片和花瓣,长出菌丝体,致寄主组织腐烂变色。病菌从叶片扩展到叶柄,再侵入茎秆,也可通过病、健组织接触或黏附进行重复侵染。菌核在潮湿土壤中能存活1年,干燥土中可存活3年。油菜菌核病发生流行与油菜开花期的降雨量有关,旬降雨量超过50mm发病重;小于30mm则发病轻;低于10mm难于发病。此外连作地或施用未充分腐熟有机肥、播种过密、偏施过施氮肥易发病。地势低洼、排水不良或湿气滞留、植株倒伏、早春寒流侵袭频繁或遭受冻害发病重。菌丝生长发育和菌核形成适温为0℃~30℃,最适温度为20℃,最适相对湿度在85%以上。菌核可不休眠,5℃~20℃及较高的土壤湿度即可萌发,其中以15℃最适。子囊孢子在0℃~35℃均可萌发,但以5℃~10℃为适,萌发经48小时完成。

三、材料用具

1. 材料

多个品种的田间群体;用于试验的抗感材料;病原菌为采自试验田甘蓝型油菜残茬上的菌核,接种于土豆培养基(PDA)萌发菌丝后继代两次,4℃保存用于接种。

2. 仪器

超净工作台,离心机,圆底大试管,玻璃棒,三角瓶,过滤器。

3. 药品

75%乙醇,升汞,B5培养基,N13培养基,N16培养基。

四、方法步骤

（一）油菜菌核病的田间鉴定实验

1. 病害识别

我国冬、春油菜栽培区菌核病均有发生，长江流域、东南沿海冬油菜受害重。整个生育期均可发病，结实期发病最重。茎、叶、花、角果均可受害，茎部受害最重。叶片染病初期，呈不规则水浸状，后形成近圆形至不规则形病斑，病斑中央黄褐色，外围暗青色，周缘浅黄色，病斑上有时轮纹明显，湿度大时长出白色绵毛状菌丝，病叶易穿孔。茎部染病，初现浅褐色水渍状病斑，后发展为具轮纹状的长条斑，边缘褐色，湿度大时表面生棉絮状白色菌丝，偶见黑色菌核，病茎内髓部烂成空腔，内生很多黑色鼠粪状菌核。病茎表皮开裂后，露出麻丝状纤维，茎易折断，致病部以上茎枝萎蔫枯死。角果染病时，初现水渍状褐色病斑，后变灰白色，种子瘪瘦，无光泽。

2. 病害级别和病害指数

各个品种在田间条件下，均可能有一定的发病。病害程度依照周必文等 1994 年提出的分级标准调查：0 级：全株茎、枝、果轴无症状；1 级：全株 1/3 以下分枝数（含果轴，下同）发病或主茎有小型病斑，全株受害角果数（含病害引起的非生理性早熟和不结实，下同）在 1/4 以下；2 级：全株 1/3 ~ 2/3 分枝数发病，或分枝发病数在 1/3 以下而主茎中上部有大型病斑，全株受害角果数达 1/4 ~ 1/2；3 级：全株 2/3 以上分枝数发病，或分枝发病数在 2/3 以下而主茎中下部有大型病斑，全株受害角果数达 1/2 ~ 3/4；4 级：全株绝大部分分枝数发病，或主茎有多个病斑，或主茎中下部有大型绕茎病斑，全株受害角果数达 3/4 以上。

$$\text{病情指数DI} = \frac{\sum_i (\text{每级别}i\text{的植株数} \times \text{病害级别}(i))}{\text{鉴定植株总数} \times \text{发病最高级别}(4)} \times 100\%$$

3. 病害程度调查

选取 1 ~ 2 个品种的生产田块或者 1 ~ 2 个遗传分离群体调查病害指数。

（二）油菜菌核病的接种鉴定实验

1. 准备工作

（1）土豆培养基（PDA）配制：选择质量较好的马铃薯，削皮，去芽眼。称取 200g，切成碎块，加蒸馏水 1000mL，煮沸后改小火煮 30 分钟，然后用两层湿纱布过滤，滤液用水加至 900mL。再加入琼脂 20g，葡萄糖 20g，搅匀使其溶解，再补足水至 1000mL，煮沸，分装于三角瓶中，密封灭菌备用。

（2）核盘菌的培养：取出土豆培养基，均匀加热，使培养基融化，倒入无菌培养皿中，厚度约 3mm，至完全冷却，形成平板。挑取少许菌丝或菌丝块贴于平板中央，用保鲜膜密封，倒置平板。从 4℃冰箱中取出从田间油菜残茬上收集的菌核，洗去表面的附着物，晾干，置于超净工作台上，先用 75%乙醇处理 1 分钟，然后用 0.1%升汞处理 10 分钟左右，蒸馏水洗 3 次，用刀子切开菌核，将切开后的菌核内面贴着 PDA 培养基，在 25℃下暗培养。待菌丝长满平板即可用打孔器取最外缘菌丝用于接种，或置于 4℃冰箱保存。

2. 苗期接种方法

（1）草酸浸根。播于营养钵或大田的植株在 4 ~ 5 叶期除去根部土壤，用自来水冲干净，把油菜苗放进烧杯中，让草酸液刚好淹没所有根系，设清水对照。草酸浓度为 10mmol/L，用 KOH

调 pH 至 5.0。浸根后的苗置光照培养箱中，温度 18℃～24℃，相对湿度 75%～86%，光照强度 3000LX。发病后分级调查病害。分级标准：0 级为无病状；1 级为叶尖病变；2 级为半数以下叶片的叶身病变；3 级为半数及其以上叶片的叶身病变，或半数及其以下叶片的叶柄病变；4 级为半数以上叶片的叶柄病变；5 级为全株叶柄病变。症状包括萎蔫、棕褐色腐斑和萎焉腐斑兼有型。根据不同发病级别的株数计算发病率和病情指数。

（2）草酸浸叶柄。取 5～6 叶期新生健康叶片（带叶柄），用超纯水配制 10mmol/L 草酸溶液，用 KOH 调 pH 至 5.0，100mL小烧杯装 60mL 10mmol/L 草酸，插入叶片，置于符合光照条件，在温度（23±2）℃，相对湿度 80%左右条件下。每天添加 10mL草酸溶液，隔 2 天更换一次，3 天、4 天、5 天调查发病情况。分级标准：0 级，液面以上部分无病状；1 级，叶柄有棕腐病斑；2～5 级，棕腐病斑和萎蔫面积的比例分别为：<25%、25%～50%、50%～75%及 >75%。

$$病情指数(DI)=\frac{\sum(每级别\ i\ 的植株数\times病害级别\ i)}{鉴定植株总数\times发病最高级别(5)}\times100\%$$

（3）离体叶菌丝块接种。在油菜苗期（7～8 片叶时）取叶龄一致（第 5 或第 5 片叶）且叶片大小均一、无虫眼的健康叶片。另取一塑料盒，盒子蓄水深度 2.0 cm 左右，将叶片斜铺，使叶柄漫入水中。用 8mm 打孔器取边沿菌丝，将裁取的菌丝块倒贴于叶片 1/4 处[图 86-1（A）]。接种后，用小型喷雾器在叶片表面喷一层均匀水雾。最后，在盒子上覆盖一层塑料薄膜，置于日光温室（室温保持 25℃左右）使其发病，接种后 24 小时测量病斑[图 86-1（B）]，垂直方向测量 2 次，取平均值。接种后 4 天 病斑见图 86-1（C）。

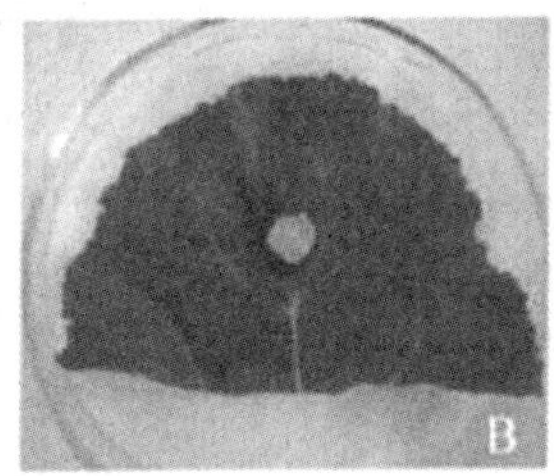

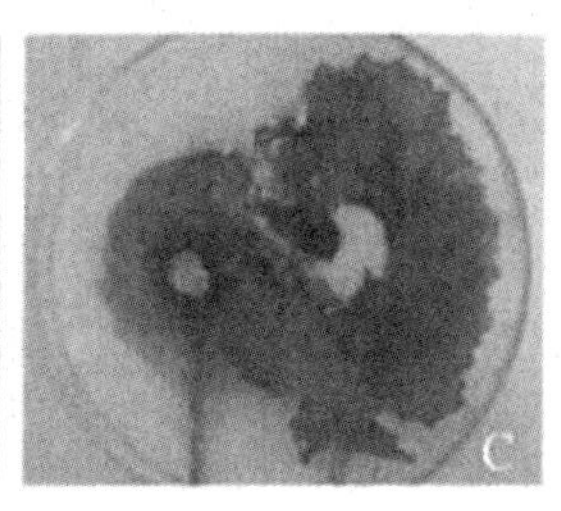

（A）　　（B）　　（C）

图 86-1　离体叶菌丝块接种法

A.接种；B.接种后 24 小时；C.接种后 4 天

3. 成株期接种

（1）牙签（toothpick）接种：将牙签均匀摆放于 9cm 培养皿中，呈辐射状，倒入 PDA 培养基，接种活化菌丝培养至菌丝长至牙签前部，用医用镊子在第 2 片或第 3 片无柄叶茎秆处打孔后插入带菌牙签。接种后 3 天开始，每 2 天调查 1 次主茎病斑长度，共调查 3～4 次。

（2）终花期菌丝琼脂块接种法（plug）：取菌落边沿 8mm 菌丝块接种于第 2 或第 3 片无柄叶叶腋处，菌丝面贴茎秆，菌丝块和茎秆外围以保鲜膜包裹，保持湿度。接种后第 3 天开始，每 2～3 天调查 1 次主茎病斑长度，成熟前调查病级。

（3）病圃（disease garden）埋菌核鉴定：采自田间的菌核 4℃保存，12 月左右在每行埋入 5 粒菌核，成熟前调查病级。

（4）喷菌丝法（mycelial suspention）：将菌丝块加入液体土豆培养基（PDA 不加琼脂），置于 200r/min 摇床，培养菌丝悬浮液，于 20℃～25℃下振荡培养 5～6 天，菌丝体呈灰白色胶状，停振备用。将振荡培养的菌丝体用无菌水稀释1倍,用高速组织捣碎机捣成糊状悬浮液,稀释。盛花期开始,每3天喷1次匀浆菌丝液,共5次。成熟前调查病级。

五、作业

(1)选取1~2个品种或者遗传分离群体,调查100个单株的病害级别和病害指数,填入下表。

(2)在苗期或者成株期,选取1~2个接种方法,观察接种效果和病害发生进程,调查接种株的病害级别,比较接种和未接种处理,给出接种后的症状描述及照片,写出实验报告。

油菜菌核病田间调查实验

品种或者群体名称	各个病害级别的植株数					病害指数(%)
	0	1	2	3	4	

油菜菌核病接种鉴定实验需提交的结果清单

接种时期和方法	提交资料清单
1	1.病害症状的照片; 2.病害发生过程的照片; 3.病害级别或者病害指数数据; 4.接种效果述评
2	1.病害症状的照片; 2.病害发生过程的照片; 3.病害级别或者病害指数数据; 4.接种效果述评

注:实验结果附在电子邮件中或者打印出来,交给老师评阅。

实验87 棉花黄萎病、枯萎病症状识别和田间抗性调查

一、目的要求

了解棉花枯萎病、黄萎病发病症状,掌握接种技术和枯萎病、黄萎病抗性的鉴定方法。

二、内容说明

1. 棉花黄萎病

棉花黄萎病是棉花最严重的真菌病害之一。我国棉花的黄萎病由病原菌大丽轮枝菌(*Verticillium dahliae* kleb)侵染引起。棉花黄萎病在国内各产棉区均有发生,对棉花产量与品质影响很大,一般减产10%~30%,高的可达60%以上或绝收。

棉花黄萎病病菌主要以微菌核在土壤中越冬,也能在棉籽内外、病残体、带菌棉籽壳、棉籽饼中越冬。在适宜条件下,黄萎病病菌的微菌核形成分生孢子并萌发产生的菌丝,可直接从棉花根毛细胞、根表皮细胞或根部伤口侵入,经过皮层进入导管,通过纹孔由一个导管进入另一个导管,并在导管内繁殖产生大量的菌丝和分生孢子,分生孢子随导管中的液流上升而扩散到全株。在棉花生育期间,发病的适宜温度为25℃~28℃,20℃以下和30℃以上发病缓慢,35℃以上时症状隐蔽,呈隐症。此外,降雨多少及湿度大小也制约着病害的发展。花蕾期降雨较多而

温度适宜，发病往往严重。长江流域棉区发病较早，因高温导致的隐症期较长，故发病高峰往往推迟，危害期较长，甚至到9月下旬病害的发展才开始减慢、停止。

棉花种间抗病性有显著差异。一般海岛棉抗病、耐病的能力较强，陆地棉次之，中棉较感病。虽未发现有免疫品种和品系，但同一种内不同品种间抗病性差异也较明显。棉花黄萎病是维管束系统病害，俗称棉花的“癌症”，到目前为止，尚未有特效的防治药剂，因此只能依靠以种植抗病品种为主的综合防治措施。选育和种植抗黄萎病品种，是防治黄萎病的主要措施。

2. 棉花枯萎病

枯萎病是棉花种植期的一种常见病害。病原为一种真菌，名为尖孢镰刀菌(萎蔫专化型)，主要危害棉花的维管束等部位，导致叶片枯死或脱落。

棉花枯萎病传播途径：枯萎病病菌主要在种子、病残体或土壤及粪肥中越冬。带菌种子及带菌种肥的调运成为新病区主要初侵染源，有病棉田中耕、浇水、农事操作是近距离传播的主要途径。其中棉花种子内部和外部均可携带枯萎病病菌，主要是短绒带菌，硫酸脱绒后，带菌率迅速下降，一般不到0.1%，但对病区扩展仍起重要作用。田间病株的枝叶残屑遇有湿度大的条件长出孢子，借气流或风雨传播，侵染四周的健株。该菌可在种子内外存活5~8个月，病株残体内存活0.5~3年，无残体时可在棉田土壤中腐生6~10年。病菌的分生孢子、厚垣孢子及微菌核遇有适宜的条件即萌发，产生菌丝，从棉株根部伤口或直接从根的表皮或根毛侵入，在棉株内扩展，进入维管束组织后，在导管中产生分生孢子，向上扩展到茎、枝、叶柄、棉铃的柄及种子上，造成叶片或叶脉变色、组织坏死、棉株萎蔫。

发病条件：该病的发生与温湿度密切相关，地温20℃左右开始出现症状，地温上升到25℃~28℃出现发病高峰，地温高于33℃时，病菌的生长发育受抑或出现暂时隐症，进入秋季，地温降至25℃左右时，又会出现第二次发病高峰。夏季大雨或暴雨后，地温下降易发病。地势低洼、土壤黏重、偏碱、排水不良或偏施、过施氮肥或施用了未充分腐熟带菌的有机肥或根结线虫多的棉田发病重。

3. 棉花枯萎病发病条件及其症状表现

(1) 发病时间：4月底~7月中旬(出苗后即可发病)。

(2) 发病条件：多雨、湿度大，最适合温度25℃~30℃，35℃以上不发病。

(3) 症状类型：①黄色网纹型：其典型症状是叶脉导管受枯萎病病菌毒素侵害后呈现黄色，而叶肉仍保持绿色，多发生于子叶和前期真叶。②紫红型：一般在早春气温低时发生，子叶或真叶的局部或全部呈现紫红色病斑，严重时叶片脱落。③青枯型：棉株遭受病菌侵染后突然失水，叶片变软下垂萎蔫，接着棉株青枯死亡。④黄化型：多从叶片边缘发病，局部或整叶变黄，最后叶片枯死或脱落，叶柄和茎部的导管部分变褐。黄色网纹型子叶或真叶叶脉褪绿变黄，叶肉仍保持绿色，病部出现网状斑纹，渐扩展成斑块，最后整叶萎蔫或脱落。该型是本病早期常见典型症状之一。⑤皱缩型：表现为叶片皱缩、增厚，叶色深绿，节间缩短，植株矮化，有时与其他症状同时出现。⑥红叶型：苗期遇低温，病叶局部或全部出现紫红色病斑，病部叶脉也呈红褐色，叶片随之枯萎脱落，棉株死亡。⑦半边黄化型：棉株感病后只半边表现病态黄化枯萎，另半边生长正常。

(4) 症状表现：病株矮小，茎枝节间缩短，呈曲轴状，叶脉变黄，呈网纹状，叶片变小，深绿，木质部导管深褐色。

4. 棉花黄萎病发病条件及症状表现

(1) 发病时间：5月中旬~7月上旬、9月。

(2) 发病条件：多雨、湿度大，最适合温度25℃~28℃，35℃以上不显症状。

(3)症状类型:①黄色斑块型:叶片主脉间叶肉发生不规则斑块,呈黄褐色,也称西瓜叶;②急性萎蔫型:叶边缘沿主脉伸向叶柄的叶肉部分呈掌状失绿斑块,发病后扩展快;③紫红纹型:叶片主脉间叶肉变成紫红色斑块。

(4)症状表现:植株变矮不明显,茎枝节间缩短或曲轴状也不明显,叶大小较正常,叶脉绿色,叶肉发黄,木质部导管浅褐色。

三、材料用具

1. 材料

种植在病圃或自然病地的棉花品种(或品系)3个,其中感病对照1个,耐病品种1个,抗病品种1个。如果种植在无病地,则需要进行人工接种。接种物主要有麦粒菌种和黄萎病菌液,麦粒菌种可直接撒施到土壤中(撒施法),黄萎病菌液可用大头针刺入植株内(针刺法)。接种用的病原菌在察贝液体培养基中培养。

2. 仪器用具

高压灭菌锅,锥形瓶,量筒,自动搅拌器,纸杯,无底塑钵,镊子,调查用的长尺,铅笔,记录本(或纸)。

四、方法步骤

(一)棉花种植

在发病程度一致的病圃或自然病地种植3个品种,各项栽培技术措施均保持一致。如果在无病地种植,则需要撒带病菌的麦粒进行人工接种。

(二)棉花黄萎病症状识别

自然条件下一般现蕾期开始发病,7~8月开花结铃期达发病高峰。病株症状自下而上扩展,发病初期叶片主脉间叶肉失绿,黄绿镶嵌斑驳成块,叶片挺而不萎;当病害进一步发展,叶肉出现不规则嵌状病斑,主脉仍保持绿色,病叶向上卷曲,呈掌状斑驳,即俗称"西瓜皮"状花斑,严重时叶片焦枯。重病株到后期叶片由下向上逐渐脱落,蕾铃稀少,后期常在茎基部或落叶的叶腋处长出细小新枝。另一种落叶型症状表现为多数或全株叶片萎蔫下垂, 似开水烫过一样,叶、蕾,甚至小铃在几天内可全部脱落,随后植株转褐枯死。不同症状的黄萎病株的根、茎维管束都呈黄褐色。宜在发病高峰期调查不同品种发病情况,识别典型病症。

(三)棉花枯萎病症状识别

棉花整个生育期均可受害,是典型的维管束病害。症状常表现多种类型:苗期有青枯型、黄化型、黄色网纹型、皱缩型、红叶型等;蕾期有皱缩型、半边黄化型、枯斑型、顶枯型、光秆型等。该病有时与黄萎病混合发生,症状更为复杂,表现为矮生枯萎或凋萎等。纵剖病茎可见木质部有深褐色条纹。湿度大时病部出现粉红色霉状物,即病原菌分生孢子梗和分生孢子。

(四)棉花枯萎病、黄萎病菌接种

在无病地和温室中对棉花进行黄萎病抗性的鉴定,要采用人工接种进行抗性鉴定。主要有病菌培养物土壤接种法,纸钵撕底菌液蘸根法,无底塑钵菌液浇根法和苗期针刺接种法。

1. 病菌培养物土壤接种法

将棉花枯萎病菌株或黄萎病菌株在PDB液体中振荡培养7~10天,接入已灭菌的内装麦粒的克氏瓶中,培养1个月后,将麦粒菌种掏出晾干,按20g/m播于行中或均匀撒入土壤,并混匀。4月下旬播种,在黄萎病发病高峰期调查发病情况。

2. 纸钵撕底菌液蘸根法

将供试棉籽播种于装有非病原菌土壤的纸杯中，置于温室内，保持土壤水分，待棉苗有 2～3 片真叶时，将纸钵的底纸撕去，露出苗根，在经培养好的黄萎病菌的分生孢子菌液（一般浓度在 106 个孢子 /mL）里浸蘸，再将棉苗置于土盘内，经 7 天后棉苗即染病显症，当感病品种发病严重时，调查病情。

3. 无底塑钵菌液浇根法

小心将灭菌土装至无底塑钵 2/3 高处，随后置于温室中播种，待棉苗长至 1 片真叶时，先将无底塑钵从盆中取出，置于玻璃板上，用手握住塑料钵，稍用力在玻璃板上转两圈，使底部的棉根产生伤口，随后将塑钵倒过来，使苗向下底朝上，将 10mL 菌液缓慢浇于钵底，使菌液完全被吸收。随后将其置于铺有一薄层潮湿的灭菌土的塑料盆中，1 小时后浇入盆底 200mL 自来水。精心管理，20 天左右调查发病情况。

4. 苗期针刺接种法

棉籽可直接播种在无病原菌的土沙盘内，也可直接播种在营养钵上，或纸钵土内，待棉苗子叶展平，有 1～2 片真叶时，采用针刺接种法，即用针灸针或大头针，在离针尖 0.5cm 处插一个小消毒棉球或小泡沫球，饱蘸黄萎病菌的分生孢子菌液（一般浓度在 106）后，将针由上而下斜刺在子叶节下，并向茎根方向挤压，菌液遂顺针尖流入棉苗茎部的维管束内。7 天后棉苗即可染病显症，可调查病情。

（五）黄萎病抗性调查

棉花黄萎病病级和抗性的划分，虽然尚没有法定标准，但我国相关单位基本仍沿用原全国棉花枯萎病、黄萎病综合防治协作组制订的病级划分标准（表 87–1）。

表 87–1　棉花枯萎病、黄萎病病级划分标准

病级	苗　期	蕾铃期	剖　析
	健康	外部无病状	不变色
1	1～2 片子叶发病	病株叶片 25%以下显病状，呈黄斑型	变色部占剖面 25%以下
2	1 片真叶发病	叶片 25%～50%显病状，多呈黄斑型，有枯斑型	变色部占剖面 25%～50%
3	2 片以上真叶发病，顶芽保持健康	叶片 50%～75%以上显病状，多呈黄斑型，有枯斑型	变色部占剖面 50%～75%
4	全株发病至死亡	75%以上叶片显病状，多呈枯斑型，有脱落叶，结铃率低	变色部占剖面 75%以上

棉花黄萎病抗性的划分通常用病情指数实测值直接表示某一品种（系）的发病程度和划分抗性反应型（定性）。鉴于棉花种质黄萎病鉴定中，因受环境条件和土壤中菌量等诸因素的影响，常使同一品种在不同年份、地点和时间鉴定结果的数值差异较大。

（1）鉴定方法：自然病圃、人工病圃、人工接种鉴定。每种又可分苗期和成株期鉴定。

（2）调查和记载：调查时间一般为 6 月底至 7 月初。

发病率和病指的计算：病株率 =（发病总株数 / 调查总株数）× 100%

病情指数 =｛∑（各级病株 × 相应病级）/（最高病级 × 调查总株数）｝× 100%

（3）病级划分：①0 级：健苗，无症状；②1 级：1/4 植株高度或叶片表现症状；③2 级：1/4～1/2 植株高度或叶片表现症状；④3 级：1/2～3/4 植株高度或叶片表现症状；⑤4 级：3/4 以上植株高度或叶片表现症状。

(4) 以病指为划分标准,见表 87–2:

表 87–2 棉花病情指数划分标准

	免疫	高抗	抗	耐	感	高感
枯萎病	0	5.0 以下	5.1~10	10.1~20.0	20.1~70.0	70.1 以上
黄萎病	0	20.0 以下	20.1~30	30.1~50.0	50.1~80.0	80.1 以上

注:病情指数在 10%以下为高抗,10.1% ~ 20.0%为抗病,20.1% ~ 35.0%为耐病,35.1%以上为感病。

五、作业

(1) 在教师指导下,采用菌培养物土壤接种法、纸钵撕底菌液蘸根法、无底塑钵菌液浇根法和针刺接种法进行棉花枯萎病、黄萎病病原菌接种。

(2)分组调查棉花品种或品系枯萎病、黄萎病的田间抗性。采取 5 点取样法进行调查,面积在 667m^2 以下者,每点取样 30 株;面积在 667m^2 以上者,每点取样 50 株。也可在收获后对棉株进行剖秆调查。填写下表 87–3,并指出供检测材料枯萎病、黄萎病的抗性类型。

表 87–3 棉花黄萎病田间抗性调查

品种	调查	各级病株数					病株率	病情指数	抗性
(系)	株数	0	1	2	3	4	(%)	(%)	类型

实验 88 甘薯黑斑病、根腐病症状识别与田间抗性调查

一、目的要求

了解甘薯黑斑病、根腐病的发病机制和发病症状,掌握甘薯黑斑病和根腐病的识别技术,掌握田间抗性调查内容和方法。

二、甘薯黑斑病症状识别与田间抗性调查

(一) 内容说明

甘薯黑斑病又叫黑疤病,俗名黑疮、黑膏药、黑疔等,是一种毁灭性病害,是造成甘薯烂窖、烂床、死苗的主要原因。甘薯黑斑病的危害不仅造成产量损失,而且病斑内产生有毒物质,人、畜食用后会引起中毒,严重的会发生死亡。

甘薯黑斑病是由甘薯长喙壳菌(*Ceratocystis fimbriata* Ellis et Halsted)侵染引起,这个种有许多苗系,能对咖啡、桃、杏、巴豆等以及甘薯致病,但有高度的寄主专一性,寄生于其他寄主上的菌系并不侵染甘薯,反之侵染甘薯的菌系也不侵染其他寄主。但甘薯上的菌系可侵染其他旋花科植物,包括许多野生牵牛种。

病菌以厚垣孢子和子囊孢子在贮藏窖或苗床及大田的土壤内越冬,或以菌丝体附在种薯上越冬,成为次年初侵染的来源。病菌主要从伤口侵入,发病温度 10℃ ~ 30℃,最适宜发病温度为 25℃ ~ 28℃,低于 10℃、高于 35℃不发病;地势低洼、阴湿、土质黏重利于发病。

（二）材料用具

对黑斑病反应敏感程度不同的甘薯品种若干，高抗和高感品种作为对照，塑料牌、铅笔。

（三）方法步骤

1. 甘薯黑斑病症状识别

（1）育苗期症状的识别。若种薯或苗床带菌，种薯萌芽后，苗的地下白嫩部分最容易受到侵染。早期受害严重的幼芽变黑腐烂，育苗期秧苗受害，根茎白嫩部分及茎基部长出黑褐色椭圆形病斑或菱形、长梭形或椭圆形黑色病斑，使幼苗呈现黑脚状。病斑稍凹陷，初期能产生灰色霉层，即病菌的菌丝和内生分生孢子。此后逐渐产生黑色刺状物，即菌丝的子囊壳。严重时，幼苗根部变黑腐烂而死，或未出土即腐烂于土中。

（2）大田期症状识别。带病薯苗插植田间 1 ~ 2 周后，即可显现症状。此时进行观察，可发现病薯基部叶片发黄、脱落，蔓不伸长，地下部分变黑腐烂，成片死苗。发病轻的，有时接地表处可生新根，但苗生长缓慢，结薯很少或不结薯。

薯块以在收获前感病较多，病斑多发生在伤口和自然裂口处，呈圆形或近圆形，黑色或褐色，中部稍凹陷，轮廓清晰。病斑上亦产生灰色霉层及黑色刺状物。病斑下层组织墨绿色，含有毒物质——莨菪素，有苦味。

（3）贮藏期症状识别。观察贮藏期病薯块，可注意到病斑多发生在伤口和根眼上，起初为黑色小点，逐渐扩大成圆形或不规则形病斑，中间也产生刺毛状物。贮藏后期，病斑可深入薯肉达 2 ~ 3cm，呈暗褐色。病薯迅速蔓延，常使全窖发病腐烂。薯块上新生的症状与大田生长期症状相似，但病斑较深。

2. 甘薯黑斑病的田间抗性调查

将不同甘薯品种分小区种植，每个小区各取 20 ~ 25 株供试苗，挂好塑料牌，标明品种名称（或代号）、种植日期。同时应种植高抗、抗病、感病、重感类型的代表品种作为对照。采取相同的栽培管理措施，保持地势低洼、潮湿，以利于黑斑病的发病，必要时可考虑人工接种。在甘薯收获时节调查黑斑病发病情况，并记录。

（1）甘薯黑斑病的调查方法：田间目测调查。

（2）甘薯黑斑病的调查内容：

①反应型。反应型分 5 级，分级标准见表 88-1。

表 88-1　　甘薯黑斑病反应型分级标准

代号	抗性等级	反应型特点
0 级	免疫	苗及薯块无病斑
1 级	高抗	有极少数小病斑，且病斑中央坏死，病斑周围没有浸润区
2 级	抗	有少数病斑，且病斑中央坏死，病斑周围没有浸润区
3 级	感	病斑数较多，病斑中央有菌丝，周围有浸润区
4 级	高感	一半面积以上具有病斑，病斑中央有菌丝，周围有浸润区

②发病率。从发病率可以看出整个品种发病情况，其计算公式如下：

发病率 =（发病薯块或幼苗数 / 调查薯块或幼苗总数）× 100%

③病情指数。

$$病情指数 = \frac{\sum(各病级薯块或幼苗数 \times 该级别数值)}{调查总薯块或幼苗数 \times 最高一级代表数值} \times 100\%$$

(四) 作业

(1) 分别在甘薯的苗期、大田期和贮藏期观察本地代表甘薯品种的发病情况并记录，掌握甘薯黑斑病的发病规律和发病特征。

(2) 选取几个本地代表性甘薯品种病株，计算其病情指数，比较其对黑斑病的抗性。

三、甘薯根腐病症状识别与田间抗性调查

(一) 内容说明

甘薯根腐病是我国20世纪70年代前后长江以北新发生的一种甘薯毁灭性病害，又叫烂根病、烂根开花病。在山东、河南、安徽、河北、湖北、陕西相继发生蔓延，美国、日本等国也有根腐病发生。此病除侵害甘薯外，还能感染一些旋花科植物，如牵牛花、回旋花、月光花等。

大多数学者认为甘薯根腐病的病原菌是 *Fusarium solani* (Mart.) Sacc. f. sp. batatas McClure，小型分生孢子卵圆形至杆状，多数单胞，少数为双胞，聚合成假头状着生于瓶状小梗上。大型分生孢子纺锤形，2～7个隔膜，大型分生孢子梗上生有侧生瓶形小梗。厚垣孢子球形，淡黄色或棕黄色，有的厚垣孢子有疣状突起，有的为光滑型。

本病主要为土壤传染，病菌分布以耕作层的密度最高，发病也重；田间病害扩展主要靠流水和耕作活动。遗留在田间的病残株也是初侵染来源，用病株喂猪，病菌通过消化道仍能致病，带病种薯也能传病。

根腐病的发病温度为21℃～29℃，最适温度为27℃左右；土壤含水量在10%以下，对病害发生发展有利。一般沙土地保肥保水差，植株生长衰弱，发病重；而黏性土肥沃地发病轻；轮作病轻；连作病重。不同品种耐病性也有明显的差异。

(二) 材料用具

供试甘薯品种若干以及高抗、抗病、感病、重感类型的对照品种各一个，塑料牌，铅笔等。

(三) 方法步骤

1. 甘薯根腐病症状识别

各材料供试苗20～25株种植成不同的试验小区，挂好塑料牌，标明品种名称(或代号)，种植日期。同时应种植高抗、抗病、感病、重感类型的代表品种作为对照。

(1) 苗床期识别。发病薯苗叶色浅黄，生长迟缓，须根尖端和中部有黑褐色病斑。出苗较晚，出苗率显著下降。

(2) 大田期识别。病薯在大田期根系、薯块和茎叶都有明显症状。

根系：根系是病菌的主要侵染部位，初期从吸收根、根尖或根中部形成黑褐色病斑，随后大部分根变黑腐烂。地下茎也被感染，形成黑斑，病害部位多数表皮开裂，皮下组织发黑疏松。重病株根系全部腐烂；轻者地下茎近土表处仍能生出新根，但多形成柴根，薯块小而少或不结薯。

薯块：染病后形成葫芦形、锤形等畸形薯块，表面生有大小不一的褐色至黑褐色病斑，多呈圆形，稍凹陷，表皮初期不破裂，但至中后期即龟裂，易脱落；皮下组织变黑疏松，底部与健康组织交界处可形成一层新表皮。贮藏期病斑并不扩展。病薯不硬心，煮食无异味。

茎叶：患病株茎蔓伸长较慢，分枝少或无分枝，遇日光暴晒呈萎蔫状。入秋气温下降后，茎蔓仍能继续生长，但每节叶腋处都会现蕾开花。重病株薯蔓节间缩短，从底叶开始向上，各叶依次色淡发黄，延及全株，叶片变小反卷，组织硬化并且发脆。如遇干旱天气，叶片往往边缘焦枯，提前脱落，蔓的顶端只余2~3片嫩叶，终至整株枯死。

2. 田间抗性调查

地上部分调查应在感病品种发病达到高峰时进行，地下部分调查应于收获期进行。病情分级标准列于表 88-2、表 88-3。

表 88-2　甘薯根腐病地上部分病情分级标准

级别	发病情况
0 级	看不到病症
1 级	下部有部分黄叶，心叶展开
2 级	分枝少而短，叶色显著发黄，有的品种现蕾或开花
3 级	植株生长停滞，显著矮化，不分枝，老叶自下而上脱落
4 级	全株死亡

表 88-3　甘薯根腐病地下部分病情分级标准

级别	发病情况
0 级	看不到病症
1 级	个别根变黑(病根数占总根数 10%以下)，地下茎无病斑，对结薯无明显影响
2 级	少数根变黑(病根数占总根数的 10% ~ 25%)，地下茎及薯块有个别病斑，对薯块有轻度影响
3 级	近半数根变黑(病根数占总根数的 25.1% ~ 50%)，地下茎和薯块病斑较多，对结薯有显著影响，有柴根
4 级	多数根变黑(病根数占总根数的 50%以上)，地下茎病斑多而大，不结薯，甚至死亡

3. 病株率和病情指数的计算

病株率＝发病总株数 / 调查总株数 × 100%；

病情指数＝∑(各级病株数 × 相应病级数) / 调查总株数 × 最高病级数 × 100%。

(四) 作业

(1) 到甘薯根腐病疫情发病区实地调查，并了解甘薯根腐病发病特征。

(2) 选取本地常见甘薯品种进行田间抗性调查。每人调查 30 株，完成实验报告。

实验 89　花生主要病害症状识别与田间抗性调查

一、目的要求

通过观察，掌握花生主要病害(根部与叶部)的症状识别与田间抗性调查方法。

二、内容说明

花生主要病害(根部与叶部)的发生、流行与品种、气候、栽培环境条件有密切关系。通过对花生不同生育期植株病害的考察，了解花生发病的影响因子，对进一步改良品种、改善环境和栽培条件，提高花生抗病性，保障高产、优质具有重要意义。

(一) 花生主要根部病害的危害程度与症状

1. 花生茎腐病

又称颈腐病、烂脚病、倒秧病。一般田块发病率 10% ~ 20%，严重的达 60%以上，甚至成片枯死，颗粒无收。高温高湿条件、重茬地尤为严重，并常与根腐病混合发生。症状：该病从发芽到成株期均可发生，主要危害子叶、根、茎，以根颈部、茎基部受害最重。幼苗出土前即可感病腐烂，病菌从子叶或幼根侵入植物，使子叶变黑褐色，呈干腐状，然后侵入植株根颈部，产生黄褐色水渍状病斑，随着病害的发展渐变成黑褐色。感病初期，地上部叶色变淡，午间叶柄下垂，复叶闭合，早晨尚可复原，但随着病情的发展，病斑扩展环绕茎基部时，地上部萎蔫枯死。幼苗发病至枯死通常历时 3～4 天。在潮湿条件下，病部产生密集的黑色小突起，表皮软腐状，易剥落。田间干燥时，病部皮层紧贴茎上，髓部干枯中空。成株期特别是开花后发病时，多在与表土接触的茎基部第一对侧枝处，初期产生黄褐色水渍状病斑，病斑向上、下发展，茎基部变黑枯死，引起部分侧枝或全株萎蔫枯死。病株易折断，地下荚果不实或脱落腐烂，病部密生黑色小粒点。该病能造成种子受伤、不饱满并带菌。

2. 花生根腐病

病原包括镰孢菌、腐霉菌、根腐菌。在南方花生产区，镰孢菌引起的根腐病较为严重，在排水透气性不良的花生地发病更重。

镰孢菌：强寄生菌。病害在各生育阶段均可发生，但以开花结荚期的根部危害最重。花生出苗前，可侵染刚萌发种子，胚轴常呈淡黄色水渍状病痕，渐变成褐色乃至灰色腐烂。在潮湿的土壤中烂芽的表面可长出粉红色霉层。盛花期前后是发病高峰期。病菌首先侵染近地面幼苗茎基部即根颈部，出现黄褐色水渍状病痕，渐变成褐色，皮层腐烂，只剩下木质部。叶片失水萎蔫，叶柄下垂，直至枯死脱落。另一症状是植株矮小，叶片由下而上渐变成黄色后干枯。主根上出现稍凹陷、长条形褐色病斑，整个主根变褐、皱缩、干腐，只留下残存的根组织，而侧根少而短或脱落，整个根系像老鼠尾巴一样，逐渐枯死。土壤湿度大时，根颈部可长出不定根，病株一时不易枯死。病菌可侵染入土的果针和幼果。果针受害后使荚果易脱落在土内而腐烂。

腐霉菌：常与立枯丝核菌所引起的病症混淆。病害在各生育阶段均可发生，因危害部位和时期分为猝倒、萎蔫、腐烂三种类型：①猝倒：弱苗、受伤的幼苗容易感染。幼苗茎基部初期出现水渍状、长条形、稍下陷的病斑，之后扩展至整个胚轴或茎部，产生褐色水渍状软腐，造成幼苗迅速萎蔫、倒伏，表面布满白色菌丝体。在潮湿环境下尤其灌水后更易发生；②萎蔫：一般仅发生在个别分枝上，全株性萎蔫不多见。病枝上的叶片快速褪绿，从边缘开始坏死，迅速向内延伸，直至整个叶片干枯皱缩。小叶柄常枯干，大叶柄则保持绿色。纵向剖开茎部可见维管束组织变为暗褐色。严重萎蔫植株的胚轴区域导管常破裂，充满无隔菌丝体；③腐烂：到了花生生长中、后期，该病菌引起果柄、荚果甚至全部根系腐烂。果柄、幼果呈淡褐色水渍状，2～4 天内荚果可全部变黑、腐烂。主根、初生根、次生根的尖端特别容易受害。整个根系呈现水渍和丛生状，个别根呈淡褐色乃至暗褐色，皮层很快溃烂脱落，仅剩木质中柱。

根腐菌：弱寄生菌。只是在过高的土壤湿度和温度条件下发病，一般不严重，仅限于侵染种子和幼苗，引起腐烂、猝倒。种子和未出土的幼芽被侵染后，2～4 天内迅速腐烂，种子被一团松散的菌丝体和黏附的土粒包围。种子能带菌。幼苗的顶芽和子叶柄偶尔也会被侵染而部分或全部毁灭。坏死常发生在幼茎或其基部，可看到菌丝丛和黑色孢子囊。

3. 花生冠腐病

别名黑霉病、曲霉病。是一种弱寄生菌，能在土壤中腐生，只能侵染生活力弱或受伤的种子或植株组织。在阴雨寡照、田间积水的条件下易于发生，常造成缺苗断垄。症状：多发生在苗期。侵染种子、子叶、茎基部，造成腐烂，受害部位长出一层黑霉。花生出苗后，病菌先侵染残存的子叶，进而侵染茎基部，先出现黄褐色凹陷病斑，边缘褐色，迅速扩大，表皮组织纵裂，呈干腐状，最后仅剩破碎的纤维组织，维管束和髓部变为紫褐色，病株地上部萎蔫，逐渐枯死。在潮湿情况下，病部长满黑色霉状物。花生后期发病较少。果仁若染病易腐烂并长出黑霉。

4. 花生白绢病

又名白脚病、棉花脚。主要发生于南方花生产区，一般零星发生，在多雨潮湿的年份危害更为严重，会造成花生大量枯死，发病率高达30%以上。该病菌寄主范围广泛，能侵染60多科200多种植物。症状：白绢病多发生在花生生长的中、后期，果柄较易感病，其次是茎基部、荚果，根部稍轻，而茎、叶一般不感病。病菌多从近地面的茎基部和根部侵入，受害组织初期呈暗褐色软腐，环境条件适宜时，菌丝迅速蔓延到花生近地面中下部的茎秆以及病株周围的土壤表面，形成白色绢丝状的菌丝层。后期在病部菌丝层中形成很多油菜籽状的菌核。受侵染病株的叶片先是变黄，随后萎蔫，逐渐枯死。病部腐烂，皮层脱落，仅剩下一丝丝的纤维组织，易折断。感病的荚果变浅褐色或暗褐色，果仁皱缩、腐烂，覆盖灰褐色菌丝层，后期形成菌核。病菌在荚壳和种仁表面还能产生草酸，以致在种皮上形成条纹、片状或圆形的蓝黑色彩纹。

5. 花生青枯病

世界范围内花生上危害最重的细菌性病害，发病轻者减产20%～30%，重者减产50%～80%，甚至颗粒无收。我国的花生青枯病主要发生在南方地区。症状：花生青枯病是一种土传性维管束病害。在自然条件下，病菌从根部侵入花生植株，通过在根和维管束木质部增殖和一系列生化作用，使导管丧失输水功能，导致失水而突发死亡。刚发病的植株可仍保持绿色，根或茎基部横切面可溢出白色菌脓，这是花生青枯病的一大特征。发病后期，植株地上部枯萎，拔起病株，根部发黑、腐烂，容易拔起。从发病至枯死，快则1～2周，慢则3周以上。春花生在5～6月、秋花生在9～10月发病较重。病株上的果柄、荚果呈黑褐色湿腐状。

（二）花生主要叶部病害的危害程度与症状

1. 花生褐斑病

通常比黑斑病发生要早，因此又称早斑病，后期常与黑斑病混合发生。世界性病害，发病面积和危害程度仅次于晚斑病。我国各花生产区均有发生，是分布最广和危害最重的花生叶部病害之一，但南方比北方严重，多雨年份发生更重。流行区域的花生一般可减产10%～20%，严重的达40%以上。症状：褐斑病主要发生在叶片上，严重时叶柄、茎秆亦可受害。病原菌侵染叶片后，开始出现黄褐色小斑点，后发展成近圆形病斑，病斑边缘的黄色晕圈较宽而明显，病斑在叶片正面呈黄褐色或深褐色，背面一般为黄褐色。发病导致叶片提早脱落，大发生时可使全部叶片脱落，植株提早枯死。茎秆上的病斑呈褐色至黑褐色，长椭圆形，病斑多时，也可导致茎秆枯死。由于叶、茎早枯，大批落叶，光合作用严重受阻，荚果饱满度大幅度降低。

2. 花生黑斑病

花生各生育期均可发生，发病高峰多出现于生长中后期，故又称晚斑病，也是世界性花生病害，分布区域和危害程度在花生病害中居第一位。我国各地均可发生，在北方产区比褐斑病危害更重，在南方产区春花生发病较轻，秋花生危害较重。一般可造成花生减产10%～30%，严重的在50%以上。黑斑病病菌只危害花生，尚未发现其他寄主。症状：主要危害花生叶片，严重时叶柄、托叶、茎秆和荚果均可受害。黑斑病病斑一般比褐斑病小，直径1～5mm，近圆形或圆形。病斑呈黑褐色，正反两面颜色相近，周围没有黄色晕圈或仅有不明显的淡黄色晕圈。在叶背面病斑上，通常产生许多黑色小点，同心轮纹状，着生分生孢子梗和分生孢子。严重时产生大量病斑，引起叶片干枯脱落。病菌侵染茎秆也产生黑褐色病斑，凹陷，严重时使茎秆变黑、枯死。

3. 花生焦斑病

也称枯斑病、斑枯病、胡麻斑病。严重时病株率可达100%,急性流行时可在很短时间内引起大量叶片枯死,造成严重减产。症状:包括焦斑、胡麻斑两种类型。常见焦斑类型,病原菌自叶尖侵入,随叶片主脉向叶内扩展,形成楔形大斑,病斑周围有明显黄色晕圈;少数病斑自叶缘侵入,向叶内发展,初期褪绿渐变黄、变褐,边缘常为深褐色,周围有黄色晕圈。早期病部枯死呈灰褐色,产生很多小黑点。常与褐斑病、黑斑病混生,把后者包围在楔形斑内。当病原菌不是从叶尖、叶缘侵入时,便产生密密麻麻的小黑点,故名胡麻斑病。病斑小(直径1mm以内)、不规则至病斑呈近圆形,有时凹陷。病斑常出现在叶片正面。收获前多雨情况下,该病出现急性症状,叶片上产生圆形或不定形的黑褐色水渍状大斑块,迅速蔓延造成全叶枯死,并发展到叶柄、茎、果针。

4. 花生网斑病

又称褐纹病、云纹斑病、污斑病、泥褐斑病。主要在花生生长后期遇低温且湿度较大时发生和流行,导致花生植株快速大量落叶,严重影响花生产量和品质,一般可减产10%~20%,严重的达40%以上。我国主要发生在北方产区,淮河以南发生很少。症状:花生网斑病主要发生在花生生长的中后期,以危害叶片为主,茎、叶柄也可以受害。一般先从下部叶片发生。通常表现两种类型:一种是污斑型,病斑较小,初为褐色小点,逐渐扩展成近圆形的深褐色污斑,边缘较清晰,周围有明显褪绿圈,病斑可以穿透叶片,叶片背面形成的病斑比正面小,病斑坏死部分可形成黑色小粒点。另一种是网纹型,在叶片表面形成黑褐色病斑,病斑较大,不规则,边缘不清晰,似网状,常扩大或连片形成黑褐色病斑,此病斑不穿透叶片,仅危害上表皮。叶柄和茎受害,初为褐色小点,后扩展成长条形或椭圆形病斑,中央稍凹陷,严重时可引起茎叶枯死,病部有不明显的褐色小点。

5. 花生锈病

一种世界性的叶部真菌病害,年度间波动较大,一般热带比亚热带更严重,因此我国华南为重病区,中部的长江流域为常发区,北方发病较轻。锈病可引起花生10%~60%的减产,若与叶斑病混合发生,产量损失更大。感病花生的籽仁品质、出仁率和出油率均显著下降。症状:叶片受锈菌侵染后,在正面或背面出现针尖大小淡黄色病斑,后扩大为淡红色突起斑,随后病斑部位表皮破裂,露出铁锈状红褐色粉末物,即病菌夏孢子。下部叶片先发病,渐向上扩展。当叶片上病斑较多时,小叶很快变黄干枯,似火烧状,但一般不脱落。叶柄、托叶、茎、果柄和果壳染病夏孢子堆与叶上相似,托叶上的夏孢子堆稍大,叶柄、茎和果柄上的夏孢子堆椭圆形,长1~2mm,但夏孢子数量较少。病菌危害严重时,会从叶片扩展至叶柄、茎秆、果柄和荚果。

6. 花生疮痂病

近年来危害范围迅速扩大的一种病害。流行年份一般减产10%~30%,严重发病地块可造成50%以上产量损失。该病原菌通过土壤和气流传播,另据报道可通过未成熟种子传播。该病原菌只侵染花生,不侵染其他豆科植物。低温阴雨有利于该病的发生,连作地发病重。症状:可出现在叶片、叶柄、叶托、茎秆和果柄。典型病症是病部均产生木栓化疮痂,造成植株矮化,茎叶组织歪扭、弯曲,果柄有时肿大,荚果发育明显受阻。在高湿条件下病斑长出一层深褐色绒状物。叶片上最初产生许多褪绿小斑点,针刺状,直径约1mm,随着病害发展,叶片正面的病斑变淡黄褐色,中心下陷,边缘隆起、红褐色,表面粗糙、木质化,严重时病斑密布,全叶皱缩、扭曲;叶片背面的病斑颜色较深、直径较大,在主脉附近经常多个小病斑相连形成大病斑,随着受害部位坏死,常造成叶片穿孔。叶柄病斑呈褐色圆形或短梭形,比叶片上的大,长2~4mm,宽1~2mm,中部下陷,边缘稍隆起,有的呈典型火山口状开裂。茎部病斑与叶柄的相似。多个病斑常连合，并绕茎扩展，呈木栓化褐色斑块，有的长达1cm以上。

三、材料用具

1. 材料

不同抗病性品种或不同染病或栽培处理的花生田。

2. 用具

放大镜，铲或锄，剪刀，绳，纸牌，纸袋等。

四、方法步骤

(一) 花生根部病害的形态特征观察

1. 花生根部病害统称花生枯萎病，俗称瘟蔸、地火等，包括真菌性病害如茎腐病、根腐病、冠腐病、白绢病，以及细菌性病害青枯病等类型，这些病常混合发生。茎腐病、根腐病、冠腐病主要在生育前期发生，白绢病、青枯病主要在中后期发生。

2. 在花生生育前期或中、后期选取植株，观察几种主要根部病害的形态特征，并与正常植株的根系、叶色等进行比较。

3. 主要根部病害的田间抗性调查方法：一般采取病株率法。

(二) 花生叶部病害的形态特征观察

1. 花生叶部病害：统称花生叶斑病，一般为真菌性病害，主要有褐斑、黑斑、焦斑、网斑等10多种。以往我国花生发生的主要是黑斑病和褐斑病，近年来焦斑病、网斑病流行很快，也成为危害花生叶部的主要病害。

2. 在花生生育前期或中、后期选取植株，观察几种主要叶部病害的形态特征。

3. 主要叶部病害的田间抗性调查方法：一般在调查病害发生级别、株数的基础上，计算病害指数，确定发病程度。

五、作业

(1) 在田间取回多个根部、叶部发病的花生植株、叶片，描述病害发生的症状、级别、株数，将观察结果进行简要记录，通过归纳，鉴别它们分别属于哪一种病害。

(2) 计算不同品种、病害处理的褐斑病、黑斑病的病害指数。

实验90　烟草主要病害识别与田间调查

一、目的要求

了解和识别烟草黑胫病症状的特点，掌握烟草黑胫病的田间抗性调查方法；对青枯病、黑茎病的检测可为预防烟草两种病害提供有效依据。

二、内容说明

(一) 烟草黑胫病的识别

1. 症状

烟草黑胫病(black shank),烟农俗称“黑根”、“黑秆疯”。多发生于成株期,少数在苗床期发生。幼苗染病,茎基部出现污黑色病斑(图 90-1A),或从底叶发病沿叶柄蔓延至幼茎(图 90-1B),引致幼苗猝倒。湿度大时病部长满白色菌丝,幼苗成片死亡。茎秆染病,茎基部初呈水渍状黑斑(图 90-1C),后向上下及髓部扩展,绕茎 1 周时,植株萎蔫死亡。纵剖病茎,可见髓部黑褐色坏死呈碟片状或干缩呈“笋节”状,“节”间长满白色絮状菌丝(图 90-1D)。叶片染病,初为水渍状暗绿色小斑,后扩大为中央黄褐色坏死、边缘不清晰,隐约有轮纹呈“膏药”状黑斑(图 90-1E)。高湿条件下,病斑表面产生白色绒毛状物。

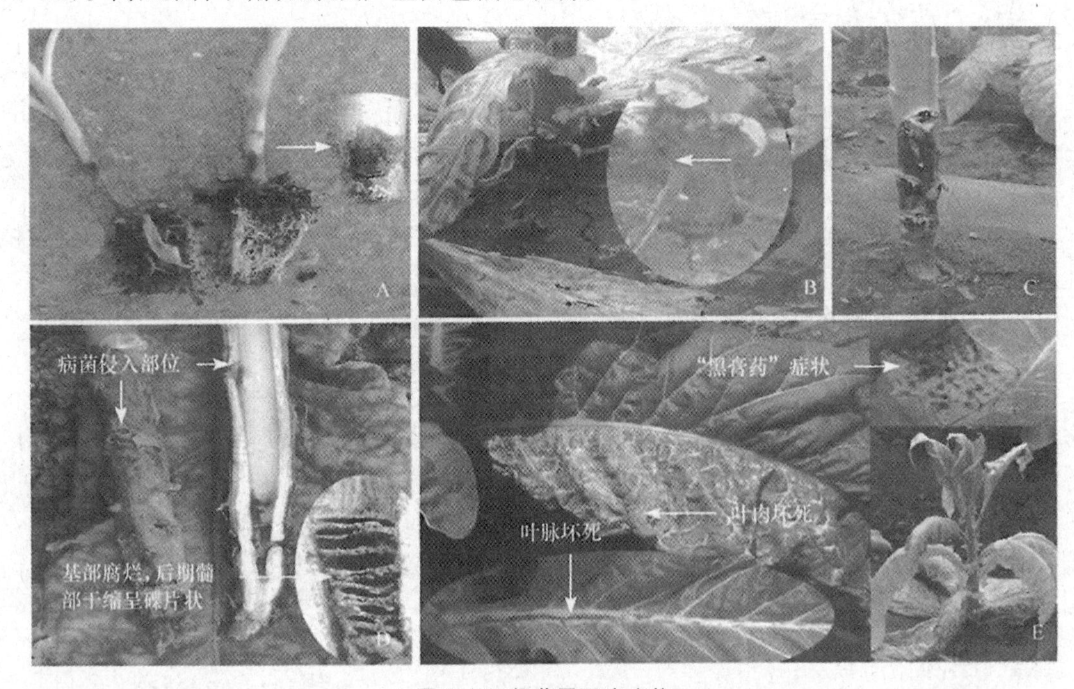

图 90-1 烟草黑胫病症状

A,B.茎基部黑色腐烂;C.茎秆染病;D.纵剖病茎;E.叶脉叶肉坏死

2. 病原

用挑针自病部挑取棉绒状制片镜检。*Phytophthora parasitica var. nicotianae*(Breda de Hean) Tucker 为寄生疫霉烟草致病变种,属鞭毛菌亚门真菌。菌丝无色、无隔膜,具不定形分枝;孢囊梗从气孔中伸出,顶生或侧生,梨形至椭圆形,有乳突,大小为(18 ~ 61)μm ×(14 ~ 39)μm,孢子囊可释放 5 ~ 30 个游动孢子;游动孢子近圆形或肾形,大小为 7 ~ 11 μm,无色,侧生 2 根不等长的鞭毛;病株残体中还可产生圆形或卵形黄褐色厚垣孢子,大小为 14 ~ 43 μm,一般不产生卵孢子。

(二)烟草青枯病的识别

1. 症状

烟草青枯病对烟草的产量和质量影响极大,是烟草生产上的毁灭性病害。烟草青枯病致病菌烟草青枯雷尔菌(*Ralstonia solanacearum*)是土传细菌,连作烟田中存在大量病原,易造成严重危害。烟草青枯病典型症状是叶片枯萎,初发病时,病株多向一侧枯萎,拔出后可见发病的一侧枝根变黑腐烂,未显症的一侧根系大部分正常。有的先在叶片支脉间局部叶肉产生病变,茎上出现长形黑色条斑,有的条斑扩展到病株顶部或枯萎的叶柄上。发病中期全部叶片萎蔫,条斑表皮变黑腐烂(图 90-2),根部也变黑腐烂,横剖病茎用力挤压切口,从导管溢出黄白色菌脓,病株茎和叶脉导管变黑。后病菌侵入髓部,茎髓部呈蜂窝状或全部腐烂形成空腔,仅留木质部。

2. 病原

Ralstonia solanacearum Yabuuhi et al.称青枯雷尔菌,属细菌。菌体杆状,两端钝圆,大小(0.9～2)×(0.5～0.8)μm,有 1～3 根鞭毛,多单极生,无荚膜,革兰染色阴性,好气性。病菌生长温限 10℃～37℃,30℃～35℃最适。52℃经 10 分钟致死。最适 pH 6.6。该菌已鉴别出 5 个小种及 5 个生物型,侵染烟草的菌株为小种 1 和生物型Ⅰ、Ⅲ、Ⅳ,自然条件下,生物型也常变化。

三、材料用具

1. 材料

苗床期及大田期烟草黑胫病、青枯病的感病植株,烟草黑胫病及青枯病的浸制和压制标本。

2. 仪器用具

放大镜,显微镜及制片用具一套(镊子、挑针、刀片、载玻片、盖玻片、装有无菌水的滴瓶等)。

四、方法步骤

(一) 烟草黑胫病症状识别

按照"内容说明"中描述的症状,在田间进行识别。

(二) 烟草黑胫病田间抗性调查

1. 调查方法

以株为单位,一般应在晴天中午以后调查。

(1)普查。在发病盛期进行一次,作为对病害情况一般性的了解。选取若干不同类型的烟田,田间采用 5 点取样,每点不少于 50 株,计算病株率和病情指数。

(2)系统调查。作为当地的主要病害,应进行系统调查,以便了解病害消长规律。自旺长开始至采收末期,田间固定 5 点取样,每点 30～50 株,每隔 5 天调查一次,计算发病率和病情指数,绘出田间消长曲线。

2. 病害严重度分级

0 级:全株无病;1 级:茎部病斑不超过茎围的 1/2,或半数以下叶片轻度凋萎,或下部少数叶片出现病斑;2 级:茎部病斑超过茎围的 1/2,或半数以上叶片凋萎;3 级:茎部病斑环绕茎围,或 2/3 以上叶片凋萎;4 级:病株全部叶片凋萎或枯死,见图 90-2。

3. 病情统计

(1)发病率:

发病率=(发病株数/调查总株数)×100%

(2)病情指数:

病情指数={∑(各级病株或叶数×该病级值)/(调查总株数或叶数×最高病级值)}×100%。

图 90-2 烟草青枯病症状

4. 抗性评价指标

高抗:病情指数≤15%;中抗:病情指数在15%~30%;中感:病情指数在31%~50%;高感:病情指数在51%~100%;病情指数为0可以认为是免疫类型。

(三) 烟草青枯病症状识别及田间抗性调查

1. 烟草青枯病田间发病情况调查:运用五点取样法,选择有代表性的烟株作为定点株,于发病高峰期进行调查,按病情分级标准,记录发病情况,计算病情指数。取样和分级按全国烟草行业烟草病害调查分级标准Yc/T 39—1996进行,病情指数计算按烟草病害药效试验方法Yc/T 40—1996进行。

2. 土壤中青枯菌的检测

分别取土样lg加入100 mL灭菌水中,做3次10倍梯度稀释,留10^{-3}稀释液备用。利用试验得出的最佳抗菌素药量组合制成培养基,培养皿中倒入l0mL,冷却后分别加入烟地土壤悬浮液0.2mL,各处理重复3次,30℃恒温培养3天,记录菌落数,按平板菌落计数法计算土壤中含菌量。每毫升溶液细菌数=平板菌落数×稀释倍数/平板上加菌液的量(mL)。计算烟地多份土样的青枯病菌平均值。

五、作业

(1) 绘制烟草黑胫病病菌形态图。

(2) 简述烟草黑胫病的症状特点。

(3) 计算该次实验的田间发病率及病情指数,并对所调查的烟草品种进行抗性评价。

实验91 水稻逆境生理鉴定

一、水稻耐寒(冷)性鉴定(一)

(一) 目的要求

学习和训练水稻耐冷性、耐寒性鉴定的基本方法。

(二) 材料用具

参加耐冷性鉴定的若干水稻品种;氯酸钾,蒸馏水,吸管,培养皿。

(三) 内容说明

1. 冷害的概念

水稻冷害是指温度降到水稻器官生长发育所需最低临界温度以下、冰点以上时水稻本身不能忍受而发生的危害。根据国内外研究,把冷害分为三种类型。

(1) 延迟型冷害:主要指营养生长期长时间内遭遇低温而被危害,削弱了稻株生长活性,使有的品种延迟开花,不能充分灌浆成熟而减产。

(2) 障碍型冷害:在生殖生长期,主要是从颖花分化期至抽穗开花期遭受异常的相对低温,使生殖器官的生理机制受到破坏,造成颖花不育、空壳增多而减产。

(3)兼发型冷害:指在生育初期遇低温,延迟生长和抽穗,而孕穗期又遇低温危害,发生大量空壳秕粒。

2. 国内外鉴定水稻耐冷性的方法

（1）人工气候鉴定法：在人工气候室里对水稻某一生长时期或几个时期进行各种低温处理，观察品种的反应，以评定耐冷程度。

（2）冷水灌溉法：将不同水稻品种的秧苗移栽到田块后，用冷水灌溉，观察各品种的反应，评定耐冷性的差异。

（3）高山温差鉴定法：在海拔高度不同的山区种植各种水稻品种，观察耐冷性的差异。

（4）冷年鉴定法：在冷年的情况下，调查各种品种耐冷性的差异。

（5）氯酸钾测定法：利用水稻对氯酸钾溶液抗毒性与耐冷性的一致性以鉴定水稻耐冷性，即以水稻对氯酸钾液抗毒性强弱来说明耐冷性的强弱。具体方法：取籼、粳稻各若干品种，每个品种取饱满种子 120 粒左右，置培养皿内发芽，芽出后，留存 100 粒，其余去掉，苗高 6cm 时，把水倒去，注入 0.1%的氯酸钾溶液（籼、粳稻中各留一皿，以水培养，不加氯酸钾溶液作对照以供比较）。

数天后，观察各品种的：苗高、叶的黄绿、叶上暗色部分的多少及枯萎的迟早等差异，经 2 周后即很明显，以后每隔一天按上列四项分抗毒性为极强、强、中、弱、极弱五项记载，再经 2 周计算存活幼苗。

（6）春季早播，自然低温鉴定法：将水稻品种提前于 3 月中旬播于苗床后，用薄膜覆盖，长到 2 叶后揭膜，经过自然低温处理，观察各品种的变化。根据耐冷性状指标，在水稻各生育期进行观察记载，然后全面地研究分析，确定各品种耐冷性程度。耐冷性状指标：①早期生长快慢；②叶变黄褪绿；③分蘖少；④包颈；⑤不育性；⑥生长期；⑦抗稻瘟病性。

（7）秋季迟播鉴定法：将水稻品种延迟到 7～8 月播种，使其抽穗期延迟到 9 月下旬至 10 月上旬，利用秋季自然低温以鉴定水稻品种生育后期的耐冷性，以空壳率的高低为耐冷性的指标。

（四）方法步骤

（1）选取籼、粳稻若干品种，用氯酸钾测定水稻的耐冷性。

（2）选取籼、粳稻若干品种，用春季早播方式、自然低温鉴定法以观察水稻的耐冷性。

（五）作业

（1）将氯酸钾测定水稻耐冷性的结果填入下表，并确定耐冷性级别。

品种	种子粒数	对氯酸钾的反应				级别
		苗高	叶色	叶上暗色部分	枯萎	
	处理					
	处理					
	处理					
	处理					
	处理					
	处理					

（2）根据耐冷性状指标，观察若干水稻品种耐冷情况，并将结果填入下表，然后比较不同水稻品种耐冷程度。

品种	株高	叶色变化	分蘖数	是否包颈	育性程度	感稻瘟病	耐冷级别评价

二、水稻耐寒(冷)性鉴定(二)

(一) 目的要求

掌握水稻不同生育时期耐寒性鉴定的方法和评价指标体系。

(二) 内容说明

作物寒(冷)害是指作物受到0℃以上至生长最适温以下温度的影响,而导致生长停滞或生育障碍的现象。水稻一般在15℃(籼稻)或18℃(粳稻)以下温度就会发生寒害。水稻生长发育的苗期、孕穗期和开花灌浆期对低温极为敏感。在我国南方,早稻秧苗期遇寒害,俗称"寒潮",常造成烂种或烂秧现象。早晚稻孕穗遇到低温,导致幼穗发育迟缓、减数分裂不正常、花粉育性不正常,进而造成减产。晚稻开花灌浆期遇到寒害,即"寒露风",导致开花受精障碍,引起结实率下降。本实验将介绍水稻发芽期、苗期、孕穗期、开花期水稻耐寒性鉴定的方法和评价指标。

(三) 材料用具

1. 材料

不同水稻品种种子若干。

2. 仪器

恒温箱,人工气候箱。

(四) 方法步骤

1. 发芽期耐冷性鉴定

(1) 种子发芽。将待鉴定水稻种子放置于45℃~50℃处理48小时,使种子脱休眠。然后将种子消毒、浸水后,用于低温萌发处理。每个品种设置3个重复。

(2) 低温处理。将种子在8℃~15℃的任一固定温度,低温处理3~6天。

(3) 耐寒性指标调查与分析。通常种子的发芽势、发芽所需天数、可发芽的最低温度、低温下发芽率、低温下发芽率与常温下发芽率的相对比值、发芽系数都可以作为种子发育期耐冷性评价的指标。生产上常用发芽率作为鉴定发芽期耐冷性的评价指标。

发芽率计算方法为:发芽率(%)=(发芽粒数 / 测试总粒数)×100%

(4) 耐冷性评价。根据种子发芽率或成苗率的大小,可以评价种子耐冷性的强度,详细分级标准见表91–1。

2. 幼苗期耐冷性鉴定

(1) 种子发芽和幼苗培育。将待鉴定水稻种子放置于45℃~50℃里48小时,使种子脱休眠。然后将种子消毒、浸水、催芽后,播种于营养钵内,培育秧苗至3~4叶期,用于耐冷性鉴定。

(2) 低温处理。将3~4叶期的秧苗放置于人工气候箱内,相对湿度保持在70%~80%,光照12小时,5℃~12℃任一固定温度处理3~7天,常温恢复7天。

表 91–1　水稻发芽期和苗期耐冷性鉴定评价标准

级别	强度	分级标准	
		芽期	苗期
1 级	极强	全部发芽，长成绿苗，叶色青绿	叶色青绿或接近青绿
3 级	强	发芽成苗率在 70% ~ 99%	叶子有点脱色或者黄色
5 级	中	发芽成苗率在 50% ~ 69%	叶子大部分黄化
7 级	弱	发芽成苗率在 1% ~ 49%	50%叶子枯黄，部分苗死亡
9 级	极弱	全部不发芽或无成苗	大部分苗或全部苗死亡

（3）耐冷性指标调查与分析。调查幼苗叶片黄死率和枯死率，作为幼苗耐冷性评价指标。

（4）耐冷性评价。苗期一般用叶片黄死率来评价耐冷性强弱，详细分级标准见表 91–1。

3. 孕穗期、开花期、成熟期耐冷性鉴定

（1）孕穗期耐冷性鉴定。通过盆栽种植水稻，除去水稻分蘖只留主茎，当多数水稻剑叶叶枕距为 –5cm 时，用 12℃低温连续处理 5 天，常温恢复至成熟。调查总结实率和空壳率作为孕穗期耐冷性鉴定指标。

（2）开花期耐冷性鉴定。通过盆栽种植水稻，从抽穗期开始，利用 15℃ ~ 17℃低温连续处理 5 ~ 10 天，（粳稻一般采用 15℃，籼稻一般采用 17℃），处理前先剪去开过花的小穗，常温恢复至成熟。调查结实率和空壳率作为开花期耐冷性鉴定指标。

（3）成熟期耐冷性鉴定。通过盆栽种植水稻，将开花 5 天的水稻，放置于 12℃ ~ 15℃的人工气候室处理 10 ~ 15 天，然后常温恢复至成熟。调查千粒重和垩白率作为成熟期耐冷性鉴定指标。

（4）耐冷性评价。孕穗期、开花期冷处理后通常以空壳率作为鉴定指标，一般可分为 9 级或者 5 级，详细分级标准见表 91–2。

表 91–2　水稻孕穗期、开花期耐冷性鉴定空壳率评价分级标准

9 级标准		5 级标准	
级别	空壳率(%)	级别	空壳率(%)
1 级	1 ~ 10	1 级	0 ~ 20
2 级	11 ~ 20	3 级	21 ~ 40
3 级	21 ~ 30	5 级	21 ~ 40
4 级	31 ~ 40	7 级	61 ~ 80
5 级	41 ~ 50	9 级	81 ~ 100
6 级	51 ~ 60		
7 级	61 ~ 70		
8 级	71 ~ 80		
9 级	81 ~ 90		

（五）作业

（1）水稻生长发育的哪些阶段对冷害反应最敏感？这些阶段受到冷害后，对水稻生长发育会产生哪些危害？

（2）水稻发芽期、苗期、孕穗期、开花期耐冷性有什么相关性？

三、水稻耐热性鉴定

（一）目的要求

开展高温影响水稻的研究对水稻抗风险栽培技术研究和选育耐高温水稻品种具有重大意义。本实验利用人工气候室模拟自然条件下的高温环境，从抽穗开花期至灌浆结实期，对水稻植株进行热胁迫处理，检测花粉活力、叶片脯氨酸含量、叶片电导率、结实率、千粒重、单株有效穗数、单株产量等性状指标，从而评价水稻各株系的耐热性。

（二）内容说明

温、光、水、肥、气是农作物生长的五大要素。近年来，由于全球气候变暖、环流异常等造成极端高温天气，导致农作物减产的事件时有发生。水稻虽是喜温作物，但温度太高仍会对其造成伤害。伴随全球工业化进程的加速，温室效应的加剧，目前全球平均气温较100年前升高近1℃，短期的极端高温出现频率大幅度提高，给农作物安全生产带来极大隐患。在许多地区，高温已成为影响水稻生长的主要因素之一。

在不同气候生态条件下，气温每升高1℃，我国水稻生育期平均缩短7～8天。水稻在生长发育不同阶段对温度的要求各不相同，都存在一个最适温度和临界温度，如果超出了上限或下限临界温度，水稻的生长发育就会出现异常。从不同生育时期对高温的敏感性来讲，水稻整个生育期中，以开花期对高温最敏感，灌浆期次之，营养生长期最小。就产量构成性状而言，则表现为结实率对高温最敏感，每穗粒数次之，千粒重第三，株穗数最小。减数分裂期和开花期是水稻对高温敏感的两个主要阶段。研究表明，水稻在孕穗、抽穗期对温度极为敏感（即抽穗前后各10天），最适宜的温度为25℃～30℃，日平均温度30℃以上就会对水稻生理活动产生不利影响。杂交稻组合在自然条件下的致害高温为日均温34℃以上。水稻减数分裂期如遇35℃以上持续高温3天，会出现水稻花器发育不全，花粉发育不良，活力下降。抽穗扬花期（花粉粒充实期）如遇35℃以上高温就会产生热害，影响散粉和花粉管伸长，并造成雌蕊柱头的干燥，使滞留在柱头上的花粉粒数量少于15颗，导致不能受精而形成空壳粒。在高温条件下，小穗不育性随花期日平均温度的升高不断增加，尤其与日最高气温的关系更为密切，而结实率受日平均气温的影响更大。

作物耐热性的鉴定和评价是作物耐热性研究的重要内容。目前进行高温鉴定的方法主要有两种：直接鉴定方法和间接鉴定方法。直接鉴定方法即利用自然高温条件进行的田间鉴定、温棚或温室的鉴定。此法简便易行，且观测的结果比较客观，但一般难以排除其他环境因子的干扰及对基因型差异的影响，高温出现的时间及限度难以预测和控制，重复性差。间接鉴定方法是用生长箱或人工气候室（箱）鉴定，是人工模拟自然条件进行的高温鉴定。该法较精确，条件易控制，重复性好。但间接鉴定方法需昂贵的设备且不能对大批材料同时进行鉴定。除了田间自然鉴定和人工模拟气候鉴定法以外，一些简单可行的室内鉴定方法也被采用，其中以电导率法和配子体生活力鉴定法较为多见。电导率法是利用植物材料细胞膜受损后电解质外渗率多少来进行评价鉴定。细胞膜遭到破坏，膜透性越大，细胞内电解质外渗，导致植物细胞浸提液的电导率增大，叶片相对电导率的大小反映出植物材料的耐热性差异。配子体生活力鉴定法是在植株开花时，在高温胁迫后，统计比较花粉粒在Brewbaker或Kwack培养基上的萌发率，从而鉴定其耐热性。一般耐热性强的植株，花粉粒萌发率高，畸形花粉粒少。1995年李太贵等提出水稻耐热性的综合鉴定方法：先对开花期进行初鉴，然后根据初鉴结果，对于耐热性为1、3和5级的材料进行温室的全生育期的复鉴，再结合大田性状的考察以及生长箱的重复鉴定结果，筛选出耐热的品种资源。

（三）方法步骤

1. 穗期耐热性测评处理方法

花期是高温影响水稻结实率最敏感阶段，一般以开花当天或其后 1 天 的敏感度最高，随开花日期的后移其敏感度降低。因此，水稻耐热性评价与鉴定的时期一般规定在正常水稻生长季节的开花结实期，即在主穗见穗当天开始，持续 15 天。

（1）热害胁迫指数：用以评价水稻耐热性，以此作为水稻耐热等级的主要标准依据。

热害胁迫指数＝（适温条件下结实率－高温处理结实率）/ 适温条件下结实率。

（2）穗期耐热对照品种：设置穗期耐热对照品种（对照品种为国内大面积种植的水稻品种或组合，或农业部认定的水稻品种，对穗期高温不敏感），以对照品种的结实率作为衡量当年（或当季）鉴定条件是否正常的参照。

（3）高温处理系统的设计：温室内安装可控温湿度系统，花期温度控制在 40℃ ± 2℃，湿度为 70% ± 5%，自然光照，并确保参试的所有水稻植株所受高温胁迫条件基本一致。

（4）正常温度对照系统的设计：花期温度控制在 27℃ ± 2℃，湿度为 70% ± 5%，自然光照，并确保参试的所有水稻植株所受高温胁迫条件基本一致。

（5）水稻种植：受检的水稻材料种子及 2 个共同的对照种子，消毒后统一在网室内播种，植株长到 5 叶期，选择生长一致的植株移栽至直径为 30cm 的塑料盆，每盆装干土 10kg，水稻 5 叶期每盆移栽 3 丛，单本插。每个材料种 6 盆，其中 3 盆用于花期高温处理，其余 3 盆作常温对照。

水稻抽穗前均置于网室内种植，四周通风同周围环境，按常规高产栽培施肥，病虫管理同大田。在分蘖盛期前，所有材料（包括对照）剪除其余小分蘖，每株水稻只保留 5 个大茎蘖直至成穗。

（6）高温处理：主茎见穗当天移入温室进行高温处理，连续处理 15 天。每天的高温处理时段为白天 9：00 ~ 15：00，处理温度 40℃ ± 2℃，其余时段温度控制在 30℃以下。高温处理结束后搬回网室，直至成熟。

（7）正常对照处理：主茎见穗当天移入温室进行控温处理，连续处理 15 天。每天的处理时段为白天 9 ~ 15 时，温度控制在 27℃ ± 2℃，其余时段温度控制在 30℃以下。

2. 穗期耐热性材料的检验与分级

水稻植株成熟后，取样考种。调查每穗总粒数、秕谷率、空壳率及千粒重，并计算其结实率（表 91–3）与高温胁迫指数。根据其热害胁迫指数对水稻品种或材料进行分级（表 91–4）。

表 91–3　　水稻抽穗开花期耐热性鉴定结实率评价标准

结实率（%）	耐热性强度	级别
70.1 ~ 100.0	极强	1 级
50.1 ~ 70.0	强	3 级
30.1 ~ 50.0	中	5 级
10.1 ~ 30.0	弱	7 级
0 ~ 10.0	极弱	9 级

表 91-4 水稻耐热性分级标准

等 级	高温胁迫指数
1 级（热害钝感型）	0.00 ~ 0.20
2 级（耐热型）	0.21 ~ 0.50
3 级（不耐热型）	0.51 ~ 0.80
4 级（热敏感型）	0.81 ~ 1.00

耐热性综合评价：结实率下降是水稻对热高温反应最敏感的指标之一，可以综合反映水稻颖花开放、散粉和受精的综合受害度，通常被作为评价水稻耐热性的评价指标。一般水稻耐热性可以分为 5 个等级，即 1 级，结实率 >70%；3 级，结实率为 50% ~ 70%；5 级，结实率为 30% ~ 59%；7 级，结实率为 11% ~ 29%；9 级，结实率≤10%。

水稻热害钝感型（1 级）：指供试品种或组合在见穗至灌浆初期（以下简称花期）非常耐热，与常温对照（CK）相比，高温胁迫对其结实率影响甚微，其热害胁迫指数<0.20。

水稻耐热型（2 级）：指供试品种或组合在花期比较耐热，常温对照（CK）相比，高温胁迫对其结实率有轻微影响，其热害胁迫指数为 0.20 ~ 0.50。

水稻不耐热型（3 级）：指供试品种或组合，在遭遇穗期高温胁迫后结实率大减，其热害胁迫指数为 0.51 ~ 0.80。

水稻热敏感型（4 级）：指供试品种或组合对花期高温非常敏感，在遭遇穗期高温胁迫后几近丧失结实能力，其热害胁迫指数>0.81。

（四）作业

水稻生长发育的哪些时期对高温表现极端敏感？这些时期受到高温热害后，对水稻的生长发育会产生哪些影响？

四、水稻耐盐碱鉴定

（一）目的要求

掌握水稻发芽期、苗期耐盐性鉴定和评价方法。

（二）内容说明

盐碱害是指环境土壤中盐分含量过高，导致植物细胞渗透势高于环境渗透势，引起细胞失水死亡，进而危害植物正常的生长发育。水稻盐碱害是土壤盐碱化稻作区影响水稻稳定生产的主要限制因素。水稻盐碱害容易造成细胞吸收水分困难、根系养分吸收平衡受到干扰和造成离子中毒，进而抑制水稻生长、伤害叶片、降低光合作用能力、增加能量消耗、加速衰老和引起植株死亡。

水稻耐盐碱性是水稻品种选育的一个重要指标。筛选和鉴定耐盐碱性品种，对于在盐碱区扩大水稻种植面积，提高水稻单产和稳定水稻生产，是一道非常必要的程序。水稻耐盐碱性鉴定方法主要有生物耐盐碱能力指标法和农业耐盐碱能力指标法。生物耐盐碱能力是指水稻在高盐碱胁迫环境中的生存力，一般以水稻植株生长量、株高、根系活力等指标进行评价。它反映了在特定的逆境条件下，供试品种 1 个或多个生物性状对盐碱胁迫的反应，其结果可用于判定供试材料对特定逆境下潜在的或实际的利用价值，也可作为特定生态调控对策及水稻品种合理利用的依据。水稻农业耐盐碱能力是指水稻在盐 / 碱条件下农业生产力状况，即盐 / 碱胁迫下水稻的产量状况。它反映了供试品种对盐碱条件的敏感或迟钝程度，是判定在特定逆境条件下供试品种生产性能的优劣以及筛选相对适宜于这一指定逆境的品种的依据。

在生物耐盐碱能力鉴定中，一般采用不同浓度的适宜盐（NaCl）、碱（$NaCO_3$）溶液对鉴定品种发芽期、苗期进行处理。处理溶液因试验目的、品种类型和生育时期不同而存在差异，如水稻种质资源鉴定主要是挑选耐盐碱能力强的种质材料，一般采用高盐或高碱浓度；而研究水稻耐盐碱遗传机制时，鉴于耐盐碱性为多基因控制的复杂性状，为了使后代分离群体中各种基因型差异充分表现出来，通常筛选一个适中的能够保证多种基因型表达需要的盐碱胁迫浓度。此外，水稻生育前期一般对盐/碱胁迫较迟钝，而生育中后期对胁迫较敏感；目前，相关研究鉴定得出针对各个生育时期所采用的盐/碱胁迫参考浓度是：芽期 200mmol/L NaCl 溶液、30000mg/kgNa_2CO_3溶液；苗期 150 mmol/L NaCl 溶液、20000 mg/kg Na_2CO_3 溶液；分蘖期和孕穗期 0.5 %NaCl 溶液、pH 8.6 的 Na_2CO_3 溶液等。对于评价水稻耐盐碱性的指标，目前普遍采用的指标为盐、碱胁迫下的发芽势、发芽率、相对盐害率、分蘖数和生长量等。本实验将介绍水稻发芽期发芽指标鉴定、苗期形态伤害鉴定和苗期生长量比较鉴定三种鉴定方法。

（三）材料用具

1. 材料

水稻种子若干。

2. 试剂

氯化钠（NaCl），碳酸钠（Na_2CO_3）。

3. 仪器和耗材

恒温烘箱，滤纸，培养皿，营养钵，电导率测定仪，pH 计等。

（四）方法步骤

1. 发芽期发芽指标鉴定法

（1）种子选择与处理。随机挑选待测试种子 50～100 粒，放置于 45℃～50℃处理 48 小时，使种子脱休眠。

（2）盐碱胁迫处理：

①盐胁迫处理。将种子消毒后，均匀放置于垫滤纸的培养皿中，加入配制好的 1%、2%的 NaCl 溶液浸泡种子，盖好盖子后，放入 30℃恒温箱催芽，每天用配好的盐碱溶液冲洗一次，连续处理 10 天。以水处理作为对照；②碱胁迫处理。将种子消毒后均匀放置于垫滤纸的培养皿中，加入配制好的 0.1%、0.15%和 0.2% Na_2CO_3 溶液分别浸泡种子，盖好盖子后放入 30℃恒温箱催芽，每天用配好的盐碱溶液冲洗一次，连续处理 10 天。以水处理作为对照。

（3）耐盐碱性指标调查。分别调查盐碱和水处理每天测试种子的发芽数，计算发芽势、发芽率、发芽指数和相对盐碱害率等指标。计算方法为：

发芽率（%）=发芽种子数/测试种子总数×100%

发芽指数（GI）=$\Sigma(Gt/Dt)$，其中 $Gt=t$ 日发芽数，$Dt=$发芽天数

相对盐碱害率=（对照发芽率－处理发芽率）/对照发芽率×100%

（4）耐盐碱性综合评价。种子耐盐碱性的强度通常可采用相对盐碱害率作为评价指标。通常可以分为 9 级（表 91-5），即 1 级极强，相对盐碱害率 0%～20%；3 级强，相对盐碱害率 20.1%～40%；5 级中，相对盐碱害率 40.1%～60%；7 级弱，相对盐碱害率 60.1%～80%；9 级极弱，相对盐碱害率 80.1%～100%。

2. 苗期形态伤害鉴定法

（1）盐胁迫处理。将水稻种子消毒、浸种和催芽后，播种于已配好盐床土的盆钵中，保留

表 91-5 水稻发芽期相对盐碱害评价分级标准

级别	相对盐害率（%）	耐盐碱性强度
1 级	0 ~ 20.0	极强
3 级	20.1 ~ 40.0	强
5 级	40.1 ~ 60.0	中
7 级	60.1 ~ 80.0	弱
9 级	80.1 ~ 100.0	极弱

1cm 水层，观察水位，用 0.5%的 NaCl 溶液浇灌，保持水的电导率在 8 ~ 10mΩ/cm，或者 pH 为 8.6 左右（25℃），持续处理 2 个月。也可用水稻营养液培养，用 0.5%的 NaCl 溶液处理 2 个月。分别调查 10 天、15 天、20 天、25 天、30 天、35 天、40 天、45 天、50 天、55 天、60 天平均死叶率（%）和盐 / 碱危害指数（%）。

平均死叶率（%）=（供试植株总死叶率 / 供试植株总叶片数）× 100%；

盐 / 碱危害指数（%）= Σ（各级记载的受害植株数 × 相应级数值）/（调查总株数 × 最高盐 / 碱危害级数值）。

（2）碱胁迫处理。将水稻种子消毒、浸种和催芽后，播种于已配好盐床土的盆钵中，保留 1cm 水层，观察水位，用 0.1%的 Na_2CO_3 溶液浇灌，持续处理 2 个月。也可用水稻营养液培养，用 0.1%的 Na_2CO_3 溶液处理 2 个月。分别调查 10 天、15 天、20 天、25 天、30 天、35 天、40 天、45 天、50 天、55 天、60 天平均死叶率（%）和盐 / 碱危害指数（%）。

平均死叶率（%）=（供试植株总死叶率 / 供试植株总叶片数）× 100%；

盐 / 碱危害指数（%）= Σ（各级记载的受害植株数 × 相应级数值）/（调查总株数 × 最高盐 / 碱危害级数值）。

（3）耐盐碱性综合评价。根据国际水稻研究所水稻耐盐碱评价标准，可以用标准生长评分法和标准死叶百分率作为评价水稻苗期耐盐碱性的鉴定指标。具体标准见表 91-6 至表 91-9。

表 91-6 盐/碱危害症状目测法分级标准（参照国际水稻研究所制定）

级别	受害症状	耐盐/ 碱性
1	生长、分蘖近正常，无叶片症状或叶尖脱色、发白、卷曲	极强
3	生长、分蘖受抑制，有些叶片卷曲	强
5	生长、分蘖严重受抑制，多数叶片卷曲，仅少数叶片伸长	中
7	生长、分蘖停止，多数叶片干枯，部分植株死亡	弱
9	几乎所有植株死亡或接近死亡	极弱

表 91-7 平均死叶百分率分级标准（参照国际水稻研究所制定）

级别	平均死叶百分率(%)	耐盐/ 碱性
1	0.0 ~ 20.0	极强
3	20.1 ~ 40.0	强
5	40.1 ~ 60.0	中
7	60.1 ~ 80.0	弱
9	80.1 ~ 100.0	极弱

表 91-8　盐/碱危害症状目测分级标准(中国,1982)

级别	盐/ 碱害症状	耐盐/ 碱性
0	生长发育正常，不表现任何盐/ 碱危害症状	极强
1	生长发育基本正常，有 4 片以上绿叶	强
2	生长发育接近正常，有 3 片以上绿叶	中
3	生长发育受阻，有 2 片以上绿叶	中
4	生长发育严重受阻，仅 1 片绿叶	弱
5	植株死亡或临近死亡	极弱

表 91-9　盐/碱危害指数分级标准

级别	盐/ 碱危害指数(%)	耐盐/ 碱性
1	0.0 ~ 15.0	极强
3	15.1 ~ 30.0	强
5	30.1 ~ 60.0	中
7	60.1 ~ 85.0	弱
9	85.1 ~ 100.0	极弱

3. 苗期生长量比较鉴定法

在水稻营养生长期间,植株高度、穗长、单株分蘖数和单茎叶数、根的干重和根的长度,都受盐 / 碱胁迫的影响。从植物生理学角度讲,作物营养体是进行光合作用积累并运送光合产物的器官,它决定了作物最终的产量和品质。因此,作物前期的营养生长是否充分,将决定作物最终产量高低和品质的优劣,这是该鉴定方法的理论依据。其鉴定方法与形态伤害的鉴定方法相同。

对水稻种子进行不同盐 / 碱浓度处理后,盖膜在温室中生长 1 周后揭膜,每天补水 250mL,继续生长 1 周,采用以下 4 个指标进行评价:

芽长敏感指数=(对照芽长 – 处理芽长)/ 对照芽长;

根长敏感指数=(对照根长 – 处理根长)/ 对照根长;

鲜重敏感指数=(对照鲜重 – 处理鲜重)/ 对照鲜重;

干重敏感指数=(对照干重 – 处理干重)/ 对照干重。

(五) 作业

(1) 根据盐 / 碱胁迫处理的调查记载结果,全班数据汇总,完成下表。

发芽指数法水稻耐盐性鉴定结果

品种(系)	盐害处理天数	调查株数	各级盐害株数					发芽率(%)	相对盐害率(%)	耐盐级别
			1	3	5	7	9			

(2) 水稻受盐胁迫后会出现哪些形态性状的改变,以及生理生化反应变化?

实验 92 玉米耐涝、耐旱性鉴定

一、目的要求

掌握玉米耐涝、耐旱性的一般鉴定方法，以及苗期和成株期耐涝、耐旱性评价指标体系和分析方法。通过筛选、鉴定耐旱的玉米种质资源，对于培育耐旱新品种可提供有益帮助。

二、常规鉴定方法

（一）内容说明

涝渍是玉米生产重要的逆境限制因子。我国长江中下游玉米种植区常因苗期降雨过多，土壤含水量过高而使玉米幼苗受涝害。涝渍使玉米根系泌氧能力受限，出现厌氧胁迫，造成根系细胞因胞质酸化而受伤害和死亡，进而导致玉米生长发育受阻，严重时出现死苗和减产。干旱也是玉米生产主要的限制因子之一。我国西南山地丘陵玉米种植区，播种出苗期和籽粒灌浆期经常出现季节性干旱，对玉米的高产稳产造成严重影响。因此，培育耐涝、耐旱玉米品种是玉米选育过程中的一个重要评价指标。本实验将介绍玉米苗期耐涝性和苗期、成株期耐旱性鉴定的方法和指标评价体系。

（二）材料用具

试验用玉米品种种子，花盆，卷尺，天平，烘箱，信封袋，土壤湿度计。

（三）方法步骤

1. 玉米耐涝性鉴定

（1）幼苗种植与淹水处理。通过盆栽淹水试验鉴定，每盆种植玉米苗 3 株，2 叶 1 心期进行淹水处理，土面上淹水层 2～3cm，保持 15 天后，将水排尽。设置不淹水种植为对照。试验设 3 次重复。

（2）耐涝性指标调查与分析。淹水处理后，观察记载植株叶色变化、株高、黄叶程度及出现时间与数量、气生根及胚根数量、叶绿素含量等。

（3）耐涝性综合评价。耐涝性强弱以黄叶率为指标，计算公式为：黄叶率（%）= 黄叶数 / 总叶数 × 100%。

2. 玉米耐旱性鉴定

（1）土壤湿度控制。通过定量控制性灌水盆栽试验，评价玉米耐旱性。以 7.5%作为玉米种子发芽的最低土壤含水量，以 8%～10%作为玉米耐旱性评价的控制土壤含水量，以玉米生长最佳土壤含水量 16%左右作为非干旱对照。

（2）幼苗种植。选取发芽率优良的待评价玉米种子萌发后，按随机区组设计播种于试验盆中。试验盆放置于通风良好的温室大棚，以遮挡自然降水。每个处理（土壤含水量 7.5%、8%～10%、16%）种植 10 盆，每盆播种 3 粒，设置 3 次重复。苗期耐旱性指标测定后定苗，每盆留 1 株，用于成株期耐旱性指标测定。

（3）幼苗期耐旱指标调查与分析。出苗率：播种后逐天观察记载出苗数，计算出苗率。出苗记载标准为 1 叶 1 心。当出苗整齐的自交系长至 5 叶 1 心时，调查苗期耐旱指标。根重和生物学产量：每处理随机取 5 株，洗去根部泥土，沥干水分之后，105℃杀青 1 小时，75℃烘至恒重，将根与茎叶分别称重，计算单株平均根重和生物学产量。

（4）成株期耐旱指标调查与分析。调查第6片叶至抽雄的平均出叶速度、雌雄花期间隔期、穗下节茎粗、植株高度、雄穗分枝数、穗位叶面积（长×宽×0.75）、每穗籽粒数、百粒重、单株籽粒产量和根重。

（四）作业

玉米耐涝、耐旱性鉴定除了鉴定形态指标和产量指标外，还可用什么指标来鉴定评价？

三、玉米抗旱性鉴定：电导仪法

（一）原理

本实验根据电导变化来测定玉米叶片细胞透性变化（透性变化能反映抗逆性大小）的技术，以观察干旱、高温等因子对细胞透性的影响。

当植物组织受到干旱或其他不良条件如高温、低温等影响时，常能伤害原生质的结构而引起透性增大，细胞内含物外渗，使外液的电导增大。用电导仪即可精确地测出电导度，透性变化愈大，表示受伤愈重。抗性愈弱，其外液电导度愈大。

（二）材料用具

电导仪，天平，恒温箱，真空干燥器，抽气机，恒温水浴（20℃～25℃），NaCl溶液，注射器（5mL）。

（三）方法步骤

（1）作标准曲线：如需定量测定透性变化，可用纯NaCl配成0、10、20、60、80、100ppm的标准液，在20℃～25℃恒温下用电导仪测定，可读出电导度。

（2）选取玉米在一定部位上生长和叶龄相似的叶子若干，剪下后，先用纱布拭净，称取2份，各重2g。

（3）一份放在40℃恒温箱内萎蔫增至1小时，另一份插入水杯中作对照。处理后分别用蒸馏水冲洗2次，并用洁净滤纸吸干。然后剪成长约1cm小段放入硬质小玻杯中（大小）以够容电极为度，并用玻棒压住，在杯中准确加入蒸馏水20mL，浸没叶片。

（4）放入真空干燥器，用抽气机7～8分钟抽出细胞隙中的空气。重新缓缓放入空气，水即被压入组织中而使叶变成半透明状，至此即可正式测定（也可用注射器减压）。

（5）将抽过气的小玻杯取出放在实验桌上静置5～10分钟，然后用玻棒轻轻搅动叶片，随即将叶片取出。剩下的溶液，用电导仪测定其电导度，并用蒸馏水作空白测定。由正式测定值减去空白测定值，即为该测定叶片渗出液的电导度。

（6）实验结果。试比较不同处理（抗高温锻炼）的叶片细胞透性的变化情况，记录结果，并加解释。

（7）注意事项。①整个过程中，叶片接触的用具必须绝对洁净（全部器皿要洗净），也不要用手直接接触叶片，以免污染；②注意防止口中呼出CO_2溶于杯中。

四、玉米抗旱性测定：脯氨酸快速测定法

在逆境条件下（干旱、淹水），植物体内脯氨酸的含量显著增加，Barheff和Naylor（1966）指出：在水分亏缺的情况下，引起蛋白质分解，而脯氨酸首先大量地被游离出来。植物内脯氨酸含量在一定程度上反映了植物的抗逆性，抗旱性强的品种积累的脯氨酸多。因此，测定脯氨酸含量可以作为抗旱性的生理指标。

(一) 原理

磺基水杨酸对脯氨酸有特定反应,当用磺基水杨酸提取植物样品时,脯氨酸便游离于磺基水杨酸的溶液中,然后用酸性茚三酮加热处理后,溶液即呈红色,再用甲苯处理,则色素全部转移至甲苯中,色素的深浅即表示脯氨酸含量的高低。在520nm波长下比色,从标准曲线上查出(或用回归方程计算)脯氨酸的含量。

(二) 材料用具

1. 材料及器具

待测植物(玉米),722型分光光度计,研钵,100mL小烧杯,容量瓶,大试管2支,普通试管8支,移液管,注射器,水浴锅,漏斗,漏斗架,滤纸,剪刀等。

2. 试剂

①酸性茚三酮溶液:将1.2g茚三酮溶于30mL冰醋酸和20mL 6M磷酸中,搅拌加热(70℃)溶解,贮于冰箱中;②3%磺基水杨酸:3g磺基水杨酸蒸馏水溶解后定容至100mL;③冰醋酸;(4)甲苯。

(三) 方法步骤

1. 标准曲线的绘制

(1) 在分析天平上精确称取25mg脯氨酸,倒入小烧杯内,用少量蒸馏水溶解,然后倒入250mL容量瓶中,加蒸馏水定容至刻度,此标准液中每毫升含脯氨酸100μg。

(2) 系列脯氨酸浓度的配制

取6个50mL容量瓶,分别盛入脯氨酸原液0.5,1.0,1.5,2.0,2.5,3.0mL,用蒸馏水定容至50mL,摇匀,其每瓶的脯氨酸浓度分别为1μg/mL,2μg/mL,3μg/mL,4μg/mL,5μg/mL,6μg/mL。

(3) 取6支试管,分别吸取2mL系列标准浓度的脯氨酸溶液及2mL冰醋酸和2mL酸性茚三酮溶液,每管在沸水浴中加热30分钟。

(4) 冷却后向各试管准确加入4mL甲苯,振荡30秒钟,静置片刻,使色素全部转至甲苯溶液。

(5) 用注射器轻轻吸取各管上层脯氨酸甲苯溶液至比色杯中,以甲苯溶液为空白对照,于520nm波长进行比色。

(6) 标准曲线的绘制:先求出密度(y)依脯氨酸浓度(x)而变化的回归方程式,再按回归方程式绘制标准曲线,计算2mL测定液中脯氨酸的含量(μg/mL)。

2. 样品的测定

(1) 脯氨酸的提取:准确称取不同处理的待测植物叶片各0.5g,分别置大试管中,然后向各试管中分别加入5mL 3%磺基水杨酸溶液,在沸水浴中提取10分钟(提取过程中要经常摇动),冷却后过滤于干净的试管中,滤液即为脯氨酸的提取液。

(2) 吸取2mL提取液于另一干净的带盖玻璃试管中,加入2mL冰醋酸及2mL酸性茚三酮试剂,在沸水浴中加热30分钟,溶液即呈红色。

(3) 冷却后加入4mL甲苯,摇荡30秒钟,静置片刻,取上层液至10mL离心管中,在3000r/min下离心5分钟。

(4) 用吸管轻轻吸取上层脯氨酸红色甲苯溶液于比色杯中,以甲苯溶液为空白对照,在520nm波长分光光度计上比色,求得光密度。

(5) 结果计算。根据回归方程计算出(或从标准曲线上查出)2mL测定液中脯氨酸的含量(Xμg/2mL),然后计算样品中脯氨酸含量的百分数。计算公式如下:

$$\text{脯氨酸含量}(\%)=\frac{x\times\frac{5}{2}\times100}{\text{样重}\times10^{6}}$$

（四）作业

1.比较干旱和正常生长条件下的玉米体内脯氨酸的含量。

2.测定脯氨酸含量有何意义？

实验 93　棉花旱、涝危害症状及有关生理测定

一、目的要求

通过实验，了解棉花受旱、涝危害所表现的症状，掌握棉花水分生理测定方法。

二、内容说明

干旱和渍涝，不但影响棉花根系的发育，降低植株对水分和矿质元素的吸收，而且还会改变各种酶的催化活性，导致气孔关闭，从而使棉花植株光合作用减弱、呼吸作用增强，给棉花的生长发育带来严重影响。因此合理灌溉、排水是棉花获得高产、优质、高效的重要措施。

合理灌溉、排水措施的应用常采用“看天，看地，看棉花”相结合的办法。所谓看棉花，就是灌溉排水一定要符合棉花生长发育的需要，棉花在不同生育时期需要不同的水量，其对土壤水分的反应也不同，并表现出不同的长势和长相。因此掌握棉花正常生长的长势长相和缺水表现，是决定棉田灌溉时机的有效方法。各地总结、研究的看苗浇水经验主要看棉株茎叶的浓淡、组织的老嫩，以及植株生长速度和开花的节位高低等。一般顶部倒数第 3 展开叶叶色浓绿或灰绿，叶尖或生长点萎蔫，主茎生长速度缓慢，盛蕾期主茎日增量不到 1.0cm，红茎达 2/3 开花初期日增量不到 2.0cm，上午 10 时叶片侧裂尖端下垂，到下午 4 时恢复正常，花铃期开花果枝距顶端果枝数小于 5 ~ 6，此时就应灌水。棉花在渍涝严重的条件下，由于缺氧抑制了根系的生长和有氧呼吸，导致能量缺乏和有毒物质积累，降低了根对离子的吸收活性，使得土壤内形成大量有害的还原性物质直接危害根系，形成黑根、烂根。渍涝还引起土壤养分的流失，使棉株营养失调，结果导致棉株矮小，根系分布浅，叶黄化、蕾铃大量脱落。

无论是干旱还是渍涝，都会影响棉株体内的水分代谢，因此测定棉叶细胞汁浓度和水势通常可作为棉花灌溉的生理指标。在供水不足的条件下，棉叶细胞汁浓度提高、水势降低，如当棉叶含水率为 80%时，叶汁浓度为 10% ~ 12%，水势为 −8 ~ −10 巴。棉叶水势的大小与土壤湿度呈正相关，即土壤湿度增加时棉叶水势增加，土壤湿度降低时，棉叶水势显著降低，当棉叶水势为 −14 ~ −15 巴时，叶细胞汁浓度在 13%以上时就须灌溉。

棉叶的水势在现蕾期以前较高（−12.4 巴），开始初期以后逐渐降低，一般在开花末期到吐絮前达最低（−15.1 巴），吐絮盛期以后就逐渐升高，一日之内以中午气温最高，空气湿度较低时叶片水势较低，早上及傍晚较高，上部主茎叶水势有偏高的趋势，土壤湿度低时差别更明显。一般取样测定棉叶水势在上午 9 时左右测定一定部位的叶片为好。

三、材料用具

通过盆栽或大田进行不同水分状况处理，测定棉叶细胞汁浓度和水势所需仪器设备及材料参见附录1。

四、方法和步骤

(1) 选好棉株观察测量不同旱、涝处理株高，主茎日生长量、红茎率、顶部倒3～倒4叶叶色，倒1～倒5节茎节间处、开花果枝距顶果枝数，蕾铃脱落情况等。

(2) 于上午9时取不同处理倒4叶叶片到室内按附录所示方法测定棉叶水势和细胞汁浓度。

五、作业

(1) 整理调查结果，描述旱、涝危害的主要症状。

(2) 参照说明及生理测定结果，判断所测棉株是否缺水。你认为该生育期灌溉的水势指标应为多少?

实验94 转基因抗虫棉苗期抗性鉴定:卡那霉素检测法

一、目的要求

掌握卡那霉素检测法鉴定苗期转基因抗虫棉的原理与方法。

二、内容说明

卡那霉素是目前植物基因工程中被广泛应用的筛选标记。卡那霉素能对转基因植物进行筛选原理上是通过卡那霉素抗性基因起作用的。卡那霉素抗性(Kan)基因即新霉素磷酸转移酶基因(npt-Ⅱ),亦可称为氨基糖苷磷酸转移酶Ⅱ基因(aph-Ⅱ),它来自大肠埃希菌(E.coli),它编码的产物氨基糖苷磷酸转移酶能对氨基糖苷类抗生素——卡那霉素具有抗性。1994年,中国成功研制出单价转基因抗虫棉(GK),1995年美国保铃棉进入中国,抗虫棉目前在中国推广应用了20多年时间。目前中国种植的转基因抗虫棉大多数以卡那霉素作为筛选标志,含有抗卡那霉素抗性基因的转基因棉花,在生长发育各时期表现出对卡那霉素的抗性。不含抗卡那霉素抗性基因的非转基因棉花,则不表现对卡那霉素的抗性。因此,可以根据棉花幼苗期叶片是否对卡那霉素产生抗性来鉴定转基因抗虫棉。本实验将介绍子叶期用卡那霉素快速鉴定转基因抗虫棉的方法。

三、材料用具

1. 材料

转基因抗虫棉种子,非转基因棉品种(对照)种子。

2. 试剂

医用卡那霉素(试剂公司购买)。

四、方法步骤

1. 棉苗培育

将棉花种子用温水浸泡 12 ~ 24 小时，成行播种于苗床，行距 5 ~ 8cm，苗距 1 ~ 2cm，到棉苗子叶平展后，用于抗卡那霉素鉴定。

2. 卡那霉素溶液配备

用蒸馏水配制卡那霉素溶液，终浓度为 2000 ~ 5000mg/L。

3. 鉴定处理

在棉苗子叶平展或稍后时期，用卡那霉素溶液对其中一片子叶进行浸润处理。浸润处理可用浸透了卡那霉素溶液的球状脱脂棉，摆放在子叶片的正面，处理后 5 ~ 7 天可调查结果。

4. 结果分析

处理后 5 天左右可对棉苗处理结果进行调查。若处理部位出现黄斑，随后变为黄白色，最终整个叶片脱落，表明棉苗不抗卡那霉素，可判定为非转基因棉。若处理叶片没出现任何斑点，可判定为转基因棉。

5. 注意事项

（1）对棉苗浸润时，棉球应吮吸足够的卡那霉素溶液，浸润时间也要充足。

（2）鉴定棉苗苗龄要一致，棉苗生长要整齐。

（3）对因棉苗过小不能处理，或者棉球掉落的棉苗可以补充处理一次。

（4）棉苗处理时间应选择高温、干燥和光照充足的晴天，这样处理效果更佳。室外鉴定若碰到淋雨，可适当补充处理 1 次。连续阴天，不需补充处理，可适当延长鉴定时间。

五、作业

转基因抗虫棉除了苗期卡那霉素抗性鉴定外，还有其他什么鉴定方法？

实验 95　油菜冻害症状及其生理测定

一、目的要求

认识油菜冻害的主要症状，掌握油菜冻害生理测定的原理和方法。

二、内容说明

油菜在冬、春生长期内容易遭受冻害。根据冻害发生的部位可分为三种：①根拔：又叫“根抬”，是因气温下降到 -5℃以下，夜里土壤结冰，体积膨大，抬高菜根，白天气温回升，冻土消融，土壤下沉，致使根外露受冻。②叶片受冻：可以分为三种情况：一是叶片僵化。在早晨叶片全部僵化，颜色油绿，脆而易折，其主要原因是细胞间隙结冰，中午前后气温升高时，冰粒消融，叶片复原。二是叶片冰枯。气温在 0℃以下持续时间较长，叶尖、叶边常变枯焦；在 -5℃ ~ -6℃时，叶片部受冰冻，外叶较快枯黄；在 -7℃ ~ -8℃时，外围大叶常冻死，但心叶完好；在 -10℃ ~ 11℃，如果时间较长，会造成心叶受冻以致全株冻死。这一变化，甘蓝型早中熟品种表现比较明显。三是叶片皱缩。叶背表皮细胞受冻，当温度回升叶片继续生长时，表皮不增大，因而造成叶片皱缩。叶背表皮细胞受冻，当温度回升，叶片继续生长时，表皮不增大，因而造成叶片皱缩，严重的下表皮自行破裂。多发生在早春冷尾暖头的时候。③蕾薹受冻：春性较强的早熟品种发生较多。在早播或秋冬温暖的条件下，花芽分化提前，造成早现蕾，早抽薹，早开花，因而大大降低了耐寒能力，当遇到 0℃以下气温，轻者花蕾受冻枯黄脱落，重者蕾薹萎缩下垂，甚至死亡。

关于油菜耐冻性的鉴定方法，主要有两种。

1. 人工低温鉴定

在人工控制的低温条件下，进行以下鉴定：① 调查外观受害情况。② 测定植株一定时间水浸出液的导电度。一般受害重的组织内盐类浸出量大，其浸出液的导电度也大。③ 细胞染色反应，所用试剂见表 95–1。

2. 生理测定

测定与植株耐冻性有关的生理指标，包括组织的含水量、含糖量、细胞渗透压、细胞汁液折射率、电导率、脯氨酸含量等，以比较各处理耐冻的差异，参见表 95–1。

表 95–1 冻害下植物细胞染色反应

试剂名称	活细胞	死细胞	半死细胞	处理时间（min）
甲基蓝	无色	青色	—	30 ~ 60
刚果红	无色	红色	—	30 ~ 60
Luyet’s 溶液	樱色	褐色	中间色	2 ~ 3

三、材料用具

具冻害症状的程度不同的油菜植株；阿贝折射仪，分析天平，烘箱，称量瓶，打孔器（面积 $0.5m^2$ 左右），烧杯，瓷盘，托盘天平，量筒，60% ~ 65%蔗糖溶液（称取蔗糖 60 ~ 65g，置烧杯中加蒸馏水 40 ~ 45g，使总重量为 100g，溶解后备用）。

四、方法步骤

（1）在田间选取不同品种受冻害程度不同的植株叶，或在室内进行人工低温设置处理后取样。要求选植株大小相近、叶片部位相同的样品进行比较测定。

（2）对叶片水势、电导率、脯氨酸含量进行测定，按附录 2 方法进行；或参看植物生理实验指导书。

五、作业

（1）把测定结果填入下表 95–2。

表 95–2 测定组织自由水和束缚水含量等记载表

材料	处理	组织含水量（%）	组织鲜重（%）	糖液重量（g）	糖液浓度（%）		自由水量（%）	束缚水量（%）	自由水量/束缚水量
					原浓度	浸叶后			

（2）测定油菜组织中自由水和束缚水的含量有何意义？

（3）试描述油菜冻害的症状。

（4）叶片含水量、含糖量、水势、电导率及脯氨酸含量之间有何关联？

实验96　花生耐渍性鉴定

一、目的要求

通过观察花生发芽期对渍涝的反应，了解花生的水分生态习性，掌握花生渍涝鉴定的方法。

二、内容说明

花生起源于南美洲，喜温暖、湿润而不燥的环境条件。南方春花生播种至生育前、中期处于低温、多雨、寡照的生态环境之中，对生长发育、病害、结荚性能、产量等产生不利影响，因此耐渍是花生重要的抗逆性能。通过对花生不同类型、品种的耐渍性鉴定，了解花生耐渍的原因与机制，对进一步培育耐渍品种、改善栽培环境条件，保障高产、优质具有重要意义。

三、材料用具

1. 材料

不同植物学类型或不同粒型大小的花生品种种子。

2. 用具

精度0.01g天平，酸度计（pH精度0.01），电导率仪，溶解氧仪，直尺，量筒，镊子，塑料培养钵（内径10～15cm，深10cm左右），滤纸，双氧水，蒸馏水等。

四、方法步骤

（一）渍涝处理方法

各品种精选质地饱满、大小一致、完好无损的花生种子130粒备用，称量百仁重（Ms）。种子和透明塑料培养钵用8%H_2O_2消毒20分钟，蒸馏水漂洗2次。渍涝处理组：每钵加适量清水，使种子处于5cm淹涝水体中，以模拟田间常见播种深度时所受渍涝情形，无盖培养。为避免水体O_2含量过低，造成各品种的发芽能力差异难以体现，要求24小时换水1次。正常发芽组（对照）：钵内垫一张消毒滤纸，用镊子将种子摆放均匀，正常供水，每24小时加蒸馏水10mL。培养钵放20粒种子，重复3次。置于常温（25℃左右）、室内自然光照培养。

（二）测定指标、方法

淹水后的3、5、8天定时统计种子发芽率或胚根露尖率，并测定培养水体的pH、电导率（C）和溶解氧含量（DO），观察透明度（TP）等指标，以及种子的芽长即胚根长度。

（1）发芽率与芽长测定与耐性分级标准。计算发芽率或胚根露尖率；选取发芽势一致的种子5粒，测定芽长，若发芽种子少于5粒，则全部测定，求取平均数。

$$发芽率=\frac{发芽种子数}{营养钵中种子总数}\times 100\%$$

$$品种纯度(\%)=\frac{对照发芽率(露尖率)-淹涝发芽率(露尖率)}{对照发芽率(露尖率)}\times 100\%$$

虽然不同种质发芽进程差异较大，但 8 天后所有种子的发芽率不再增长，故以 8 天的发芽率作为最高发芽率，据此计算发芽涝害率。根据发芽涝害率将发芽期耐渍性划分为 5 级（表 96-1）。

表 96-1　花生种子发芽期耐渍性分级标准（参照李林，2008）

耐性级别	耐性程度	发芽涝害率范围（%）
1	高耐（HT）	0.0 ~ 50.0
2	耐涝（T）	50.1 ~ 65.0
3	中耐（MT）	65.1 ~ 80.0
4	敏感（S）	80.1 ~ 95.0
5	高感（HS）	95.1~ 100.0

（2）pH 测定。采用酸度计测定培养水体的 pH。

（3）电导率测定。采用电导率仪测定水体的电导率含量。

（4）溶解氧含量测定。采用溶氧仪测定培养水体的溶解氧含量。

（5）透明度测定。根据培养水体的清澈度，分为清澈、中等清澈、浑浊 3 个等级。

五、作业

（1）画表记录各品种种子的百仁重，发芽期渍涝、正常水分处理的定时发芽或露尖粒数、幼芽长度，计算发芽率或露尖率、发芽涝害率，并进行发芽耐涝性分级；记录水体的 pH、电导率、溶解氧含量、透明度。

（2）分析不同品种之间发芽期渍涝、正常水分处理下，发芽性能差异的原因。

附录 1

一、植物组织水势的测定

植物组织的水分状况可用水势(代表水的级量水平)来表示。植物组织的水势愈低,则吸水能力愈强。反之,水势愈高,则吸水能力愈弱。不同植物,不同部位,不同年龄及不同时刻的组织,水势都有一定差异;土壤条件及大气条件等外界因毒对植物组织的水势也有很大影响。测定植物组织的水势可以了解植物组织的水分状况,也可作制订作物灌溉的生理指标。

(一)小液流法

1. 原理

当植物组织与外液接触时,如有植物组织的水势低于外液的渗透势,则组织吸水而使外液浓度变大;反之,则失水而使外液浓度变小;若两者相等,则外液浓度不变。当两个不同浓度的溶液相遇时,比较稀的溶液由于比重较小而上浮,浓的则由于比重大而下沉。如果取浸过植物的溶液一小滴(为便于观察,可先染色),放在原来与其浓度相同而未浸植物组织的溶液中,就可根据刻滴的升降情况而断定其浓度的变化,小液滴不动,则表示该溶液浸过植物后浓度未变,此溶液的渗透势即等于组织的水势。

2. 材料与设备

(1)小液流测水势装置 1 套 [包括:① 小指管 16 支(或用 16 个装青霉素的小瓶代替)其中 8 支试管(甲管)附有软木塞,另 8 管(乙管)附有中间插橡皮头弯咀毛细管的软木塞;② 特制试管架 1 个;③ 直径为 0.5cm 左右的打孔器 1 个;④ 镊子;⑤ 解剖针;⑥ 移液管(5ml)8 支;⑦ $CaCl_2$ 溶液, 浓度为:0.05 mol/L、0.10 mol/L、0.15 mol/L、0.20mol/L、0.25 mol/L、0.30mol/L 及 0.40mol/L;⑧ 甲烯兰(或甲基橙)少量;⑨ 特制木箱 1 个。]

(2)待测植物(棉花)。

3. 实验步骤

(1)测定组织水势进所用的溶液,一般最常用的是蔗糖溶液,但有人认为由 9 份 NaCl 与 1 份 $CaCl_2$ 组合而成的混合溶液较好,而且指出,为简易起见,用纯 $CaCl_2$ 溶液也可。本实验采用纯 $CaCl_2$ 液。这两类溶液有如下优点。

① 它们能使植物细胞保持正常的选择特性,因而可防止细胞内含物的外溢。

② 植物细胞或组织浸入盐类溶液时,与外液达到水分平衡所需的时间比浸入蔗糖溶液时间少 6 倍,这是因为这些盐溶液的黏度比蔗糖溶液的低,其溶质的扩散系数也比蔗糖大的缘故。由于细胞或组织在这些盐溶液中所需浸入时间短得多,因而也就利于细胞维持正常状态。

③ 它们即不发酵,也不易分解,因而在室温下可久贮于加塞的玻瓶中而不变质,这也是蔗糖及葡萄糖等溶液所不及的。

$CaCl_2$ 溶液可先配制成 1mol/L,配好后可用 pH 试纸或 pH 计测定溶液的 pH 值。如发现 pH 值低于 4.5 时,可加入小滴浓 NaOH 溶液,然后再测试,要求 $CaCl_2$ 溶液的 pH 达到稍高于 4.5。

(2)取干燥洁净的小试管(或青霉素瓶)8 支(甲组),分别在各管中依次加入 0.05mol/L至 0.40mol/L 8 种浓度的 $CaCl_2$ 溶液(溶液范围根据植物组织水势的大小而定)各 4ml 左右。另取干燥洁净的小试管(或青霉素瓶)8 个(乙组),同样地分别加入 8 种不同浓度的 $CaCl_2$ 溶液各 1ml。各试管加标签注明浓度后,按浓度顺序将甲、乙试管相间排列在试管架上。甲组试管塞上软木塞,以防止蒸发。乙组试管上塞一插有橡皮头的弯嘴毛细管的软木塞,以便吸取溶液。全部试管装入一特制木箱内,以便田间测定。

(3)在待测植株上,选取一定叶位及叶龄的叶子数片(如5~8片)放在一起,用打孔器打取圆片,每打一次得5~8片,放于乙组试管的一种浓度中,并使小圆片全部浸没溶液中,盖紧软木塞。共取叶片小圆片8次,将8支乙组试管放完为止(要注意操作迅速,以防水分蒸发)。放置5~20min(如不是$CaCl_2$溶液而是蔗糖溶液,则常需放置30~120min),并经常轻轻摇动试管,以加速水分平衡(温度低时应适当延长放置时间)。为使叶圆片在各管间尽量一致,8次打片可这样做,对称叶在叶子中脉对称的两侧各打4次(4孔),孔与孔间尽时靠拢。

(4)经过一段时间后,乙组的每一试管中用解剖针投入甲烯兰粉末微量,拌匀,使溶液着色。用毛细管吸取着色的溶液少许,插入盛有相应浓度的甲组试管中,使毛细管尖端位于溶液中部,然后轻轻挤出着色溶液一小滴。小心取出毛细管(注意勿搅动溶液),观察着色小液滴的升降变化。如果液滴上升,表示浸过组织的溶液浓度变小(即植物组织中有水排出)说明叶片组织的水势高于该溶液的渗透势;如果着色液滴下降,则说明叶片组织的水势低于偏浓度溶液的渗透势;如果着色液静止不动,说明叶片组织的水势等于该溶液的渗透势。如果在两浓度相邻的两溶液中一个下降,而另一个上升,则植物组织的水势为此两溶液渗透势的平均值。

分别测定不同浓度中有滴液的升降情况,找出与组织水势相当的溶液浓度,查附表,得出组织的水热势。也可代入下列公式计算:

$\phi w=\phi \pi=-CRTi\times1.013\times0.1$(Mpa)

I: 解离系数,$CaCl_2$等于2.6

C: 溶液浓度(mol/L)

R: 气体常数(0.082)

T: 绝对温度(273+t)℃

(3) 测定并比较不同条件(如不同的植株之间或枝长在植株上、中、下各不同部位;不同的土壤水分条件;一天中不同时刻)下植物叶子的水势。记录并分析结果。

附表1

不同浓度$CaCl_2$溶液的渗透势(用冰点降低法测得)

$CaCl_2$(mol/L)	渗透势(巴)	$CaCl_2$(mol/L)	渗透势(巴)
0.10	-6.2	0.35	-21.6
0.15	-9.3	0.40	-25.3
0.20	-12.3	0.45	-28.8
0.25	-15.4	0.50	-32.2
0.30	-18.5		

(二)折光仪法

1. 原理

折光仪是测定物质折光率(折光系统)的仪器。根据折光率可以测定溶液的浓度,所以也可用于本实验测定植物组织外液浓度的变化,以解答出植物组织的水势,这一方法较为迅速而准确。

2. 材料及设备

(1)蔗糖溶液(0.2~0.7mol/L);(2)折光仪;(3)小试管(或青霉素瓶);(4)温度计;(5)打孔器(直径为0.5cm)。

3. 实验步骤

(1)将贮于密闭小试管(或青霉素瓶)中的各不同浓度(0.2~0.7mol/L)蔗糖溶液,用折光仪测定它们的折光系数,并记录溶液温度。

(2)从植物叶上用打孔小圆片,分别浸入各种浓度的糖溶液中1~2h,每隔15~20min播动10s,使组织与外液水分交换达到平衡,然后用折光仪将糖液折光系数再测一次,并记录液温。

3. 根据所测糖液的折光系数,查出浸泡叶片之后其浓度未变的糖溶液。该液的渗透势就等于植物组织的水势。可根据折光仪上读得的溶液含糖百分比(如折光仪不能读出含糖百分比,可由折光系查表(见物理化学手册)而求得,换算成摩尔浓度(mol/L),再查附表,就得到以大气压表示的植物组织的水势。

二、植物抗逆性的鉴定(电导仪法)

(一)原理

植物抗逆性的研究与科研、生产的关系紧密。因而抗逆性的大小常有测定的必要。本实验根据电导变化来测定细胞透性变化(透性变化能反映抗逆性大小)的技术,以观察低温(旱、涝危害)等因子对细胞透性的影响。

当植物组织受到干旱或其他不良条件如高温、低温等影响时,常能伤害原生质的结构而引起细胞膜透性增大,细胞内含物外渗,使外液的电导增大。用电导仪即可精确地测出电导度,透性变化愈大,表示受伤愈重。抗性愈弱,其外液电导度愈大。

(二)材料和设备

(1)电导仪,(2)天平,(3)温箱,(4)真空干燥器,(5)抽气机,(6)恒温水浴(20℃~25℃),(7)NaCl溶液,(8)注射器(5ml)。

(三)实验步骤

(1)作标准曲线:如需定量测定透性变化,可用纯NaCl配成0ppm、10ppm、20ppm、60ppm、80ppm、100ppm的标准液,在20℃~25℃恒温下用电导仪测定,可读出电导度。

(2)选取作物棉花在一定部位上生和叶龄相似的叶子若干,剪下后,先用纱布拭净,称取两份,各重2g。

(3)一份放在40℃恒温箱内萎蔫处理1h,另一份放入水杯中做为对照组。处理后分别用蒸馏水冲洗两次,并用干净滤纸吸干。然后剪成长约1cm小段放入硬质小玻璃杯中,并用玻璃棒压住,在杯中准确加入蒸馏水20ml,浸没叶片。

(4)放入真空干燥器,首先用抽气机抽出细胞隙中的空气(7~8min),然后重新缓缓放入空气,水即被压入组织中而使叶变成半透明状,至此即可正式测定(也可用注射器减压)。

(5)将抽过气的小玻璃杯取出放在实验桌上静置5~10min,然后用玻璃棒轻轻搅动叶片,随即将叶片取出。剩下的溶液,用电导仪测定其电导度。并用蒸馏水作空白测定。由正式测定减去空白测定值,即为该测定叶片渗出液的电导度。

(四)实验结果

试比较不同处理(如旱、涝危害)的棉花叶片细胞透性的变化情况,记录结果,并加解释。

(五)注意事项

(1)整个过程中,叶片接触的用具必须洁净(全部器皿要洗净),也不要用手直接接触叶片,以免污染。

(2)防止口中呼出 CO_2 溶于杯中。

三、植物抗逆性的测定(脯氨酸快速测定法)

在逆境条件下(旱、涝),植物体内脯氨酸的含量显著增加,Barheff 和 Naylor(1966 年)指出:在水分缺乏的情况下,引起蛋白质分解,而脯氨酸首先大量地被游离出来。植物体内脯氨酸含量在一定程度上反映了植物的抗逆性,抗旱性强的品种积累的脯氨酸多。因此测定脯氨酸含量可以作为抗旱性的生理指标。另外,由于脯氨酸亲水性极强,能稳定原生质体胶及组织内的代谢过程,因而能降低,有防止细胞脱水的作用。在低温条件下,植物组织中脯氨酸增加,可提高植物的抗寒性,因此,亦可作为抗寒性的生理指标。

(一)原理

磺基水杨酸对脯氨酸有特定反应,当有磺基水杨酸提取植物样品时,脯氨酸便游离于磺基水杨酸的溶液中,然后用酸性茚三酮加热处理后,溶液即成红色,再用甲苯处理,则色素全部转移至甲苯中,色素的深浅即表示脯氨酸含量的高低。在 520nm 波长下比色,从标准曲线上查出(或用回归方程计算)脯氨酸的含量。

(二)材料及设备

1. 材料仪器械:(1)待测植物(棉花)。(2)722 分光光度计,(3)研钵,(4)100ml 小烧杯,(5)容量瓶,(6)大试管 2 支,(7)普通式管 8 支,(8)移液管,(9)注射器,(10)水浴锅,(11)漏斗,(12)漏斗架,(13)滤纸,(14)剪刀。

2. 试剂

(1) 酸性茚三酮溶液:将 1. 25g 茚三酮溶于 30ml 冰醋酸和 20ml 6M 磷酸中,搅拌加热(70℃)溶解,贮于冰箱中。

(2)3%磺基水杨酸:3g 磺基水杨酸蒸馏水溶解后定容至 100ml。

(3)冰醋酸。

(4)甲苯。

(三)实验步骤

1. 标准曲线的绘制

(1)在分析天平上精确称取 25mg 脯氨酸,倒入小烧杯内,用少量蒸馏水溶解,然后倒入 250ml 容量瓶中,加蒸馏水定容至刻度,此标准液中每毫升含脯氨酸 100μg。

(2)系列脯氨酸浓度的配制

取 6 个 50ml 容量瓶,分别盛入脯氨酸原液 0.5ml,1.0ml,1.5ml,2.0ml,2.5ml及 3.0ml,用蒸馏水定容至刻度, 摇匀, 其每瓶的脯氨酸浓度分别为 1μg/ml,2μg/ml,3μg/ml,4μg/ml,5μg/ml,及 6μg/ml。

(3)取 6 支试管,分别吸取 2ml 系列标准浓度的脯氨酸溶液及 2ml 冰醋酸和 2ml 酸性茚三酮溶液,每管在沸水浴中加热 30min。

(4)冷却后向各试管准确加入 4ml 甲苯,振荡 30s,静置片刻,使色素全部转至甲苯溶液。

(5)用注射器轻轻吸取各管上层脯氨酸甲苯溶液至比色杯中,以甲苯溶液为空白对照,于 520nm 波长进行比色。

(6)标准曲线的绘制:先求出密度(y)依脯氨酸浓度(x)而变的回归方程式,再按回归方程式绘制标准曲线计算 2ml 测定液中脯氨酸的含量(μg/ml)。

2. 样品的测定

(1)脯氨酸的提取:准确称取已不同处理的待测植物棉花叶片各 0.5g,分别置大试管中,然后向各管分别加入 5ml 3%磺基水杨酸溶液，在沸水浴中提了以 10min,(提取过程中要经常摇动),冷却后过滤于干净的试管中,滤液即为脯氨酸的提取液。

(2)吸取 2ml 提取液于另一干净的带玻璃试管中,加入 2ml 冰醋酸及 2ml 酸性茚三酮试剂,在沸水浴中加热 30min,溶液即呈红色。

(3)冷却后加入 4ml 甲苯,摇荡 30s,静置片刻,取上层液至 10ml 离心管中,在 3000 μm 下离心 5min。

(4)用吸管轻轻吸取上层脯氨酸红色甲苯溶液于比色杯中,以甲苯溶液为空白对照,在分光光度计上 520nm 波长处比色,求得光密度。

(四)结果计算

根据回归方程计算出(或从标准曲线上查出)2ml 测定液中脯氨酸的含量(X μg/2ml),然后计算样品中脯氨酸含量的百分数。计算公式如下:

$$脯氨酸含量(\%)=\frac{X\times\frac{5}{2}\times100}{样重\times10^{6}}$$

(五)问题

比较高温和正常生长条件下的棉花叶片脯氨酸的含量。测定脯氨酸含量有何意义?

附录 2

油菜抗寒性鉴定

一、目的要求

观察油菜越冬期的受冻表现,掌握鉴定油菜抗寒性的标准和方法。

二、材料

原始材料圃(或预备试验区)和品种比较试验区内的不同品种(系)。

三、内容说明

油菜的抗寒性是田间鉴定的主要内容,抗寒性的强弱反映出不同品种的特性和栽培管理水平。通过对供试材料抗寒性的评比鉴定,可以为进一步选择和利用提供重要依据。

抗寒性鉴定在严重霜冻或融雪解冻后 5 ~ 7 天内油菜生长恢复常态后进行。按随机取样法每小区调查 25 ~ 50 株,并记栽降温后逐日降温程度和调查日期。

1. 冻害植株百分率:系表现有各种不同程度冻害的植株占调查总株数的百分数。

2. 冻害指数:对调查植株逐株确定其冻害程度。分为 0、1、2、3、4 四级,各级标准如下:

0——植株全部正常,未表现任何冻害;

1——仅外围个别大叶受冻凋萎,或局部出现黄白色冻害斑块;

2——有半数叶片受冻,受冻叶局部或大部分出现冻害斑块,但心叶正常;

3——全部大叶受冻,受冻叶局部或大部分表现焦枯,心叶正常或心叶局部受冻,根颈和根部正常,植株还能恢复生长;

4——全部大叶受冻,受冻叶局部或大部表现焦枯,心叶正常或心叶局部受冻,根颈和根部正常,植株尚能恢复生长。

分株调查后,按下列公式计算冻害指数:

$$\text{冻害指数}(\%)=\frac{1\times S1+2\times S2\times S3+4\times S4}{\text{调查总株数}\times 4}\times 100\%$$

上式 S1、S2、S3、S4 为 1 ~ 4 级各级冻害株数。

四、步骤和方法

1. 要原始材料圃(或品系预备试验区),品比试验区内每品种取样 25 株,仔细观察其冻害表现,由两人一组进行观察。

2. 根据上述标准,逐株记载其冻害程度(以数字表示),每组调查各 5 个小区。

3. 将上述观察结果记入冻害调查表(另页),分别计算冻株率和冻害指数。

五、作业

对所调查的品种(系),作出简要的鉴定评语。

油菜冻害调查表

调查日期：　　　年　　月　　日

株号	品种（系）名称									
	1	2	3	4	5	6	7	8	9	10
1										
2										
3										
4										
5										
6										
7										
8										
9										
10										
11										
12										
13										
14										
15										
16										
17										
18										
19										
20										
21										
22										
23										
24										
25										
冻株率（%）										
受冻指数（%）										
评语